XING HUA CUN

U0212589

用心酿造

诚信天下
5

# 编 委 会

# 汾酒图志

杨振东　主编

图书在版编目(CIP)数据

汾酒图志 / 杨振东主编. -- 北京 : 文物出版社, 2022.11
ISBN 978-7-5010-7828-8

Ⅰ. ①汾… Ⅱ. ①杨… Ⅲ. ①清香型白酒－山西－图集 Ⅳ. ①TS262.3-64

中国版本图书馆CIP数据核字(2022)第189747号

**汾酒图志**

主　　编：杨振东

责任编辑：孙　霞
责任印制：苏　林
摄　　影：杨　罡

出版发行：文物出版社
社　　址：北京市东城区东直门内北小街2号楼
邮　　编：100007
网　　址：http://www.wenwu.com
经　　销：新华书店
印　　制：北京雅昌艺术印刷有限公司
开　　本：889mm × 1194mm　1/16
印　　张：42.5
版　　次：2022年11月第1版
印　　次：2022年11月第1次印刷
书　　号：978 7 5010 7828 8
定　　价：1499.00元

# 同享美酒 共话未来

美酒从诞生起，就伴随着人类文明而成长进步，兴旺发达。

美酒所酿造的故事，有天地造化，有人间传奇，有历史溯源，有时代变迁，有神灵交流，有人生哲理。酒业兴盛，与民同乐，与国同兴，与世同行。

酒的传承，不仅仅是酿造技艺的传承，更是精神文化的传承。美酒酿造的“初心”，是以德而酿、以敬而酿、以孝而酿。不忘初心，心存敬畏，只为民之美好而酿造美好。每一种美酒都包含着不同民族的优秀基因，灿烂文化。

美酒作为物质文化和精神文化兼容的特殊消费品，已渗透进世界各民族的血脉。我们欢聚畅饮，分享世间美好；我们举杯相敬，表达深情厚谊；我们推杯换盏，增进彼此友谊。在这一杯杯美酒中，通人世，亘古今，达四海，融天地。面向未来，与世同行，我们要推进品饮新文化，倡导消费新体验，创造更加美好的饮酒新风尚。让美酒与生活相得益彰，相映成趣；让美酒与世界相融相通，同向同行。

遥指杏花，醉美汾阳；牧童春雨，千年传唱。作为“世界十大烈酒产区”“中国清香型白酒核心产区”，汾阳伴随美酒产业走进新时代。品味清香，有如品读千古名篇，既有大气磅礴之势，又具匠心独具之妙；既有高雅极致之格，又具静水流深之量。世界酒业相聚于此，纵论产业发展趋势，将促进业界交流合作，推动产业创新发展。

随着中国酒业进入产业转型和品质升级的关键时期，未来，融合了时光之美与文化之美的，诸如山西汾酒之类的老酒，必将在消费者的美好生活中绽放出更加灿烂的光彩。

慢下来，不急不躁酿美酒；静下来，精益求精酿品质；沉下来，岁月酿造时间价值……

**中国酒业协会理事长** 宋书玉

2022.10.31

为高品质生活代言
见证复兴之路
青花30汾酒 清香型 53度
青花汾酒
CHINA

# 中华汾酒 盛誉千年

汾酒，中华民族酒文化长河中一颗璀璨的明珠，六千年酿造史、一千五百年名酒史、八百年蒸馏酒史、三百年品牌史和一百年世界史，是“国酒之源，清香之祖，文化之根”，是当之无愧的“中国酒魂”。汾酒酿造历史悠久，酿造技艺精湛，清香品质卓越，既是中国名白酒的杰出代表，也是清香型白酒国家标准的制定者，被誉为“中国白酒产业的奠基者，传承中国白酒文化的火炬手，中国白酒酿造技艺的教科书，见证中国白酒发展历史的活化石”。

汾酒有着中国白酒史上独一无二的四次成名史：南北朝时期的北齐武成帝将汾酒作为宫廷御酒并极力推崇，后被载入二十四史《北齐书》，汾酒一举成名；晚唐诗人杜牧的一首《清明》“借问酒家何处有？牧童遥指杏花村”的千古绝唱，汾酒二度成名；1915年，捧回巴拿马万国博览会最高荣誉——甲等金质大奖章，是中国现存白酒中唯一获此殊荣的产品，汾酒三次成名；中华人民共和国成立后至今，共举办五次全国评酒会，五次均荣获金质奖，并获得“国家名酒”称号，汾酒扬名天下。

酒与中国传统文化密不可分，酒文化是中国传统文化的一部分，古代文人常常借酒抒情，将自身的情感和胸怀寄托于浓烈醇香的酒之中，或抒发欢欣愉悦的心情，如李白：“美酒聊共挥，欢言得所憩。”或展现恬静生活的场景，如孟浩然：“开轩面场圃，把酒话桑麻。”或表达真挚的友谊，如白居易：“绿蚁新焙酒，红泥小火炉。晚来天欲雪，能饮一杯无。”更有抒发保家爱国的壮志情怀，如辛弃疾：“醉里挑灯看剑，梦回吹角连营。”具有千余年悠久历史的汾酒，其身影时常闪现其中。如晚唐诗人司空图的有诗云：“寄花寄酒喜新开，左把花枝右把杯。欲问花枝与杯酒，故人何得不同来。”革命老人谢觉哉也在到过杏花村后赞曰：“逢人便说杏花村，汾酒名牌天下闻。草长莺飞春已暮，我来仍是雨纷纷。”

从古至今，在中华民族的文化意识当中，以汾酒为代表的中国美酒，不仅是一种物质化的东西，更是一种情感，一种审美体验的表达媒介。

从清光绪元年（1875年）杏花村开办宝泉益酒坊，到义泉泳酒坊发展壮大；从1919年中国第一个白酒股份制公司晋裕汾酒股份有限公司成立，到1924年中国白酒第一枚商标注册；从1949年中国第一个地方国营酒厂的诞生，到1993年山西杏花村汾酒厂改组为杏花村汾酒（集团）公司；从1994年1月6日汾酒作为中国白酒第一股上市，到目前拥有“杏花村”“竹叶青”“汾”字牌三个中国驰名商标的山西杏花村汾酒集团有限责任公司。在近150余年的时间里，山西杏花村汾酒在一代代汾酒人的共同努力下，从一个地方小作坊发展壮大成为今天一个面向世界的现代化企业。全体汾酒人将继续在党和国家的领导下，在社会各界的大力支持下，在新时代中，坚守“中国酒魂”战略定位，践行汾酒复兴纲领，担当作为，勇毅前行，奋力谱写好新时代高质量发展新篇章！

汾酒集团党委书记、董事长 袁清茂

2022.11.1

# 目　录

## 第一章　汾酒：中国白酒文化的起源



## 第二章　1875～1948年　追求品质　享誉世界



## 第三章　1949～1963年　中国名酒　两获殊荣

## 第四章　1964～1979年　砥砺前行　解放思想　再度夺冠

## 第五章　1980～1984年　创新发展 四度夺冠

## 第六章 1985～1989年 锐意改革 再创佳绩

## 第七章　1990～1999年　厚积薄发　中国酒企首位上市公司

## 第八章　2000年～至今　稳守品质底线　共创良好业态

## 第九章　1995年～至今　打造品牌新内涵　提升传统与现代的文化融合

## 第十章　纪念酒　原浆酒　国藏酒　国宴酒　生肖酒

## 第十一章　营销产品及酒版集锦



## 第十二章　陈年汾酒竹叶青品鉴之旅

杏花村

# 第一章

## 汾酒：中国白酒文化的起源

# 汾酒简史

汾香溢野，国酒源头，遥遥酒史，源在何处？杏村遗址，酒之滥觞。

1982 年 7 ～ 11 月，由国家文物局、山西考古所、吉林大学考古系联合组成晋中考古队，杏花村东堡面积约 15 万平方米的土地上，开展了有计划的考古发掘。根据考古获得的层次关系及对其内涵的分析，将其堆积形成分为八个阶段，分别属于仰韶、龙山、夏、商文化时期。该遗址第三、四、五、六阶段分别出土了仰韶文化晚期、龙山文化早期和晚期以及夏代的器具，出土了众多的实用器，如鬲、斝、豆、罐、盆、壶、碗等实用器中，其中的“小口尖底瓮”，造型为鼓腹、唇口、短颈，腹部饰线纹，后经专家考证为当时的酿酒器具。

中国古汉字“酉”字的演变过程与此器具的器形有着惊人的相似。“酉”字是取向于尖底瓶，而“酉”字中的一画以示酿酒器中有“实”（实，谷果也）。目前，国内外考古发现的有关尖底瓶的史料，其用途已得到殷墟甲骨文字形的佐证，揭示了尖底瓮这类陶器的功能，主要是新石器时代仰韶文化和龙山文化时期的酿酒器和容盛器。而且，这类酿酒容盛器是我国黄河流域仰韶文化时代十分普遍的陶器，从而说明当时酿酒之风的盛行。

杏花村汾酒厂大门口

这个最终被定名为“杏花村遗址”的地方，其考古发掘出土的成果，揭示了该遗址可谓是一部中国酒最原始的酿造教科书。它向世人宣告：中国早在6000年前的仰韶文化中期就已经发明了人工谷物酒，杏花村仰韶酒器是我国乃至世界上目前最古老的酒器之一。

自史前人类发明酒之后，酒被世界各族人民所爱。《礼记 · 王制》中，人们把它作为敬天畏地的玉液琼浆、医病养生的良方，还把它视为国家、民族、人民之间情感交往的桥梁。酒是一种文化的载体，中国酒文化是中国传统文化的重要组成部分，在中国几千年的文明历史中，酒几乎渗透到经济、文化教育、文学艺术和社会生活等各个领域。

爵（商代饮酒器）　夔龙束带纹壶（战国盛酒器）

汾酒，是中国酒文化的主源和主流，是中华文化发展的见证者、记录者和同行者。倘若我们把酒作为一种文化符号去阅读整部中国历史，不难发现汾酒几乎无处不在，浸染在每时每刻的历史发展进程中。

商代农耕规模和粮食收获量迅速提高，曲的发明和应用，使我国成为世界上最早将霉菌和酵母菌应用于酿酒生产的国家之一。制酒工艺的进步、酒类品种的增加和饮酒风气的盛行，促使酒的商业化，并有了突飞猛进的发展。在这样的社会环境中，汾酒诞生于中国古代酒文化中心地区之一的杏花村，当是历史的必然。商周秦汉时期，杏花村所酿之酒，被称作“酎酒”。

商周是中国青铜文化的鼎盛时期，也是酒器形成期。此时的青铜酒器，工艺精湛，式样考究，品类繁多。商周青铜酒器并不是一般的日用品，而是一种重要的礼器，它反映了商周时代不可逾越的尊卑贵贱的等级，其纹饰、造型、铭文，不仅体现了奴隶社会的礼制观念，也体现了当时人们对美的追求，对后世的雕刻艺术、书法艺术产生了很大影响，是古代文化艺术史上的一个重要组成部分。

杏花村遗址出土了大量的青铜酒器中的玄纹铜爵，就是商代青铜酒器中不可多得的艺术珍品。遗址出土如此的精美、数量众多的酒器，至少说明两点：一是商代杏花村酒的数量明显增多，这一带区域饮酒风气很普遍；二是酒器工艺水平显著提高，“美酒配美器”，反映了当时当地酿酒工艺水平和酒品质量提高，已经达到了出类拔萃的水平，刺激了人们对酒的消费。

《易 · 中孚》中，记载了殷商时期与酒有关的诗句：“鸣鹤在阴，其子和之：我有好爵，吾与尔靡之。”《尚书 · 说命》曰：“若作酒醴，尔惟曲蘖。”《诗经 · 唐风》则曰：“山有枢，隰有栗，子有酒食，何不日鼓瑟？”

西周时期，酒已成为上层生活所需品，上至国家祭祀，下到寻常饮用。

在西周富足的农业经济和文化基础之上产生的礼乐文明，对西周酿酒、饮酒产生了重大而深远的影响。《吕氏春秋 · 仲冬纪》记载了至今仍被酿酒行业传承的圭臬：“乃命大酋，秫稻必齐，曲蘖必实，湛炽必洁，水泉必香，陶器必良，火齐必得。兼用六物，大酋监之，无有差忒。”《礼记 · 月令》则称述曰：“仲冬三月，乃命大酋，秫稻必齐，曲蘖必实，湛炽必洁，水泉必香，陶器必良，火齐必得，兼用六物，大酋监之，毋有差贷。”《吕氏春秋》和《礼记》有着相互传承的关系，所以二者说法才会如此相近，甚至相同。

这些记载是对秦汉之前中国酒酿造技术的总结，先进技术也促进了杏花村地区酿酒的发展。其表现在三个方面：一是制曲技术提高和总结出了“五齐”（泛齐、醴齐、盎齐、缇齐、沉齐）“六必”（秫稻必齐，曲蘖必实，湛炽必洁，水泉必香，陶器必良，火齐必得）的酿酒经验，使酿酒纳入有章可循的技术规范；二是设官治酒。在周朝，酿酒不仅成为独立的手工业行业，还专设酒正，即酒官之长，职掌制酒之政令，以法禁酒，对规范酒业管理、禁止酒祸蔓延、提高酒质具有重要意义；三是大力倡导“酒礼”“酒德”，大大丰富了酒的精神文化价值。

《庄子 · 胠箧》中曰：“鲁酒薄而邯郸围。”但对它的解释有两种说法。唐代陆德明撰《经典释文 · 庄子音义》中曰：“楚宣王朝诸侯，鲁恭公后到而酒薄，宣王怒。恭公曰：我，周公之后，勋在王室，送酒已失礼，方责其薄，毋乃太甚。遂不辞而还，宣王乃发兵与齐攻鲁。梁惠王常欲击赵而畏楚，楚以鲁为事，故梁得围邯郸。”

《淮南子 · 缪称训》中云：“楚会诸侯，鲁赵俱献酒于楚王，鲁酒薄而赵酒厚。楚之主酒吏求酒于赵，赵不与，吏怒，乃以赵厚酒易鲁薄酒，奏之。楚王以赵酒薄，故围邯郸。”白居易《杂感》诗曰：“鲁酒薄如水，邯郸开战场。”这些故事充分说明，早在春秋战国时期，山西的酒就以醇厚享誉于诸侯。

此后，鲁酒就成了薄酒的代名词，赵酒就成了味醇而厚的好酒的代表。当时的赵国疆域，包括今山西省的东北部、东南部、中部和今河北省的中南部，赵酒也即山西酒，由此可见，汾酒被公认为美酒的历史悠久。

据《汉书 · 郊祀志五》载：“元鼎四年（前 113 年）其夏六月，汾阴巫锦为民祠魏脽后土营旁，见地如钩状，掊视得鼎。鼎大异于众鼎，文镂无款识。”

汉武帝意外地得到“天赐”的王位传承之宝器，为自己的统治涂上了一层“上天膺命”的绚丽色彩，自然喜出望外，所以在 43 岁时有了“东幸汾阴”之举。汉武帝到河东祭祀后土，当地官员自然要拿出当地最好的酒来祭祀和设宴。当时，河东最好的酒就是汾阳产的酒。

汉武帝上行幸河东，祠后土，顾视帝京欣然，中流与群臣饮燕，上欢甚，乃自作《秋风辞》曰：

秋风起兮白云飞，草木黄落兮雁南归。

兰有秀兮菊有芳，怀佳人兮不能忘。

泛楼船兮济汾河，横中流兮扬素波。

箫鼓鸣兮发棹歌，欢乐极兮哀情多。少壮几时兮奈老何！

此后，汉武帝又先后四次巡幸汾阴。之后多位帝王数次到汾阴祭祀后土，汉宣帝两次，汉元帝三次，汉成帝三次。东汉光武帝也曾到汾阴祭祀后土。在这些活动中，祭祀和设宴用酒都是汾阳美酒。

魏晋南北朝时期，杏花村酿酒工艺形成了自己的独特风格，人们对积累数千年的造酒技术进行改进，以高粱为主加曲发酵、铁甑蒸制，将原来的浊酒漉为清酒，清香纯正，甘醇爽口。因产地靠近汾河，而且以“清”为特色，所以，人们约定俗成地将杏花村酒称为“汾清”酒。

《北齐书》卷十一载：“河南康舒王孝瑜，字正德，文襄长子也。初封河南郡公，齐受禅，晋爵为王。历任中书令、司州牧。”“初，孝瑜养于神武宫中，与武成同年相爱。将诛杨愔等，孝瑜预其谋。及武成即位，礼遇特隆。帝在晋阳，手敕之曰：‘吾饮汾清二杯，劝汝于邺酌两杯。’其亲爱如此。”可见，武成帝高湛推崇汾清酒，并将汾清酒推荐给在邺城的侄子高孝瑜。

汾酒厂地缸发酵

20世纪80年代制曲车间

在汾清酒成名的同时，汾清酒的再制品——竹叶酒（即当代国家保健名酒竹叶青酒的前身）也赢得盛誉。梁简文帝萧纲以“兰羞荐俎，竹酒澄芳”的诗句赞美之。北周文学家庾信在《春日离合二首》其一曰：“田家足闲暇，士友暂流连。三春竹叶酒，一曲鹍鸡弦。”《乐府杂记》解释说：以鹍鸡筋作琵琶弦，用铁器拨弹。边喝竹叶酒，边弹琵琶，兴致勃勃。可见，竹叶青酒的烈度不高，当下的汾酒集团所产竹叶青酒“香甜软绵”的特色与其一脉相承。

杏花村酒诞生之后，经过殷商、西周、春秋战国、秦汉和魏晋时期4500多年的哺育，得到了迅速发展。

隋唐时期，所造之酒大多为低度酒，酿成的酒虽经过有控制的发酵过程，但由于是直接用熟食酿制而成，加之规格较低，保存不当极易酸败。要解决酸败的问题，就需对传统酿造技术进行彻底的改良。而这种酿造技艺的改良，正是白酒产生的重要原因之一。杏花村的酒坊在“汾清”酒的基础上，不断改进工艺，随着蒸馏技术的逐步完善，中国白酒也由此诞生。

在唐代，“汾清”酒取得了两项划时代的工艺突破：一是“干和（huò）”酿造工艺的发明；二是率先将蒸馏技术使用到酿造生产，在“干和”工艺的基础上，两次发酵，两次蒸馏，形成熟料拌曲、入瓮发酵、蒸馏取酒的新工艺，形成现代汾酒工艺的雏形。干和蒸馏技术实现规格极低向极高的转变，完成中国酿造酒（黄酒）向蒸馏酒（白酒）质的飞跃，白酒的醇厚和余劲均大超前者，酒度增高，酒壶缩小，蒸馏烧酒的出现影响到唐代酒器具的造型。

唐时，王孙贵胄因久居龙兴之地——并州，对杏花村所产的美酒青睐有加。古时并州到长安的路途不甚遥远，且担负着京都粮草辎重等给养的重任，成为全国重要的交通要塞之一。杏花村作为北都太原通往都城长安的必经之地，文人雅士品饮杏花村的美酒后，才思泉涌，创作出许多千古名篇和不朽佳作。

晚唐诗人杜牧的《清明》诗，使杏花村成为千年传唱，让杏花村酒一举成名：

清明时节雨纷纷，路上行人欲断魂。
借问酒家何处有？牧童遥指杏花村。

卢家街汾酒老作坊

20世纪30年代，杏花村东堡晋裕汾酒公司厂房外门。

晚唐诗人赵嘏以一首《汾上别宴》诗，生动地描绘了一幅杏林春宴图：

云物如故乡，山川知异路。
年来未归客，马上春色暮。
一樽花下酒，残日水西树。
不待管弦终，摇鞭背花去。

唐代诗人岑参的《送宇文南金放后归太原寓居，因呈太原郝主簿》诗也是一例：

归去不得意，北京关路赊。
却投晋山老，愁见汾阳花。
翻作灞陵客，怜君丞相家。
夜眠旅舍雨，晓辞春城鸦。
送君系马青门口，胡姬垆头劝君酒。
为问太原贤主人，春来更有新诗否。

晚唐山西诗人司空图的七言绝句《故乡杏花》曰：

寄花寄酒喜新开，左把花枝右把杯。
欲问花枝与杯酒，故人何得不同来。

唐代，李肇撰写的《唐国史补》所载唐代名酒有：“河东之干和、葡萄，郢州之富水，乌程之若下，荥阳之土窟春，富平之石冻春，剑南之烧春，岭南之灵溪，博罗、宜城之九酝，浔阳之湓水，京城之西市腔、虾蟆陵、郎官清、阿婆清。又有三勒浆类酒，法出波斯。三勒者，谓摩勒，毗梨勒，诃梨勒。”

北宋朱翼中《北山酒经》曰：“唐时，汾州有干酿。”北宋窦苹《酒谱》云：“唐人言酒美者，有河东干和。”又云：“张藉诗云，‘酿酒爱干和’，即今人不入水也。并、汾间以为贵品，名之曰干酢酒。”北宋张能臣《酒名记》载：“汾州甘露堂（当时汾酒‘干和’工艺的代表）最有名。”这条史料也很有说服力，它直接说明了山西的并州（太原）、汾州（汾阳）酿造一种名贵的酒，叫干酢酒或干和酒。可见，当时杏花村之干酢酒为上品。而干和酒则是采用蒸馏技术生产的烧酒。

宋时，汾酒仍称为干和。每年向朝廷贡酒均由甘露堂大酒肆提取，故汾酒又被称为“甘露堂”。

宋代词人夏元鼎有《西江月》吟咏甘露美酒：

甘露醴泉天降，琼浆玉液仙方。
一壶馥郁喷天香。麹蘖人间怎酿。
要使周天火候，不应错认风光。
浮沉清浊自斟量。日醉蓬莱方丈。

原党委书记刘凤亮参加劳动

宋代诗人李之仪作有《甘露堂歌》：

炎天熇熇如涌汤，使君置酒甘露堂。无风但觉冷彻骨，坐来仿佛飞青霜。

时逢载酒问难字，未拟持箠操群羊。但知今日不易得，纵不能饮须空觞。

宋代诗人王义山亦有《甘露堂》诗，赞叹汾州甘露堂的美酒“中边甜似蜜”：

扫除黄叶拂尘埃，讲座虽虚尚有台。

岁晚乔松典型在，烟波叠嶂画图开。

不须瑞露从天降，应是慈云为客来。

须信中边甜似蜜，吟诗未足报崔嵬。

当时，杏花村酒家林立，产销两旺，每年端午节时都要举办“花酒会”。届时，各地的名花异草，陈年美酒，云集杏花村。远近客商百姓纷纷赶来品酒赏花，热闹非凡。特别是八槐街车水马龙，“甘露堂”“醉仙居”“杏花春”等酒家纷纷翻新房屋，增加铺面，酒旗高挂，并集资建了大戏台，与周围的老爷庙、真武庙、郎神庙和宏伟的护国寺浑然一体，气势非凡。以八槐街为中心，逐渐形成了有70余家酒垆的酒乡闹市。其中甘露堂、醉仙居门前执纱灯上书写着“太白遗风”四大字，格外醒目。

宋代酒的生产、交易在一定程度上受官府控制。这一时期与其他酒类相比，杏花村酒的造酒工艺有着更大进步。汾州干和酒酿制的技术已炉火纯青，除了继续保持晶莹清亮、清香醇厚、余味清悠等独特风格外，蒸馏、陈置等办法的使用，使酒的度数和口感有了改变。杏花村酿酒业的繁荣，促进了封建社会的经济发展。果酒、药酒的研究和应用也逐渐普及。

北宋《北山酒经》中提出，判定酒曲（大曲）好坏的主要标志，是曲中有用的霉菌长得多少，即所谓“心内黄白，或上面有花纹，乃是好曲”。至今这仍是初步判定汾酒大曲——青茬曲的质量标准。这种技术上的绵延流传，也证明了汾酒在宋代的制曲酿酒技术之高。《北山酒经》中又载，“竹叶青曲法”和“羊羔酒法”在原来曲子配方的基础上加进了川芎、白术、苍耳等，以增加酒的风味。这一原料配方和今天竹叶青酒的做法已比较接近。

卢家街汾酒老作坊

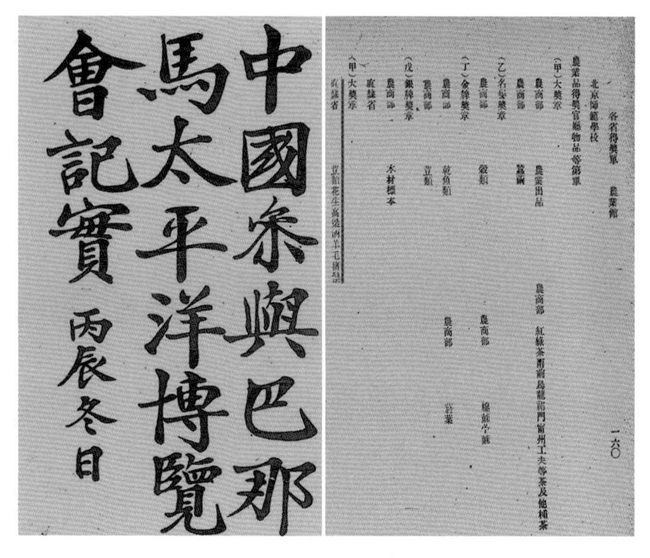

中國參與巴那馬太平洋博覽會記實

丙辰冬日

各省得獎單　農業館

北京師範學校

農業品得獎官廳物品等第單

（甲）大獎章

農商部　農業出品　農商部　紅綠茶甯商烏龍祁門甯州工夫等茶及他種茶

農商部　蠶繭

（乙）名譽獎章

農商部　穀類　農商部　棉蘇苧蔴

（丁）金牌獎章

農商部　乾魚類　農商部　菸葉

農商部　豆類

（戊）銀牌獎章

農商部　木材標本

直隸省

（甲）大獎章

直隸省　豆類花生高粱酒羊毛豬鬃

一六〇

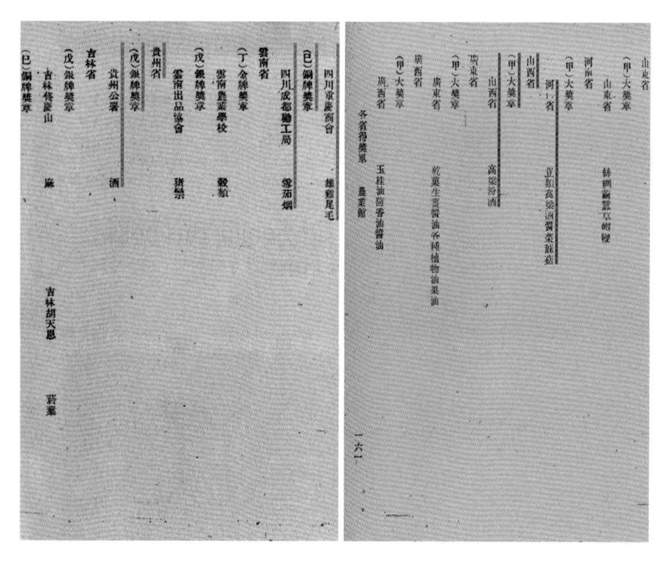

四川重慶商會　雄雞尾毛

（己）銅牌獎章

四川成都勸工局　雪茄烟

雲南省

（丁）金牌獎章

雲南農業學校　穀類

（戊）銀牌獎章

雲南出品協會　猪鬃

貴州省

（戊）銀牌獎章

貴州公署　酒

吉林省

（戊）銀牌獎章

吉林佟慶山　麻　吉林胡天恩　蔣藥

（己）銅牌獎章

山東省

（甲）大獎章

山東省　絲綢繭蠶草帽辮

河南省

（甲）大獎章

河南省　豆類高粱酒醬菜蘇菇

山西省

（甲）大獎章

山西省　高粱汾酒

廣東省

（甲）大獎章

廣東省　乾菓生薑醬油各種植物油果油

廣西省

（甲）大獎章

廣西省　玉桂油茴香油醬油

各省得獎單　農業館

一六一

《中国参与巴拿马太平洋博览会纪实》书影　（陈琪编著）

南宋初期刊刻的太平老人撰《袖中锦》一书在“天下前列”条文中，列举了宋代各地以及同时代的契丹、西夏、高丽等国的著名特产，“监书、内酒、端砚……皆为天下前列，他处虽效之终不及”。由此可见，山西酒及用山西酿酒技术酿造的“内酒”被公认为“天下前列”的名酒。

宋金时期，实行酒的专卖，酒库大都由官府有关机构统一管理。因此，杏花村酒先进的蒸馏技术在全国迅速得到推广和普及。这一时期，朝廷还在汾阳设置酒类专管部门——酒务司，酒务司负责当地向宫廷进贡酒的征集、验收和运送。

元代，汾阳杏花村的蒸馏白酒及技术在全国得到了更大的发展和普及，逐步与黄酒平分秋色。元代宋伯仁著的《酒小史》记载了当时中国有名的 100 多种酒，产于杏花村的“汾州干和酒”“山西羊羔酒”名列其中，并说从唐时盛行起直到元代“干和仍有名”。

元代时，羊羔酒走出国门、走向世界，开创了中国白酒外贸出口的先河。现陈列于大英博物馆的元代的“羊羔”酒瓶就是有力佐证。至元末时，杏花村各酒坊所产之酒作为汾州府最重要的特产，几乎成了汾州府的代名词，故而杏花村各酒坊的酒开始被统称为“汾酒”，远销省外和国外之酒则署名“山西汾酒”。

明代，羊羔酒依然是国家名酒和宫廷用酒。《明会典》载：“凡大臣考满差使等项赏劳羊酒。”从史料来看，官员考核考满赐赏与慰问八十岁以上致仕高官等重要政治活动中，羊羔酒是主要的赏赐物品。

明代王世贞在《酒品》中曾赞曰：“羊羔酒出汾州孝义等县，白色莹彻，如冰清美，饶有风味，远出襄陵（酒）之上。”不仅国人称道，连洋人也嗜饮，政府便将羊羔酒以中国特产出口英、法等国，并在出口酒瓶上贴上杏花村商标，商标上有一副题联：“金镫马踏芳草地；玉楼人醉杏花天。”这是中国酒第一次贴标出口。从此，山西杏花村的羊羔酒便在世界上崭露头角，为中华美酒增光添彩。

竹叶青酒在明代也是宫廷御酒。在《北京志・商业卷・副食品商业志》中，记述了明代宫廷设御酒坊和酒醋面局，称“酒醋面局约辖有酒户 330 家”“著名的御酒有竹叶青酒”。由此可知，竹叶青酒在明代是皇室贵族喜爱的名酒佳酿。

明代万历年间，宫内的竹叶青酒还是御酒房里酒品的代表。明世宗朱厚熜曾将“内法竹叶青酒”赏赐大臣。明代学者蒋之翘、楚稚著《天启宫词》中云：“御酒房所造，不过竹叶青数种。”

明代，汾阳是全国最重要的酿酒基地，杏花村成为酿酒集中区。明清时期的八角鼓曲《瑞雪成堆》中就有“杏花村内酒旗飞，上写着开坛香十里，就是神仙也要醉”的唱词。汾酒酿造工艺成为制酒的标准。

明王朝取消了专卖政策，对酒实行征税制。由于烧酒日益推广，酒税相对较轻，促进了酿酒业发展。无论是宫廷酒品，还是民间作坊酒品，种类和花色都超过以往。

得造花香　（傅山书）

晋商凭着诚信经营，传播酿造技艺。汾酒的蒸馏烧酒工艺引领着烧酒行业的先进水平，酿造技艺也开始广泛推广，盛极一时。晋商的崛起，汾阳杏花村烧酒的酿造工艺与大曲的生产工艺，已成为当时中国白酒生产的核心技术。汾酒的生产技术在明清时期垄断了整个造酒行业，并在 500 年的时间里，一直引领中国白酒的发展方向。

明洪武年间，从山西向全国其他省份的移民迁徙活动，无形中将山西汾酒的酿酒技艺传播到全国各地。那些背井离乡的酿酒工人和技师，到了新的移民安置地后便重操旧业，埋地缸支起烧锅。他们用各自掌握的汾酒酿造工艺和技术开始造酒。在酿造过程中，由于所在地域的酿造环境千差万别，酿酒技师只能因地制宜，根据实地条件进行一定程度上的技术改良。因此，各种香型白酒在各地也相继问世。

明代大医药学家李时珍《本草纲目》载："近时，唯以糯米，或粳米，或黍，或大麦蒸熟，和曲酿瓮中七日，以甑蒸取，其清如水，味极浓烈，盖酒露也。"可知，酿酒的核心工艺程序为：蒸粮，加曲，陶瓮固态发酵，蒸馏。其中，使用固态发酵的工艺为清蒸二次清，是典型的中国白酒生产工艺。李时珍记载的白酒生产工艺，现代叫作"清茬法"，是清香型白酒沿用至今的工艺。

明清时期，汾州府是全国最为重要的酒产地，"杏花村"成为天下美酒的代名词。崛起的晋商把汾酒和汾酒酿造技艺带向了全国各地。据 1939 年出版的《贵州经济》载："在清咸丰以前，有山西盐商某来茅台地方，依照汾酒制法，以小麦为曲药，以高粱为原料酿造的一种烧酒，后经陕西盐商改良制法，以茅台为名，特称茅台酒。"《凤翔县志》称："山西客商迁入，始创西凤酒。"根据大量县志、州志、府志和酒厂史记载，当地酿酒技艺是由山西汾酒酿造技术的输入，最后在全国各地开枝散叶。

在中国古代著名小说《金瓶梅》中有"一杯竹叶穿肠过，两朵桃花脸上来"的对联，《水浒传》中也有"野店初尝竹叶青"的诗句，足以说明竹叶青酒在古时的名气之大，流传之广。

至今，我国不少地方的名酒中，仍带有"汾"字，如湘汾、汉汾、豫汾、佳汾、北汾、海浪汾、滨汾、景汾、松江汾、玉汾、龙江汾、嫩汾、冰都汾、红星汾、湘潭汾、沙市汾等，都可见其出自山西汾酒一脉。

清初实行"丁随地派"制度，并继续修建水利工程，从而加速了农业的发展。到嘉庆十七年（1812 年），山西耕地达 5526 万亩，比顺治十八年（1661 年）增加了 37.5%，农具也有了许多的改进，品种多，式样新，应用广。农民开始注重精耕细作，田间管理、施肥技术大有提高。耕种制度逐步改进，实行轮作、间作、套种，致使酿酒原料充足，酿酒业保持较快发展。清朝时期酒税较低，且不列入国家收入之内。清朝将酿酒作坊称为烧坊、烧锅、烧缸、缸坊、槽坊、醋户、酢房。酒税分为市税和关税，由地方和各种机关征收。

清康熙四十六年（1707 年），举办了一场颇具文化色彩的"中国汾酒第一宴"。是宴会，更是诗会，宴会的专用酒是山西汾酒，诗中"羊羔""晋酒""汾香""羔儿"等名都是文人对汾酒的别称。文人雅士觥筹交错互相敬酒，西陂老人宋荦把在场的诗句整理后，收入了由他编纂的专辑《西陂类稿》中。现摘录一二：

杏花村酒家　（董寿平书）

宋荦诗：

食单集方物，颇亦穷水陆。滦鲤登盘美，汾酒开瓶馥。
紫菌与黄雀，琐细风味足。觞行一洒然，胸尘洗十斛。

王式丹诗：

把卷诵清芬，文康遗手泽。书题关世变，毫素感今昔。
起步更促坐，汾酒瓮初坼。名酎不虚传，深杯乃络绎。

宫鸿历诗：

厨人方欲清，锵器声入耳。莱鸡抹作鲜，韭萍风味美。
巨觥斟羊羔，老枕斫滦鲤。鳆鱼生可致，驿送已千里。

陈琰诗：

唐花破蓓蕾，晋酒泛琥珀。堂悬文会图，坐对古裙屐。
西园俨未散，南皮亦咫尺。笑语若可呼，赌茗或斗弈。

顾嗣立诗：

腊尽冻仍紧，春风未漏泄。彩灯转华堂，帘垂火愈烈。
彝器既纷陈，方物更罗列。食品膳夫经，羔儿酒味别。

吴士玉诗：

属公高兴发，招邀盍朋簪。红炉围绮宴，方物罗朔南。
汾酒滦河鱼，割鲜斗芳甘。试尝披绵雀，更觉乡思添。

林佶诗：

人中麟凤文中虎，霞蔚云蒸聚此都。岁序峥嵘忽已晚，风尘荏苒孰相娱。
汾香沧辣频开瓮，滦鲤莱鸡更饬厨。促席从公谈旧事，新诗传与后人图。

诗人们面对“汾香沧辣”的烧酒，“频开瓮”，一瓮接一瓮地开，不知喝了多少。大家用大杯互相敬酒，并感叹这“山西汾酒”真是名不虚传。

清代雍正皇帝十分喜爱山西的保健养生酒龟龄集酒，因该酒基酒为山西汾阳杏花村汾酒，故品质非凡。

雍正朝有一奏折中清晰地记载着龟龄酒的一些细节，奏折记载：“……雍和宫原有龟龄集酒，不知有无。若有，着取来……蒸龟龄酒的医生等在杏花村井边蒸好。钦此。”

清乾隆七年（1742 年），山西巡抚印务布政使严瑞龙上奏：“第查晋省烧锅，唯汾州府为最，四远驰名，所谓汾酒是也。该属秋收丰稔，粮食充裕，民间烧造视同世业。”从所奏内容上看，直观地反映了清代早期汾酒已成为贵族饮品，虽因造酒消耗其粮食，但民间视同世业，乾隆皇帝也只能默许经营，未列入查禁之列。

《山西通志 · 物产》记载：“汾州府，酒有羊羔、玉露、豆酒、火酒之名。”这里所说的玉露为露酒，豆酒属黄酒，火酒即烧酒。

清代美食家、文学家袁枚在其《随园食单》中写道：“既吃烧酒以狠为佳，汾酒乃烧酒之至狠者。”梁绍壬在《两般秋雨庵随笔》列述清代各地名酒，在经过一番比较后，他承认“不得不推山西之汾酒”；清代李汝珍的小说《镜花缘》排列南北名酒，便将“山西汾酒”放在北酒前列，山西汾酒成为清代 55 种名酒中的第一位。

《清稗类钞》还专门记述了汾酒的酿造工艺：“汾酒之制造法与他酒不同。他酒原料下缸，七八日之酝酿，一次过净，酒糟齐出矣。汾酒酝酿最缓，原料下缸后须经四次，历月余，始能完全排出。”汾酒的发酵周期较长，工艺成熟用料讲究，从而保证了汾酒的品质，这也是汾酒在明清时期更为盛行的重要原因之一。

道光年间，曹树谷所作《汾酒曲》八首，不仅为古老醇美的汾酒留下了历史性的诗章，而且成为后人研究汾酒酿造史及操作技术的重要依据和弥足珍贵的文化史料。《汾酒曲》全诗如下：

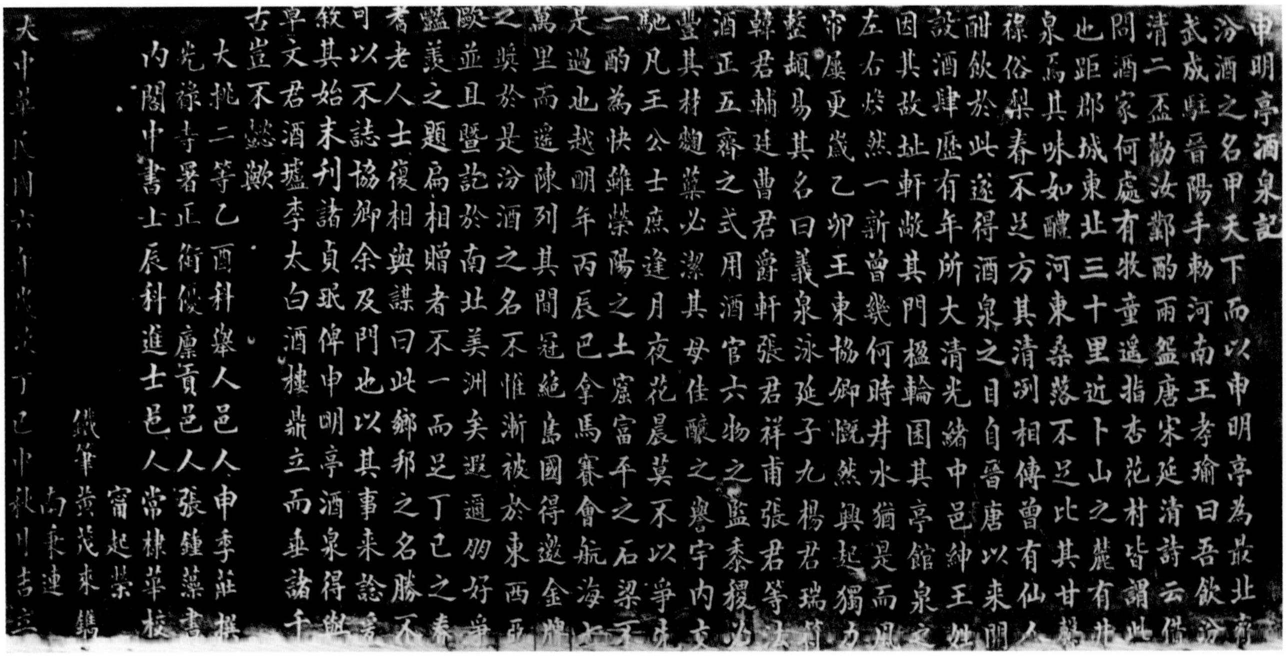

申明亭酒泉记

山西第一次實業展覽會褒狀

出品人

品名

評定成績　　分

前項

應給最優等褒狀此狀

會長閻錫山

評議長崔廷猷

理事長趙炳麟

中華民國　　年　　月　　日發給

第　　號

1919年，山西第一次实业展览会最优等奖状。

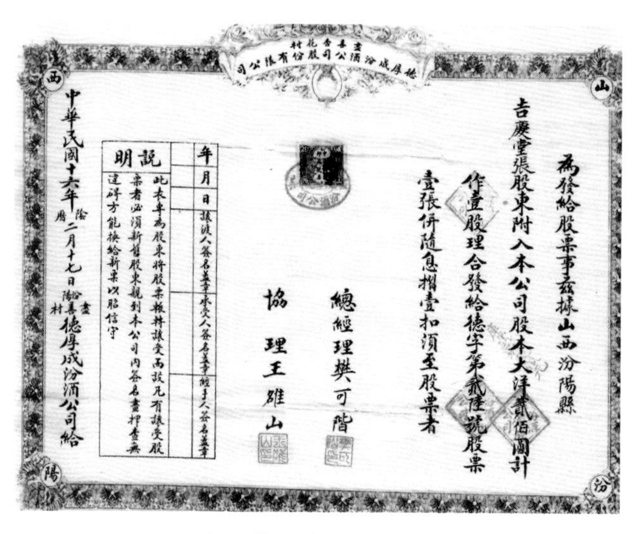

德厚成汾酒公司股份有限公司

為發給股票事茲據山西汾陽縣

吉慶堂張股東附入本公司股本大洋貳佰圓計

作壹股理合發給德字第貳陸號股票

壹張併隨息摺壹扣須至股票者

總經理樊可階

協理王雉山

中華民國十六年二月十七日

德厚成汾酒公司給

| 年月日 | 讓渡人簽名蓋章 | 承受人簽名蓋章 | 經手人簽名蓋章 |
| --- | --- | --- | --- |
| | | | |

說明

此表專為股東將股票轉讓而設凡有讓受股票者必須新舊股東親到本公司內簽名畫押查無違碍方能換給新票以昭信守

1927年，德厚成汾酒公司股票。

一

味彻中边蜜样甜，瓮头青更色兼香。

长街恰副登瀛数，处处街头揭翠帘。

二

神品真成九酝浆，居然迁地弗能良。

申明亭畔新淘井，水重依稀亚蟹黄。

三

沽道何妨托一廛，家家酿酒有薪传。

当垆半属卢生裔，颂酒情深懒学仙。

四

玉瓶不让谷溪春，和入青韶味倍纯。

最是新年佳酿熟，蓬蓬铁鼓赛郎神。

五

火候深时融辣味，酒花圆处寄遐情。

曲生元晏谁能作，千古随园有定评。

六

琼酥玉液漫夸奇，似此无惭姑射肌。

太白亦曾携客饮，醉中细校郭君碑。

七

无限闲愁付醁醽，停杯坐对卜山青。

老夫记得高王语，两字汾清补酒经。

八

甘露堂荒酿法疏，空劳春鸟劝提壶。

酒人好办行春马，曾到杏花深处无？

清光绪元年（1875 年），汾阳南垣寨商人王协舒在杏花村东堡卢家街申明亭（宋代甘露堂旧址）开办了具有资本主义性质的作坊——宝泉益酒坊，聘请杨得龄担任大掌柜，一个以雇佣关系为特征的近代工业化酒企雏形在千古名村杏花村正式诞生，揭开了汾酒历史新的一页。

清光绪二年至四年（1876 ～ 1878 年）华北地区发生“丁戊奇荒”，在此期间许多名酒退出历史舞台，但汾酒得敕令继续酿造朝贡，延绵不绝。光绪年间，李鸿章带着汾酒走遍了三大洋 8 个国家，进行了一场“行走的汾酒”活动。

光绪二十五年（1899 年），宝泉益酒坊兼并“德厚成”“崇盛泳”两家酒坊，易名为义泉泳酒坊，形成了“人吃一口锅，酒酿一眼井，铺挂一块牌”的崭新局面，被杏花村人称为“一道街、一爿铺、一东家”的“三一”格局。金融资本的运营，使杏花村酒业完成了“生产工艺统一，无形资产统一，市场营销统一”的局面，形成了“老白汾酒、竹叶青酒、白玉汾酒、玫瑰汾酒”等系列杏花村名酒，建立了中国白酒史上第一个品牌体系。

光绪三十年（1904 年），义泉泳在杨得龄的带领下大规模地研制、配制药酒、果露酒。他们以老白汾酒为基酒，先后试制成功“葡萄”“黄汾”“茵陈”“五加皮”“木瓜”“佛手”“玫瑰”“桂花”“白玉”“状元红”“三甲屠苏”等 10 余种低度配制汾酒露，加上清初大学者傅山配制的竹叶青生产工艺，形成了中国白酒业第一个以白酒为主、配制酒为辅的完整的品牌体系。其中，白玉、竹叶青、状元红、玫瑰与老白汾酒并驾齐驱，成为杏花村五大名酒。

杏花村申明亭

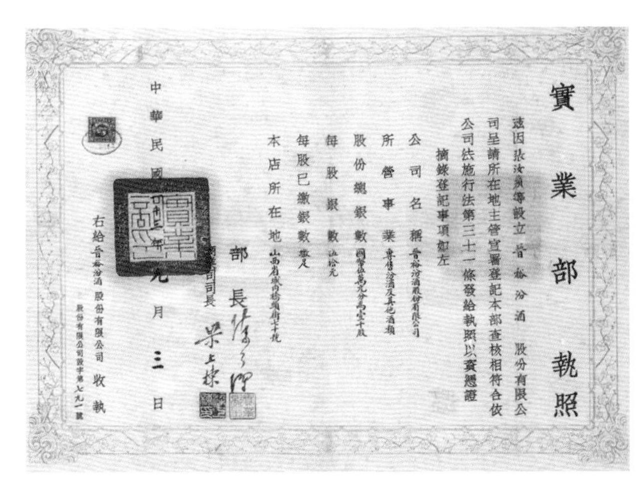

實業部執照

茲因張汝勇等設立晉裕汾酒股份有限公司呈請所在地主管官署登記本部查核相符合依公司法施行法第三十一條發給執照以資憑證

摘錄登記事項如左

公司名稱 晉裕汾酒股份有限公司

所營事業 專營汾酒及其他酒類

股份總額 國幣伍萬元分為壹千股

每一股銀數 伍拾元

每股已繳銀數 繳足

本店所在地 山西省城內橋頭街七十號

部長

司長 梁上棟

中華民國　　年九月三日

右給晉裕汾酒股份有限公司收執

股份有限公司設字第七九一號

1934年实业部执照

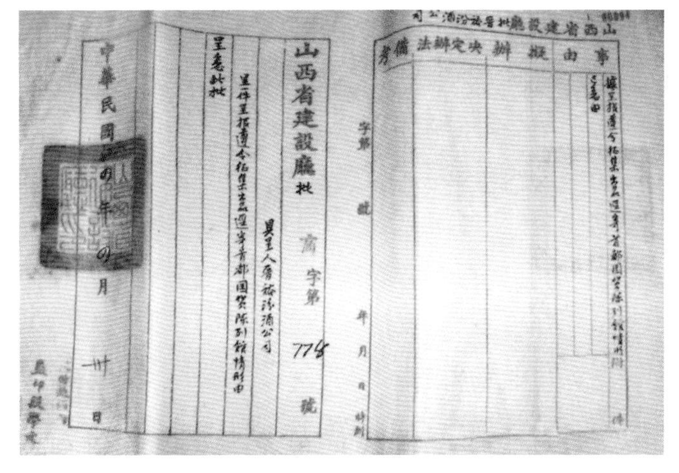

山西省建設廳批晉裕汾酒公司

事由 擬辦 決定辦法 備考

山西省建設廳批 商字第778號

具呈人晉裕汾酒公司

中華民國　　年　月　日

1935年山西省建设厅批商字第778号

清代，竹叶青酒在全国依旧盛行，诗文多有记载。清代帝王将“竹叶飞清”列为时令饮料酒。流风所及，人们亦乐饮用。清代潘荣陛撰《帝京岁时纪胜》中记载乾嘉时的名酒曰：“至于酒品之多，京师为最，煮东煮雪，醅出江元，竹叶飞清，梨花湛白。”

明清两朝蒸馏白酒发展较快，原因有三：一是价格因素。白酒比黄酒度数高，饮白酒四两就可醉人，饮黄酒二三斤还不足，黄酒之沽十倍于白酒。因此，价低易得一醉的白酒较之黄酒更受欢迎。二是市场销售因素。黄酒不易长贮久搁，车载远运，从深春到初秋皆不宜酿造；白酒则没有这些缺点，贩运较方便。三是成本因素。白酒所用的高粱、壳糠与制曲所用的大麦都是粗粮，价格较低；黄酒以小麦为曲，糯粳、黍秫为原料，均是精粮，价格较高；白酒制作成本比黄酒低廉。因此，北方的白酒就逐渐取代黄酒，广为流行。

最终，汾酒成了酒界一个响亮的品牌。

# 汾酒工艺

汾酒属于大曲清香型白酒，含有乙酸乙酯和其他特殊芳香成分，代表了长江以北名酒的特点。汾酒酒液莹澈透明，清香馥郁，入口香绵甜润，醇厚爽冽，饮后回味悠长。

汾酒采用独特的“固态地缸分离发酵，清蒸二次清”工艺，以本地所产高粱为主要原料，大麦、豌豆制成大曲为糖化发酵剂，并引深层优质岩溶水为酿造用水，经原料粉碎、高温润糁、清蒸糊化、地缸二次发酵、两次蒸馏、再经陈年贮存、勾兑调味等工序酿成。

汾酒以其色、香、味“三绝”的独特风格名甲天下。产品度数有65°、55°、53°、42°、38°等多种，其中的高度汾酒，入口平和绵软。对于喜饮烈酒性的人来说，这一特点很可贵，它也因此而著名于世。品酒家们常说：“汾酒酒质纯净，幽雅纯正，绵甜味长。”这也是汾酒“三绝”在品评中最直接的感受。

## 一、汾酒的原料

1. 名酒产地必有佳泉——水

酿造用水中矿物质的种类、含量与酒质有直接的关系。汾酒酿造所用的水是采自杏花村800米以下深的深层地下水，pH值介于7.25～7.35之间，是典型的弱碱性水，同时富含多种矿物质元素，属于天然优质的矿泉水。

2. 有优质的酿酒原料——晋中平原产的高粱

这种高粱，颗粒饱满，大小均匀，含淀粉丰富，经过润蒸处理后，熟而不粘，内无生心，是别的酿酒原料比不了的。此外，酿造用曲也很讲究，由大麦和豌豆制成。曲发酵周期长，经过传统的蒸馏与勾兑，酿造出的酒清澈透亮，芳香醇厚。

3. 大麦、豌豆

大麦、豌豆是汾酒所用大曲的主要原料。大麦具有良好的曲香味和清香味，占制曲原料总量的60%。从外观看，要求大麦色浅黄，颗粒饱满、坚实、皮薄、均匀，无虫蛀。汾酒用大麦，每千粒重平均为29.05克。

豌豆含蛋白质高，淀粉少，黏稠性大，与大麦配合使用，可以克服曲坯疏松、上火快、去火快、成熟快的缺点。一般大麦与豌豆的配比为6:4或7:3。对豌豆的选择，要求颗粒饱满，肥大皮薄，干燥，口咬发清脆声，比重大，有光泽，没有霉变邪味，夹杂物含量低于0.5%。豌豆多选用产于晋中平原和交城山区一带者，质量好，产量大。

汾酒集团公司成立了自己的原粮公司进行原粮管理，实现了统一品种、统一栽培技术、统一管理、统一收割、统一加工、统一仓储、统一运输。其分别在山西沁县，山西汾阳，吉林榆树，乾安，内蒙古林东县，甘肃山丹军马场，坝上草原和祁连山脉等地，建立了自己的原粮基地，实现了原粮百分之百的基地供应。

## 二、汾酒的工艺

汾酒的工艺概括为“地缸固态分离发酵，清蒸二次清”。其中，囊括了汾酒最重要的三点工艺特征：

第一，汾酒采用清蒸清烧工艺酿造，即酿造原料、辅料、酒醅要分别清蒸。蒸酒后的酒酪不再配入新料，只加曲进行二次发酵，茬次清、穆醅清。操作上突出“清”字，一清到底。保证机械设备、生产工具日日清，工完料尽场地清，环境卫生保证清。酿酒工艺从始至终都追求一个“清”字。

第二，原料先后经过两次发酵、两次蒸馏之后形成丢糟，工艺路线清晰，更有利于产品从田间至餐桌的追溯。

第三，汾酒酿造采用埋于地下的地缸做发酵容器，地缸因其特殊的材料，有多种微量元素。这些元素参与微生物生长、代谢和催化，形成了得天独厚的酿酒微环境。并且与泥土隔离，清洁卫生，还具有良好的导温性、透气性、发酵可控制性、经济环保等，保证汾酒的清香。

综上，汾酒科学的工艺流程保证了优良的口感，使得汾酒具有“清、爽、绵、甜、净”的质量典型特征。其中，“清”和“净”二字是汾酒最独特的风味。

历代酿酒专家总结出的十大酿造秘诀，即“人必得其精，水必得其甘，曲必得其时，粮必得其实，器必得其洁，缸必得其湿，火必得其缓，料必得其准，工必得其细，管必得其严”。

汾酒酿造工艺流程如下图所示：

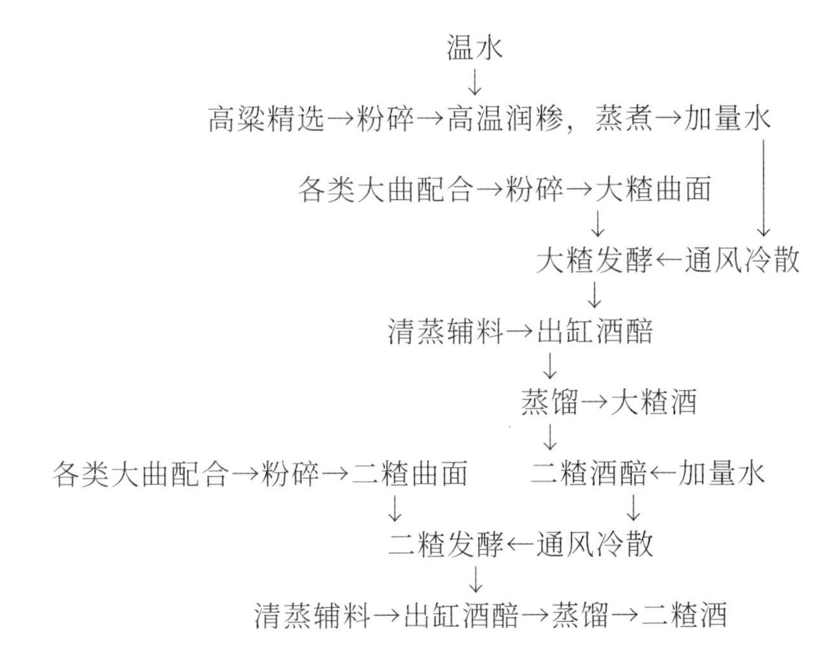

# 第二章

## 1875～1948年

## 追求品质　享誉世界

# 清代杏花村一等义泉泳汾酒

规　　格 | 65%vol　5斤

清代65%vol杏花村一等义泉泳汾酒5斤装

1915年，汾酒获得巴拿马万国博览会甲等金质大奖章。

1915年，汾酒荣获巴拿马万国博览会甲等大奖奖状。

1915年，在巴拿马万国博览会上，山西高粱汾酒是中国唯一获得甲等金质大奖章的品牌白酒，汾酒由此开启了近百年的世界名酒史。

当时，山西省政府发布提倡汾酒的通告。这个通告体现了阎锡山大力提倡汾酒，振兴三晋酒业经济的战略意图。通告内容如下：

关于《巴拿马赛会山西出品汾酒得奖通告》

巴拿马赛会是在美国开办的，因为美国要扩张太平洋的航路，就将那巴拿马的海峡凿通，开成一条大运河。工程完竣以后，往来交通非常便利。所以，在这巴拿马运河地方特开万国博览会，就是庆祝成功、夸耀海权的意思。凡世界各国的著名物产，无不收罗陈列、籍资比较。我国亦在北京特设筹备巴拿马赛会事务所，通告各省征集赛品。于是，我们山西就预备了若干的出品送往美国比赛。这会是民国四年二月开幕，内中陈列的东西门类繁多，五光十色、无奇不有。展览了一年有余，始行闭会。闭会以后，美国政府又聘请本国外国的专门大家将各国所送出的出品分类审查，评定高下。遇有十分出色的，或是原料优良，或是制造精美，分别给予奖牌、奖状以彰荣誉。

可喜我们山西的汾酒，得下一等金质奖奖牌一枚、奖状一纸。居然在世界各国里头争了优胜，岂非最有名誉的事么。

原料是我们固有的出产，制造是我们培熟的技能，只要按照以上方法：应改良的竭力改良，愿推广的加以推广，那利益就增进无穷了。兹将所得奖牌、奖状式样列后，俾供众览。特此通告。

公告颁布之后，当时的热门大报《并州新报》，以“佳酿之誉，宇内交驰，为国货吐一口不平之气”为标题，向国人欢呼：“老白汾大放异彩于南北美洲，巴拿马赛会一鸣惊人。”由此，老白汾的声誉驰名于海内外，成为享誉国际的世界品牌。

# 清代杏花村义泉泳汾酒

规　　格 | 65%vol　5斤

清代65%vol杏花村义泉泳汾酒5斤装

“义泉涌”汾酒于宣统二年获得的南洋劝业会优等奖奖章

1919年，汾酒获山西省第一次实业展览会最优等奖奖章。

1921年，晋裕汾酒获上海总商会商品陈列所第一次展览一等奖奖章。

**相关记事：**

1918 年，阎锡山得知汾阳杏花村“义泉泳”酒坊所酿高粱汾酒在美国举办的巴拿马太平洋万国博览会上获得甲等金质大奖章后，第一反应是“经此次赛会竞胜，远近传播，购者必多……”。于是立即亲题金匾“味重西凉”褒奖义泉泳酒坊，同时指示副官张汝萍（汾阳籍人）约省六政考核处处长崔庭献邀请义泉泳大掌柜杨得龄赴省城研究公商合营之事。

张汝萍联络了一些朋友共同商议，拟集股开设推销酒的商店。他们又把杨得龄请来商议。商议结果，决定由张汝萍等 5 人，各认股金 500 元，计 2500 元；义泉泳以酒入股，认 2500 元，组成晋裕汾酒有限公司。据民国出版的《现代中国名人外史》载，阎锡山“肴止五簋四碟，酒则汾产一壶而已。闻有要人某，酒量夙佳，莅晋谒阎，阎仍以酒一壶款之，某饮兴方酣，而酒已告罄，阎则并不破其添酒之老例，遂呼进饭，某无奈退席返寓，出资沽酒重饮，以是遂以‘阎一壶’称阎”。阎锡山一生尊爱汾酒，其生活习惯是“酒则汾产一壶而已”。其百年后台北故居供桌插花用的都是汾酒酒瓶。

是年，汾酒获中华国货展览会金质奖。

清代65%vol杏花村义泉泳汾酒5斤装

# 清代竹叶青酒

规　　格 | 45%vol　5斤

参考价格 | RMB 3,680,000

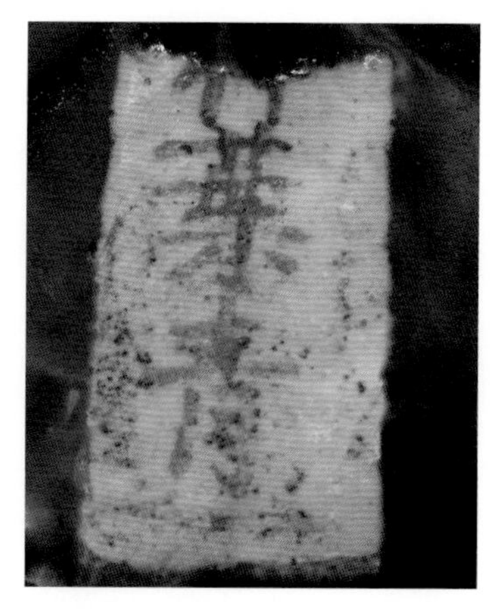

竹叶青

清代45%vol竹叶青酒5斤装

义泉泳大掌柜杨得龄

**相关记事：**

1919年1月，晋裕汾酒有限公司在太原正式成立。经营方式为由义泉泳供酒，晋裕公司经销。经理均由杨得龄担任。

“振兴国酒，品优价廉，信誉至上，优质为本，绝不以劣货欺世盗名”，是晋裕汾酒公司杨得龄经理毕生创业之宗旨。

杨得龄经理在以往经营义泉泳的基础上，结合当时“有限公司”的一般章程，形成了晋裕汾酒有限公司经营管理的“四项基本制度”：即资金股份制、管理分权制、薪俸三三制、人事避亲制。

是年，汾酒获得山西省最优等奖章；山西省第一次展览会最优等奖章。

1920年，华北五省大旱，政府责令酒坊停业，而义泉泳酒坊因参股晋裕公司而未受影响，为晋裕公司在杏花村购地建厂提供了政令支持，为晋裕公司整合杏花村酿酒资源提供了可靠依据。

民国时期汾阳城内的义泉涌商铺

# 民国时期山西汾酒（香港永利威）

规　　格 | 65%vol　1斤

参考价格 | RMB 8,643,000

民国时期65%vol山西汾酒（香港永利威）1斤装

**相关记事：**

1921年，汾酒获上海总商会商品陈列所第一次展览会银质奖。

1922年，汾酒参加南洋劝业会获一等奖。

1923年5月4日，北洋政府颁布了我国商标史上第一部《商标法》。

1924年，晋裕汾酒公司经理杨得龄高瞻远瞩，率先注册了中国白酒业的第一枚商标——高粱穗汾酒商标。该商标上印有汾酒荣获巴拿马赛会甲等金质奖章图案、山西展览会最优等奖章图案，商标图案由一株高粱穗和23颗饱满的高粱组成。并注明“总酿造场山西汾阳县杏花村义泉泳记”“总发行所山西太原省桥头街晋裕公司启”等字样，商标四角印有“环球驰名”四字。同时还有一段文字说明：“此杏花村汾酒前在美洲巴拿马万国博览会经世界化学、医学名家确实化验，共称品质纯粹，香味郁馥，酒度虽高，确于卫生有益。本公司为保持名誉、便利顾客起见，特设总发行所于山西省城，凡大雅客商须认明本公司高粱穗商标，惠顾是荷。”

# 山西杏花村汾酒集团有限责任公司

## 向864万购买永利威汾酒的朋友致敬！

欣闻在8月22日举办的首届京东超级拍卖节上，一瓶上世纪20年代的永利威汾酒拍出了864.3万元的高价，成为本次拍卖节中的明星，创造了中国白酒线上拍卖的新纪录。

据悉，此次拍卖的永利威汾酒以10万元的价格开拍，加价幅度仅为1000元，然而经过多轮加价后，竟然创造了864.3万元的成交价，期间围观人数达2万余次。

这瓶汾酒是1927年香港永利威公司向山西晋裕汾酒公司定制生产的出口汾酒，酒瓶上还烧制着英文说明，这是迄今为止发现的最早的瓶装白酒，也是目前为止发现的最早的出口白酒实物，是汾酒很早就已国际化的历史见证，也是中国白酒国际化发展的里程碑。

在此，我们向成功拍得永利威汾酒的这位买家表示祝贺与感谢，感谢这位朋友对汾酒品牌的高度认同，并能够拿出大额资金收藏这瓶汾酒。汾酒集团真诚邀请您到访汾酒，共饮美酒，再续酒缘。

我们要向每一位参与拍卖的“汾丝”表示由衷的感谢！正是你们对汾酒的喜爱和支持，才让永利威汾酒创造了白酒拍卖史上的奇迹。未来，汾酒仍将“用心酿造，诚信天下”，用一流的品质回报广大消费者的喜爱。

山西杏花村汾酒集团有限责任公司

2018年8月30日

# 民国时期晋裕公司汾酒

规　　格 | 65%vol　5斤

民国时期65%vol晋裕公司汾酒5斤装

高粱穗晋裕汾酒获西湖博览会一等奖奖章

**相关记事：**

1924 年 5 月 21 日，阎锡山用汾酒招待来访的印度诗人、哲学家泰戈尔，大力宣扬汾酒如何在巴拿马赛会上大放异彩、捧得殊荣、夺得甲等金质大奖，并大加赞扬汾酒之品质：“此酒为晋省特有之产，品质纯粹，香味郁馥，酒精含量虽多，而较之他酒，不甚伤人。”并道：“我们山西汾酒是省酒，也是国酒。”不仅亲自向泰戈尔推广汾酒，还将汾酒提升至“国酒”地位。

1927 年，义泉泳与晋裕公司共合作 8 年，义泉泳因供酒价与晋裕公司的售出价悬殊太大，要求提价，晋裕公司不予调整。加之，义泉泳内部起内讧，决定不再供应晋裕公司汾酒，而且撤去杨得龄在义泉泳的经理职务。晋裕公司的资本当时已达 5 万元，在山西 500 家酒业中居于首位。杨得龄离开时，带出了义泉泳的半套人马，就此专任晋裕公司的经理。并于当年在杏花村购得房产，成立了晋裕公司酿造厂，自产自销，其规模与义泉泳相当。分裂后的义泉泳，因经营方式陈旧、管理不善等原因日渐衰落。1932 年，晋裕公司以 9600 元的价格购买了义泉泳的一切房产、招牌及生产工具。

晋裕公司兼并义泉泳之后，进入了它的黄金时代。据资料记载：晋裕公司 1930 年的纯收益为 3683 元 8 角，吞并义泉泳以后，利润大大增加，1935 年纯收益上升为 8377 元 2 角；1936 年，又增加到 12544 元 7 角，每股红利 7. 5 元，红利率高达 15%，日产酒达到 2000 市斤。并新建扩建了太原罐头厂、新华泰料器厂、平遥面粉厂、杏花村晋裕酿造厂和义泉泳造酒厂，成为当时中国规模最大的白酒企业。

《中国实业志 · 山西卷》载：“1936 年全省有酒厂 474 家，其中有 38 家是清代开办的……将近三分之一的厂设在汾阳。民国年间，山西酿酒业以汾阳为最。全县有酿酒企业 17 家。17 家较大作坊中，有 11 家是自清代延续而来。

# 民国时期义泉涌汾酒

规　　格 | 65%vol　5斤

1928年，晋裕汾酒获得工商部中华国货博览会一等奖金质奖章。

民国时期65%vol一等义泉涌汾酒5斤装

1930年，太原晋裕汾酒公司开第十一次股东大会摄影留念。

**相关记事：**

1933年，时任天津塘沽“黄海化学工业研究所发酵与菌学研究室”助理研究员的方心芳先生来到杏花村，开始了中国白酒业第一次系统的实用性科学研究。而当时的杨得龄先生从事汾酒酿造已经60余年，是全中国顶级的酿酒大师，也是真正的“汾酒通”。一位微生物专家和一位酿酒专家在一起共同研究了半个多月，分析化验，思索论证，掌握了汾酒酿造的几百个研究数据，对汾酒的酿造工艺进行了全面总结，这就是著名的汾酒酿造七大秘诀：“人必得其精，曲必得其时，器必得其洁，火必得其缓，水必得其甘，粮必得其实，缸必得其湿。”时隔不久，方心芳写出了我国制曲酿酒的第一批科学论文《汾酒酿造情形报告》等，在国内外引起了极大的反响。

1934年，汾酒获山东国货陈列馆特等金奖。

1935年、1936年，汾酒蝉联全国铁路沿线出产货物品展览会特等金奖。

1935年，据上海社会科学出版社出版的《上海工商社团志》记载：上海有关酒业的同业公会共有6家，其中酒类专业协会3家，参加汾酒公会的业主数量高达226家，是当时上海最大的酒类专业协会。

1937年，抗日战争爆发。为汾酒事业奋斗了66年的杨得龄老先生以79岁高龄辞职返归故里。连年战乱加上军阀、政界的腐败，使晋裕公司经营日渐艰难。

# 晉裕汾酒公司酒标

晉裕汾酒公司酒标

民国二十五年（1936年），太原晋裕汾酒公司开业十八周年全体董监暨同仁摄影留念。

**相关记事：**

据山西杏花村汾酒集团有限责任公司出品王文清著《国宴汾酒》记载，从1936年红军长征到达陕北延安，1948年中共中央移至西柏坡，一直到中华人民共和国成立，中共中央招待用酒都是山西汾酒。而这些汾酒都是通过晋绥边区随军用物资、生活用品一起运送到延安。

据《周士第回忆录》载，早在1936年，由徐海东、程子华率领的中国人民红军抗日先锋军十五军团七十五师、七十八师就曾到过汾阳杏花村，受到杏花村人民及晋裕汾酒公司经理杨得龄的欢迎和热情接待。

1936年3月8日，中共中央政治局在山西省交口县大麦郊召开扩大会议。会议分析了红军东征山西以来的政治、军事形势，调整了东征战役的部署。18日黄昏时，红十五军团在汾阳县杏花村、冀村和文水县孝义镇一带宿营。杏花村位于晋中平原，人口稠密，村子很大。红军将士看到这种情景，认为是宣传抗日救国政策的好机会，周士第参谋长当即安排宣传队、指战员和政治工作人员对群众做起宣传工作。群众见到红军是这样的笑容可掬、纪律严明，当时就有部分青年参加了红军。周士第当晚就借住在杏花村晋裕公司造酒厂，老掌柜杨得龄拿出陈年老白汾酒，热情款待周士第。在记载汾酒获巴拿马万国博览会甲等金质大奖章的石碑前，杨掌柜向周士第讲述了古老杏花村的酿酒历史。当听到晚唐诗人杜牧的《清明》诗时，周士第诗兴勃发，步杜牧诗的原韵作了一首题为《参加红军》的七绝：“参加红军人纷纷，倭寇国贼惊失魂。抗日先锋处处有，革命同盟遍乡村”。

# 民国时期晋裕公司杏花村汾酒

规　　格 | 45%vol　1斤

参考价格 | RMB 2,800,000

民国时期晋裕公司酒标

民国时期45%vol晋裕公司杏花村汾酒1斤装

**相关记事:**

1945 年 7 月 1 日，黄炎培先生率民主人士考察团访问延安。次日，在款待考察团一行的宴会上，黄炎培先生与民主人士考察团从汾酒谈到长征，从中国革命谈到建立新中国，就摆脱“周期率”做了著名的具有历史意义的“窑洞对”。

1936年，杨得龄全家合影。

# 1948年老白汾酒

规　　格 | 65%vol　1.2斤

参考价格 | RMB 2,200,000

1948年65%vol老白汾酒1.2斤装

**相关记事：**

1948年，杨汉三（原义泉泳掌柜杨得龄之子）任经理，即汾酒厂首任厂长。

6月，党中央要求必须完成汾酒的恢复生产任务，在中秋节前要让人民喝上汾酒。并确保在中国人民政治协商会议召开前夕，把新生产的汾酒送到北平。杨汉三勇担重任，积极恢复汾酒生产。当年9月16日投产，日产20公斤，到年底日产达250公斤。在中国人民政治协商会议召开前夕送到北京，成为国宴用酒。同年中秋节前夕，竹叶青酒也配制成功，并在年内恢复了竹叶青酒生产。

7月，晋中党委派杨汉三回杏花村，在义泉泳酒坊的旧址上组织恢复汾酒生产，并暂定名为汾阳杏花村专营酒店，中国共产党领导的第一个名白酒企业宣告成立。

10月，汾阳杏花村义泉泳公私合营汾酒公司挂牌成立。1948年秋，华北大部分地区解放，山西杏花村生产的汾酒，再次进入华北地区。

1949年，汾酒生产车间。

# 民国时期汾酒酒标

晋裕汾酒公司酒标

義泉泳酿造厂酒标

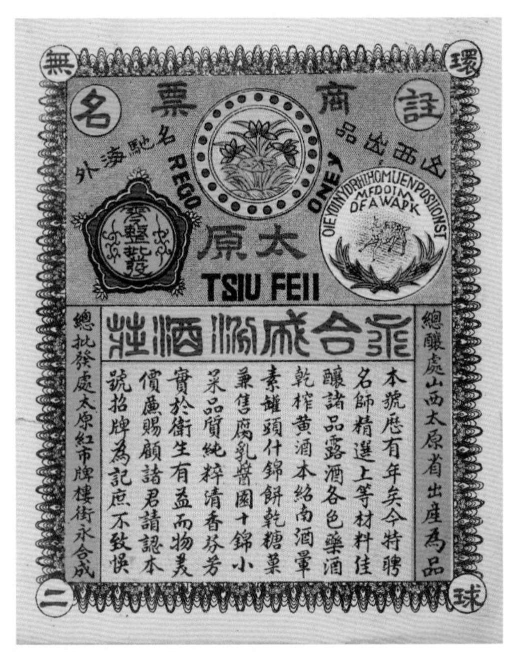


太原永合成汾酒庄酒标

山西汾酒酒标

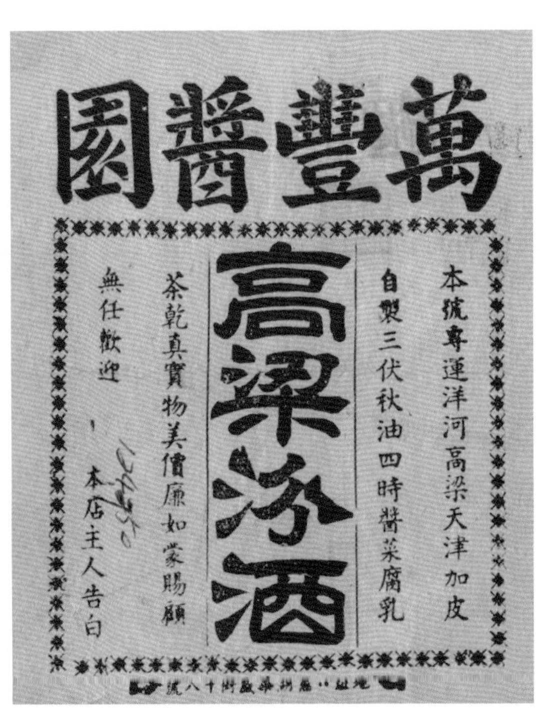


高粱汾酒酒标

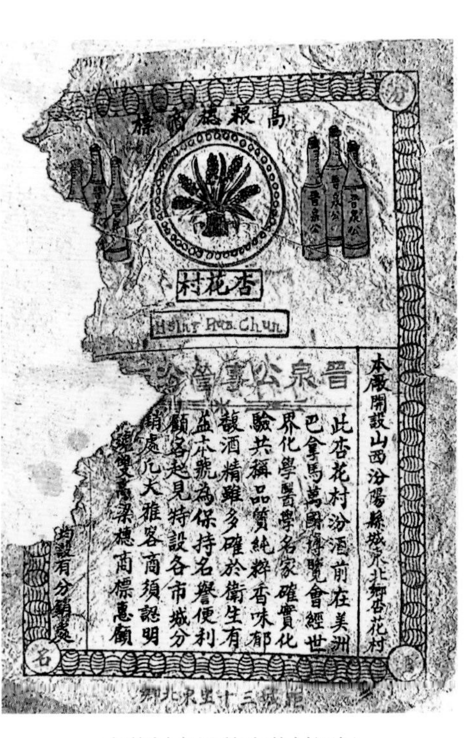


杏花村高粱穗杏花村酒标

民国时期晋裕公司杏花村汾酒

山西汾酒苏州裕泰号酒标

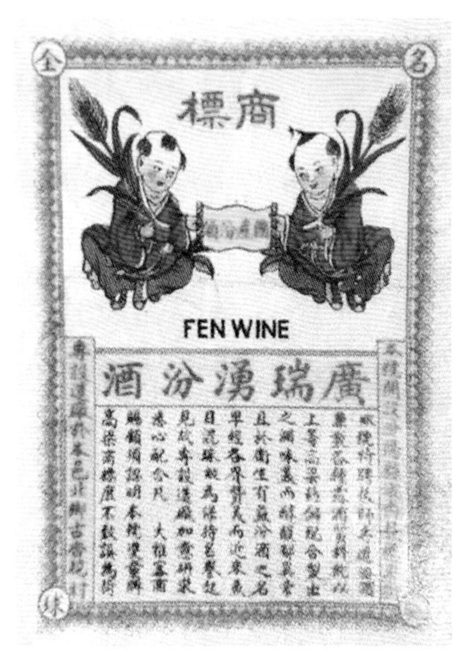


广瑞涌汾酒酒标

星斗商标山西杏花村汾酒酒标

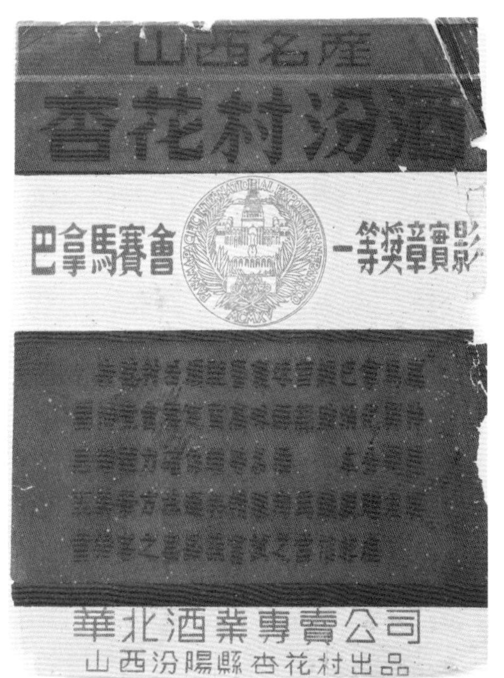


华北酒业专卖公司杏花村汾酒酒标

华北酒业专卖公司竹叶青酒酒标

杏花村名酒
老白汾酒
竹葉青酒
竹葉青酒
杏花村
汾酒
汾陽縣杏花村出品
山西省專賣事業公司
住址:山西太原市新民北正街門牌九號電話:1706.1707.
太原印刷廠印

# 第三章

1949～1963年

## 中国名酒　两获殊荣

# 1949年杏花村汾酒酒标

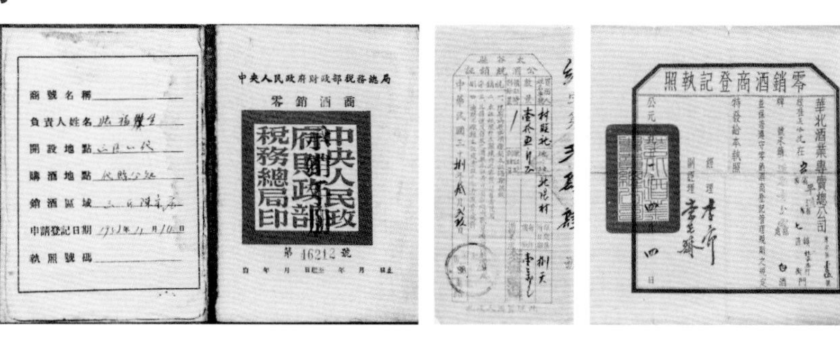


1949～1952年经销执照

1949年杏花村汾酒酒标

华北酒业专卖公司销售山西汾酒、山西竹叶青酒

**相关记事：**

1949 年，汾阳杏花村义泉涌公私合营汾酒公司经理畅俊卿、孙维屏，副经理郝瑞斌；技师蔚绍全。

2 月，人民政府以 8000 元的价格收购了晋裕公司在杏花村的酿造厂，派人到杏花村利用原德厚成酒坊旧址，筹办了公营地晋泉公酒厂。

5 月 20 日，山西省人民政府以 1.76 万元购买了晋裕公司和“德厚成”全部设备，并将“义泉泳”和晋泉公酒厂两厂合并。

是月，太原税务局接管汾阳杏花村公私合营义泉泳汾酒公司，将其和杏花村晋泉公酒厂、德厚成酿造厂正式合并。

6 月 1 日，华北酒业专卖总公司山西汾阳杏花村地方国营汾酒厂正式挂牌，隶属于华北酒业专卖总公司和太原税务局双重领导。华北酒业专卖总公司山西汾阳杏花村地方国营汾酒厂作为中华人民共和国第一个地方国营名酒企业诞生了。各方面得到迅速发展，为适应市场需求，杏花村公营酒厂重新设计新酒标。

6 月 11 日，在义泉泳和晋泉公两个酒坊合并的基础上，成立了山西省杏花村汾酒厂，当时的厂址在杏花村东堡。

9 月，杨健任华北酒业专卖公司汾阳杏花村公营酒厂经理。11 月，派陈福太任副经理。

是年，晋中第二分区汾阳县第四区杏花村晋泉公公营酒厂经理靳汝明。

是年，华北酒业专卖总公司山西汾阳杏花村地方国营汾酒厂饮料酒产量 132 吨，产值 15 万元。

是年，杏花村公营汾酒厂年末职工人数为 55 人，拥有固定资产净值为 0.85 万元，生产能力为 100 吨白酒，从 6 月 1 日成立到年底产酒 131.57 吨，加上前半年末合并前各厂产酒，总计产酒 423 吨，总产值为 14.58 万元。

# 1949年华北酒业专卖公司竹叶青酒

规　　格 | 45%vol　1斤

山西日報

# 杏花村汾酒改換商標啓事

杏花村汾酒歸政府專賣以來仍繼用原舊商標茲經精計改製一列在巴拿馬賽會一等獎章"影"白底金色紅字的新商標，酒廠、技師、原料一切均照舊再加本公司以科學方法選料精製保證保持名酒信譽酒的質量保證提高新商標業經呈政府請准於九月二十八日開始貼用特此登報聲明

華北酒業專賣公司山西分公司

1949年10月1日，《山西日报》刊登《杏花村汾酒改换商标启事》。

1949年45%vol竹叶青酒1斤装

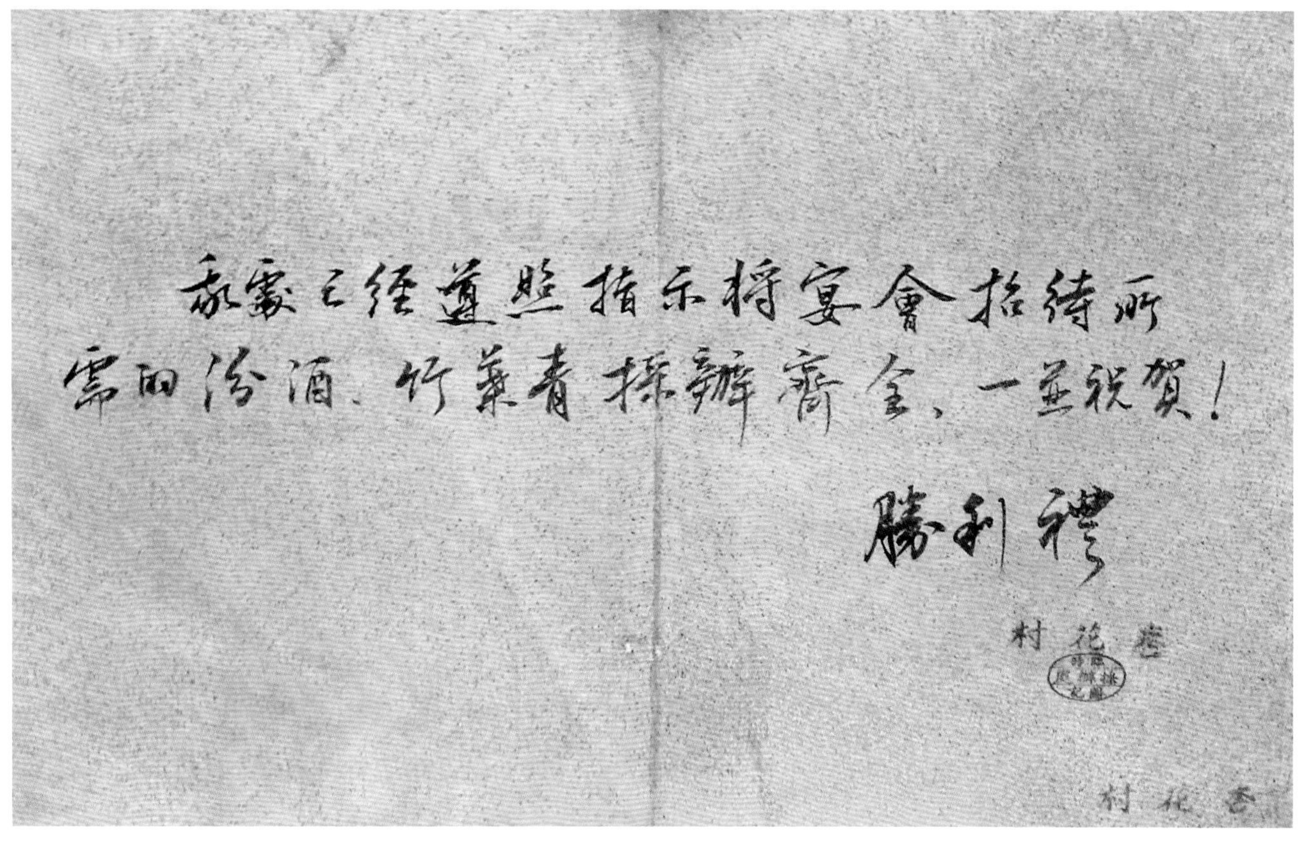

[illegible]已经遵照指示将宴會招待所需用汾酒、竹葉青採辦齊全，一並祝賀！

勝利禮

杏花村

杏花村

1949年，汾酒、竹叶青历史资料。

**相关记事：**

1949 年 9 月初，为保证这批汾酒在运输途中的安全，经过警卫班战士五天四夜的艰苦努力，分 4 批把 500 余斤汾酒运到了北京。中国人民政治协商会议第一次会议在北京隆重召开，在每个餐桌上都摆上了从山西杏花村运来的陈年老白汾酒。

是年，在首届中国人民政治协商会议召开、闭幕及开国大典之日，都举行了隆重的国宴庆祝。三次国宴所用之酒都为山西的汾酒和竹叶青酒。奠定了中华第一文化名酒——杏花村汾酒“最早国酒”的社会地位。

**商标：**

1949 年，华北人民政府实行酒类专卖，将晋裕公司、义泉泳酒厂和晋泉公营酒厂合并，于 6 月 1 日成立杏花村国营酒厂，隶属华北酒类专卖公司。为适应市场需求，杏花村公营酒厂重新设计了新酒标。10 月 1 日，《山西日报》刊登了《杏花村汾酒改换商标启事》。

新酒标使用“红星”牌，白底红字，有颈标和正标，颈标上有“注册商标”字样和“红星”商标图案。正标中间有巴拿马万国博览会甲等大奖奖牌图案，有“巴拿马赛会一等奖实影”字样；正下方有“山西名产，杏花村汾酒”字样和酒类名称；地址为“华北酒业专卖公司，山西汾阳县杏花村出品”。此酒标 1949 年 9 月 28 日至 1953 年使用。

# 1950年杏花村名酒

杏花村名酒宣传资料

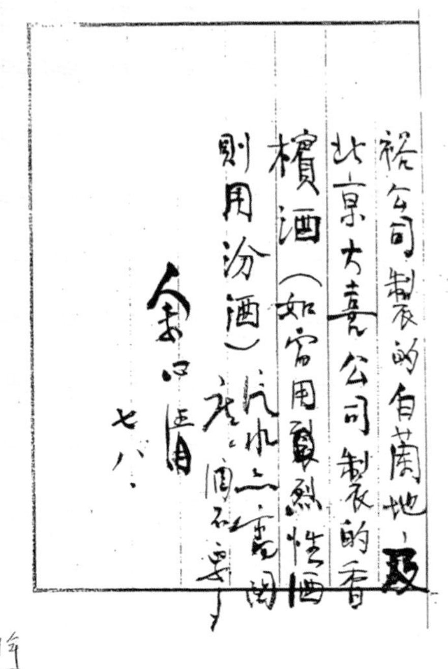

裕公司製的白蘭地，及北京大喜公司製的香檳酒（如需用烈性酒則用汾酒）[illegible]

[illegible]

七八

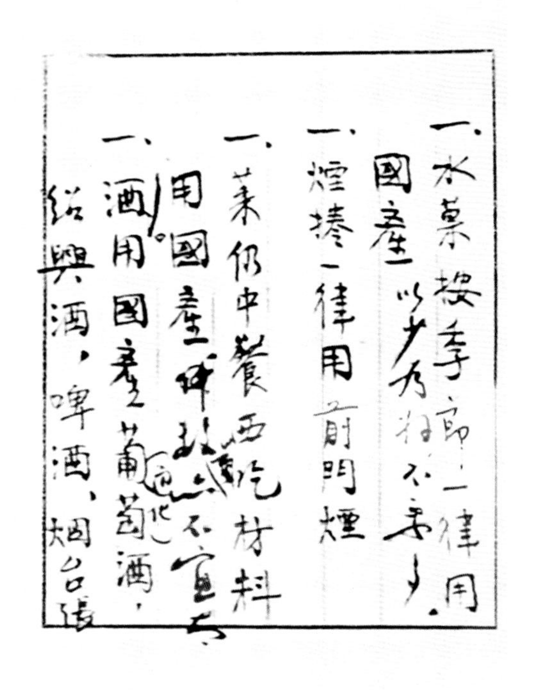

一、水菓按季節一律用國產，以少為好，[illegible]

一、煙捲一律用前門煙

一、菜仍中餐，西餐材料用國產，[illegible]不宜太[illegible]

一、酒用國產葡萄酒、紹興酒、啤酒、烟台張

1951年，汾酒历史资料。

**相关记事：**

1950 年，华北酒业专卖公司汾阳杏花村公营酒厂党支部书记、厂长孙维屏，副经理陈福太。

1 月，酒厂将 1949 年在原晋裕公司东侧新建的一处烧锅投产，编为一厂；原义泉泳公司编为二厂；原晋泉公酒厂编为三厂，分别由王亮如、郝瑞斌、靳汝明任经理。山西省文水县崖底村阎福成的私人曲坊专给杏花村酒厂加工大曲。

是月，杨健被调回山西省专卖事业公司任业务科长，仍分管汾酒厂及全省的酒类专卖工作。

6 月，私人曲坊归属杏花村酒厂，成为酒厂的大曲生产基地。由梁汉文任负责人，阎福成任管理员。

9 月，常贵明调入汾酒厂。

11 月，华北酒业专卖公司汾阳杏花村公营酒厂，更名为华北酒业专卖总公司山西分公司杏花村酒厂。

是年，杏花村酒厂职工人数增至 57 人，固定资产净值增加到 1.04 万元，全年产酒 278.25 吨，总产值增长到 30.32 万元。

**商标：**

1950 ～ 1968 年，汾酒、竹叶青酒使用“红星”牌注册商标，并分两个阶段，使用两种图样。

# 1950年汾酒、竹叶青酒

规　　格 | 65%vol 45%vol 0.5斤

1950年65%vol汾酒0.5斤装　　1950年45%vol竹叶青酒0.5斤装

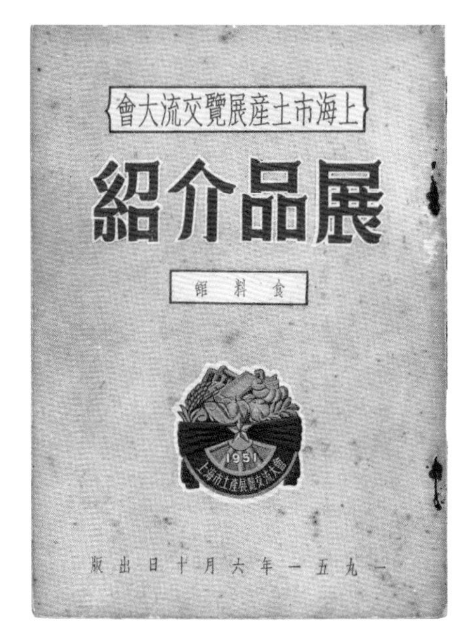

上海市土産展覽交流大會

# 展品介紹

食料館

1951

一九五一年六月十日出版

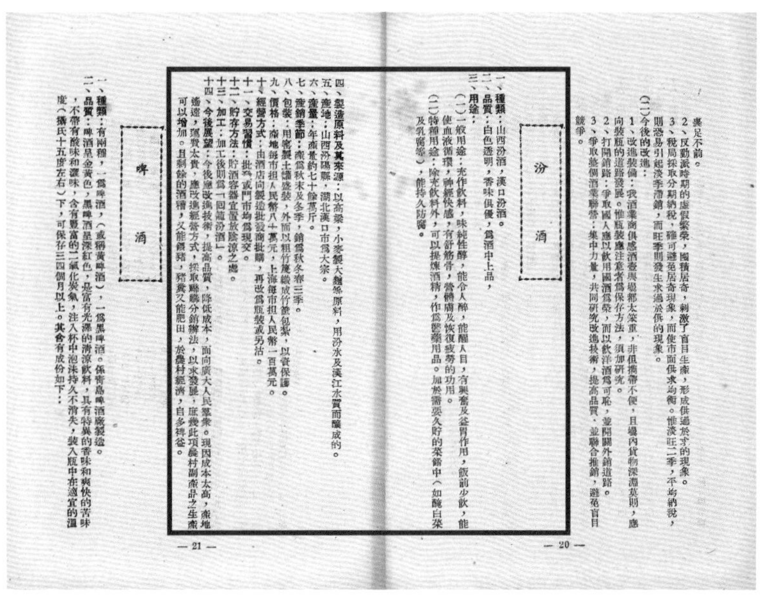

裹足不前。

2、反動派時期的虛假繁榮，囤積居奇，刺激了盲目生產，形成供過於求的現象。

3、稅局採取分期納稅，確可避免居奇現象，而使市面供求均衡。惟淡旺二季，平均納稅，則恐易引起淡季滯銷，而旺季則發生求過於供的現象。

(三)今後的改進：

1、改進裝備：我酒業商俱感酒壺與罎都太笨重，非但攜帶不便，且罎內貨物深淵莫則，應向裝瓶的道路發展。惟瓶裝應注意者爲保存方法，須加研究。

2、打開銷路：爭取國人應以飲用國酒爲榮，而以飲洋酒爲可恥，並開闢外銷道路。

3、爭取整個酒業聯營：集中力量，共同研究改進技術，提高品質，並聯合推銷，避免盲目競爭。

汾酒

一、種類：山西汾酒，漢口汾酒。

二、品質：白色透明，香味俱優，爲酒中上品，

三、用途：

(一)一般用途：充作飲料，味純性醇，能令人醉，能醒人目，有興奮及益胃作用，飯前少飲，能使血液循環，神經快感，有舒筋骨，營轉腐及恢復疲勞的功用。

(二)特種用途：除充飲料外，可以提煉酒精，作爲醫藥用品。加於需要久貯的菜餚中（如醃白菜及乳腐等），能持久防腐。

— 20 —

四、製造原料及其來源：以高粱，小麥製大麴爲原料，用汾水及漢江水質而釀成的。

五、產地：山西汾陽縣，湖北漢口市爲大宗。

六、產量：年產量約七十餘萬斤。

七、產銷季節：產爲秋末及冬季，銷爲秋冬春三季。

八、包裝：用窰製土罎盛裝，外面以粗竹篾織成竹簍包紮，以資保護。

九、價格：產地每市担人民幣八十萬元，上海每市担人民幣一百萬元。

十、經營方式：由酒店向製造批發商批購，再改爲瓶裝或另沽。

十一、交易習慣：批為或門市均爲現交。

十二、貯存方法：貯酒容器宜置放陰涼之處。

十三、加工：加工後則爲「回籠汾酒」。

十四、今後展望：今後應改進技術，提高品質，降低成本，面向廣大人民羣衆。現因成本太高，產地遙遠，運費太貴，應改進經營方式，採取聯購分銷辦法，以求發展，庶幾此項農村副產品之生產可以增加。且剩餘的酒糟，又能餵豬，豬糞又能肥田，於農村經濟，自多裨益。

— 21 —

啤酒

一、種類：有兩種，一爲啤酒，（或稱黃啤酒），一爲黑啤酒。係青島啤酒廠製造。

二、品質：啤酒是金黃色，黑啤酒是深紅色，是富有光澤的清涼飲料，具有特異的香味和爽快的苦味，不帶有酸味和澀味，含有豐富的二氧化炭氣，注入杯中泡沫持久不消失，裝入瓶中在適宜的溫度（攝氏十五度左右）下，可保存三四個月以上。其含有成份如下：

1951年，汾酒展品介绍。

汾酒所以好的根本原因，决定于“水”。汾阳县举人申季状曾説过：“井泉味如醴，河东桑落不足比其甘馨，禄俗梨春不足方其清洌。”据科学家化验，其水质很适于酿酒，为普通之水所不及。其次酿制过程精致，发酵时间较长，空气供给量多，副发酵作用旺盛，均属汾酒的独特优点。

竹叶青酒：气味香甜色泽美丽，饮后有余香 酒精分含量较多—45%左右，经化验含有十七种化合物，饮后有润肝健体之效。

汾酒、竹叶青宣传资料

# 20世纪50年代杏花村汾酒、竹叶青酒酒标

**相关记事：**

1951年，华北酒业专卖总公司山西分公司杏花村酒厂党支部书记、厂长孙维屏，扩建工程负责人郝瑞斌。

6月4日至11月1日，在孙维屏的主持下，杏花村西堡占地扩建汾酒厂，由国家投资12.49万元对汾酒厂进行了第一次扩建。工程竣工投产后，汾酒年生产能力达到200吨。

是年，酒厂改名为山西省专卖事业公司汾阳县杏花村酒厂。

是年，酒厂共有职工60人，占地面积1390平方米，建筑面积3367.5平方米，固定资产原值1.89万元，固定资产净值0.85万元，年生产能力300吨，年总产量537.24吨。

20世纪50年代杏花村汾酒、竹叶青酒酒标（1斤装）

**商标：**

内销汾酒酒标：1951 年，改为山西省专卖事业公司杏花村酒厂，使用“红星”牌注册商标，主要生产三种规格酒，分别为 0.5 斤、0.6 斤、1 斤。酒标使用两种图样。

0.6 斤汾酒只有正标，1 斤正标上方是颈标。“红星”牌图案白底金边，并有“注册商标”字样。正中央有“杏花村汾酒”五个红色大字；左侧绘有绽放的杏花图案，与汾酒的产地——杏花村地名相吻合。中间是地球，在地球的右上方有高粱穗图案衬托的山西省省区图，上书“山西特产”。在酒标的下方可以看到“山西省地方国营”“杏花村汾酒厂出品”“全国各地专卖店事业公司均有销售”的字样。

为了扩大影响力、增加销量，此两种酒标在 1951 ～ 1958 年间使用。当时已经开始用海报做宣传。

内销竹叶青酒酒标：1951 年，开始注册使用“红星”牌竹叶青酒商标，竹叶青酒（0.25 斤、0.5 斤、1 斤），三种规格酒使用两种图样，1951 ～ 1958 年使用。此三种规格的酒瓶使用棒槌式的绿色、黄色玻璃瓶，瓶底印有三环和“青岛晶华玻璃”字样。酒标以浅绿色和红色为主色调，印有竹叶青底纹，上方是“红星”牌的红色五角星图案，有“注册商标”字样。中间是黑色齿轮和金色麦穗环绕，象征工农结合。中间有“杏花村汾酒——竹叶青酒”字样，酒标下面有“山西省地方国营”“杏花村汾酒厂出品”“全国各地专卖店事业公司均有销售”字样。

竹叶青酒酒标换掉了“红星”牌的标志，在保留了原图样的基础上，将酒标上方换为巴拿马大奖章的图案，并有“巴拿马赛会一等奖章实影”字样。

玫瑰汾酒酒标：1951 年，注册使用“红星”牌玫瑰酒商标，因未见实物，参考 1951 年参加莱比锡国际博览会资料可知酒标尺寸与汾酒、竹叶青酒的一样大。有颈标和正标，颈标上有“红星”商标的标识，正标中间是商标标识，两边有“注册商标”及“玫瑰酒”字样。

20世纪50年代，汾酒老作坊。

# 20世纪50年代竹叶青酒、汾酒

规　　格 | 45%vol 65%vol　1斤 0.5斤

参考价格 | RMB 1,800,000 / 900,000

20世纪50年代45%vol
竹叶青酒1斤装

20世纪50年代65%vol
汾酒0.5斤装

山西省太原市人民政府企業登記證

茲據 許成亮申請在 橋頭街

門牌捌貳號開設晉裕公司字號

經營 酒 業經審查合格

准予營業此證

右給 許成亮收執

市長

副市長

公元一九五二年三月一日

1952年晋裕公司企业登记证

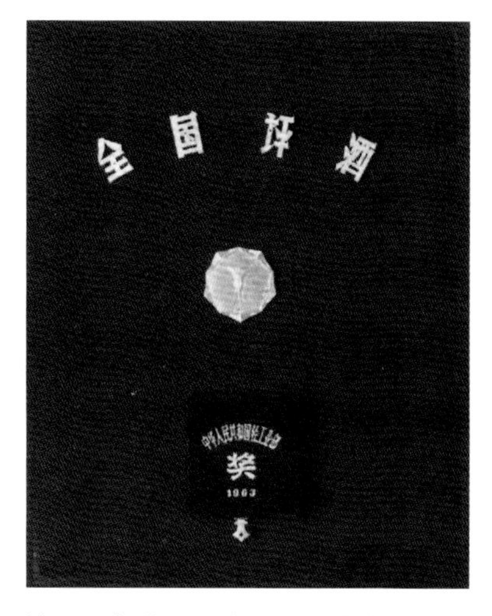


从1952年第一届全国评酒会起，汾酒连续5次蝉联金奖，获得全国名酒称号

**相关记事：**

1952 年，山西省专卖事业公司杏花村酒厂党支部书记、厂长孙维屏；扩建工程负责人郝瑞斌。

3 月，汾酒厂第一次移地扩建工程开始。

9 月，由孙维屏主持的扩建工程投入生产，形成了最早的现代汾酒厂的厂址。

是月，建成第一栋年产汾酒 250 吨的酿酒车间，并投入生产。这次扩建工程全部完成后，汾酒厂的酿造车间面积达到 958.5 平方米，仓库面积达到 746 平方米。

是年，我国首次召开全国评酒会，汾酒、茅台酒、西凤酒、泸州大曲酒被评为“中国四大名酒”。

是年，酒厂共有职工 59 人，固定资产原值 12.62 万元，固定资产净值 12.06 万元，年生产能力 300 吨，年总产量 389.25 吨。

清明诗意图 （赵球绘）

# 1953年杏花村汾酒、竹叶青酒

规　　格 | 65%vol 45%vol　0.25斤

参考价格 | RMB 800,000 / 800,000

1953年65%vol杏花村汾酒0.25斤装

1953年45%vol杏花村竹叶青酒0.25斤装

**相关记事:**

1953 年, 山西省人民政府工业厅酿酒工业管理局杏花村酒厂党支部书记、厂长孙维屏, 副厂长孙振世、张宪成, 一、二、三厂生产负责人韩守忠。

1 月, 郝成万调入山西杏花村汾酒厂酿酒车间工作。

5 月, 孙维屏厂长调回省酿酒管理局, 由孙振世副厂长代理厂长主持工作。

11 月底, 将原一、二、三厂合并管理, 设立酿酒车间, 并将曲厂由文水县崖底村迁到杏花村东堡石幢街原德厚成酒坊大院内, 成立大曲车间。

是年, 杏花村酒厂改隶属山西省人民政府工业厅酿酒工业管理局。

是年, 酒厂共有职工 74 人, 固定资产原值 13.75 万元, 固定资产净值 12.44 万元, 年生产能力 600 吨, 年总产量 681.15 吨。

**商标:**

外销汾酒酒标: 1953 年, 设计了"杏花村"酒标, 用于外销 1 斤汾酒, 酒标以黄色为主色调, 有颈标和正标。颈标上有"山西特产, 汾酒"字样, 并标注英文"FEN CHIEW"。正标中间是"巴拿马博览会甲等大奖奖牌"图案, 两边有"巴拿马赛会一等实影"字样。酒标左边是"杏花绽放的一棵杏树"图案, 右侧有"杏花村汾酒"字样, 正标最下方蓝色部分有"杏花村酒厂出品"字样, 并标注英文。

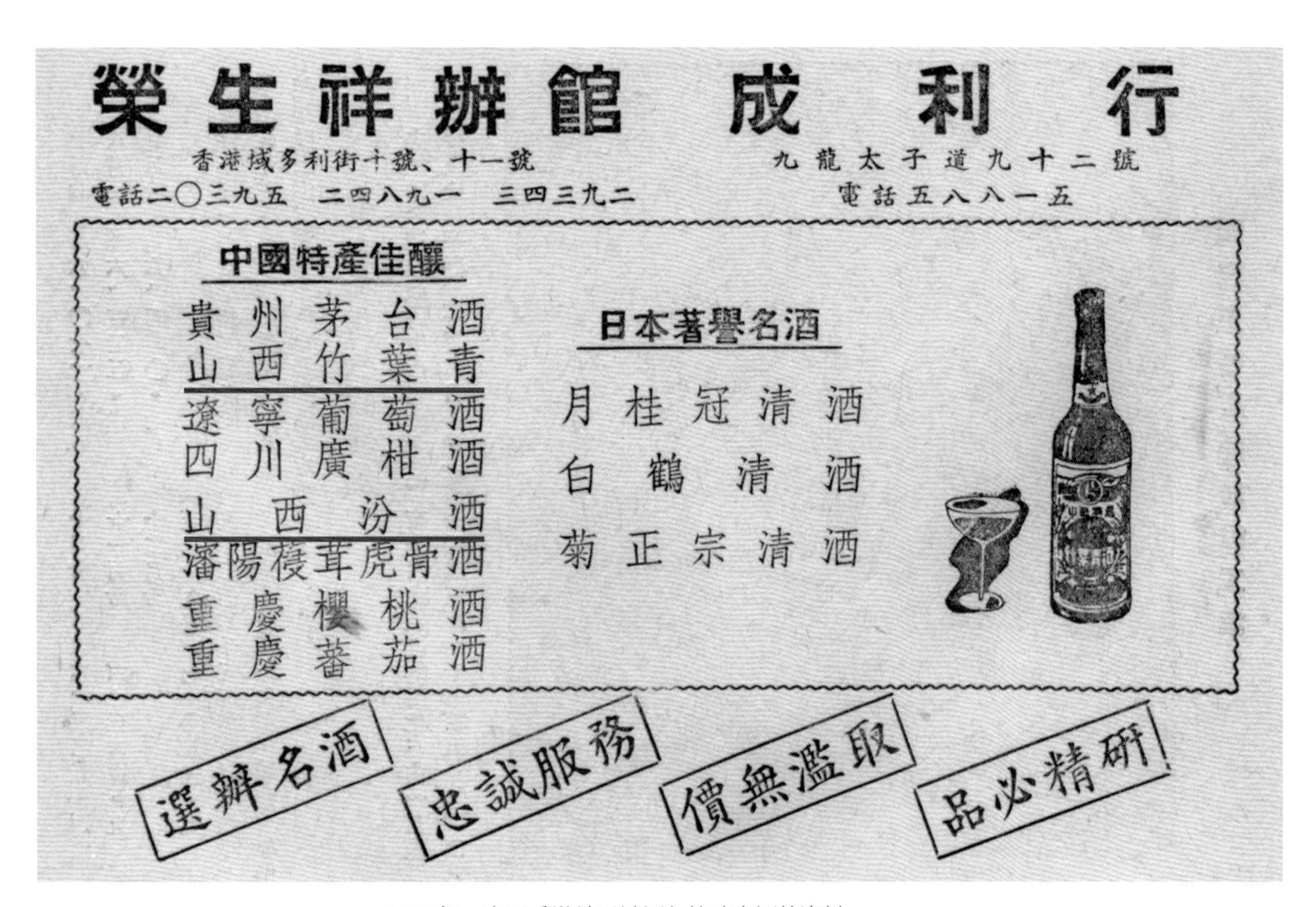


1955年，中国香港关于汾酒与竹叶青酒的资料。

# 20世纪50年代竹叶青酒

规　　格 | 45%vol　1斤

**相关记事：**

1954 年，1 ～ 4 月，山西省人民政府工业厅酿酒工业管理局杏花村酒厂党支部书记牛荃，厂长孙振世，副厂长张宪成。5 ～ 12 月，党支部书记刘永芳，厂长马斌，副厂长孙振世、张宪成。

是年，酒厂共有职工 117 人，占地面积 1589.19 平方米，建筑面积 4556.69 平方米，固定资产原值 14.9 万元，固定资产净值 12.98 万元，年生产能力 600 吨，年总产量 721.92 吨，产值 90 万元。

20世纪50年代45%vol竹叶青酒1斤装

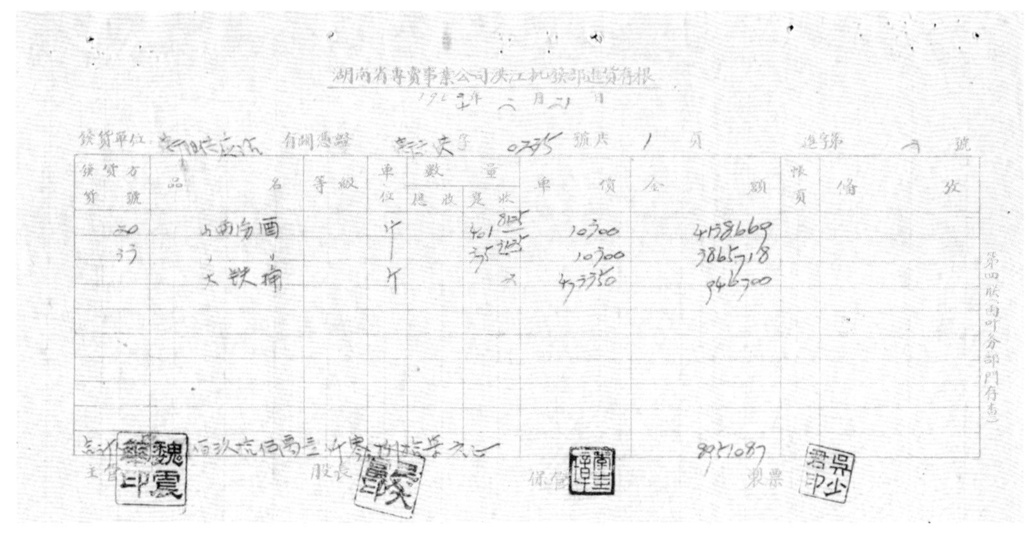

湖南省專賣事業公司洪江批發部進貨存根

| 發貨方貨號 | 品名 | 等級 | 單位 | 數量 應收 | 數量 實收 | 單價 | 金額 | 帳頁 | 備考 |
|---|---|---|---|---|---|---|---|---|---|
| | 山西汾酒 | | 斤 | | | 10300 | | | |
| | 大鐵桶 | | 斤 | | | | | | |

主管　股長　保管　製票

第四联（由业务部門存查）

1954年2月21日，山西汾酒单价10300元（旧币），湖南省专卖事业公司进货存根。

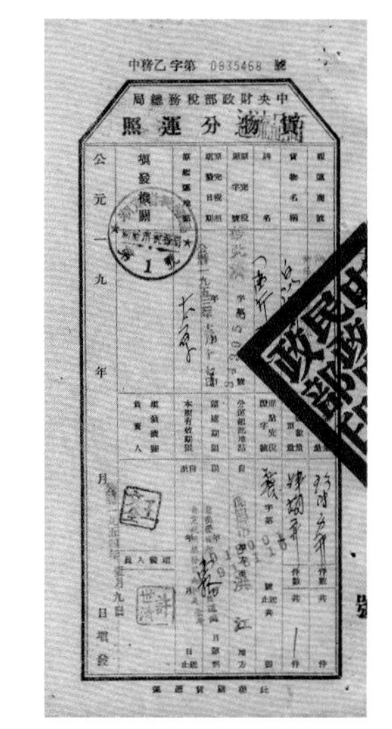

中央財政部稅務總局

貨物分運照

货物分运照

## 相关记事：

1954 年 5 月 30 日，金雨困同志在中共山西省委党报《山西日报》上，以《杏花村汾酒厂增产名酒》为题，对汾酒厂的情况进行报道，文中写道：“杏花村汾酒厂今年将生产更多的汾酒和竹叶青酒，供应全国各地……汾酒厂 1949 年改由国家专卖后，曾进行扩建，并增加柴油引擎的粉碎机等机械设备，使产量增加 4 倍以上。由于酿造技术的改进，由过去 3 斤高粱制造 1 斤汾酒，降低到 2 斤半高粱制造 1 斤汾酒。为进一步满足需要，今年该厂将增产玫瑰酒和茵陈酒，并筹建一座每年产酒 80 万斤的新厂。”

6 月，山西省专卖事业公司杏花村酒厂，更名为山西省榆次区企业公司杏花村汾酒厂。

9 月 15 ～ 28 日，汾酒是第一届全国人民代表大会会议期间的宴会用酒。

是年，制曲工艺实行人工调节温度，使传统大曲生产由季节性生产扩展为全年生产。

是年，汾酒获得产品出口权，产品远销世界 50 多个国家和地区。

是年，汾酒厂交由山西省酿酒工业管理局领导，恢复了汾酒出口业务，年出口量为 10.4 吨。

1955 年，山西省榆次区企业公司杏花村汾酒厂党支部书记刘永芳，厂长马斌，副厂长孙振世、张宪成、武文华。

是年，酒厂共有职工 170 人，固定资产原值 29.75 万元，固定资产净值 26.72 万元，年生产能力 800 吨，年总产量 917.64 吨。

是年，汾酒、竹叶青酒开始出口。

是年，张寿桐调入汾酒厂工作。后任总会计师。

是年，国家投资 51.67 万元，汾酒厂进行第二次扩建改造，使年新增生产能力 250 吨。

## 商标：

“长城”牌商标：根据《汾阳县志》的记述，该商标首用于 1954 年。当年，汾酒厂恢复了出口业务，首次出口竹叶青 10.416 吨，使用“长城”牌商标。经查，1954 年中国食品出口公司在全国各地有多个出口口岸，每一个口岸都有一两个专用商标。而天津口岸使用的正是“长城”牌商标，出口方向为苏联，种类为食品、罐头等。

外销汾酒酒标：1954 年，汾酒开始使用“长城”牌商标，用于外销汾酒。1979 年，山西省享有汾酒、竹叶青酒的出口权，出口商标的经营者改为“中国山西”。但由于商标库存量的原因，各种规格的商标混用延至 1985 年止。

# 1956年红星牌汾酒、竹叶青酒酒标

**相关记事：**

1956 年，酒厂共有职工 206 人，固定资产原值 36.65 万元，固定资产净值 32.18 万元，年生产能力 800 吨，年总产量 898.43 吨，产值 124 万元。

是年，汾酒厂设立党总支部。

是年，汾酒厂由杏花村东堡迁到杏花村西堡古八槐街旧址。酒厂更名为山西省榆次专区地方国营杏花村汾酒厂。

是年，申请注册“杏花村”牌竹叶青酒商标，注册号 17242。

1956年红星牌汾酒、竹叶青酒酒标（0.5斤装）

## 杏花村汾酒厂声明

我厂經上級批准，將汾酒、竹叶青酒瓶裝酒商标由原圖案下端印：第一行“山西省專卖事業公司”改为“山西省地方国营杏花村汾酒厂出品”。第二行原印“汾陽县杏花村出品”改为“全国各地專卖事業公司均有銷售”字样。并由一九五六年十一月份开始使用，但酒的質量不变。原中、小瓶商标因有庫存，为避免浪費仍繼續有效，到用完为止。特此声明。

1956年11月，杏花村汾酒厂声明。

**相关记事：**

1956 年 1 ～ 4 月，山西省榆次专区地方国营杏花村汾酒厂党支部书记刘永芳；厂长马斌，副厂长孙振世、苏友仁、武文华。4 ～ 12 月，党支部书记、厂长张子良，副厂长孙振世、苏友仁、武文华。

9 月，杏花村汾酒厂开始第三次扩建改建工作。这次扩建总投资 216.68 万元，于 1959 年全面完成，年生产能力达到 1600 吨。

汾酒车间工作场景

# 1957年汾酒

规　　格 | 65%vol　1.2斤

参考价格 | RMB 1,300,000

**改換酒瓶說明**

我厂为克服酒瓶供应不足，經多方努力，在五七年二季度調入啤酒瓶一部，新瓶装于四月下旬陆續上市。

新瓶比旧瓶每瓶多装汾酒壹两陆錢，多装竹酒貳两捌錢，酒質不变，故銷价略为提高，并非漲价。

1957年改换酒瓶说明

改换酒瓶说明：我厂为克服酒瓶供应不足，经多方努力，在五七年二季度调入啤酒瓶一部，新瓶装于四月下旬陆续上市。新瓶比旧瓶每瓶多装汾酒壹两陆钱，多装竹酒贰两捌钱，酒質不变，故销价略为提高，并非涨价。

1957年65%vol杏花村汾酒1.2斤装

中央工商行政管理局

商標註册證 第21766號

註册人　　商標名稱 杏花村

使用商品　　專用年限 自1957年1月1日起 至1976年12月31日止

商標圖樣



上列商標，業經核准註册取得專用權。特發給註册證，以資證明。

公元1957年1月1日

1957年汾酒商标注册证

20世纪50年代竹叶青宣传资料

**相关记事：**

1957 年 1 ～ 6 月，山西省地方国营杏花村汾酒厂党支部书记、厂长张子良，副厂长孙振世、苏友仁、武文华、孙一安。6 ～ 12 月，党支部书记张子良，厂长李毅先，副厂长孙振世、苏友仁、武文华、孙一安。酒厂共有职工 194 人，固定资产原值 38.14 万元，固定资产净值 31.9 万元，年生产能力 800 吨，年总产量 815.9 吨。

1957 年 4 月，酒厂划归省工业厅管辖，更名为山西省地方国营杏花村汾酒厂。

12 月，更换玻璃瓶背标启示，由钢笔手写日期改为机器针孔机打日期。

是年，在郝成万的带领下，改制小组将以往药液的熟煮法改为冷浸法，既节约了药材，又减少了竹叶青酒的沉淀。

是年，由省工业厅、建筑工程部北京工业设计院负责设计的杏花村酒厂扩建工程初步设计和技术设计已先后完成。从 8 月份起，扩建工程正式开工。

**商标：**

“杏花村”商标：根据史料及实物推断，该商标起用于 1955 年。全标形式，名为“杏花村汾酒”“杏花村竹叶青酒”，专用于出口，于 1956 年 3 月委托中国香港德信行在新加坡等国家和地区办理注册手续。

1957 年 1 月，该商标正式通过国家注册。1979 年，“杏花村”商标经过重新设计，成为专用商标标志图案，注册号 147568。此后，该商标被使用在汾酒、竹叶青及其他系列产品上。

外销竹叶青酒酒标：中华人民共和国成立初期，外销玻璃瓶竹叶青酒 1 斤装。颈标上有“竹叶青酒”字样，附加英文“CHU YEH CHING CHIEW”。正标上有“巴拿马赛会一等奖实影”，印有汾酒在巴拿马万国博览会上获奖奖牌，左右两面印有茂盛的竹子，竹叶中间有“山西特产竹叶青酒”字样和英文注释。正标下有“杏花村酒厂出品”中英文。1957 ～ 1968 年使用，专用年限至 1976 年 12 月 31 日。

大容量装出口竹叶青酒，颈标为弧形造型，有“竹叶青酒”中英文字样。正标以绿色为底色，左右竹子环绕。背标上是竹叶青酒的简介。1957 年 1 月 1 日至 1968 年使用，专用年限至 1978 年 12 月 31 日。

# 1958年竹叶青酒

规　　格 | 45%vol　1斤

山西省地方国营

杏花村汾酒厂改换商标啓事

为了满足广大消费者的要求，改进包装，我厂所产之汾酒、竹叶青酒的商标，由紅星牌改为古井亭牌（本厂古迹），商标图样亦同时改变，从1958年10月份起陆续使用。恢复古有以汾酒为原料的白玉、玫瑰、桂花、茵陈、杏梅等五种配制酒，亦同时使用古井亭牌商标。除已申請注册外，特此声明。

人民日报刊登杏花村汾酒厂改换商标启事

1958年45%vol竹叶青酒1斤装
（杏花村酒厂出品）

**相关记事：**

1958 年，山西省地方国营杏花村汾酒厂党支部书记张子良；厂长李毅先，副厂长孙振世、苏友仁、武文华、孙一安。酒厂共有职工 239 人，固定资产原值 92.09 万元，固定资产净值 81.83 万元，年生产能力 1600 吨，年总产量 843 吨，产值 110 万元。

7 月 19 日，山西省轻工业厅成立，杏花村汾酒厂归其领导。杏花村汾酒厂成为汾阳县境内唯一的酿酒企业。在本厂厂区建成了大曲车间，实现了规模生产。在曲种上，先是由杂花色发展为单花色。

12 月 18 日，人民日报刊登山西省地方国营杏花村汾酒厂改换商标启事：为了满足广大消费者的要求，改进包装，我厂所产之汾酒、竹青酒的商标，由红星牌改为古井亭牌（本厂古迹），商标图符亦同时改变，从 1958 年，10 月份起陆续使用。恢复古有以汾酒为原料的白玉、玫瑰、桂花、茵陈、杏梅等五种配制酒，亦同时使用古井亭商标。除已申请注册外，特此声明。

**商标：**

“古井亭”商标：1958 年申请，1959 年 1 月 1 日获准注册。首先使用在竹叶青酒上。其后，该商标图案被广泛使用在竹叶青酒其他系列产品之上。

1958年45%vol竹叶青酒0.25斤装

# 1959年古井亭牌汾酒

规　　格 | 65%vol　1斤 0.5斤

参考价格 | RMB 1,200,000 / 600,000

**相关记事：**

1959 年 1 ～ 8 月，山西省地方国营杏花村汾酒厂党支部书记周德祥，厂长李毅先，副厂长孙振世、苏友仁、孙一安。1959 年 8 月～ 1960 年，党支部书记周德祥，厂长胡彭龄，副厂长苏友仁、孙一安。

7 月，年成装能力 200 吨的成装一车间建成投入使用，结束了汾酒厂产酒异地成装的历史。

是年年初，杏花村酒厂扩建工程按原定计划完成。国家拨付专款 864 万元，杏花村汾酒厂由一个手工操作的小厂成为一个半机械化的大型酒厂。

是年，酒厂共有职工 449 人，固定资产原值 249.72 万元，固定资产净值 203.93 万元，年生产能力 1600 吨，年总产量 2144.36 吨。

1959年65%vol
古井亭牌汾酒1斤装

1959年65%vol
古井亭牌汾酒0.5斤装

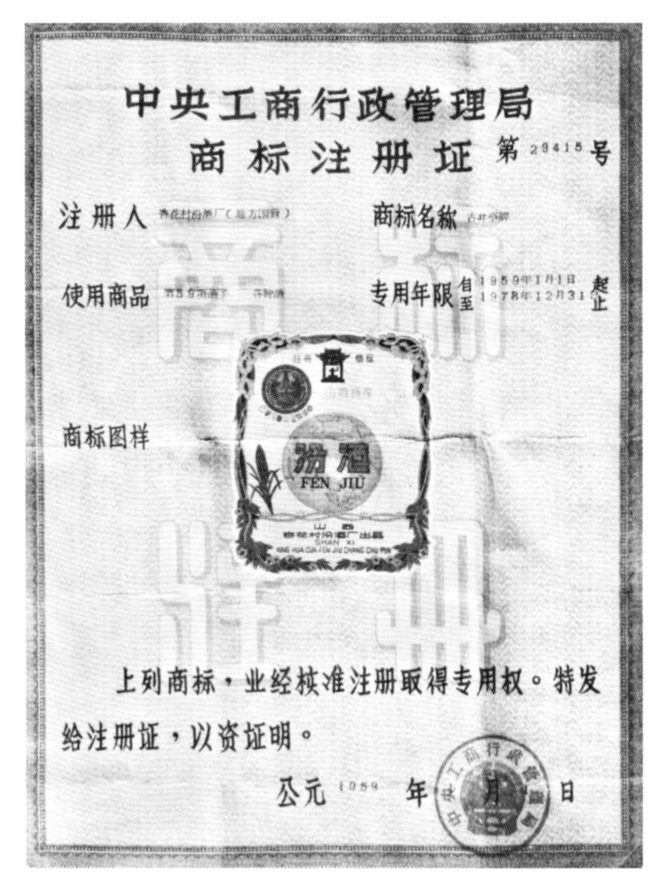

中央工商行政管理局

商标注册证 第 29415 号

注册人 杏花村汾酒厂（地方国营） 商标名称 古井亭牌

使用商品 专用年限 自 1959年1月1日 至 1978年12月31日 起止

商标图样

上列商标，业经核准注册取得专用权。特发给注册证，以资证明。

公元 1959 年 月 日

1959年，中央工商行政管理局商标注册证。

竹叶青酒宣传资料

**商标：**

1959 年 1 月 1 日，申请注册“古井亭”牌内销汾酒（0.5 斤、1 斤），注册号 29415，9 月印制。

酒标与“红星”牌相比，变化比较大。有颈标和正标，以粉红色为底色。颈标的周边由高粱环绕，有“汾酒”二字及拼音。正标左上角印有巴拿马万国博览会甲等金质大奖章，中间是“古井亭”图案并有“注册商标”字样，下面有“山西特产”字样。中间绘制的地球上用粉红色标明了中国的版图，在地球的图案上印有红色“汾酒”二字。左下角是高粱穗图案，右侧是盛开的杏花图案。标明“山西杏花村汾酒厂出品”。1958 年 10 月至 1964 年使用，专用年限至 1978 年 12 月 31 日。

1959 年竹叶青酒酒标以绿色为主。颈标的周边由高粱环绕，有“竹叶青酒”字样及拼音。正标左上角印有巴拿马奖章，中间是“古井亭”的标志，有“注册商标”“山西特产”字样。正标右侧绘有碧绿挺拔的竹子，并标明“山西杏花村汾酒厂出品”。1958 年 10 月至 1964 年使用，专用年限至 1978 年 12 月 31 日。

| 编号 | 产地 | 规格 | 品名 | 单位 | | 安市 | | 每刀价 |
|---|---|---|---|---|---|---|---|---|
| | | | | 批 | 另 | 批 | 另 | |
| 105 | 贵州 | 16刀 | 茅台酒 | " | " | 2.55 | 2.82 | 0.175 |
| 106 | 山西 | 16刀 | 大汾、 | " | " | 2.34 | 2.57 | 0.16 |
| 107 | " | 8刀 | 中西凤 | " | " | 1.00 | 1.10 | |
| 108 | " | 16刀 | 竹芭青 | " | " | 2.48 | 2.73 | 0.17 |

1959年，山西汾酒零售价2.57元、竹叶青零售价2.73元。

# 1960年古井亭牌竹叶青酒

规　　格 | 45%vol　1斤 0.5斤

参考价格 | RMB 1,200,000 / 600,000

1960年45%vol古井亭牌
竹叶青酒1斤装

1960年45%vol古井亭牌
竹叶青酒0.5斤装

杏花村里汾酒香

XINGHUACUNLI FENJIUXIANG

借問酒家何处有 牧童遥指杏花村

古井：一九一六年在巴拿馬万国博覽会上，获得优胜金質奖章的汾酒，就是用这口古井的水酿造的。

中共杏花村汾酒厂委員会第一書記 周德祥

杏花村汾酒厂厂长 胡彭岭

杏花村在汾阳县城东三十里，是出产汾酒、竹叶青等名酒的好地方。早在一千四百多年以前（公元550年南北朝时代）这里出产的汾酒就有了較高的質量。它以高粱、麦釉为原料，經过长时間发酵制成。酒色清亮透明，芳香甘美，味道醇厚爽口，略有甜味，飲后使人感到心曠神怡。竹叶青酒还有潤肝健体的效用。1916年在巴拿馬万国博覽会上，汾酒曾获得了甲等优胜金質奖章。从此，名馳中外，远銷各地，为我們伟大祖国爭得了不少荣誉。

但在旧社会，汾酒的产量很低。1912年，杏花村仅有德厚成等三家烧鍋，日产七十斤。到1925年，全部生产由各地資本家集股成立的"晋裕汾酒公司"垄断之后，最高日产量仅达八百斤。1948年杏花村解放前夕，汾酒厂一片荒凉景象，只有历尽滄桑的古井，孤零零地呆在那里。解放以后，党和人民政府积极扶植汾酒的生产。十年多来，政府曾投資近三百万元的巨款，对杏花村酒厂进行了三次扩建，使千多年的古老酒厂，恢复了它的青春。1958年产酒一千二百三十七吨，等于1949年的十倍。在继續跃进的1959年，全厂职工发揮了无穷的智慧和力量，使年产量猛增到三千吨。最高日产量，达到两万四千八百斤，超过解放前最高日产量的三十倍。

今年，汾酒厂职工又大搞技术革命，大搞綜合利用，使过去的純手工操作的釀酒厂，变成綜合利用的、机械化和半机械化的大型釀酒厂。过去蒸酒用火烧，现在改用蒸汽。过去揚渣用木鍁，現在改用电风扇揚渣机。新旧对比，十年超过一千多年，多么令人兴奋和自豪！

亲爱的同志，当你飲上一杯甘美的汾酒的时候，請你記住它的故乡吧！它們的故乡——山西汾阳县杏花村，正如三月的杏花迎春怒放，在社会主义的大花園中，散放着它的濃香。

著文 田青 摄影

杏花村汾酒厂外景

甘美的竹叶青酒，就是在这个車間配制的。

改装后的新产品。

上图：品酒：汾酒中的化学成份用科学仪器化验，而它的"色、香、味"都是老技师和老工人們一起品定。

下图：出厂前的最后一道工序——贴标。

26 27

杏花村汾酒宣传资料

**商标：**

1959 年，申请注册“古井亭”牌商标，用于外销竹叶青酒，注册号 41227。

1 月 1 日，注册“古井亭”牌商标，用于内销白玉汾酒，注册号 29415，外销白玉汾酒，注册号 294154。酒标于 1959 年印制，以黄绿色为主，有颈标和正标。颈标上黄色边框内有“白玉酒”字样，正标上有“古井亭”图案，两边有“注册商标”字样，有 3 枚奖牌：左侧是 1921 年上海总商会陈列所第一次展览会金质奖奖牌和 1928 年工商部中华国货展览会一等奖章，右侧是 1915 年巴拿马万国博览会甲等金质大奖章的正反面，中间有红色“白玉酒”字样，下面是“山西杏花村汾酒厂出品”。1958 ～ 1966 年间使用。

1 月 1 日注册“古井亭”牌内销玫瑰酒商标，注册号 29415。酒标以黄绿色为主，有颈标和正标。颈标上有“玫瑰酒”字样，正标中间“古井亭”图案，两边有“注册商标”字样，有 4 枚奖牌：左侧是 1915 年巴拿马万国博览会甲等金质大奖章的正反面，右侧是 1921 年上海总商会陈列所第一次展览会金质奖奖牌和 1928 年工商部中华国货展览会一等金质奖章。中间是黄色与红色玫瑰花，并有红色“玫瑰酒”字样。1958 ～ 1964 年间使用。

**相关记事：**

1960 年 12 月 15 日，秦斌任汾酒厂厂长。

是年，酒厂共有职工 418 人，占地面积 1589.19 平方米，建筑面积 4556.69 平方米，固定资产原值 288.29 万元，固定资产净值 285.71 万元，年生产能力 1600 吨，年总产量 2331.88 吨，产值 318 万元。

20 世纪 60 年代初期，开始广泛使用“针日期”，产品无论出口还是内销，统一在商标正面不同位置打孔，针孔数字 2 ～ 5 位不等，用以标注生产时间，到 80 年代初期才基本停用。其中，内销玻汾使用“红、黑、绿、蓝”四种颜色加盖正标背面，部分盖有公司名称。

# 1961年古井亭牌汾酒

规　　格 | 65%vol　0.5斤

参考价格 | RMB 600,000

20世纪50年代老白汾酒包装箱（斤瓶两打）

1961年65%vol古井亭牌汾酒0.5斤装
（杏花村汾酒厂出品）

**相关记事：**

1961～1962 年，山西省地方国营杏花村汾酒厂党支部书记杨万箴，厂长秦斌，副厂长苏友仁、孙一安、温荣。10 月，石成富调任副厂长。

1961 年，厂里首次设立了化验室，从原第一车间分出。任命陈介德担任负责人。

是年，潘全来被山西省人民政府授予“山西省工交建战线先进生产（工作）者”称号。

是年，时任最高人民法院院长、政协副主席的谢觉哉来到汾酒厂视察，并步杜牧《清明诗》原韵作《咏酒诗》：“逢人便说杏花村，汾酒名牌天下闻。草长莺飞春已暮，我来仍是雨纷纷。”

是年，酒厂共有职工 340 人，固定资产原值 320.72 万元，固定资产净值 282.09 万元，年生产能力 1600 吨，年总产量 1480.45 吨。

**商标：**

内销汾酒酒标：4 月 30 日狮子头、杏花耳瓷瓶汾酒（65°/1 斤），酒标以红白为主色调，云形状，古井亭图案在“汾酒”二字的中间，两边各有两枚奖牌，左侧是 1915 年巴拿马万国博览会甲等金质大奖章正反面，右侧是 1921 年上海总商会陈列所第一次展览会金质奖奖牌和 1928 年工商部中华国货展览会一等金质奖章。

汾酒和竹叶青酒宣传资料

# 1962年狮子头、杏花耳汾酒

规　　格 | 65%vol　1斤

中央工商行政管理局

商标注册证 第　号

注册人　　商标名称

使用商品

商标图样

上列商标·业经核准注册取得专用权·

特发给注册证·以资证明·

公元　年　月　日

1962年汾酒商标注册证

1962年65%vol狮子头汾酒1斤装

1962年65%vol杏花耳汾酒1斤装

山西汾酒、竹叶青酒宣传资料

# 20世纪60年代狮子头竹叶青酒

规　　格 | 45%vol　1斤 0.5斤

**相关记事：**

1962 年 11 月 19 日，设立技术研究室，将原化验室并入，仍由陈介德全面负责，下设两个组。

是年，王仓、冯涪、张源调入山西杏花村汾酒厂工作。

是年，赵成礼所在班组被山西省人民政府授予“赵成礼汾酒小组”称号。

是年，酒厂共有职工 288 人，固定资产原值 384.48 万元，固定资产净值 300.1 万元，年生产能力 1600 吨，年总产量 1291.23 吨。

是年，汾酒厂为了提高产品质量，通过全面的整章建制，健全和完善了成品质量标准、工艺操作规程、安全生产制度、设备维修制度、岗位练兵制度和技术考核制度。

20世纪60年代45%vol狮子头竹叶青酒1斤装

1961年45%vol竹叶青酒0.5斤装

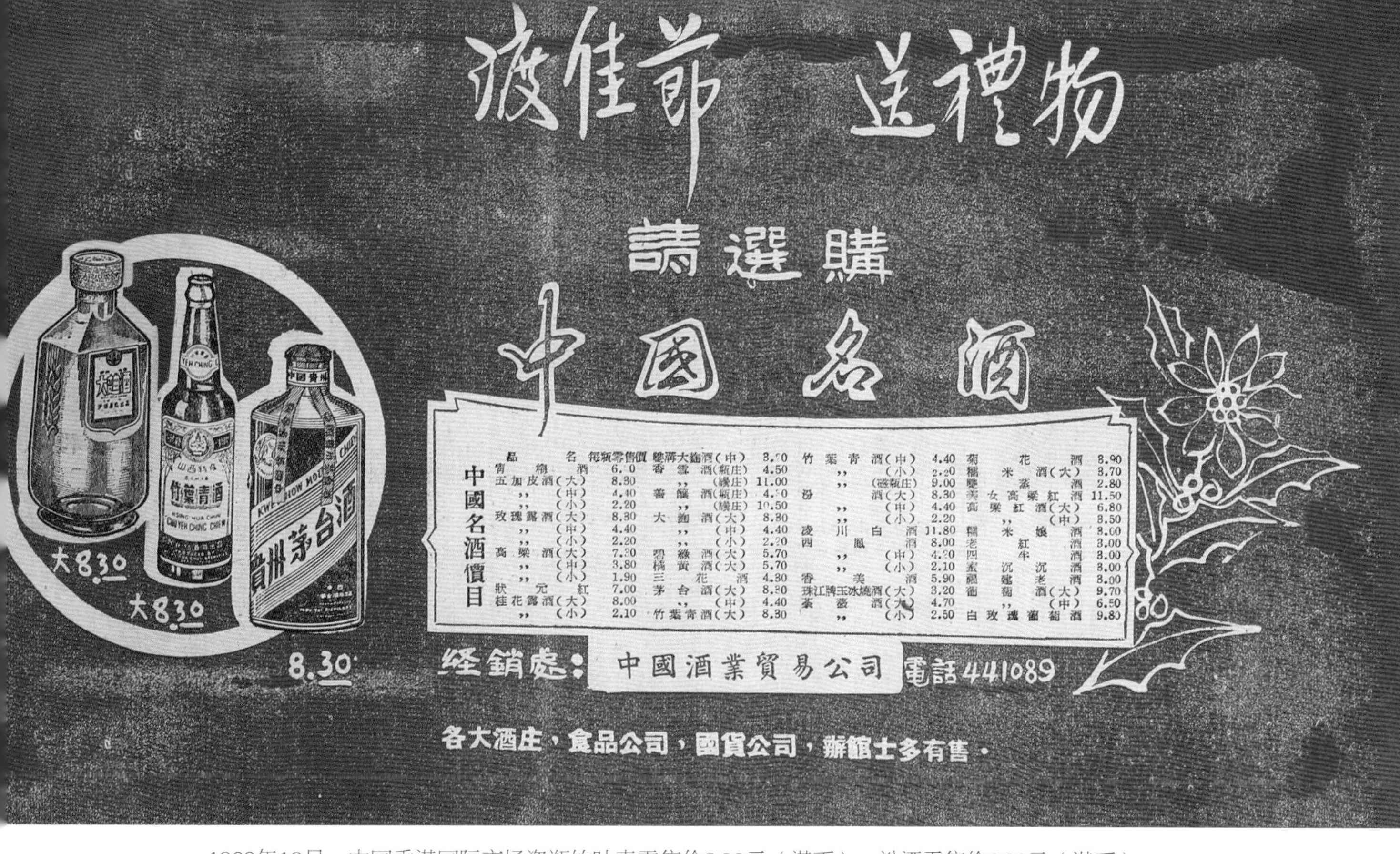


1962年12月，中国香港国际市场瓷瓶竹叶青零售价9.00元（港币）、汾酒零售价8.30元（港币）。

**商标：**

内销汾酒酒标：1962 年 4 月 30 日，内销玻璃瓶汾酒（65°/ 0.5 斤、1 斤）使用新酒标，时称为“云形古井亭标”。酒标以白色为底色，有颈标和正标。颈标的边框和“汾酒”二字为红色，正标四周围印有金色花纹，中间白色部分是呈“如意”形状，在古井亭图案两旁印有 4 枚奖牌：左侧是 1915 年巴拿马万国博览会甲等金质大奖章的正反面，右侧是 1921 年上海总商会陈列所第一次展览会金质奖奖牌和 1928 年工商部中华国货展览会一等金质奖奖牌，下面有“中国山西杏花村汾酒厂出品”字样及英文注释。1962 ～ 1966 年使用，专用年限至 1982 年 4 月 29 日。

内销竹叶青酒酒标：1962 年，对“古井亭”牌商标进行了修改。当年 4 月 30 日注册了“古井亭”牌各系列酒，与之前的有所区别，称“云形古井亭标”。当时生产的内销竹叶青酒（45°/ 0.25 斤、0.5 斤、1 斤），瓶子和盖子均没有变化。酒标以白色和棕色为主色调，由颈标和正标组成。颈标上有“竹叶青酒”字样和英文说明，正标如意图案四周绘有高粱图案，古井亭图案下有英文“TRADEMARK”字样，在古井亭两旁各有两枚奖章：右侧 1915 年巴拿马万国博览会甲等金质大奖章正反面，左侧是 1921 年上海总商会陈列所第一次展览会金质奖奖牌和 1928 年工商部中华国货展览会一等金质奖章。下面有“中国杏花村汾酒厂出品”字样及英文说明。1962 ～ 1966 年使用，专用年限至 1982 年 4 月 29 日。

1962 年，竹叶青酒使用竹笋状黄色瓷瓶（0.25 斤、0.5 斤、1 斤），酒标以红色为主色调，中间古井亭标识，两边各有几片竹叶，“竹叶青酒”字样两边分别有两枚奖牌，右侧是 1915 年巴拿马万国博览会甲等金质大奖章的正反面，左侧是 1921 年上海总商会陈列所第一次展览会金质奖奖牌和 1928 年工商部中华国货展览会一等金质奖章。1962 ～ 1966 年间使用。

外销竹叶青酒酒标：1962 年，申请注册“古井亭”牌商标，用于外销竹叶青，注册号 41228。

# 1963年古井亭牌汾酒

规　　格 | 65%vol　1斤

参考价格 | RMB 580,000

**相关记事：**

1963 年，山西省地方国营杏花村汾酒厂党委书记刘凤亮，副书记常贵明；厂长秦斌，副厂长苏友仁、石成富。

3 月 15 日起，由秦含章任试点工作组组长，轻工部发酵研究所工程师熊子书任秘书，山西省轻化工业厅等 35 位研究人员组成了汾酒试点组。“试点”期间，科研人员深入汾酒车间班组，历时两年时间，用现代科学方法全面研究汾酒。从原料、制曲、配料、发酵、蒸馏、贮存、勾调等工艺流程，到检测方法，对汾酒生产各环节进行全方位研究论证，建立了一套比较完整的化学检测方法。

1963年65%vol古井亭牌汾酒1斤装

奖状
山西杏花村汾酒厂汾酒于一九六三年在第二届全国评酒会议上评为名酒，并授予金质奖章，特此证明。

1963年，汾酒获第二届全国评酒会议金质奖章。

奖状
山西杏花村汾酒厂竹叶青于一九六三年十一月在第二届全国评酒会议上评为名酒，并授予金质奖章，特此证明。

1963年，竹叶青在第二届全国评酒会被评为名酒，并授予金质奖章。

**相关记事：**

1963 年，在轻工部举办的第二届全国评酒会上，汾酒、竹叶青酒均被评为中国名酒，并获得金质奖章。

是年，酒厂被山西省轻工厅命名为山西工业战线学大庆先进单位。

是年，赵成礼、李志武、韩林义、陈介德、杜克让、解如山、郝成万被榆次专区评为“先进生产者、五好职工”。

是年，杏化村汾酒厂遵循古代传统工艺恢复试制的桂花酒上市。其主要原料是以汾酒为基酒，配以白砂糖、桂花浆和中药材栀子等。酒度 45°，口感绵软香甜。

是年，酒厂被国家轻工部命名为全国轻工业战线学大庆先进单位，汾酒厂一跃成为“五好企业”。

是年，酒厂共有职工 316 人，固定资产原值 341.5 万元，固定资产净值 277.73 万元，年生产能力 1600 吨，年总产量 1431.92 吨。

1963年4月，全国名酒厂协作区会议在汾酒厂召开。

FEN JIU
汾酒
注册商标
中华人民共和国山西杏花村汾酒厂出品
ZHONG HUA REN MIN GONG HE GUO
SHAN XI XING HUA CUN FEN JIU CHANG
CHU PIN
注册商标
竹叶青酒
中华人民共和国山西杏花村汾酒厂出品

# 第四章

## 1964～1979年

## 砥砺前行　解放思想　再度夺冠

# 1964年古井亭牌汾酒

规　　格 | 65%vol　1斤

参考价格 | RMB 800,000

1964年65%vol古井亭牌汾酒1斤装

**相关记事：**

1964 年，山西省地方国营杏花村汾酒厂党委书记刘凤亮，副书记常贵明，厂长秦斌，副厂长苏友仁、温荣。

1 月，酒厂为了提高汾酒风味，总结生产经验，开始生产后火曲。

8 月 6 日，《山西日报》记者刘济明报道：杏花村汾酒厂根据酿酒工作季节性强的特点和附近农村不少农民会制酒、会踩曲的现状，坚持长期使用合同工人的办法。15 年来，酒厂附近十几个村的村民约有 500 多人次在酒厂当过合同工。

是年，酒厂共有职工 326 人，固定资产原值 365.34 万元，固定资产净值 289.53 万元，年生产能力 1600 吨，年总产量 1547.13 吨。

敞开供应商品名氿类　·16·

| 产地 | 商品编号 | | 规格 | 品名 | 单位 | | 現行牌价 | | 备考 |
|---|---|---|---|---|---|---|---|---|---|
| | 原编号 | 新编号 | | | 批 | 另 | 批发价 | 另售价 | |
| 山東 | 14—7 | 11—1 | 40° 1.43斤瓶装 | 特金奖白兰地氿 | 并 | 并 | 3.62 | 4.05 | |
| 〃 | 1 | 2 | 40° 0.75斤 〃 | 金奖白兰地氿 | 〃 | 〃 | 2.17 | 2.43 | |
| 貴州 | 2 | 3 | 55° 1斤 〃 | 茅台氿 | 〃 | 〃 | 3.786 | 4.24 | |
| 山西 | 18 | 4 | 65° 1.1斤 〃 | 汾氿 | 〃 | 〃 | 2.682 | 3.00 | |
| 〃 | 3 | 5 | 65° 1斤 〃 | 〃 〃 | 〃 | 〃 | 2.438 | 2.73 | |
| 〃 | 17 | 6 | 65° 0.6斤 〃 | 〃 〃 | 〃 | 〃 | 1.463 | 1.64 | |
| 〃 | 19 | 7 | 45° 1.2斤 〃 | 竹芭青氿 | 〃 | 〃 | 2.926 | 3.40 | |
| 〃 | 5 | 8 | 45° 1.025斤 〃 | 〃 〃 | 〃 | 〃 | 2.59 | 2.90 | |
| 〃 | 4 | 9 | 45° 1斤 〃 | 〃 〃 | 〃 | 〃 | 2.526 | 2.83 | |
| 〃 | 11 | 10 | 45° 0.633斤 〃 | 〃 〃 | 〃 | 〃 | 1.60 | 1.79 | |

1964年，山西汾酒在安阳零售价3.00元、竹叶青酒在安阳零售价3.40元。

# 1964年竹叶青

规　　格 | 45%vol　1斤 0.5斤

参考价格 | RMB 600,000

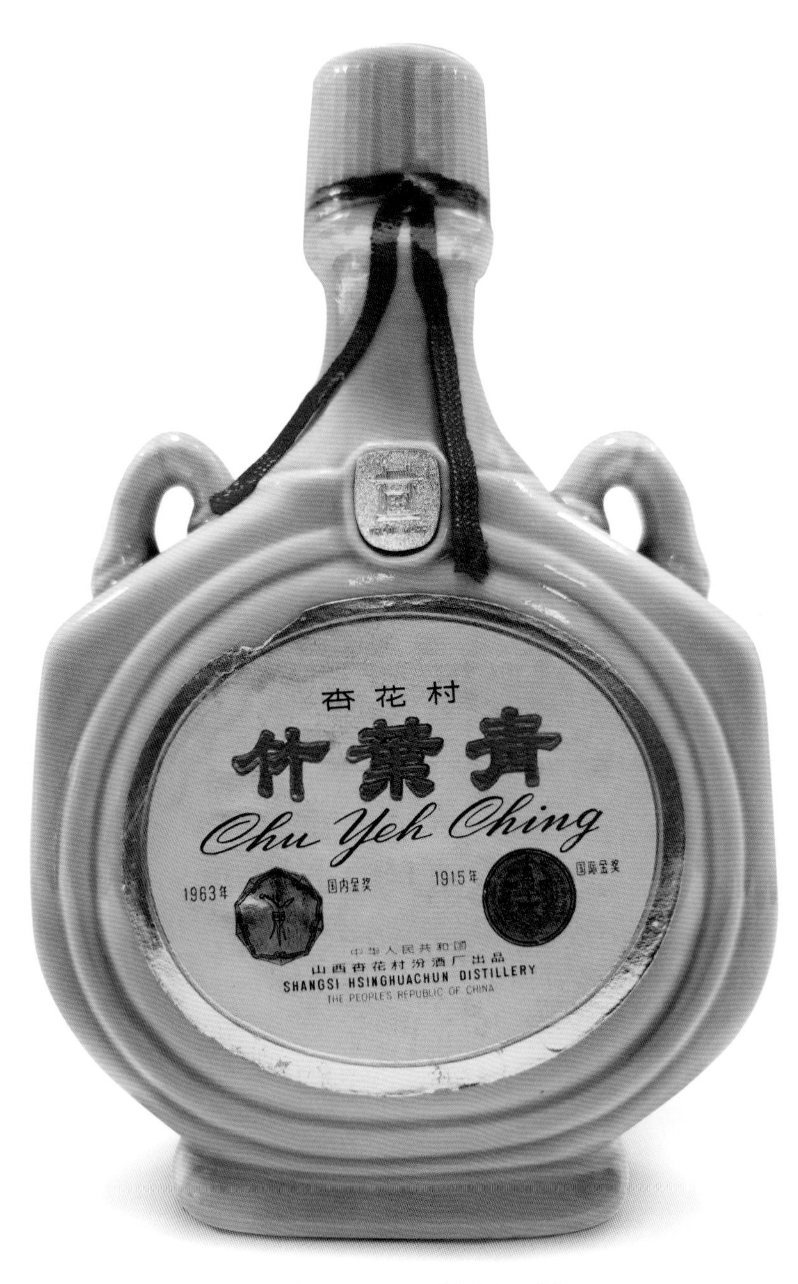


1964年45%vol双耳竹叶青1斤装

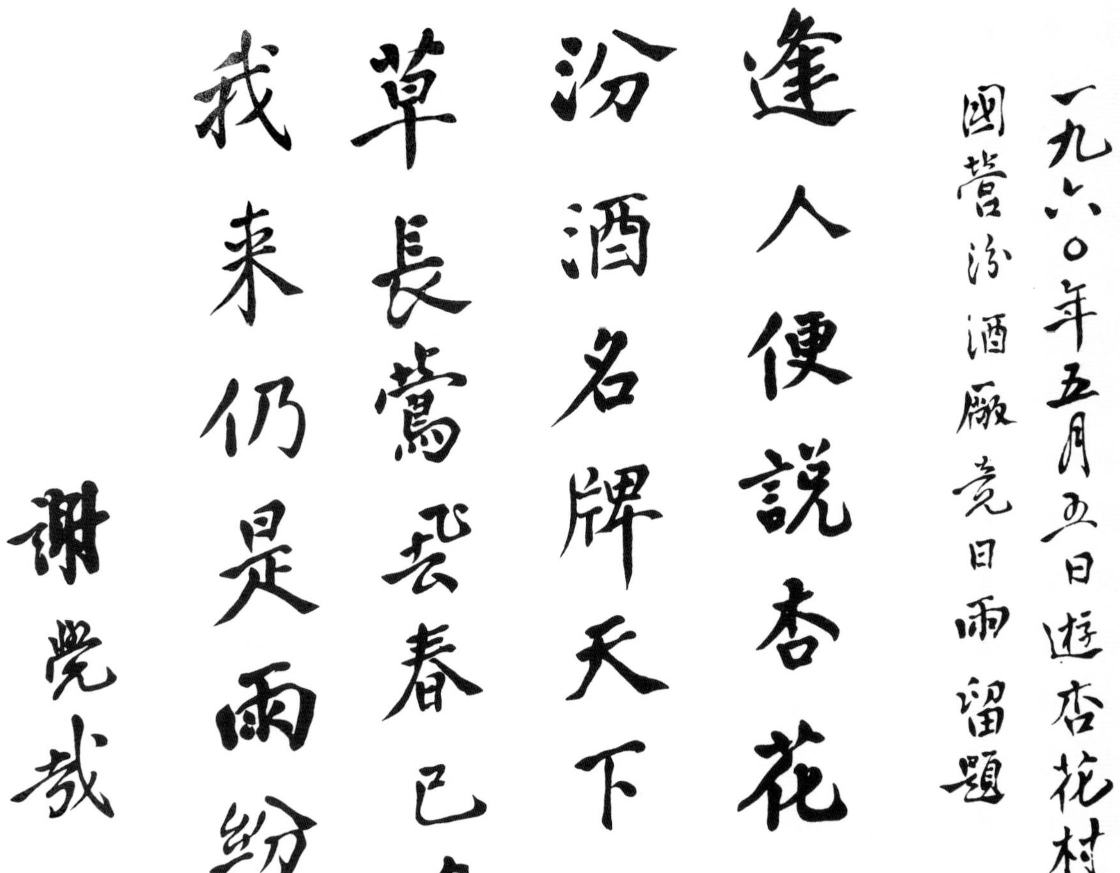

一九六〇年五月五日遊杏花村
國營汾酒廠竟日雨留題

逢人便說杏花村
汾酒名牌天下聞
草長鶯飞春已暮
我来仍是雨紛紛

謝覺哉

1960年，谢觉哉为汾酒厂题词。

# 1964年古井亭牌竹叶青酒

规　　格 | 45%vol　1斤

1964年45%vol古井亭牌竹叶青酒1斤装

1964年9月10日，中央轻工业部山西省轻工业厅汾酒试点工作人员摄影留念。
著名酿酒专家熊子书（中排左五），厂长秦斌（中排左六），著名酿酒专家秦含章（中排左七）。

**相关记事：**

1964 年 8 月 22 日，曾先后担任过全国政协副主席、中国作家协会主席的著名作家巴金参观杏花村汾酒厂，深感热情招待，题词“酒好人好工作好，参观一回忘不了”。

是年，赵迎路入职汾酒厂。后任副总工程师。

是年，著名酿酒专家秦含章到汾酒厂开展“汾酒试点”工作。

是年，赵成礼、韩林义、郝成万被晋中地区评为“五好职工”。

是年，杏花村汾酒厂被评为山西省“红旗企业”和全国“五好企业”。

是年，著名历史学家吴晗参观汾酒厂后留诗《汾酒世所珍》。

**商标：**

内销竹叶青酒酒标：8 月，内销竹叶青酒（45° / 0.25 斤、1 斤）使用“古井亭”牌商标，酒标以白色为主，有颈标和正标。颈标上有“竹叶青酒”字样及汉语拼音，正标上古井亭图案改黑色，古井亭两侧的奖牌变为两枚，分别是 1915 年巴拿马万国博览会甲等金质大奖章和 1963 年全国评酒会金质奖，文字说明下面全部改为汉语拼音标注。1964 ～ 1966 年间使用。

白玉汾酒酒标：1964 年，申请注册“白玉”牌外销白玉汾酒商标，与“古井亭”牌酒标相比，除了正标上中间是“白玉”牌商标图案，即圆圈里印有“白玉”二字的图案外，其他没有变化。1964 ～ 1966 年使用，1971 年后恢复使用。

玫瑰汾酒酒标：1964 年，玫瑰酒（40° / 1 斤）的颈标没有变化，只是正标上的奖牌改为 2 枚：分别是 1915 年巴拿马万国博览会甲等金质大奖章和 1963 年全国评酒会金质奖奖牌。1964 ～ 1966 年使用，1966 ～ 1971 年停用，1971 ～ 1975 年又继续使用。

# 1965年古井亭牌汾酒

规　　格 | 65%vol　1斤

参考价格 | RMB 800,000

1965年65%vol古井亭牌汾酒1斤装

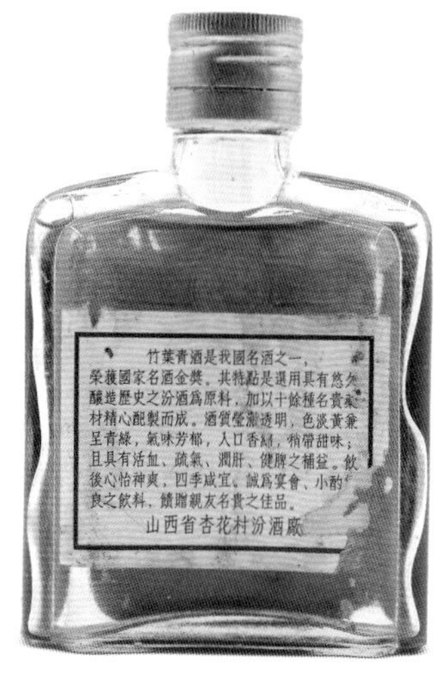

竹葉青酒是我國名酒之一，榮獲國家名酒金獎。其特點是選用具有悠久釀造歷史之汾酒爲原料，加以十餘種名貴藥材精心配製而成。酒質瑩澈透明，色淡黃兼呈青綠，氣味芳郁，入口香綿，稍帶甜味；且具有活血、疏氣、潤肝、健脾之補益。飲後心怡神爽，四季咸宜。誠爲宴會、小酌良之飲料，饋贈親友名貴之佳品。

山西省杏花村汾酒廠

1965年45%vol竹叶青酒0.25斤装

竹叶青宣传资料

**相关记事：**

1965～1966年，山西省地方国营杏花村汾酒厂党委书记刘凤亮，副书记常贵明，厂长秦斌，副厂长苏友仁、吴寿先。

1965年，酒厂共有职工325人，固定资产原值378.17万元，年生产能力1600吨。

5月，汾酒酿造大曲固定为清茬曲、红心曲和后火曲三种。

12月4日，郭沫若参观杏花村汾酒厂，写下著名的“杏花村里酒如泉”。

是年，王仓任酿酒四组组长。

是年，熊子书为山西汾酒解决了蓝黑色沉淀和酒头尾蒸馏重大难题。

是年，汾酒厂被评为全国轻工行业“学大庆标兵企业”。

是年，轻工部组织了杏花村汾酒厂“汾酒试点工作组”，对汾酒大曲进行了实地的鉴定总结，初步了解每种大曲在发酵中化学成分的变化情况，并找出了微生物的种类、比例和消长情况，大大提高了汾酒大曲的生产质量，合格率达到88～90%。

**中國名酒價目表**

| 品名 | 容量 | 每瓶零售價 |
|---|---|---|
| 竹葉青酒(大) | 1/2公斤 | 9.00 |
| 竹葉青酒(中) | 1/4公斤 | 4.60 |
| 竹葉青酒(小) | 1/8公斤 | 2.40 |
| 汾酒(大) | 1/2公斤 | 8.30 |
| 汾酒(中) | 1/4公斤 | 4.40 |
| 汾酒(小) | 1/8公斤 | 2.20 |
| 白玉酒(大) | 1/2公斤 | 7.80 |
| 白玉酒(中) | 1/4公斤 | 4.00 |
| 白玉酒(小) | 1/8公斤 | 2.10 |
| 茅台酒(大) | 1/2公斤 | 9.00 |
| 茅台酒(中) | 1/4公斤 | 4.60 |
| 茅台酒(小) | 1/8公斤 | 2.40 |
| 荼薇酒(大) | 一司斤 | 5.00 |
| 荼薇酒(小) | 半司斤 | 2.60 |
| 菊花酒 | 一司斤 | 3.90 |
| 糯米酒(大) | 一司斤 | 4.00 |
| 糯米酒(中) | 九兩 | 2.20 |
| 雙蒸酒 | 一司斤 | 3.20 |
| 雙蒸酒 | 半斤 | 1.70 |
| 美女高粱紅酒 | 1/2公斤 | 13.00 |
| 高粱紅酒(大) | 1/2公斤 | 7.50 |
| 高粱紅酒(中) | 1/4公斤 | 3.80 |
| 糯米娘酒 | 1/2公斤 | 3.00 |
| 老紅酒 | 1/2公斤 | 3.00 |
| 珠江牌玉冰燒酒(大) | 一司斤 | 3.50 |
| 珠江牌玉冰燒酒(小) | 半司斤 | 1.80 |
| 白玫酒(大) | 一司斤 | 4.50 |
| 白玫酒(中) | 1/2司斤 | 2.30 |
| 綠豆燒酒(大) | 一司斤 | 8.30 |
| 綠豆燒酒(中) | 1/4司斤 | 3.60 |
| 綠豆燒酒(小) | 1/8司斤 | 1.90 |
| 金橘燒酒(大) | 一司斤 | 8.30 |
| 金橘燒酒(中) | 1/4司斤 | 3.60 |
| 金橘燒酒(小) | 1/8司斤 | 1.90 |
| 雙溝大麯酒(中) | 1/4司斤 | 3.20 |
| 雙溝大麯酒(小) | 1/8司斤 | 1.70 |
| 洋河大麯酒(大) | 1/2公斤 | 7.80 |
| 洋河大麯酒(中) | 1/4公斤 | 4.00 |
| 洋河大麯酒(小) | 1/8公斤 | 2.00 |
| 香雪酒(瓶庄) | 斤二 | 4.50 |
| 香雪酒(罈庄) | 二斤七 | 11.00 |
| 善釀酒(瓶庄) | 斤二 | 4.30 |
| 善釀酒(罈庄) | 二斤七 | 10.50 |
| 五加皮酒(大) | 1/2公斤 | 8.30 |
| 五加皮酒(中) | 1/4公斤 | 4.40 |
| 五加皮酒(小) | 1/8公斤 | 2.20 |
| 玫瑰露酒(大) | 1/2公斤 | 8.30 |
| 玫瑰露酒(中) | 1/4公斤 | 4.40 |
| 玫瑰露酒(小) | 1/8公斤 | 2.20 |
| 高粱酒(大) | 1/2公斤 | 7.30 |
| 高粱酒(中) | 1/4公斤 | 3.80 |
| 高粱酒(小) | 1/8公斤 | 1.90 |
| 狀元紅酒(大) | 1/2公斤 | 7.00 |
| 狀元紅酒(小) | 1/8公斤 | 1.90 |

1965年9月，中国香港国际市场竹叶青酒零售价9.00元（港币）、汾酒零售价8.30元（港币）。

# 1966年古井亭牌竹叶青酒

规　　格 | 45%vol　1斤

**相关记事：**

1966 年，酒厂共有职工 337 人，固定资产原值 378.58 万元，年生产能力 1600 吨。年产量 1726 吨，产值 196 万元。

是年，酒厂全面修订了岗位责任制，把历年建立起来的各种规章制度都用岗位责任制的形式固定下来，做到“人人有专责，事事有人管”。

1966年45%vol古井亭牌竹叶青酒1斤装

酒好人好工作好，参觀一回忘不了。

九六四年八月二十二日参觀杏花村汾酒厂甚感热情招待。

巴金

1964年，巴金参观杏花村汾酒厂题词。

# 1967年四新牌汾酒

规　　格 | 65%vol　1斤 0.5斤

参考价格 | RMB 750,000 / 750,000 / 400,000

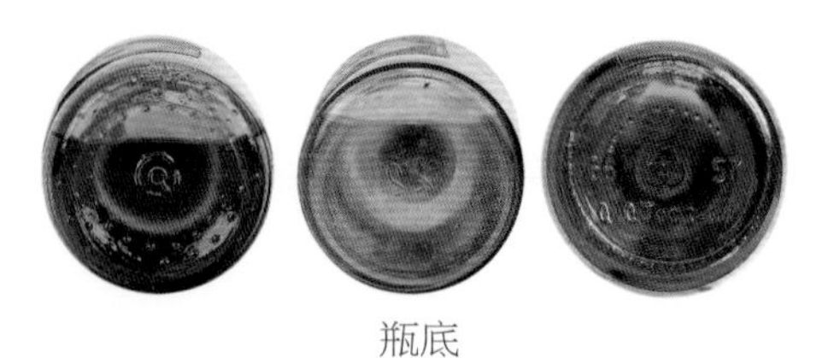

瓶底

1967年65%vol四新牌汾酒1斤装

1967年65%vol四新牌汾酒0.5斤装

**商标：**

内销汾酒酒标：1966 年，为了适应当时社会背景，需要重新设计酒标，新酒标未印刷时，就将“云形古井亭”酒标上“古井亭”和奖牌图案用有“山西特产”字样的纸遮住，颈标没有变化。当时酒标名称为“杏花村”，由于是过渡时期使用，没有注册。1966 ～ 1967 年间使用。

是年，注册了“四新”牌商标，取破“四旧”立“四新”之意，用于内销玻璃瓶与瓷瓶汾酒（65° / 0.5 斤、1 斤）。酒标有颈标和正标，与 1962 年的“古井亭”牌酒标图案基本一致，颈标一样，正标边框金色花纹。中间的“古井亭”图案改为“四新”图案，在“四新”图案两旁各有“山西特产”字样，没有奖牌，下方有“山西杏花村汾酒厂出品”字样。1967 ～ 1971 年间使用。在“四新”之后又恢复使用“古井亭”商标，1971 ～ 1975 年一直使用 1962 年的云形古井亭酒标。

内销竹叶青酒酒标：1966 年，为了适应当时社会政治背景，需重新设计酒标，新酒标未印刷时，便将“云形古井亭”酒标上“古井亭”和奖牌图案用有“山西特产”的字样遮盖，酒标名称为“杏花村”。由于是过渡时期使用，没有注册。1966 ～ 1967 年使用。

1966 年，注册了“四新”牌商标，“四新”牌商标主要用于内销玻璃瓶竹叶青酒（45° / 0.5 斤、1 斤），酒标有颈标和正标，与 1962 年的“古井亭”牌酒标图案基本一致，颈标一样，正标中间的“古井亭”图案改为“四新”图案，在“四新”图案两旁各有“山西　特产”字样，没有奖牌，下方有“山西杏花村汾酒厂出品”字样和拼音，1967 ～ 1971 年使用。

1967年65%vol杏花村汾酒0.5斤装

1967年45%vol杏花村竹叶青酒0.5斤装

# 1967年杏花村牌、四新牌汾酒

规　　格 | 65%vol　1斤 0.5斤

参考价格 | RMB 700,000 / 400,000 / 400,000

**相关记事：**

1967 年 3 月 13 日，成立“山西省地方国营杏花村汾酒厂‘革命委员会’”，简称“3·13‘革命委员会’”，又称“抓革命、促生产办公室”，主任温荣，副主任韩成发、郭运昌、齐印增。

是年，酒厂共有职工 334 人，固定资产原值 385.18 万元，固定资产净值 267.74 万元，年生产能力 1600 吨，年总产量 1728.51 吨。

1967年65%vol杏花村汾酒1斤装

1967年65%vol四新牌汾酒0.5斤装

汾酒、竹叶青宣传资料

生产车间工作场景

# 1968年四新牌汾酒

规　　格 | 65%vol　1斤

参考价格 | RMB 700,000 / 700,000

**相关记事：**

1968 年 9 月，恢复组建“革命委员会”，主任王道义，副主任温荣、韩成发、郭运昌。

是年，酒厂共有职工 372 人，固定资产原值 386.97 万元，固定资产净值 254.79 万元，年生产能力 1600 吨，年总产量 1365.12 吨，产值 164 万元。

1968年65%vol四新牌汾酒1斤装

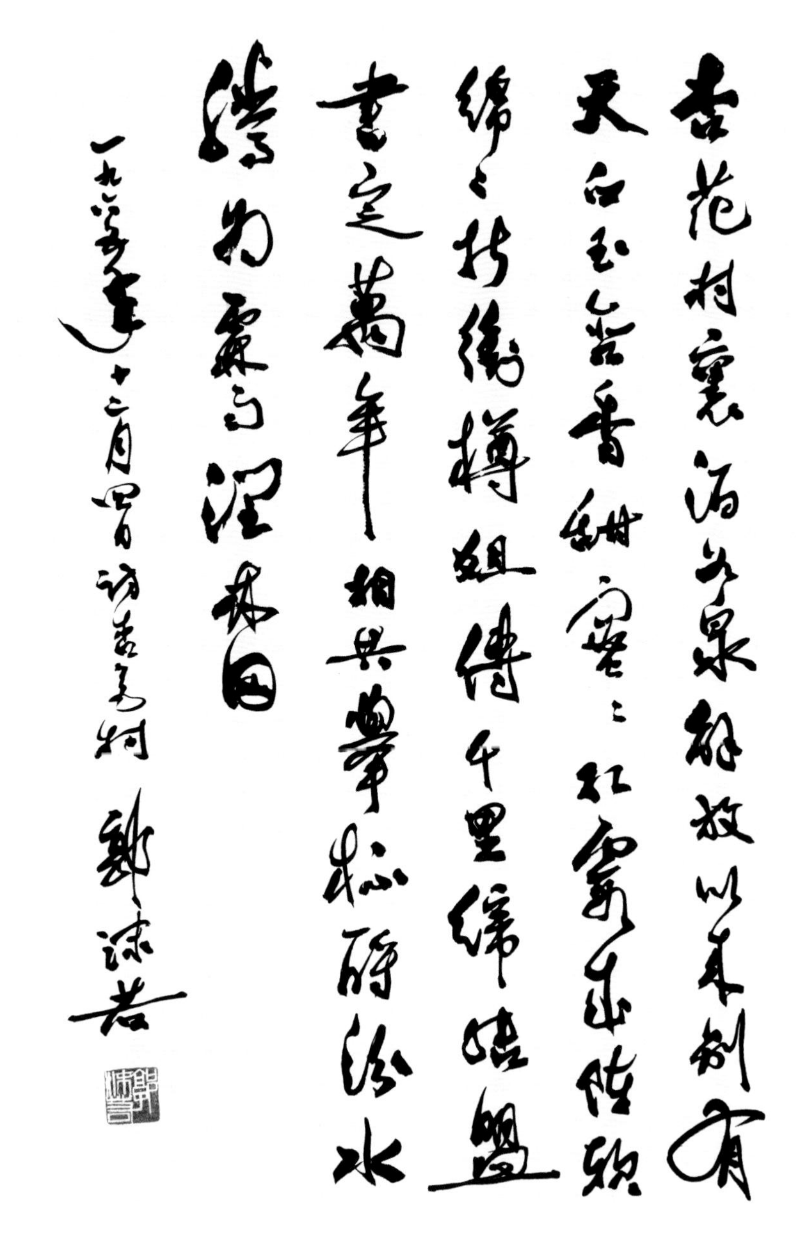

1965年12月4日，郭沫若参观杏花村汾酒厂题词。

**商标：**

外销汾酒酒标：5 月，启用的天津外贸注册商标，商标名称为“长城”牌，此为外销汾酒专用商标图样。“长城”牌外销玻璃瓶汾酒（65°/ 1 斤）使用白色直玻璃瓶，金黄色铝盖，酒标有颈标和正标，整体颜色是以黄为主、蓝为辅，颈标为黄色，上有“杏花村”，“汾酒”二字两侧有“山西特产”及拼音。正标为杏花树及杏花点缀背景，中间长城图案，有“长城商标”字样，图案下方有“山西特产”“杏花村”“汾酒”、下部分为蓝色，有“中国粮油食品进出口公司监制，中国　天津”及英文标注，特点是在正标上部用针孔式打号机打有“阿拉伯”字样。

外销竹叶青酒酒标：5 月，启用天津外贸注册“长城”牌商标，此为外销竹叶青酒专用商标（45°/ 0.25 斤、0.5 斤、1 斤）。外销玻璃瓶竹叶青酒使用绿色直玻璃瓶，黄色铝盖，整体颜色是以绿为主、红为辅。颈标上写“竹叶青酒”字样及英文说明，正标两侧竹叶环绕，上方是“长城”图案，并在两侧有“长城商标”字样，图案下方为“山西特产”“杏花村”“竹叶青酒”字样，下部为红色，有“中国粮油食品进出口公司监制，中国　天津”及英文标注。

# 1968年长城牌竹叶青酒

规　　格 | 45%vol　1斤

参考价格 | RMB 750,000

1968年45%vol长城牌竹叶青酒1斤装

中國名酒
珠江牌
玉冰燒
北京
蓮花白酒
山西特產
竹葉青酒
中國名酒
五粮液
貴州名酒
茅台酒
質味醇厚★芳香清洌
中國粮油食品進出口公司監製
香港代理處：五豐行
地址：中國銀行大廈三樓
電話：222216 電報掛號："3578"
香港經銷處
中國酒業貿易有限公司
地址：國際大廈2204室
電話：233497

# 1968年四新牌竹叶青酒

规　　格 | 45%vol　1斤 0.5斤

参考价格 | RMB 750,000 / 750,000 / 380,000

生产日期

**相关记事:**

1969 年，山西省地方国营杏花村汾酒厂“革命委员会”主任王道义，副主任温荣、韩成发、郭运昌。

是年，酒厂共有职工 371 人，固定资产原值 390.96 万元，固定资产净值 244 万元，年生产能力 1600 吨，年总产量 1707.63 吨。

1968年45%vol四新牌竹叶青酒1斤装

1969年45%vol四新牌竹叶青酒1斤装

1969年45%vol四新牌
竹叶青酒0.5斤装

1969年45%vol四新牌竹叶青酒0.25斤装

# 1969年四新牌汾酒

规　　格 | 65%vol　1斤 0.5斤

参考价格 | RMB 650,000 / 650,000 / 300,000 / 300,000

1969年65%vol四新牌汾酒1斤装　　　　1969年65%vol四新牌汾酒0.5斤装

酒家杏花村　（孙仃书）

**相关记事：**

1969 年，科技人员和老工人一同研究设计，经数十次改进试制，终于制成大曲成型机。制曲功效提高 4 倍，制曲人员由 30 多个强男劳力减为 9 名一般劳力，而且曲的质量完全符合技术要求。

是年，汾酒厂的领导班子有了新的变化。解放军的军代表王道义等 4 人进厂，召开了大会，动员全厂革命职工进行大联合，恢复组建了新的“革命委员会”。这次“革命委员会”的领导班子是：军代表王道义同志任主任，温荣等 3 人任副主任。

山西杏花村汾酒厂

# 1969年长城牌竹叶青酒

规　　格 | 45%vol　1斤

参考价格 | RMB 680,000

瓶底

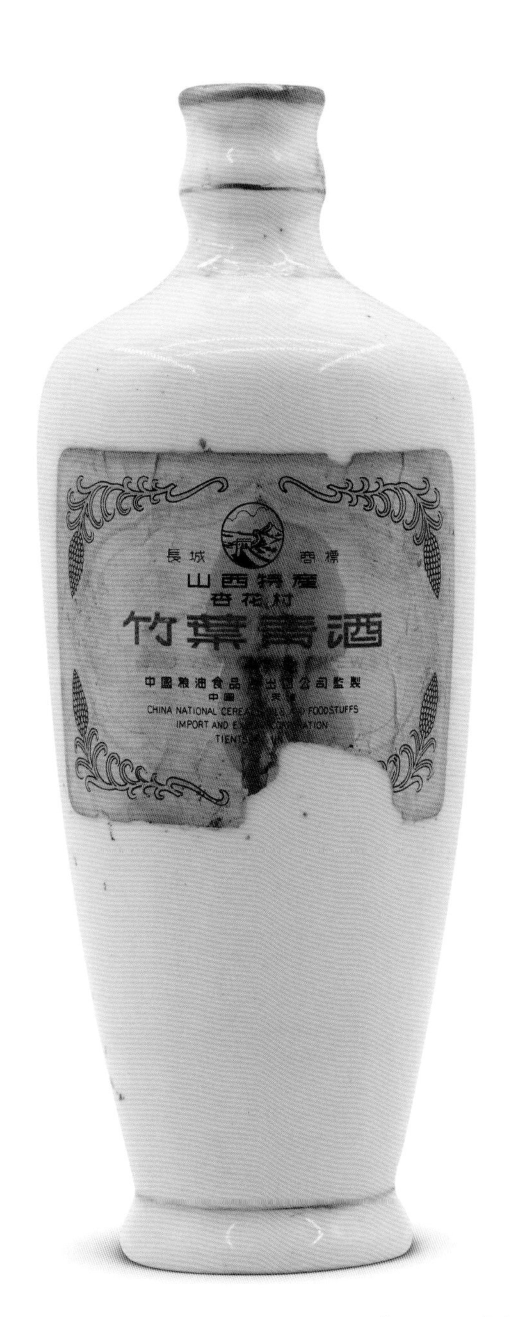

1969年45%vol长城牌竹叶青酒1斤装

杏花玉液天下闻　（田世光绘）

# 20世纪50、60年代酒标

注册 商标
竹叶青酒
中华人民共和国山西杏花村汾酒厂出品

TRADE MARK
杏花村 山西特产
竹葉青
CHU YEH CHING
中国粮油食品进出口公司监制

TRADE MARK
杏花村 山西特产
竹葉青
CHU YEH CHING

TRADE MARK
杏花村 山西特产
汾酒
Fen
CHIEW

杏花村
汾酒
Fen
CHIEW

汾 酒
Fen
CHIEW

TRADE MARK
杏花村
竹葉青
Chu Yeh Ching
1915年 国际金奖
1963年 国内金奖
中国粮油食品进出口公司监制

PANAMA WINE EXPOSITON GOLD AWARD
NATIONAL GOLDEN AWARD
注冊商标
竹葉青酒
ZHU YE QING JIU
山西杏花村汾酒厂出品
SHANXI XINGHUA CUN FENJIU CHANG
CHU PIN

PANAMA WINE EXPOSITION GOLDEN AWARD
NATIONAL GOLDEN AWARD
TRADE MARK
竹葉青酒
CHU YEH CHING CHIEW
中國杏花村汾酒廠出品
HSING HUA CHUN DISTILLERY
SHANSI, CHINA.

注冊商标
竹葉青酒
ZHU YE QING JIU
山西杏花村汾酒厂出品
SHANXI XINGHUA CUN FENJIU CHANG
CHU PIN

PANAMA WINE EXPOSITION GOLDEN AWARD
NATIONAL GOLDEN AWARD
TRADE MARK
白玉酒
PAI YUE CHIEW
中國杏花村汾酒廠出品
HSING HUA CHUN DISTILLERY
SHANSI. CHINA

## 1970年四新牌汾酒、竹叶青酒

规　　格 | 65%vol 45%vol　1斤

参考价格 | RMB 600,000 / 600,000

生产日期

1970年65%vol四新牌汾酒1斤装　1970年45%vol四新牌竹叶青酒1斤装

1970年10月20日，汾酒厂厂长秦斌（后排右起第七人）与干部职工在东厂门前合影。

**相关记事：**

1970 年，山西省地方国营杏花村汾酒厂“革命委员会”主任贺德意，副主任温荣、韩成发、郭运昌。

是年，酒厂共有职工 372 人，固定资产原值 389.56 万元，固定资产净值 230.21 万元，年生产能力 1600 吨，年总产量 1757.74 吨，产值 213 万元

是年，常贵明担任了汾酒车间的党支部书记，他大刀阔斧地进行整顿，努力恢复传统工艺，建立规章制度，使酒的优质率大大提高。

20世纪70年代竹叶青酒0.5斤装

20世纪70年代白瓷瓶竹叶青酒0.5斤装

20世纪70年代61%vol三糙酒1斤装

# 1971年长城牌汾酒

规　　格 | 65%vol　1斤 0.5斤

参考价格 | RMB 600,000 / 320,000

**相关记事:**

1971 年, 山西省地方国营杏花村汾酒厂“革命委员会”主任贺德意, 副主任刘凤亮、秦斌。

是年，酒厂共有职工 454 人，固定资产原值 404.41 万元，固定资产净值 228.73 万元，年生产能力 1600 吨，年总产量 1837.6 吨。

4 月，成立吕梁地区，汾阳县由晋中地区划归吕梁地区管辖。

1971年65%vol长城牌汾酒1斤装　　1971年65%vol长城牌汾酒0.5斤装

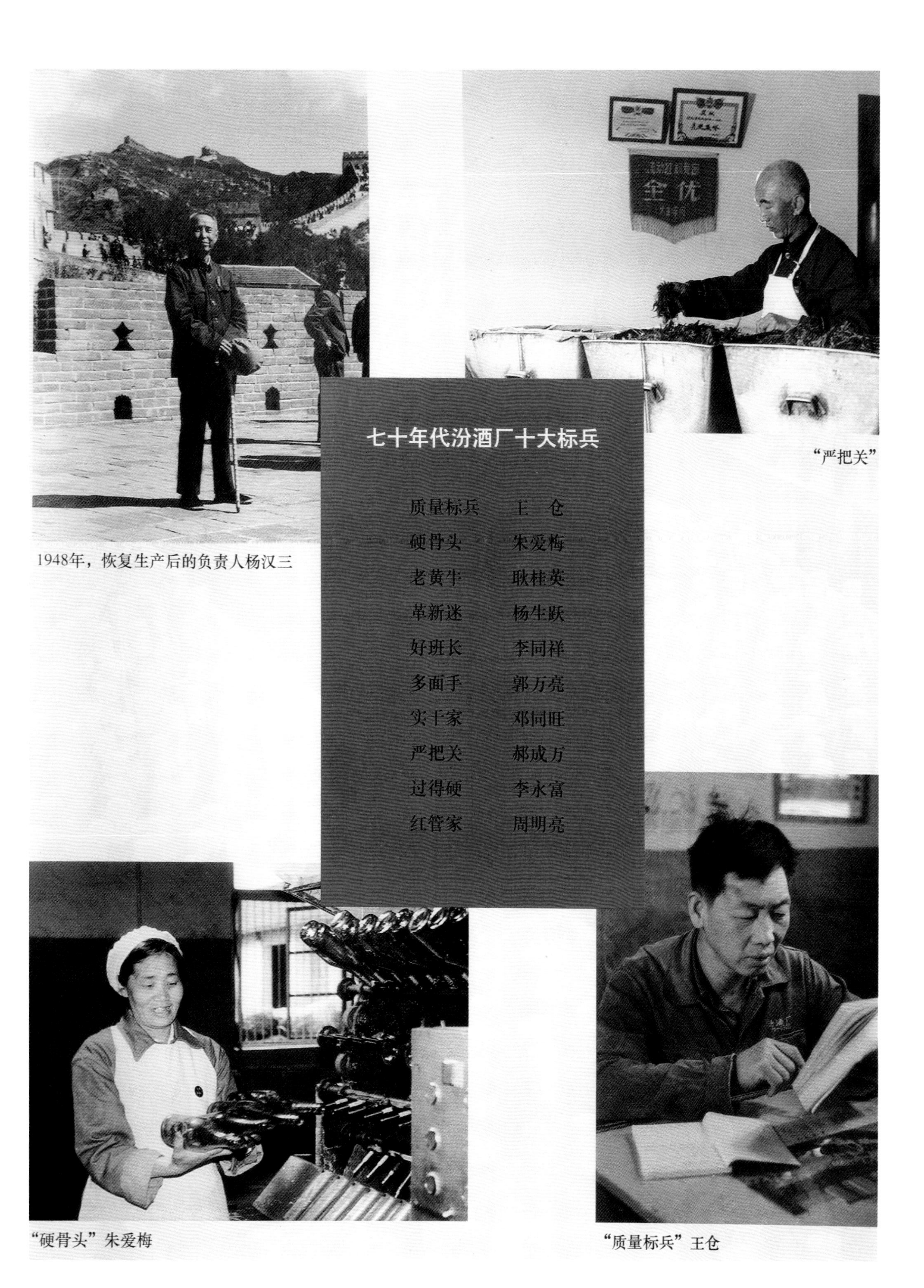

1948年，恢复生产后的负责人杨汉三

“严把关”

## 七十年代汾酒厂十大标兵

| | |
|---|---|
| 质量标兵 | 王　仓 |
| 硬骨头 | 朱爱梅 |
| 老黄牛 | 耿桂英 |
| 革新迷 | 杨生跃 |
| 好班长 | 李同祥 |
| 多面手 | 郭万亮 |
| 实干家 | 邓同旺 |
| 严把关 | 郝成万 |
| 过得硬 | 李永富 |
| 红管家 | 周明亮 |

“硬骨头”朱爱梅

“质量标兵”王仓

# 1971年长城牌竹叶青酒

规　　格 | 45%vol　1斤

参考价格 | RMB 600,000

1971年45%vol长城牌竹叶青酒1斤装

**相关记事：**

1971 年 12 月 26 日，为了加强产品质量管理，充实健全了评酒委员会。评酒委员会由 36 人组成，厂“革委会”副主任刘凤亮兼任主任。在落实干部政策的过程中，有不少管理经验丰富的干部被安排到重要岗位。

是年，汾酒厂恢复党组织。

**商标：**

内销竹叶青酒酒标：1971 年，内销玻璃瓶竹叶青酒（45° / 0.25 斤、1 斤）使用“古井亭”牌商标。酒标为全新内容，以绿色为主。颈标上有“竹叶青酒”字样及汉语拼音标注，正标由茂盛的竹子围绕在两边，古井亭图案下有“注册商标”及“山西特产”字样，两侧是 1915 年巴拿马万国博览会甲等大奖奖牌和 1963 年全国评酒会金质奖奖牌，中间有“竹叶青酒”和“XING HUA CUN”字样，正标下有“山西杏花村汾酒厂出品”，同时附加拼音标注。

1971年45%vol四新牌竹叶青酒1斤装

# 1972年四新牌汾酒

规　　格 | 65%vol　1斤

参考价格 | RMB 580,000

1972年65%vol四新牌汾酒1斤装

**相关记事:**

1972 年 1 ～ 11 月，山西杏花村汾酒厂“革命委员会”主任贺德意，副主任刘凤亮、秦斌。12 月，主任刘凤亮，副主任常贵明、吴寿先。

8 月 26 日，《解放军报》报道，山西杏花村汾酒厂党组织结合改革规章制度、调整机构，全面落实党的政策，将干部、技术人员、老工人安排在恰当的工作岗位上，调动了他们的积极性。迅速恢复了地缸发酵的传统工艺，更好地保持发挥了汾酒的独特风味。

9 月，霍永健进入了汾酒厂，从事制曲工作。

10 月，为了提高产品质量，杏花村汾酒厂党委广泛征求到群众对于“攻克技术难关，提高汾酒质量”的改进建议 100 多条，分别列入科学实验规划。同时，制定和修改了技术操作规程、质量检查、设备维修等技术管理制度，使一些“老大难”的问题得到解决。

12 月，年产汾酒 500 吨的第四号酿酒车间建成，并投入生产。

是月，山西省地方国营杏花村汾酒厂，更名为山西杏花村汾酒厂。

是年，汾酒厂开始第四次扩建工程，总投资额 1590.56 万元。工程完工投产后，年生产能力增加到 3200 吨。

是年，酒厂共有职工 562 人，固定资产原值 427.39 万元，固定资产净值 236.39 万元，年生产能力 2400 吨，年总产量 2211.43 吨。

汾酒宣传资料

# 1972年四新牌、古井亭牌竹叶青酒

规　　格 | 45%vol　1斤 0.5斤

参考价格 | RMB　500,000 / 300,000

1972年45%vol四新牌
竹叶青酒1斤装

1972年45%vol古井亭牌
竹叶青酒0.5斤装

和風華雨正紛紛
舉盞欲招千古魂
般若湯兮長壽水
不妨暢飲杏花村

一九七八年十月十一日陪日中友好淨土宗協會第一次友好訪華團來訪杏花村 稻岡團長云日人称酒為不老長壽水而佛家則呼酒為般若湯宜与良朋開懷暢飲

趙樸初

和风华雨正纷纷，举盏欲招千古魂。 般若汤兮长寿水，不妨畅饮杏花村 （赵朴初书）

**商标：**

内销竹叶青酒酒标：1972 年，内销观音印花瓷瓶竹叶青酒（40° / 0.25 斤、1 斤），“古井亭”牌商标有颈标和正标。颈标为“中国名酒”红色条形标，正标以绿色为底色，金黄色的边框，古井亭图案两侧有“TRADE MARK”，下面有“山西特产”“杏花村”字样，中间“竹叶青”字样的两侧分别是 1915 年巴拿马万国博览会甲等金质大奖章和 1963 年全国评酒会金质奖奖牌，下面有“中国粮油食品进出口公司监制，中国　天津”字样。背面是烤在瓶子上的绿色清明诗意图。1972 ～ 1975 年使用。

外销竹叶青酒酒标：1972 ～ 1981 年，外销瓷瓶竹叶青酒（45° / 0.25 斤）使用“长城”牌商标，瓶身有竹叶图案和“中国名酒竹叶青”字样，背面贴一长方形背标，内容是竹叶青酒的历史说明。

1972年45%vol长城牌竹叶青酒0.25斤装

# 1973年四新牌汾酒

规　　格 | 65%vol　1.2斤

参考价格 | RMB 580,000

1973年65%vol四新牌汾酒1.2斤装

**相关记事：**

1973年，酒厂共有职工625人，占地面积165500平方米，建筑面积60011平方米，固定资产原值623.28万元，固定资产净值420.46万元，年生产能力2400吨，年总产量2643.26吨。

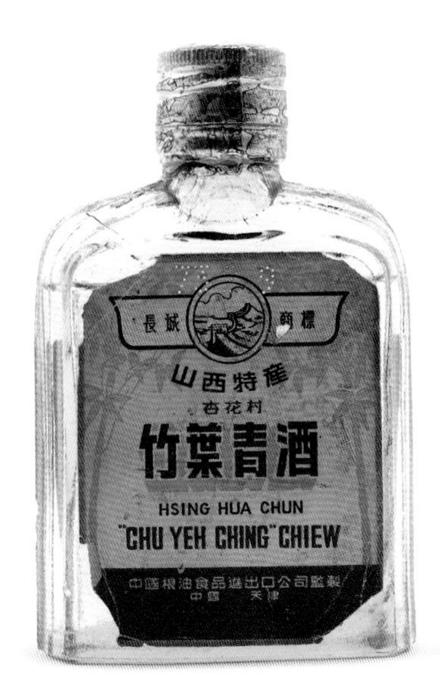

1973年45%vol长城牌竹叶青酒0.25斤装

1973年45%vol长城牌竹叶青酒0.5斤装

# 1973年古井亭牌竹叶青酒

规　　格 | 45%vol　1斤

参考价格 | RMB 450,000 / 450,000

1973年45%vol古井亭牌竹叶青酒1斤装

**相关记事:**

1973 年，山西杏花村汾酒厂“革命委员会”主任刘凤亮，副主任常贵明、吴寿先。

6 月 21 日，为了增强科学试验研究工作，进一步发挥工程技术人员的作用，成立了中心试验室。并将原属生产计划科的工艺组、改进包装组、成品化验室，汾酒车间所属的半成品化验室以及科技情报站，全部划归中心试验室。

是年，杏花村汾酒厂进行第三次扩建。工程完工投产后，年生产能力大大增加。

是年，王震同志视察杏花村汾酒厂，指出“我看汾酒这个名牌酒要大力发展，要让人民喝到更多的美酒。”

1973年45%vol古井亭牌竹叶青酒1斤装

# 1973年长城牌竹叶青酒

规　　格 | 45%vol　1斤

参考价格 | RMB 500,000

生产日期

1973年45%vol长城牌竹叶青酒1斤装

**商标：**

内销汾酒酒标：1973 年，开始大量使用“牧童指处杏花村”琵琶瓷瓶，用于内销汾酒（65° / 0.5 斤、1 斤），使用黄色塑塞盖，颈标为“中国名酒”红色条形标。贴颈标时，把盖子上系的一条红丝带拴进去，丝带上挂有“中国名酒”字样的小牌。正标是椭圆的花瓣形，以红色为底色，金色的边框，中间是古井亭图案，下面有“汾酒”二字。有两枚奖牌，分别是 1915 年的巴拿马万国博览会甲等金质大奖章奖牌和 1963 年全国评酒会金质奖奖牌。标明“山西杏花村汾酒厂出品”。背标是烤在瓶子上的杏花村图案，有“借问酒家何处有？牧童遥指杏花村”诗句。生产日期在正面边侧，打有针孔数字。

内销竹叶青酒酒标：1973 年，内销瓷瓶竹叶青酒（40° / 1 斤），增加了浅绿色双耳瓷瓶，“古井亭”牌商标，瓶盖上系着吊牌（有“中国名酒”字样）的红丝带，没有纸贴酒标，全部压模到瓶上。正面是凸出的竹叶环绕的“竹叶青”三字，背面是凹进去的“三春竹叶酒，一曲鹍鸡弦”的诗句。

1973年45%vol杏花村竹叶青1斤装

# 1974年长城牌汾酒

规　　格 | 65%vol　1斤 0.5斤

参考价格 | RMB 400,000 / 200,000

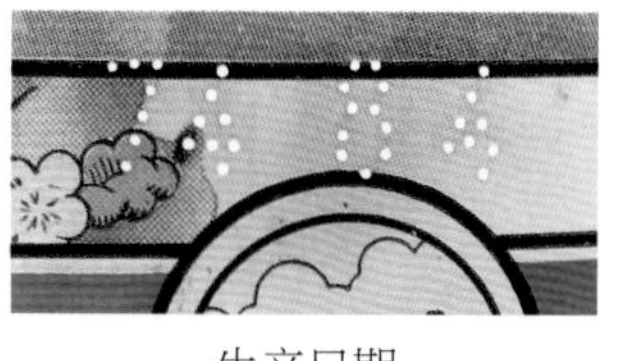

生产日期

1974年65%vol
长城牌汾酒1斤装

1974年65%vol
长城牌汾酒0.5斤装

65%vol长城牌汾酒0.25斤装　　45%vol长城牌竹叶青酒0.25斤装

**相关记事:**

1974年1～11月,山西杏花村汾酒厂"革命委员会"主任刘凤亮,副主任常贵明、吴寿先。1974年12月～1975年10月,党委书记刘凤亮,主任常贵明,副主任吴寿先。

是年,酒厂共有职工668人,固定资产原值728.06万元,固定资产净值507.55万元,年生产能力2400吨,年总产量2791.47吨,产值755万元。

白曲酒类

| 统一货号 | 厂名或产地 | 品名 | 规格 | 计量单位 | | 市区牌价 | | 郊县牌价 | |
|---|---|---|---|---|---|---|---|---|---|
| | | | | 批发 | 另售 | 批发 | 另售 | 批发 | 另售 |
| 晋8—51 | 山西 | 山西汾酒 | 65° 1.1市斤 | 瓶 | 瓶 | 2.81 | 3.15 | 2.83 | 3.17 |
| 52 | 〃 | 〃 | 65° 1市斤 | 〃 | 〃 | 2.59 | 2.90 | 2.61 | 2.92 |
| 53 | 〃 | 〃 | 65° 0.6市斤 | 〃 | 〃 | 1.61 | 1.80 | 1.62 | 1.81 |
| 54 | 〃 | 〃 | 65° 0.5市斤 | 〃 | 〃 | 1.34 | 1.50 | 1.35 | 1.51 |
| 55 | 〃 | 山西竹叶青 | 40° 1.4市斤 | 〃 | 〃 | 3.66 | 4.10 | 3.69 | 4.13 |
| 晋8—56 | 山西 | 山西竹叶青 | 40° 1.2市斤 | 瓶 | 瓶 | 3.17 | 3.55 | 3.19 | 3.57 |
| 57 | 〃 | 〃 | 40° 1市斤 | 〃 | 〃 | 2.68 | 3.00 | 2.70 | 3.02 |
| 58 | 〃 | 〃 | 40° 0.66市斤 | 〃 | 〃 | 1.79 | 2.00 | 1.80 | 2.01 |
| 59 | 〃 | 〃 | 40° 0.5市斤 | 〃 | 〃 | 1.43 | 1.60 | 1.44 | 1.61 |
| 晋8—61 | 山西 | 山西汾酒 | 65° 1.2市斤 | 瓶 | 瓶 | 3.04 | 3.40 | 3.06 | 3.42 |

1974年,山西省郊县40° 1.4斤竹叶青酒零售价4.13元、65° 1.2斤汾酒零售价3.42元。

# 1974年长城牌汾酒

规　　格 | 65%vol　1斤

参考价格 | RMB 420,000 / 420,000

生产日期

1974年65%vol长城牌汾酒1斤装

20世纪70年代，老中青评酒会。

20世纪70年代，厂领导与老师傅评酒。

**相关记事：**

1974 年，建成储酒能力 1700 吨的二号酒库。

是年，张桂仙进入汾酒厂，在成装车间装酒。

是年，杏花村汾酒厂大搞技术革新，把蒸汽锅炉加大 1.5 倍，从根本上扭转了历年来供气不足的局面。大曲车间粉碎组老工人韩思聪修旧利废，土法上马、奋战 20 多天，试制成功了高粱脱壳机。

**商标：**

外销竹叶青酒酒标：1974 年，外销竹叶盒玻璃瓶竹叶青酒（45° / 1 斤）使用“长城”牌商标，绿色直玻璃瓶，黄色“竹叶青”字，扭断式盖，红色手提式礼盒。酒标有颈标、正标、背标，正标为红色底边竹叶青图商标，背标为竹叶青酒的文字说明，盒上正面是竹叶图，有“中国粮油食品进出口公司监制，中国　天津”及英文标注。

20世纪70年代初期汾酒礼盒0.15斤×4装

# 1974年长城牌竹叶青酒

规　　格 | 45%vol　1斤

参考价格 | RMB 380,000 / 380,000

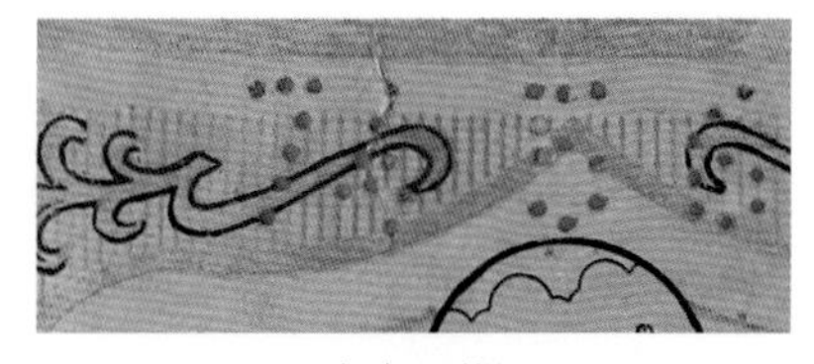

生产日期

1974年45%vol长城牌竹叶青酒1斤装

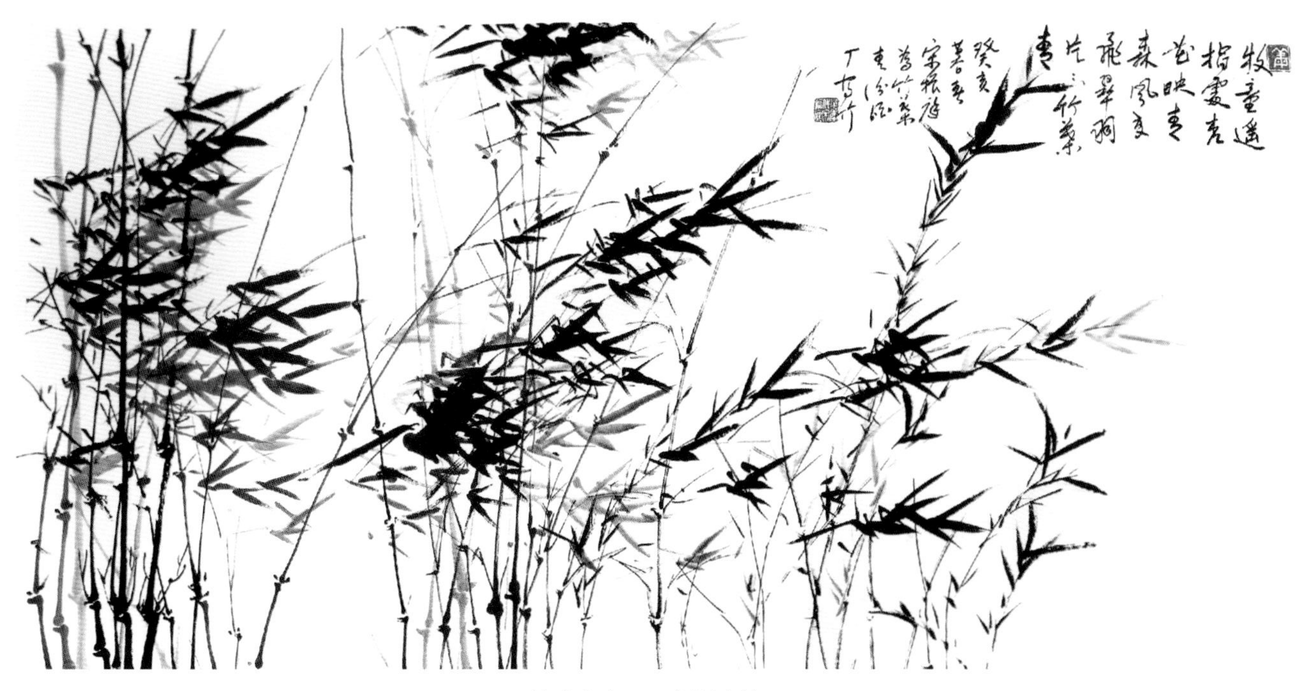

竹叶青青　（宋振庭绘）

1974年45%vol长城牌竹叶青酒1斤装

1974年45%vol长城牌竹叶青酒0.5斤装

# 1975年古井亭牌、长城牌汾酒

规　　格 | 65%vol　1斤

参考价格 | RMB 360,000 / 360,000

1975年65%vol古井亭牌汾酒1斤装

1975年65%vol长城牌汾酒1斤装

20世纪70年代，汾酒竹叶青宣传资料。

20世纪70年代，老劳模王巨成。

**相关记事：**

1975年10月，山西杏花村汾酒厂“革命委员会”党委书记刘凤亮，主任常贵明，副主任吴寿先、胡兵、齐印增。

是年，酒厂共有职工698人，占地面积208398平方米，建筑面积64197平方米，固定资产原值756.68万元，固定资产净值514.98万元，年生产能力2600吨，年总产量2773.93吨。

是年，引进日本自动灌装生产线。年成装能力3000吨的成装二车间建成，并投入使用。

是年，华罗庚带着自己的博士生学生来到山西杏花村汾酒厂，推广当时在社会上影响甚广的“优选法”和“统筹法”。

20世纪70年代，职工装甑比赛。

# 1975年古井亭牌竹叶青酒

规　　格 | 45%vol　1斤 0.5斤

参考价格 | RMB 320,000 / 320,000 / 160,000

1975年45%vol古井亭牌竹叶青酒1斤装

1975年45%vol古井亭牌竹叶青酒0.5斤装

**相关记事：**

1975 年，推广华罗庚优选法后，郝成万通过优选法，将每吨竹叶青酒的基酒汾酒由过去的 700 公斤改为 680 公斤。此外，还把药材浸泡时间延长了三分之二，并由过去半月一蒸改为日蒸一次，提高了浸泡药材用酒的回收率。用优选法和统筹法对名酒竹叶青的浸泡工艺等多个程序，进行了反复的试验和优选。在取得显著的成果后，酒厂依据更科学的方法，改进了操作规程，使竹叶青酒的优质率由 32% 提高到 52%，这是竹叶青酒的一个巨大的进步。这次活动取得了最重要的科研成果，确定了竹叶青酒药材浸泡的最优时间和最佳温度，根据这个成果，汾酒人结合竹叶青酒的传统技术，总结出“十条秘诀”“四大先进操作法”和“十大技术措施”，使得竹叶青酒的质量进入了更高的佳境。

**商标：**

内销汾酒酒标：1975 年，古井亭牌内销玻璃瓶（65° / 0.5 斤、1 斤），汾酒颈标没有变化，正标上的四枚奖牌改为两枚奖牌，分别是 1915 年的巴拿马万国博览会甲等大奖奖牌和 1963 年全国评酒会金质奖奖牌。1975 ～ 1980 年间使用。

外销竹叶青酒酒标：1975 年，外销双耳浅绿色瓷瓶（40° / 1 斤）竹叶青酒，瓶身正面贴有椭圆形酒标。酒标以黄色为主，酒标上有两枚奖牌，分别是 1915 年巴拿马万国博览会甲等金质大奖章和 1963 年全国评酒会金质奖奖牌，还有“中国粮油食品进出口公司监制，中国　天津”字样。

汾酒酒库检验酒质场景

# 1976年长城牌出口汾酒

规　　格 | 64%vol　545mL

参考价格 | RMB 360,000

1976年64%vo长城牌出口汾酒545mL装

# 1976年长城牌出口竹叶青酒

规　　格 | 45%vol　520mL

参考价格 | RMB 360,000

1976年45%vol长城牌出口竹叶青酒520mL装

# 1976年长城牌出口汾酒

规　　格 | 65%vol　1斤

参考价格 | RMB 400,000

生产日期

1976年65%vol长城牌出口汾酒1斤装

牧童遥指杏花村

牧童遥指杏花村　（程十发绘）

# 1976年古井亭牌、长城牌汾酒

规　　格 | 65%vol　1斤 0.5斤

参考价格 | RMB 320,000 / 150,000

1976年65%vol古井亭牌汾酒1斤装　1976年65%vol长城牌汾酒0.5斤装

# 1976年长城牌汾酒（降度试验品）

规　　格 | 48%vol　1斤

参考价格 | RMB 320,000 / 320,000

生产日期

1976年48%vol长城牌汾酒1斤装

# 1976年古井亭牌汾酒

规　　格 | 65%vol 48%vol　1斤

参考价格 | RMB 330,000 / 300,000

1976年65%vol古井亭牌汾酒1斤装

1976年48%vol古井亭牌汾酒1斤装

**相关记事：**

1976 年，山西杏花村汾酒厂“革命委员会”党委书记刘凤亮，主任常贵明，副主任吴寿先、胡兵、齐印增、贺诵。

5 月 31 日，部分国家驻华使节来杏花村汾酒厂参观访问。

是年，王仓担任汾酒一车间党支部书记。

是年，酒厂设计制造了陶瓷瓶装酒器和软木塞压力器，每班成装量达 13 吨。不仅成装工效提高一倍，而且酒的消耗减少三分之一。

是年，酒厂共有职工 760 人，固定资产原值 987.6 万元，固定资产净值 721.6 万元，年生产能力 2800 吨，年总产量 2856.23 吨，产值 792 万元。

1976年65%vol古井亭牌汾酒1斤装

# 1976年长城牌竹叶青酒

规　　格 | 45%vol　1斤

参考价格 | RMB 280,000

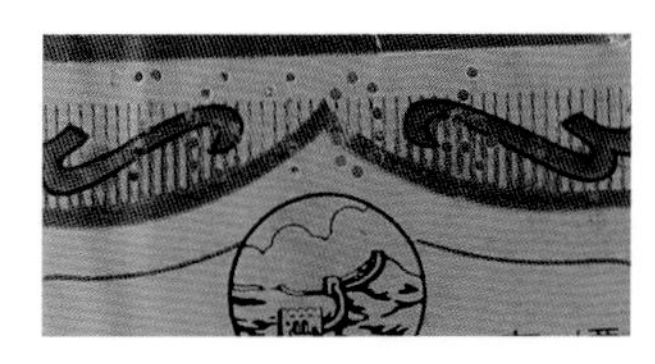

生产日期

1976年45%vol长城牌竹叶青酒1斤装

长城牌汾酒　　长城牌竹叶青酒　　古井亭牌白玉酒　　古井亭牌玫瑰酒　　1974年长城牌竹叶青酒

20世纪70年代，汾酒厂干部车间劳动场景。

# 1976年长城牌竹叶青酒

规　　格 | 45%vol　1斤

参考价格 | RMB 280,000

生产日期

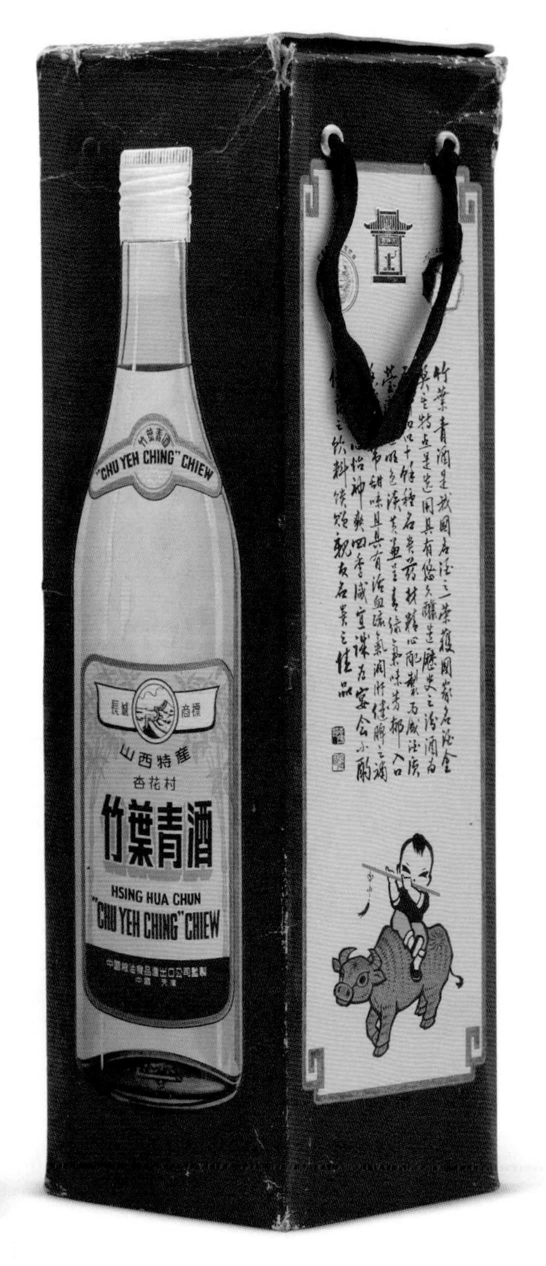


1976年45%vol长城牌竹叶青酒1斤装

# 1976年古井亭牌竹叶青酒

规　　格 | 45%vol　1斤

参考价格 | RMB 280,000

1976年45%vol古井亭牌竹叶青酒1斤装

# 1977年古井亭牌汾酒

规　　格 | 65%vol　1斤

参考价格 | RMB 250,000 / 250,000

1977年65%vol古井亭牌汾酒1斤装

| 产 地 | 品 名 | 规 格 | 单位 | 現行价格 | | 調整价格 | | |
|---|---|---|---|---|---|---|---|---|
| | | | | 批发 | 零售 | 日期 | 批发 | 零售 |
| 山西汾阳 | 特大汾酒 | 1.16斤瓶装 | 瓶 | 3.31 | 3.64 | | | |
| 〃 | 大汾酒 | 斤瓶装 | 〃 | 2.86 | 3.15 | | | |
| 〃 | 特中汾酒 | 0.6斤瓶装 | 〃 | 1.77 | 1.95 | | | |
| 〃 | 中汾酒 | 0.5瓶装 | 〃 | 1.47 | 1.62 | | | |
| 〃 太原 | 特大竹叶青酒 | 1.32斤瓶装 | 〃 | 3.88 | 4.27 | | | |
| 〃 | 〃 | 1.2斤瓶装 | 〃 | 3.56 | 3.92 | | | |
| 〃 | 大竹叶青酒 | 市斤瓶装 | 〃 | 2.95 | 3.25 | | | |
| 〃 | 特中竹叶青酒 | 0.66斤瓶装 | 〃 | 2.00 | 2.20 | | | |

1977年10月，山西汾酒在贵州省零售价3.64元、竹叶青酒零售价4.27元。

**相关记事：**

1977年，山西杏花村汾酒厂“革命委员会”党委书记刘凤亮；主任常贵明，副主任吴寿先、胡兵、齐印增、贺诵。

12月15日，《山西日报》以《超产不松劲、力争多贡献》为题，报道了杏花村汾酒厂在提前41天完成全年生产任务之后，力争超产再超产，积极为第二年实现新的更大跃进做准备。

是年，酒厂共有职工757人，占地面积208398平方米，建筑面积69697平方米，固定资产原值1071.76万元，固定资产净值778.14万元，年生产能力2800吨，年总产量3079.9吨。

# 1977年长城牌汾酒

规　　格 | 65%vol　1斤

参考价格 | RMB 280,000

生产日期

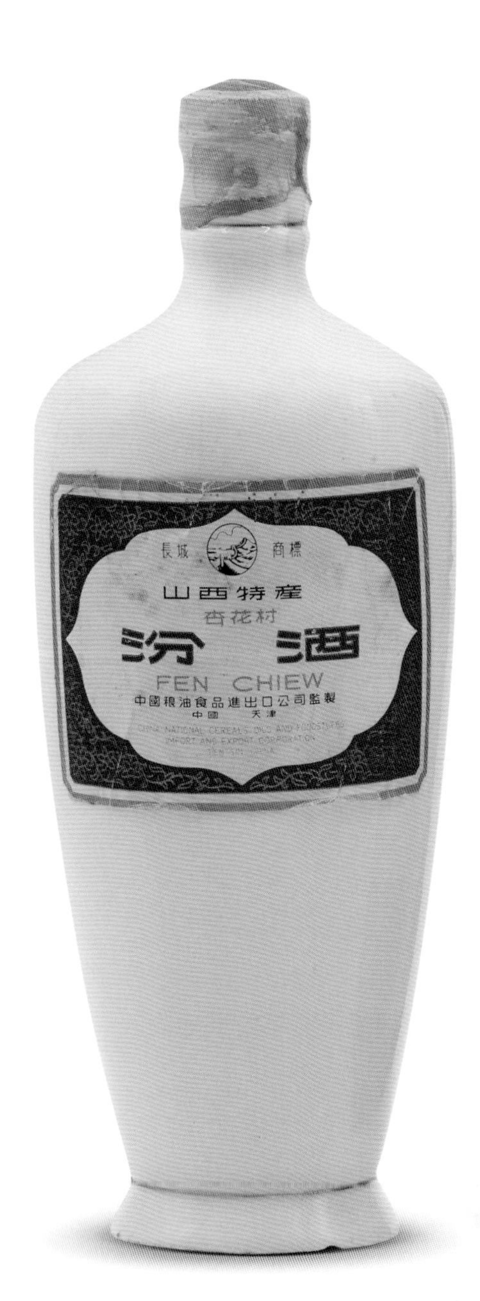

1977年65%vol长城牌汾酒1斤装

**相关记事：**

1977 年，郝成万成为汾酒厂“十大标兵”之一。

是年，郝成万根据药材的特性和软硬情况，将竹叶青酒的冷浸时间由原定为 7 天改为 21 天，提高了竹叶青酒的质量。白玉汾酒、玫瑰汾酒原是蒸馏汾酒时配料蒸馏，经郝成万带领小组研究试验，改为蒸馏原液，勾兑配制，提高了两种酒的香味。

是年，汾酒、竹叶青酒合格率稳定保持在 99% 以上，连续 13 年获出口免检信誉。

是年，酒厂自行设计制造了自动加曲冷散搅拌机，只需 2 人即可完成此项工作。制造了活甑桶，其底可以启开，酒糟即可落下，既省力又省时间。

1977年65%vol古井亭牌汾酒1斤装

# 1977年长城牌、古井亭牌汾酒

规　　格 | 65%vol　1斤

参考价格 | RMB 230,000 / 230,000

1977年65%vol长城牌汾酒1斤装　　1977年65%vol古井亭牌汾酒1斤装

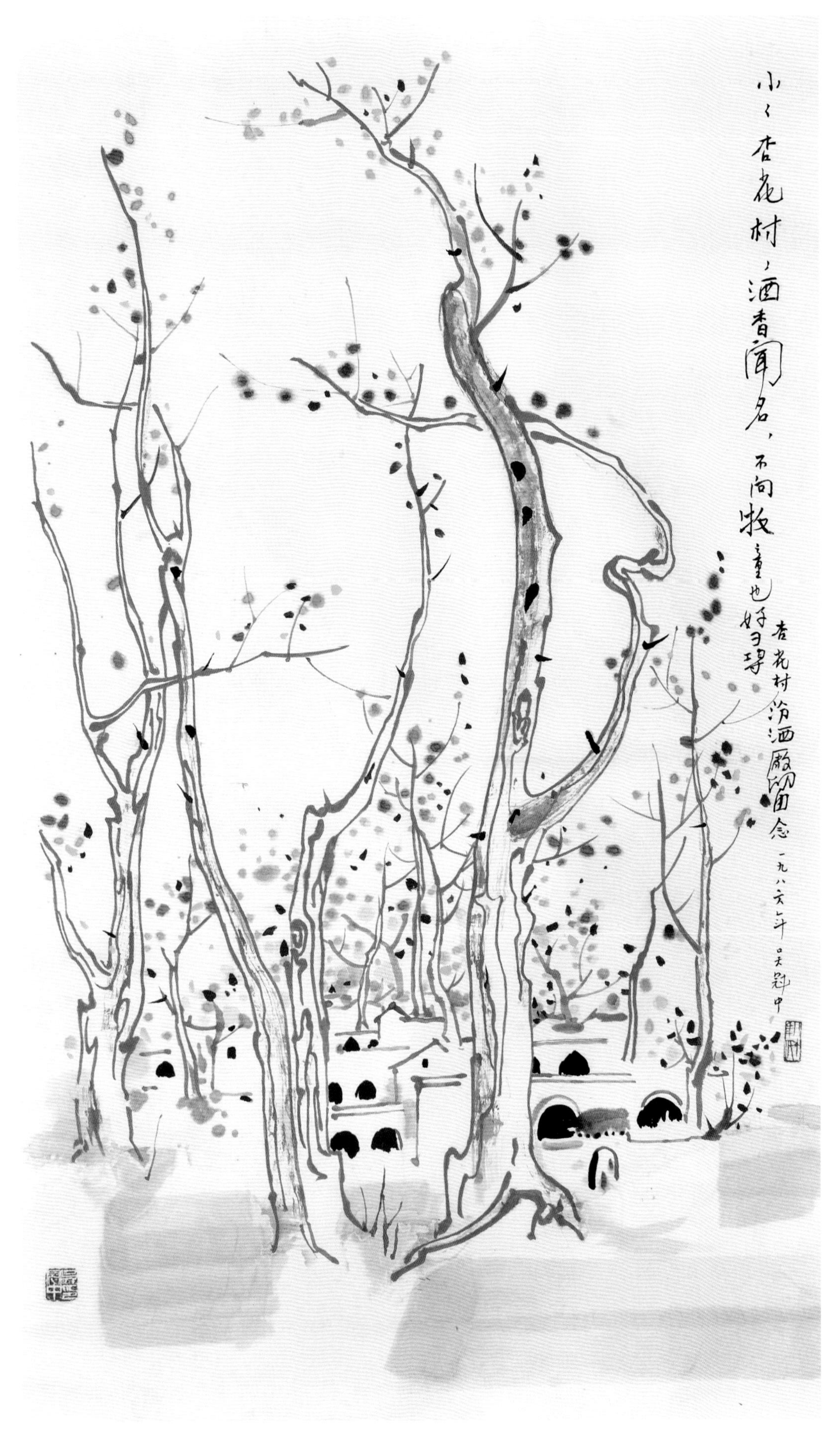


小小杏花村　（吴冠中绘）

# 1978年长城牌汾酒

规　　格 | 65%vol　1斤 0.5斤

参考价格 | RMB 200,000 / 200,000 / 120,000

生产日期

1978年65%vol长城牌汾酒1斤装

1978年65%vol长城牌汾酒0.5斤装

山西杏花村汾酒厂
楊子九老先生于一九三三年冬暢谈其釀酒秘诀特為文刋于翌年海王旬刋第廿期以補汾酒研究论文之不足其秘诀是
人必得其精
麴必得其時
器必得其潔
火必得其緩
水必得其甘
高粱必得其實
缸必得其湿
方心芳
为纪念汾酒研究五十週年书

纪念汾酒研究五十周年　（方心芳书）

**相关记事：**

1978～1979年8月，山西杏花村汾酒厂党委书记刘凤亮，主任常贵明，副主任吴寿先、胡兵、齐印增、贺诵。

4月20日，质量科分设，科学技术研究室改为科学技术研究所。

4～5月间，中共山西省委、省“革委会”发出企事业单位一律不设立“革命委员会”的通知。据此精神，汾酒厂取消“革命委员会”名称，原主任、副主任改称厂长、副厂长。

9月，在轻工部第三届全国评酒会上，竹叶青酒被评为全国名酒，授予金质奖章。

是月，山西省经委命名杏花村汾酒厂为“质量信得过企业”，汾酒、竹叶青酒为“质量信得过产品”。

是年，汾酒厂在全国名优白酒提高质量的会议上介绍了经验。

是年，陈介德、王仓分别被山西省人民政府授予“工业学大庆先进工作者”“工业学大庆标兵”称号。

是年，汾酒厂在企业体制、机制和管理方面实行了一系列改革，使企业的体制由单一的生产型转向生产经营型，由封闭的内向型转向开放的外向型，又由单一的经营型转向全方位的经营型。

是年，酒厂共有职工810人，固定资产原值1133.4万元，固定资产净值809万元，年生产能力2860吨，年总产量3190.91吨，产值908万元。

# 1978年长城牌竹叶青酒

规　　格 | 45%vol　1斤

参考价格 | RMB 200,000

生产日期

1978年45%vol长城牌竹叶青酒1斤装

1978年45%vol长城牌竹叶青酒0.25斤装

# 酒 类

| 产地 | 品名 | 规格或等级 | 单位 | | 产地牌价 | | 购进价 | 全省一价 | | 对供销社转批价 | 调正 | | |
|---|---|---|---|---|---|---|---|---|---|---|---|---|---|
| | | | 批发 | 另售 | 批发 | 另售 | | 批发 | 另售 | | 月 | 日 | 批发 |
| 山西 | 瓷瓶竹叶青 | 45°1斤 | 瓶 | 瓶 | 2.54 | 2.80 | | 3.28 | 3.60 | | | | |
| 〃 | 竹叶青 | 45°1.4斤 | 瓶 | 瓶 | 3.18 | 3.50 | | 3.95 | 4.34 | | | | |
| 〃 | 竹叶青 | 45°1.2斤 | 瓶 | 瓶 | 2.73 | 3.00 | | 3.39 | 3.72 | | | | |
| 〃 | 竹叶青 | 45°1.1斤 | 瓶 | 瓶 | 2.50 | 2.75 | | 3.10 | 3.41 | | | | |
| 〃 | 竹叶青 | 45°1斤 | 瓶 | 瓶 | 2.27 | 2.50 | | 2.82 | 3.10 | | | | |
| 〃 | 竹叶青 | 45°0.66斤 | 瓶 | 瓶 | 1.59 | 1.75 | | 1.96 | 2.15 | | | | |
| 〃 | 竹叶青 | 45°0.5斤 | 瓶 | 瓶 | 1.23 | 1.35 | | 1.50 | 1.65 | | | | |

1978年，45° 竹叶青酒山西省零售价4.34元。

# 1979年古井亭牌汾酒

规　　格 | 65%vol　0.5斤

参考价格 | RMB 60,000 / 60,000

1979年65%vol古井亭牌汾酒0.5斤装

1979年，古井亭牌汾酒被评为优质名牌，特授予“著名商标”称号。

1980年，中华人民共和国国家质量奖优质金奖。

**相关记事：**

1979 年 8 月，山西杏花村汾酒厂党委书记常贵明，厂长吴寿先，副厂长贺诵、齐印增、苏友仁。

9 月 13 日，新华社新闻稿载，竹叶青酒远销五大洲的 40 多个国家和地区，受到国际友人和海外侨胞的热情赞扬。出口量比中华人民共和国成立前增加了 700 多倍。

是年，酒厂共有职工 876 人，占地面积 208398 平方米，建筑面积 75201 平方米，固定资产原值 1164.83 万元，固定资产净值 799.99 万元，年生产能力 2860 吨，年总产量 3252.39 吨。

1979年6月，厂领导与退休老工人合影留念。

# 1979年长城牌汾酒

规　　格 | 65%vol　1斤 0.5斤 0.25斤

参考价格 | RMB 120,000 / 60,000 / 30,000

1979年65%vol
长城牌汾酒1斤装

1979年65%vol
长城牌汾酒0.5斤装

1979年65%vol
长城牌汾酒0.25斤装

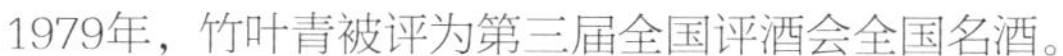

1979年，竹叶青被评为第三届全国评酒会全国名酒。

1979年，竹叶青酒荣获国家质量奖金质奖章。

**相关记事：**

1979 年 9 月 26 日，《香港商报》报道，竹叶青酒行销港澳和东南亚，历史悠久，品质优良，中外人士品尝后，俱为赞赏。

是月，山西杏花村汾酒厂被国务院评为先进企业。

是月，竹叶青酒以全新的面貌上市，崭新的装潢更显得竹叶青酒的华贵大方。瓶型的优美，瓶盖封口的现代技法，品质的上乘，诚是宴会小酌、送礼自奉的无上佳品。

是月，在全国第三届评酒会上，汾酒和竹叶青酒分别作为全国清香型白酒和果露酒的典型代表，双双获得“国家名酒”称号。并确定全国的清香型白酒也可称为“汾型酒”，由此，确立了汾酒作为全国清香型白酒唯一典型代表的地位。

是年，朱爱梅被全国妇联授予“全国三八红旗手”称号。

是年，古井亭牌汾酒被评为优质酒，特授予“著名商标”称号。

是年，全国第二次“质量月广播电视大会”上，竹叶青酒荣获国家金质奖章。

是年，财政部决定将汾酒厂列为全国白酒行业第一个“拨改贷”投资试点厂。当年，酒厂投资 615 万元进行扩建和技术改造，使生产能力大大提高。酒厂开始研发低度酒。

是年，汾酒总产量居全国各酒厂之首，超过设计能力的一倍。同时，以汾酒做母酒配制而成的竹叶青酒也一举夺得全国优质产品金奖。

是年，常贵明主持汾酒厂的工作以来，倡导高质量、严管理、科技创新，千方百计，争创效益，使汾酒的产量由 1979 年的 3200 吨提高到 1994 年的 26000 吨，连续 6 年被评为全国 500 家经济效益最佳企业，综合经济效益居全国轻工业第一名，成为全国酒业之“汾老大”。

1979 年以来，利用新工艺、新技术开发的新产品有 38°、48°、53°汾酒，40°竹叶青酒、35°玫瑰汾酒和白玉汾酒，32°杏花仙酒和 13°真武沙棘酒以及玫瑰香沙棘酒。

# 1979年古井亭牌汾酒、竹叶青

规　　格 | 65%vol 45%vol　1斤

参考价格 | RMB 160,000 / 160,000

**相关记事：**

1979 年，竹叶青酒是选用贮陈多年的汾酒作为“母酒”，加上檀香、广木香、当归、南方竹叶等 10 多种名贵药材和冰糖浸泡而成的。酒液金黄透明，略带淡绿；酒味芳香醇厚，柔绵微甜，还散发着药材的香气，饮后余香不绝于口，因此构成了竹叶青酒特有的色、香、味“三绝”。经医学专家鉴定和少饮久饮的顾客体验，此酒具有疏气活血、和胃益脾，除烦消食的功效。1914 年，竹叶青酒改成现在的配方后，更是“佳酿之誉，宇内交驰”。

1979年65%vol古井亭牌汾酒1斤装

1979年45%vol古井亭牌竹叶青1斤装

# 1979年长城牌竹叶青酒

规　　格 | 45%vol　1斤 0.5斤

参考价格 | RMB 150,000 / 80,000 / 150,000

**相关记事：**

1979年，酒厂开始引进和推广全面质量管理，包括建立工作质量保证体系，完善检测、计量、化验分析手段；建立产品保证体系，使管理逐步提高定量化水平，如发酵，按传统要求温度要做到“前缓、中挺、后缓落”。同时，组织全厂职工参加QC小组的攻关活动。

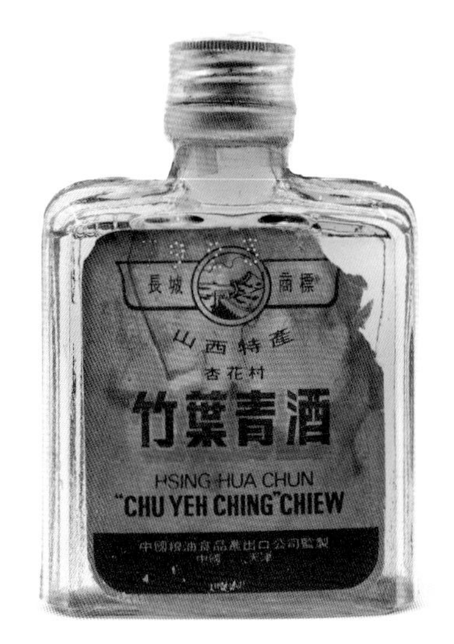


1979年45%vol长城牌竹叶青酒0.25斤装

1979年45%vol长城牌竹叶青酒1斤装

1979年45%vol长城牌竹叶青酒0.5斤装

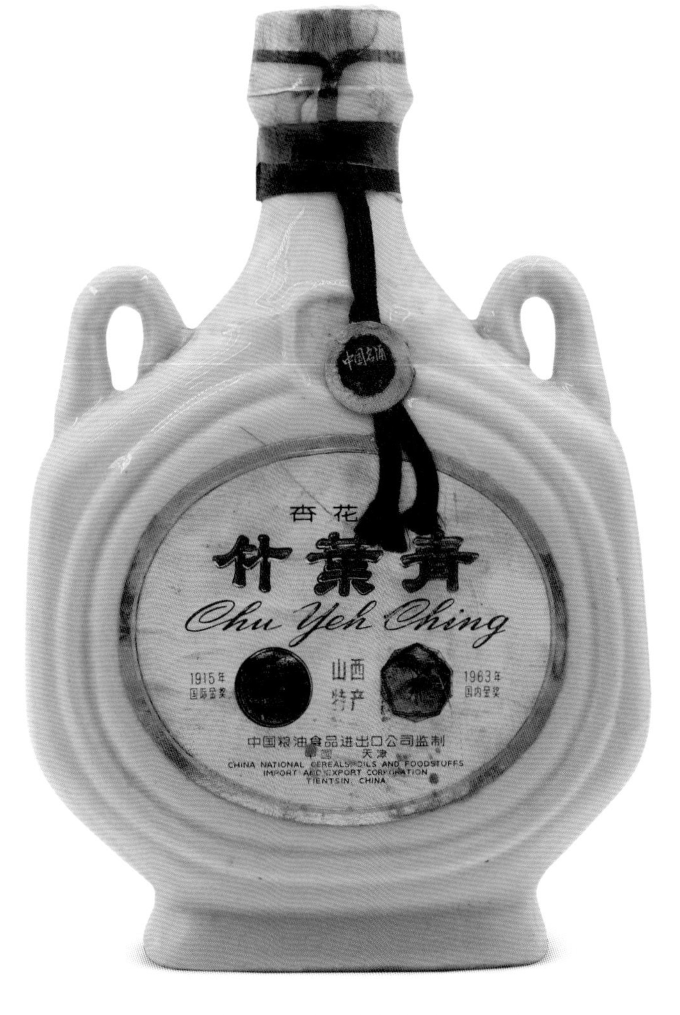


1979年45%vol杏花村牌竹叶青1斤装

# 1979年长城牌竹叶青酒

规　　格 | 45%vol　1斤

参考价格 | RMB 150,000

生产日期

1979年45%vol长城牌竹叶青酒1斤装

清明诗意图　（关山月绘）

# 1979年古井亭牌竹叶青酒

规　　格 | 45%vol　1斤

参考价格 | RMB 150,000

竹叶青酒标

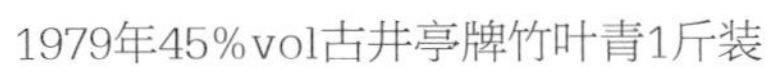

1979年45%vol古井亭牌竹叶青1斤装

竹叶青酒标

**相关记事:**

1979 年，全国恢复注册商标统一管理后，汾酒厂成功地将“竹叶青”之名注册为专用商标。

是年，山西省享有汾酒、竹叶青酒的出口权，出口商标的经营者改为“中国山西”字样。但由于商标库存量的原因，各种规格的商标混用至 1985 年止。1980 年 4 月 2 日，外销玻璃瓶竹叶青酒（45° / 0.25 斤），使用“长城”牌商标，商标图案变小，两侧加“注册商标”字样，图案下方加“GreatWall Brand”字样，商标底部加规格和容量。

1979年45%vol古井亭牌竹叶青1斤装

長城 商標
山西特產
杏花村
汾 酒
FEN CHIEW
中國糧油食品進出口公司監製
中國 天津
CHINA NATIONAL CEREALS, OILS AND FOODSTUFFS
IMPORT AND EXPORT CORPORATION
中国名酒
長城 商標
山西特產
杏花村
竹葉青酒
CHU YEH CHING CHIEW
中國糧油食品進出口公司監製
中國 天津
CHINA NATIONAL CEREALS, OILS AND FOODSTUFFS
IMPORT AND EXPORT CORPORATION
TIENTSIN, CHINA

# 第五章

1980～1984年

## 创新发展 四度夺冠

# 1980年长城牌汾酒

规　　格 | 48%vol　1斤

参考价格 | RMB 90,000

度数

1980年48%vol长城牌汾酒1斤装

1980年，古井亭牌、长城牌汾酒荣获国家质量奖金质奖章证书。

1980年，长城牌汾酒荣获国家质量奖金质奖章证书。

**相关记事：**

1980～1981年6月，山西杏花村汾酒厂党委书记常贵明，厂长吴寿先，副厂长贺诵、齐印增、苏友仁、张荫瑞。

9月，建成储酒能力3800吨的三号酒库。

10月，山西省轻工厅在太原举办了评酒会，对全省各酒厂生产的51个酒样进行了品评鉴定，国家名酒汾酒、竹叶青酒获得最高分。

1980年，古井亭牌竹叶青酒获国家“著名商标”称号。

是年，汾酒厂获得中华人民共和国国家质量奖优质金奖。

是年，内销玻瓶汾酒由“马口铁”啤酒盖改用铝盖，俗称“螺纹盖”。

是年，在全国第三次“质量月”广播电视大会上，杏花村汾酒厂生产的古井亭牌、长城牌汾酒均获得国家质量奖金质奖章。

是年，经多次试制改革，实现了包装五化：玻璃瓶规模化、瓷瓶工艺化、配套系列化、高档礼品化、宣传样品化，提高了产品包装质量。

是年，酒厂共有职工860人，占地面积208398平方米，建筑面积88701平方米，固定资产原值1187.37万元，固定资产净值815.21万元，年生产能力3115吨，年总产量3555.99吨。

1980年中国名酒礼盒0.15斤×4装

# 1980年古井亭牌汾酒

规　　格 | 65%vol　1斤

参考价格 | RMB 85,000 / 85,000

1980年65%vol古井亭牌汾酒1斤装

| 产地 | 规格品名 | 单位 | 现行价 | | | | 调拨价 | | | 备注 |
|---|---|---|---|---|---|---|---|---|---|---|
| | | | 西安批发价 | 对安调拨价 | 西安批发 | 西安零售 | 日期 | 西安批发 | 西安零售 | |
| 山西 | 60°一斤装汾氿 | 并 | 2.42 | 2.30 | 2.50 | 2.80 | | | | |
| 〃 | 65°半斤装汾氿 | 〃 | 1.34 | 1.273 | 1.39 | 1.56 | | | | |
| 〃 | 45°一斤装竹叶青氿 | 〃 | 2.51 | 2.385 | 2.59 | 2.40 | | | | |
| 〃 | 45°半斤装竹叶青氿 | 〃 | 1.35 | 1.283 | 1.40 | 1.57 | | | | |

1980年7月，60° 一斤装汾酒在西安市零售价2.80元。

1980年65%vol古井亭牌汾酒1斤装　　1980年65%vol长城牌汾酒1斤装

# 1980年古井亭牌、长城牌竹叶青酒

规　　格 | 45%vol　1斤

参考价格 | RMB 80,000 / 80,000

生产日期

1980年45%vol古井亭牌
竹叶青酒1斤装

1980年45%vol长城牌竹叶青酒1斤装

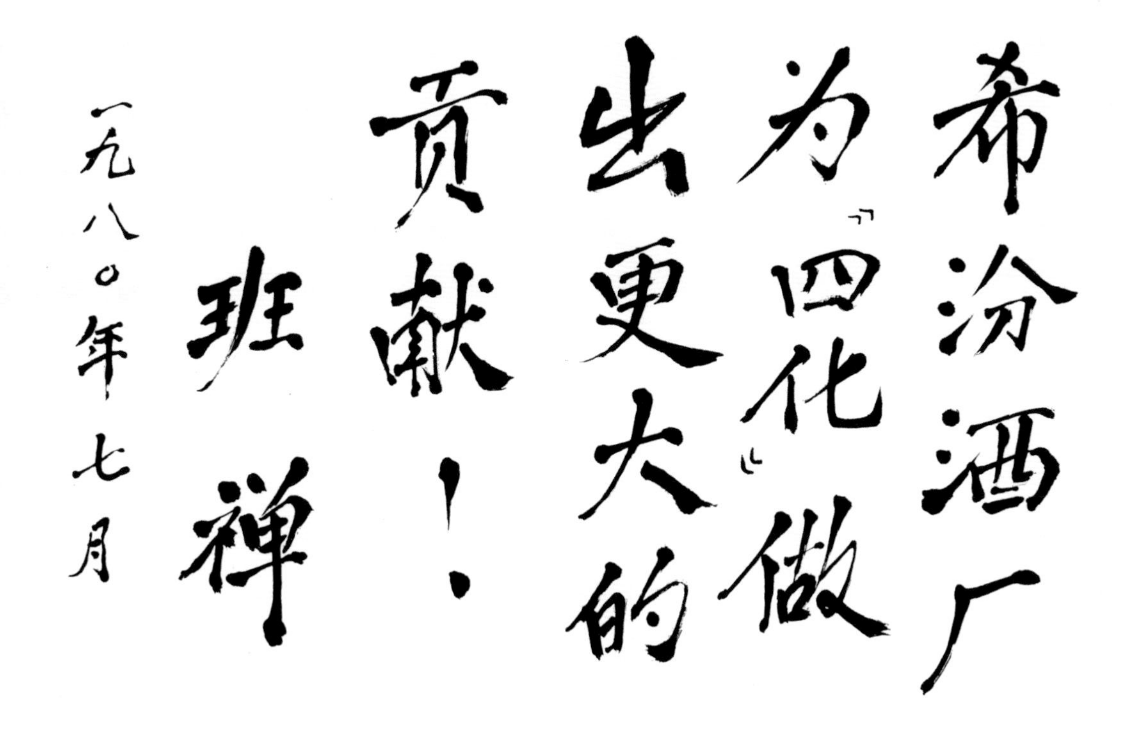


1980年，希汾酒厂为“四化”做出更大的贡献！（班禅书）

**相关记事：**

1980 年，赵书泉进入汾酒厂工作，师从中国清香型白酒酿酒大师——原汾酒厂总工、应用数学研究汾酒工艺第一人赵迎路。

是年，酒厂又先后选派 80 多名管理干部，分两批到太原钢铁公司第一轧钢厂学习运用数理统计分析管理产品质量的经验。厂部成立了质量管理委员会，车间和主要科室成立了质量管理小组，制定了全厂质量管理方针，实行了质量管理体系循环，使 1500 多年的汾酒质量管理更加合理化、科学化，促进名酒质量又登上了一个新高峰。

1972 ～ 1980 年，累计完成投资 970 万元。其中基本建设投资 759 万元，更新改造投资 211 万元。

1979 ～ 1980 年，竹叶青酒和汾酒分别荣获国家优质产品金质奖章；第一批特制的单双礼品酒、样品酒和瓷瓶酒于 1980 年 12 月进入北京人民大会堂销售；汾酒出口量 1980 年比 1979 年增加 40%，创造了历史最高水平。

**商标：**

1980 年以前，内销竹叶青酒以“古井亭”牌注册商标。10 月，国家工商行政管理局、轻工业部、商业部为保护名牌，发出《关于改进酒类商品商标的联合通知》。根据《通知》中商标与特定名称相统一的要求，汾酒厂及时向国家商标局申请注册了“汾”字牌商标，并一直沿用至今。

玫瑰汾酒酒标：20 世纪 80 年代初，玫瑰汾酒注册商标为“古井亭”。80 年代，“古井亭”牌外销玫瑰酒（40°/1 斤），使用全新酒标，有颈标和正标。颈标以红色为主色调，橘黄色边框，两边各有三朵玫瑰花，改“玫瑰酒”为“玫瑰汾酒”。正标以白色为主色调，橘黄色边框，左上方古井亭标识下有“山西杏花村”字样，右上方是玫瑰花图案，有两枚奖牌，分别是 1915 年巴拿马万国博览会甲等金质大奖章和 1963 年全国评酒会金质奖奖牌。有“中国粮油食品进出口公司监制，中国　天津”字样。1985 年，将“中国　天津”改为“中国　山西”。

20 世纪 80 年代，生产日期在正背面及瓶盖套纸上使用“机打针孔、刻版汉字、阿拉伯数字盖印”等方式标注，生产日期早期为 4 ～ 6 位数字，意为“生产年、月、日”，例如 84 11 12。后期改为 8 ～ 11 不等位数字，意为“年、月、日、车间、班、组和规格数”，部分盖有公司名称。这一阶段瓷瓶装酒，因日期标注在商标背后，鉴别时需小心轻翻，以免破损。

# 1980年古井亭牌、长城牌竹叶青酒

规　　格 | 45%vol　1斤

参考价格 | RMB 80,000 / 80,000 / 80,000

1980年45%vol古井亭牌竹叶青酒1斤装

1980年45%vol长城牌竹叶青酒1斤装

# 1980年古井亭牌白玉酒、玫瑰汾酒、玫瑰酒

规　　格 | 40%vol　1斤

参考价格 | RMB 80,000 / 80,000 / 80,000

1980年40%vol古井亭牌
白玉酒1斤装

1980年40%vol古井亭牌
玫瑰汾酒1斤装

20世纪70年代40%vol古井亭牌
玫瑰酒1斤装

# 1981年古井亭牌汾酒

规　　格 | 65%vol　1斤

参考价格 | RMB 50,000 / 50,000

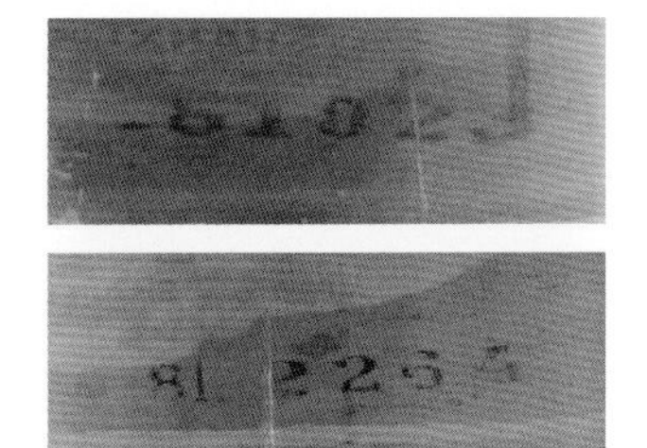

生产日期

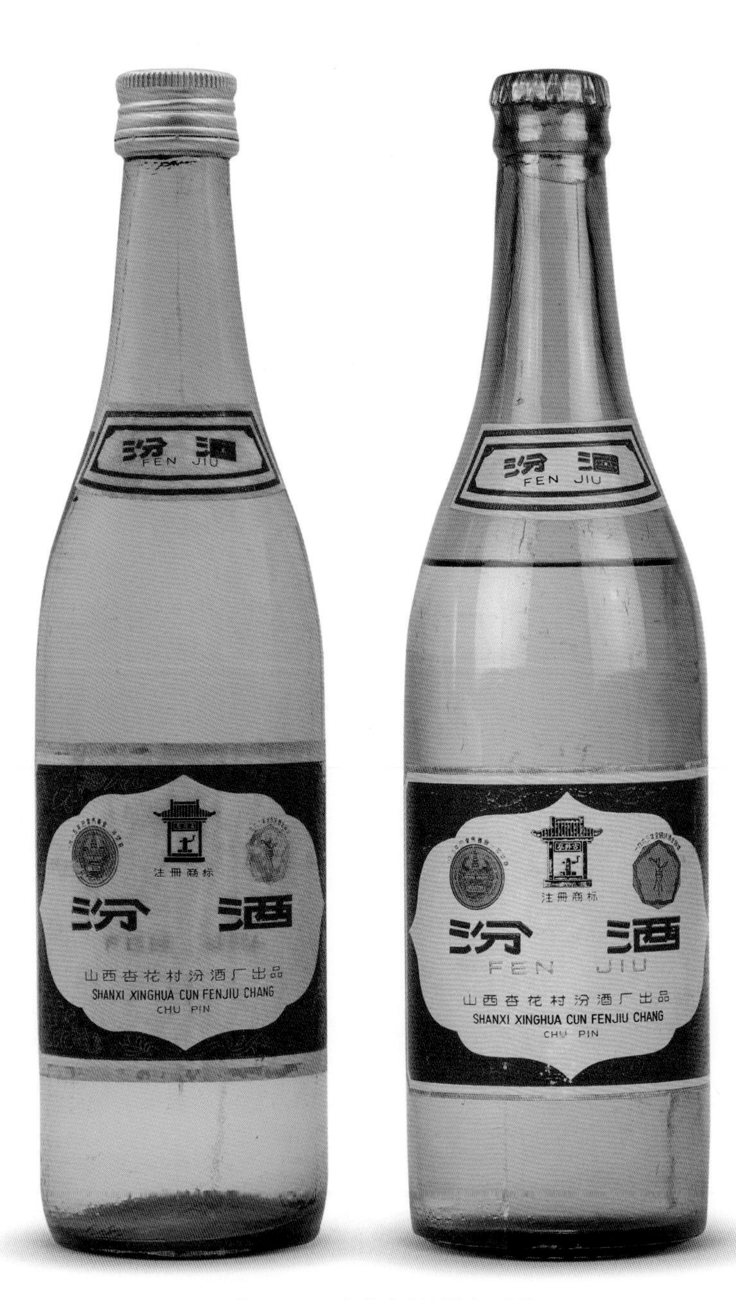


1981年65%vol古井亭牌汾酒1斤装

汾酒、竹叶青酒产品质量国家监督专项抽查结果新闻发布会

**相关记事：**

1981 年 7 月，山西杏花村汾酒厂党委书记常贵明，厂长吴寿先，副厂长贺诵、齐印增、苏友仁、张荫瑞。

7 月，全国评酒会在庐山举行，汾酒以“无色、清澈、透明、清香、纯正，风格突出，入口协调、适口，落口干净，有余香”的评语和最高得分获得全国清香型白酒之冠。

10 月，经山西省政府批准，在杏花村汾酒厂的基础上，成立了山西省杏花村汾酒总公司。

是年，酒厂共有职工 1273 人，占地面积 206617 平方米，建筑面积 109007 平方米，固定资产原值 1768 万元，固定资产净值 1355 万元，年生产能力 3400 吨，年总产量 4004 吨。

1981年中国名酒礼盒0.15斤×4装

# 1981年长城牌汾酒、古井亭牌玫瑰汾酒

规　　格 | 65%vol 40%vol　1斤 0.25斤

参考价格 | RMB 60,000 / 60,000 / 20,000

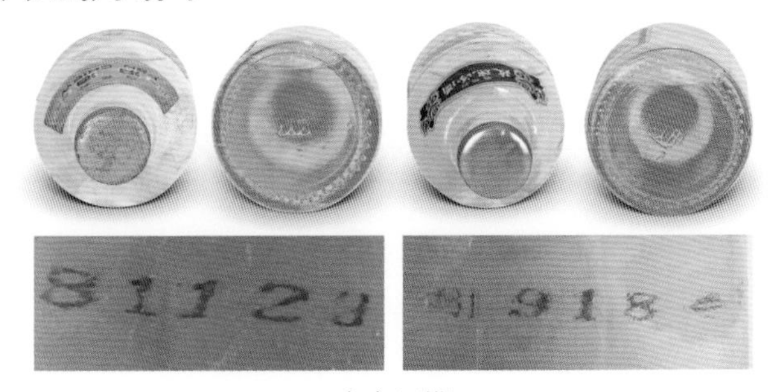

生产日期

1981年65%vol长城牌汾酒1斤装

1981年40%vol古井亭牌玫瑰汾酒1斤装

1981年65%vol长城牌汾酒0.25斤装

**相关记事：**

1981 年，杏花村汾酒厂进行了较大规模的扩建，将原来储存能力为 6000 吨的酒库改建为 2 万吨的大型酒库，新增生产能力 7700 吨，使汾酒生产能力突破万吨大关。为提高产品质量，在制曲等生产工序中采用现代先进技术，微机勾兑酒，B 超过滤，并在酒的降度以及酒糟改饲料等方面取得了可喜成就。

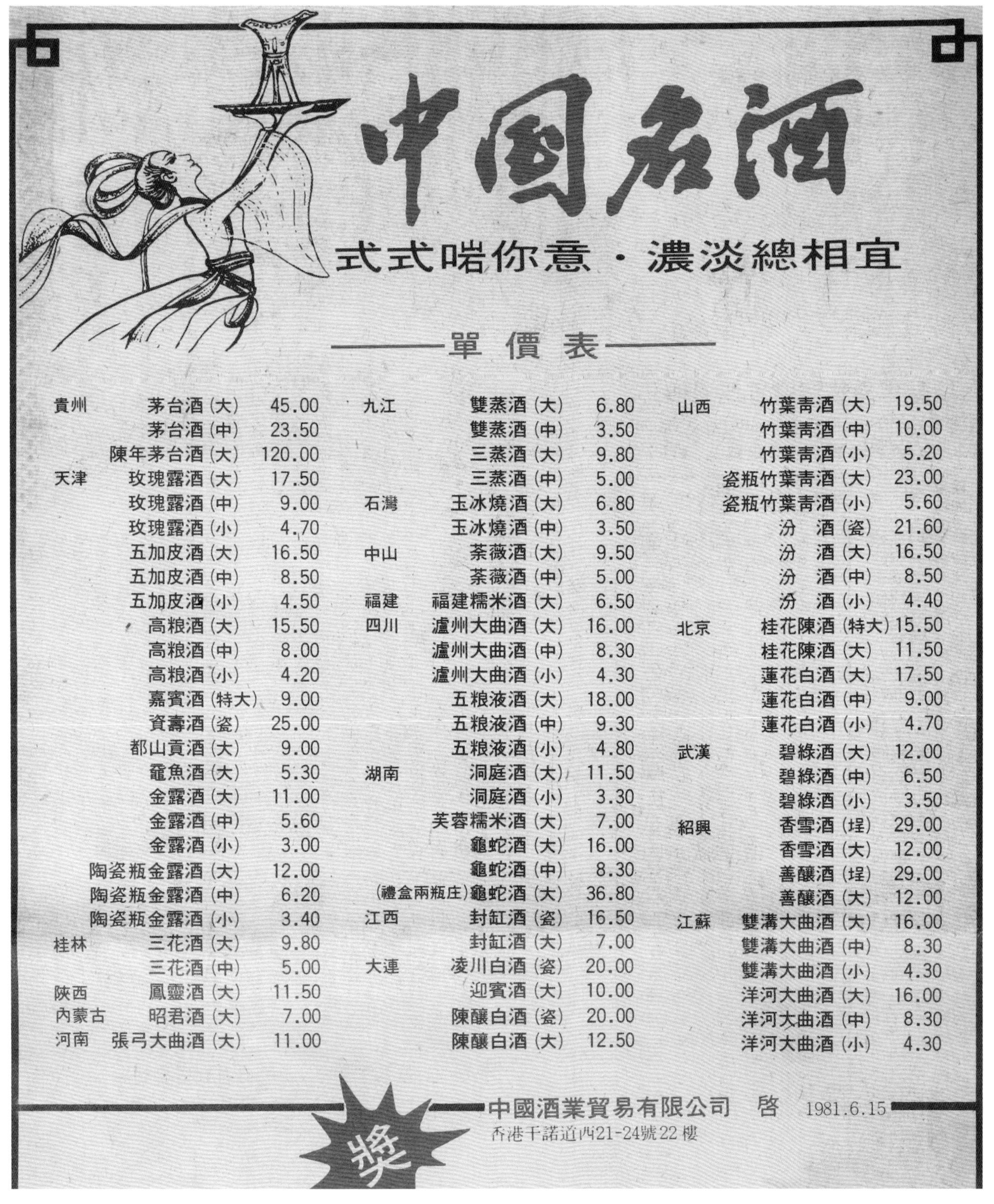

中國名酒

式式啱你意·濃淡總相宜

——單價表——

| 產地 | 酒名 | 價 |
|---|---|---|
| 貴州 | 茅台酒(大) | 45.00 |
| | 茅台酒(中) | 23.50 |
| | 陳年茅台酒(大) | 120.00 |
| 天津 | 玫瑰露酒(大) | 17.50 |
| | 玫瑰露酒(中) | 9.00 |
| | 玫瑰露酒(小) | 4.70 |
| | 五加皮酒(大) | 16.50 |
| | 五加皮酒(中) | 8.50 |
| | 五加皮酒(小) | 4.50 |
| | 高粮酒(大) | 15.50 |
| | 高粮酒(中) | 8.00 |
| | 高粮酒(小) | 4.20 |
| | 嘉賓酒(特大) | 9.00 |
| | 資壽酒(瓷) | 25.00 |
| | 都山貢酒(大) | 9.00 |
| | 鼋魚酒(大) | 5.30 |
| | 金露酒(大) | 11.00 |
| | 金露酒(中) | 5.60 |
| | 金露酒(小) | 3.00 |
| | 陶瓷瓶金露酒(大) | 12.00 |
| | 陶瓷瓶金露酒(中) | 6.20 |
| | 陶瓷瓶金露酒(小) | 3.40 |
| 桂林 | 三花酒(大) | 9.80 |
| | 三花酒(中) | 5.00 |
| 陝西 | 鳳靈酒(大) | 11.50 |
| 內蒙古 | 昭君酒(大) | 7.00 |
| 河南 | 張弓大曲酒(大) | 11.00 |
| 九江 | 雙蒸酒(大) | 6.80 |
| | 雙蒸酒(中) | 3.50 |
| | 三蒸酒(大) | 9.80 |
| | 三蒸酒(中) | 5.00 |
| 石灣 | 玉冰燒酒(大) | 6.80 |
| | 玉冰燒酒(中) | 3.50 |
| 中山 | 荼薇酒(大) | 9.50 |
| | 荼薇酒(中) | 5.00 |
| 福建 | 福建糯米酒(大) | 6.50 |
| 四川 | 瀘州大曲酒(大) | 16.00 |
| | 瀘州大曲酒(中) | 8.30 |
| | 瀘州大曲酒(小) | 4.30 |
| | 五粮液酒(大) | 18.00 |
| | 五粮液酒(中) | 9.30 |
| | 五粮液酒(小) | 4.80 |
| 湖南 | 洞庭酒(大) | 11.50 |
| | 洞庭酒(小) | 3.30 |
| | 芙蓉糯米酒(大) | 7.00 |
| | 龜蛇酒(大) | 16.00 |
| | 龜蛇酒(中) | 8.30 |
| | (禮盒兩瓶庄)龜蛇酒(大) | 36.80 |
| 江西 | 封缸酒(瓷) | 16.50 |
| | 封缸酒(大) | 7.00 |
| 大連 | 凌川白酒(瓷) | 20.00 |
| | 迎賓酒(大) | 10.00 |
| | 陳釀白酒(瓷) | 20.00 |
| | 陳釀白酒(大) | 12.50 |
| 山西 | 竹葉青酒(大) | 19.50 |
| | 竹葉青酒(中) | 10.00 |
| | 竹葉青酒(小) | 5.20 |
| | 瓷瓶竹葉青酒(大) | 23.00 |
| | 瓷瓶竹葉青酒(小) | 5.60 |
| | 汾 酒(瓷) | 21.60 |
| | 汾 酒(大) | 16.50 |
| | 汾 酒(中) | 8.50 |
| | 汾 酒(小) | 4.40 |
| 北京 | 桂花陳酒(特大) | 15.50 |
| | 桂花陳酒(大) | 11.50 |
| | 蓮花白酒(大) | 17.50 |
| | 蓮花白酒(中) | 9.00 |
| | 蓮花白酒(小) | 4.70 |
| 武漢 | 碧綠酒(大) | 12.00 |
| | 碧綠酒(中) | 6.50 |
| | 碧綠酒(小) | 3.50 |
| 紹興 | 香雪酒(埕) | 29.00 |
| | 香雪酒(大) | 12.00 |
| | 善釀酒(埕) | 29.00 |
| | 善釀酒(大) | 12.00 |
| 江蘇 | 雙溝大曲酒(大) | 16.00 |
| | 雙溝大曲酒(中) | 8.30 |
| | 雙溝大曲酒(小) | 4.30 |
| | 洋河大曲酒(大) | 16.00 |
| | 洋河大曲酒(中) | 8.30 |
| | 洋河大曲酒(小) | 4.30 |

獎

中國酒業貿易有限公司 啓 1981.6.15

香港干諾道西21-24號22樓

1981年，中国香港国际市场山西瓷瓶竹叶青酒零售价23.00元（港币）、瓷瓶汾酒零售价21.60元（港币）。

# 1981年古井亭牌、长城牌汾酒

规　　格 | 60%vol　1斤

参考价格 | RMB 50,000

1981年60%vol古井亭牌汾酒1斤装

**商标：**

1981 年 6 月 15 日，杏花村汾酒厂向国家工商总局商标局申请了“竹叶青”的商标注册。并由国家工商总局商标局核准“竹叶青”注册商标，商标注册证为 147568 号，刊载于《商标公告》第 23 期上。

“汾”字牌、“竹叶青”牌商标：这两个商标 1981 年注册，后被广泛使用，以适应新的商标使用法规。同时，保留“古井亭”商标，内销陶瓷瓶装汾酒以“汾”字牌商标与“古井亭”商标并用；内销陶瓷瓶装竹叶青酒则以“竹叶青”商标与“古井亭”商标并用（玻璃瓶装的除外）。

1981年60%vol长城牌汾酒1斤装

# 1981年古井亭牌汾酒

规　　格 | 65%vol　1斤 0.5斤

参考价格 | RMB 50,000 / 30,000 / 30,000 / 30,000

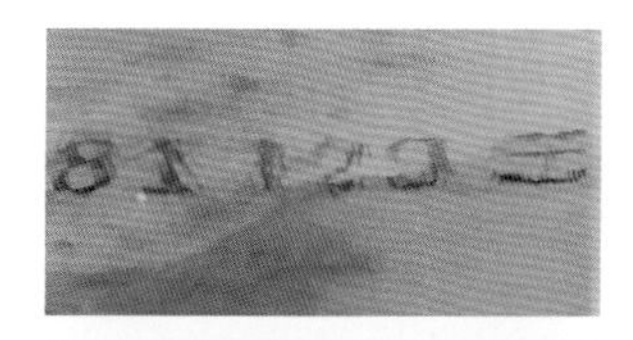

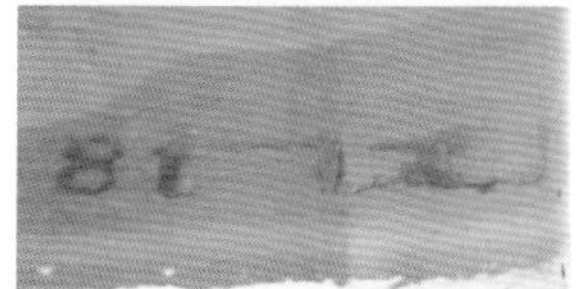

生产日期

1981年65%vol古井亭牌汾酒1斤装

1981年65%vol古井亭牌汾酒0.5斤装

**商标：**

内销汾酒酒标：20 世纪 80 年代初期，汾酒包装开始大量使用白玻璃瓶、琵琶瓷瓶、观音瓷瓶。内销观音瓶汾酒（48° / 1 斤）使用“古井亭”牌和“汾”字牌商标，有颈标和正标。颈标为“中国名酒”红色条形标，正标以红色为底色，“汾”字商标标识两边有“TRADE MARK”字样。下面有“注册商标”“山西特产杏花村”字样，中间“汾酒”二字两边有四枚奖牌，分别是：1915 年巴拿马万国博览会甲等金质大奖章、1921 年上海总商会陈列所第一次展览会金质奖奖牌，1963 年全国评酒会金质奖奖牌以及和 1980 年全国优质奖牌，最下面有“山西杏花村汾酒厂出品”及英文标注和酒精度。背面印制的“杏花村诗意图”。

10 月 15 日，注册了“汾”字牌商标，注册号为 15027，与“古井亭”牌商标并用。用于内销玻璃瓶汾酒（65° / 0.25 斤），酒标为新标，黄蓝色调。颈标有“汾酒”“杏花村”“山西特产”字样、正标中间是“汾”商标图案，左右各两枚奖牌，分别是 1915 年的巴拿马万国博览会甲等金质大奖章，1921 年上海总商会陈列所第一次展览会金质奖奖牌、1963 年全国评酒会金质奖奖牌和 1980 年全国优质奖奖牌，左面是黄底杏花点缀，下面为蓝底，标注“山西杏花村汾酒厂出品”。

1981 年，内销琵琶瓶汾酒（65° / 1 斤）改用“汾”字牌商标，酒标与之前相比，形状和颜色没有变化，由“古井亭”图案改为“汾”字商标图案，由两枚奖牌改为 4 枚奖牌，分别是 1915 年的巴拿马万国博览会甲等金质大奖章、1921 年上海总商会陈列所第一次展览会金质奖奖牌、1963 年全国评酒会金质奖奖牌和 1980 年全国优质奖奖牌。

1981 年，“汾”字牌双耳内销瓷瓶汾酒（豆黄色，65° / 0.5 斤、1 斤）去掉小古井亭图案，而是烧印“汾”字，另一面由“老白汾酒”变为“老白汾”。

1981年，秦含章为庆祝汾酒厂扩大再生产题词。

# 1981年长城牌出口竹叶青酒

规　　格 | 47.3%（V/V）　45%vol　510mL 0.25斤

参考价格 | RMB 50,000 / 50,000 / 20,000

1981年47.3%（V/V）长城牌出口竹叶青酒510mL装

1981年45%vol竹叶青酒0.25斤装

1981年汾酒礼盒0.1斤×4装

**商标：**

内销竹叶青酒酒标：1981 年 6 月 15 日，山西杏花村汾酒厂注册了“杏花村”，注册号为 147571；“竹叶青”商标，注册号 147568。

外销竹叶青酒酒标：1981～1983 年，外销瓷瓶竹叶青酒（45°/ 0.25 斤）使用“长城”牌商标，瓶身图案有变化，瓶面贴有绿色出口专用酒标。

玫瑰汾酒酒标：1981 年，“古井亭”牌玫瑰酒（40°/ 1 斤）在黄色铝盖上印有“古井亭”图案和“山西杏花村”字样。正标的背面印有生产日期。

部分汾酒样品

# 1981年长城牌竹叶青酒

规　　格 | 45%vol　1斤

参考价格 | RMB 50,000 / 50,000

1981年45%vol长城牌竹叶青酒1斤装

1981年，竹叶青酒在中国香港国际市场零售价大瓶17.50元（港币）、中瓶9 .00元（港币）、小瓶4.70元（港币）。

# 1981年古井亭牌竹叶青酒

规　　格 | 45%vol　1斤 0.5斤

参考价格 | RMB 50,000 / 26,000

1981年45%vol古井亭牌
竹叶青酒1斤装

1981年45%vol古井亭牌
竹叶青酒0.5斤装

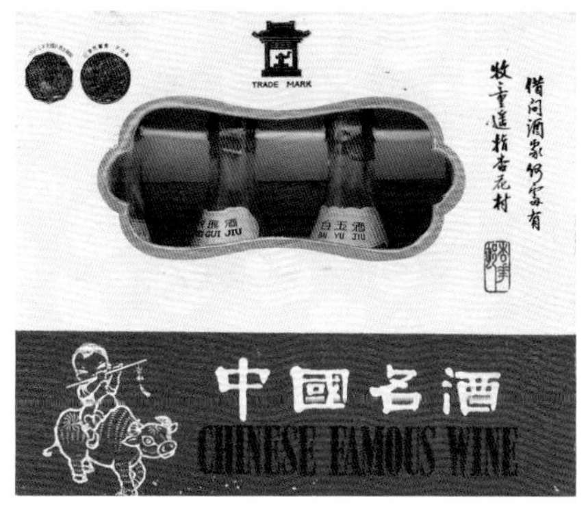

汾酒礼盒

20世纪80年代，竹叶青宣传资料——不可居无竹，无竹令人俗。

# 1982年长城牌汾酒

规　　格 | 65%vol　1斤

参考价格 | RMB 45,000

生产日期

1982年65%vol长城牌汾酒1斤装

## 山西省酒类价格

金额单位：元

| 产地及厂名 | 品名 | 规格 | 单位 | 产地价格 | | | 所属二级站价格 | | | | 注 |
|---|---|---|---|---|---|---|---|---|---|---|---|
| | | | | 批发 | 零售 | 调省外扣率% | 市场 | 批发 | 零售 | 调省外扣率% | |
| 汾阳杏花酒厂 | ⊗竹叶青酒 | 45°陶瓷瓶正品1斤装 | 瓶 | | 5.84 | 5% | 太原 | 5.40 | 5.94 | 二级5%<br>三级4% | 带内外包装 |
| 〃 | 〃 | 〃 〃 礼合 〃 | 〃 | | 7.37 | 〃 | 〃 | 6.79 | 7.47 | 〃 | 〃 |
| 〃 | 〃 | 〃 〃四种新型瓷瓶〃 | 〃 | | 6.85 | 〃 | 〃 | 6.32 | 6.95 | 〃 | 〃（注） |
| 〃 | 〃 | 〃 〃 〃 0.5斤 | 〃 | | 3.73 | 〃 | 〃 | 3.44 | 3.78 | 〃 | 〃 |
| 〃 | 〃 | 〃 玻璃并 1斤装 | 〃 | | 4.80 | 〃 | 〃 | 4.43 | 4.87 | 〃 | 〃 |
| 〃 | 〃 | 〃 〃 0.5斤 | 〃 | | 2.61 | 〃 | 〃 | 2.42 | 2.66 | 〃 | 〃 |
| 〃 | 〃 | 〃 新礼合1斤装 | 〃 | | 6.14 | 〃 | 〃 | 5.65 | 6.21 | 〃 | 〃 |
| 〃 | 〃 | 〃 旧陶瓷瓶 0.5斤 | 〃 | | 3.29 | 〃 | 〃 | 3.04 | 3.34 | 〃 | 〃 |
| 〃 | 〃 | 〃 四种新型瓷瓶0.25斤 | 〃 | | 2.07 | 〃 | 〃 | 1.90 | 2.09 | 〃 | 〃（注） |
| 〃 | 〃 | 〃 旧式陶瓶0.25斤 | 〃 | | 1.84 | 〃 | 〃 | 1.69 | 1.86 | 〃 | 〃 |
| 〃 | 〃 | 〃 玻璃瓶 0.1斤 | 〃 | | 0.76 | 〃 | 〃 | 0.71 | 0.78 | 〃 | 〃 |
| 〃 | 〃 | 〃 〃 0.25斤 | 〃 | | 1.50 | 〃 | 〃 | 1.38 | 1.52 | 〃 | 〃 |
| 〃 | ⊗汾酒 | 65° 玻璃罗口瓶1斤 | 〃 | | 4.80 | 〃 | 〃 | 4.43 | 4.87 | 〃 | 〃 |
| 〃 | ⊗ 〃 | 〃 〃 0.5〃 | 〃 | | 2.61 | 〃 | 〃 | 2.42 | 2.66 | 〃 | 〃 |
| 〃 | ⊗ 〃 | 〃 〃 0.1〃 | 〃 | | 0.76 | 〃 | 〃 | 0.71 | 0.78 | 〃 | 〃 |
| 〃 | ⊗ 〃 | 〃 玻璃瓶新礼合斤 | 〃 | | 6.14 | 〃 | 〃 | 5.65 | 6.21 | 〃 | 〃 |
| 〃 | ⊗ 〃 | 〃 陶瓷瓶正品1斤 | 〃 | | 5,84 | 〃 | 〃 | 5.40 | 5.94 | 〃 | 〃 |
| 〃 | ⊗ 〃 | 〃 〃 礼合1斤 | 〃 | | 7.37 | 〃 | 〃 | 6.79 | 7.47 | 〃 | 〃 |
| 〃 | ⊗ 〃 | 〃 新陶瓶 1斤 | 〃 | | 6.85 | 〃 | 〃 | 6.32 | 6.95 | 〃 | 〃（注） |
| 〃 | 〃 | 〃 〃 0.5斤 | 〃 | | 3.73 | 〃 | 〃 | 3.44 | 3.78 | 〃 | 〃 |
| 〃 | ⊗ 〃 | 〃 〃 0.25斤 | 〃 | | 2.07 | 〃 | 〃 | 1.90 | 2.09 | 〃 | 〃 |
| 〃 | 〃 | 〃 旧式陶瓶 0.5斤 | 〃 | | 3.29 | 〃 | 〃 | 3.04 | 3.34 | 〃 | 〃 |
| 〃 | 〃 | 〃 〃 0.25 | 〃 | | 1.84 | 〃 | 〃 | 1.69 | 1.86 | 〃 | 〃 |
| 〃 | 〃 | 〃 玻璃瓶0.25 | 〃 | | 1.50 | 〃 | 〃 | 1.38 | 1.52 | 〃 | 〃 |
| 〃 | 白玉玫瑰酒 | 41° 玻璃瓶 1斤装 | 〃 | | 3.40 | 〃 | 〃 | 3.15 | 3.47 | 〃 | 〃 |

注：四种新型瓷瓶是指，琵琶、双耳、竹笋、竹叶四种新型瓷瓶。

— 91 —

1982年3月，山西竹叶青礼盒零售价7.47元、汾酒礼盒零售价7.47元。

**相关记事：**

1982 年，山西杏花村汾酒厂党委书记常贵明，副书记吴寿先、文景明；厂长吴寿先，副厂长贺诵、齐印增、苏友仁、张荫瑞。

是年，武善积被吕梁地委、行署授予“劳动模范”称号。

是年，霍永健正式担任制曲大师傅，主要从事清茬曲培制。

是年，雷振河进入汾酒厂，从事技术研发和技术管理工作。

是年，潘全来、赵成礼、王仓分别被山西省人民政府授予“劳动模范”称号。

是年，由国家投资的杏花村汾酒厂第四次扩建工程完工，新增年生产能力 1000 吨。

是年，汾酒瓶盖全部改成螺纹铝盖，瓶盖分两种，一种是素面，一种是与文字、拼音及图案相结合。

是年，酒厂共有职工 1017 人，占地面积 206617 平方米，建筑面积 112812 平方米，固定资产原值 1856.8 万元，固定资产净值 1383.7 万元，年生产能力 3400 吨，年总产量 4138.47 吨。

# 1982年长城牌汾酒

规　　格 | 65%vol　1斤

参考价格 | RMB 45,000 / 45,000

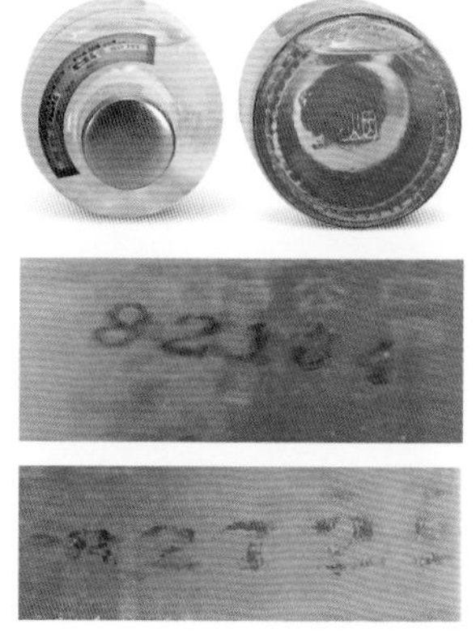

生产日期

1982年65%vol长城牌汾酒1斤装

# 1982年古井亭牌汾酒

规　　格 | 65%vol　1斤

参考价格 | RMB 45,000 / 45,000

生产日期

1982年65%vol古井亭牌汾酒1斤装

# 1982年古井亭牌汾酒

规　　格 | 60%vol　1斤

参考价格 | RMB 45,000 / 50,000

生产日期

1982年60%vol古井亭牌汾酒1斤装

1982年60%vol汾牌汾酒1斤装

1982年，吴冠中画赠杏花村汾酒厂留念。

**相关记事：**

1982 年，为了充分发挥职工群众的智慧和创造力，及时解决各个生产环节中出现的疑难问题，提高产品质量，酒厂开展了“QC 小组攻关赛”。汾酒研究所 QC 小组，先后推出 55°、48°、38°汾酒、杏花仙酒、40°竹叶青酒、真武沙棘酒，特制老白汾等 11 个新品种，其中有 7 个已通过鉴定，投入生产，增强了市场竞争能力。

# 1982年汾牌、古井亭牌汾酒

规　　格 | 65%vol　1斤

参考价格 | RMB 45,000 / 45,000

1982年65%vol汾牌汾酒1斤装　　1982年65%vol古井亭牌汾酒1斤装

# 1982年汾牌汾酒

规　　格 | 65%vol　0.5斤 0.25斤

参考价格 | RMB 22,000 / 11,000

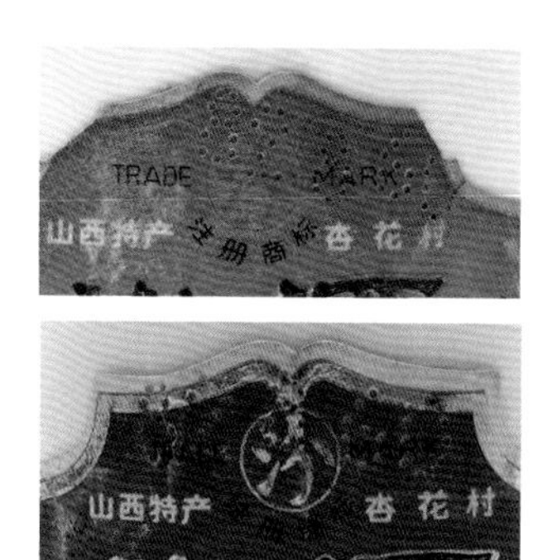


生产日期

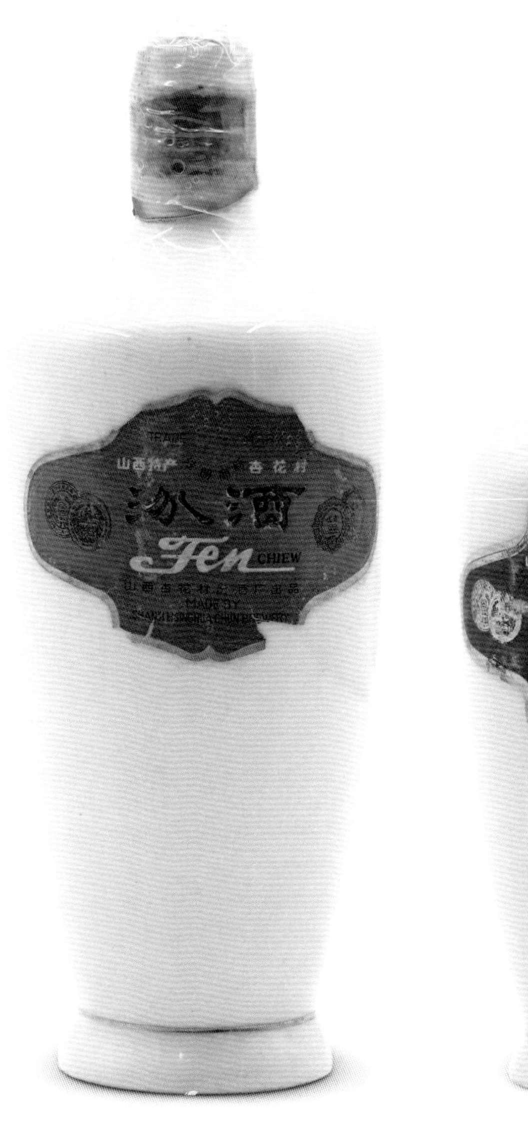


1982年65%vol汾牌汾酒0.5斤装

1982年65%vol汾牌汾酒0.25斤装

# 1982年长城牌竹叶青酒

规　　格 | 45%vol　1斤

参考价格 | RMB 43,000

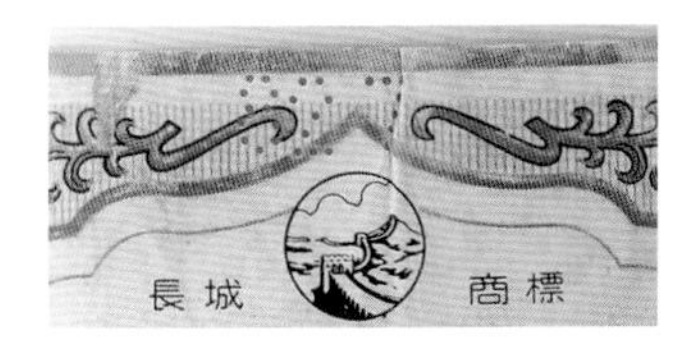


生产日期

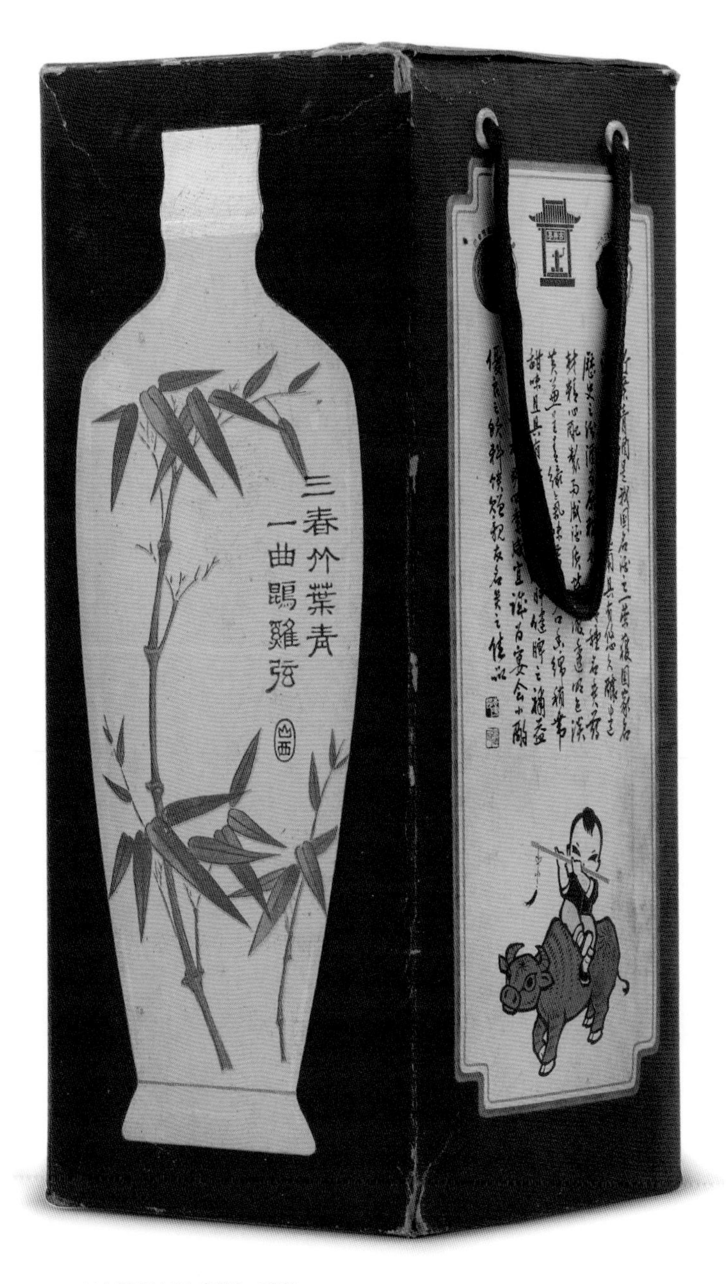

1982年45%vol长城牌竹叶青酒1斤装

# 1982年古井亭牌、竹叶青牌竹叶青酒

规　　格 | 45%vol　0.5斤 0.25斤

参考价格 | RMB 22,000 / 22,000 / 12,000

**商标：**

1982 年，白色观音印花瓷瓶竹叶青酒（40° / 1 斤）改用“竹叶青”商标。颈标没有变化，正标上将“竹叶青”字样改为“竹叶青酒”，两侧改为四枚奖牌，分别是 1915 年的巴拿马万国博览会甲等金质大奖章，1921 年上海总商会陈列所第一次展览会金质奖奖牌、1963 年全国评酒会金质奖和 1980 年全国优质奖奖牌；正标下的文字改为“山西杏花村汾酒厂出品”。

1982年45%vol古井亭牌竹叶青酒0.5斤装

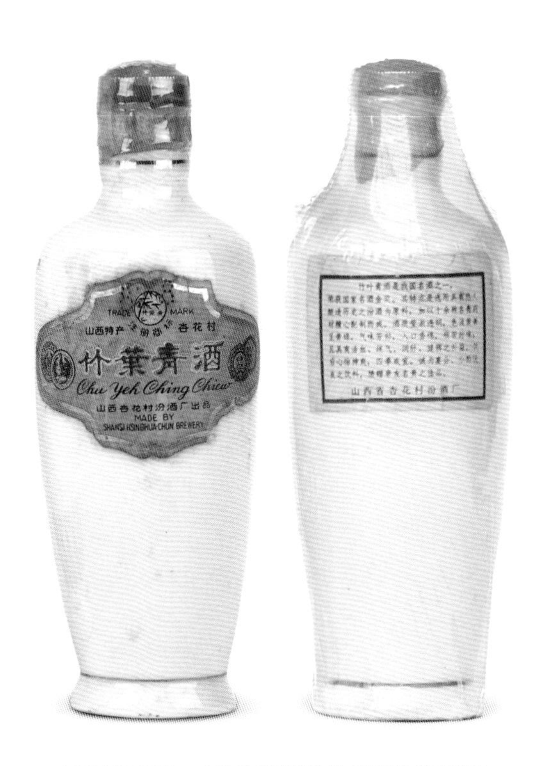


1982年45%vol竹叶青牌竹叶青酒0.25斤装

# 1982年长城牌竹叶青酒

规　　格 | 45%vol　1斤

参考价格 | RMB 43,000

1982年45%vol长城牌竹叶青酒1斤装

# 1982年古井亭牌竹叶青酒

规　　格 | 45%vol　0.5斤

参考价格 | RMB 20,000

**商标：**

内销竹叶青酒酒标：1982 年，酒厂采取玻璃瓶规格化。汾酒使用纯白料瓶，晶亮透明，显示出汾酒清香醇净的风格。竹叶青酒使用淡绿色瓶包装，即保护了竹叶青酒莹彻金黄的色泽，又表现了竹叶青酒芳郁、香绵的特点。2 月 10 日《山西日报》载：汾酒、竹叶青酒瓶均为大螺纹口，大、中、小三种规格口径一致，并采用防盗铝盖封口，一次开启，受到国内外消费者的好评。根据消费者的需求，在原有的单瓶礼盒的基础上，他们又新印刷了一种具有浓厚民族风格的双瓶礼盒，内装汾酒、竹叶青酒各一瓶，分一斤装、半斤装两种规格。现已在人民大会堂专销，深受外宾欢迎。

1982年45%vol古井亭牌竹叶青酒0.5斤装

# 1983年长城牌汾酒

规　　格 | 60%vol　1斤

参考价格 | RMB 42,000 / 42,000

生产日期

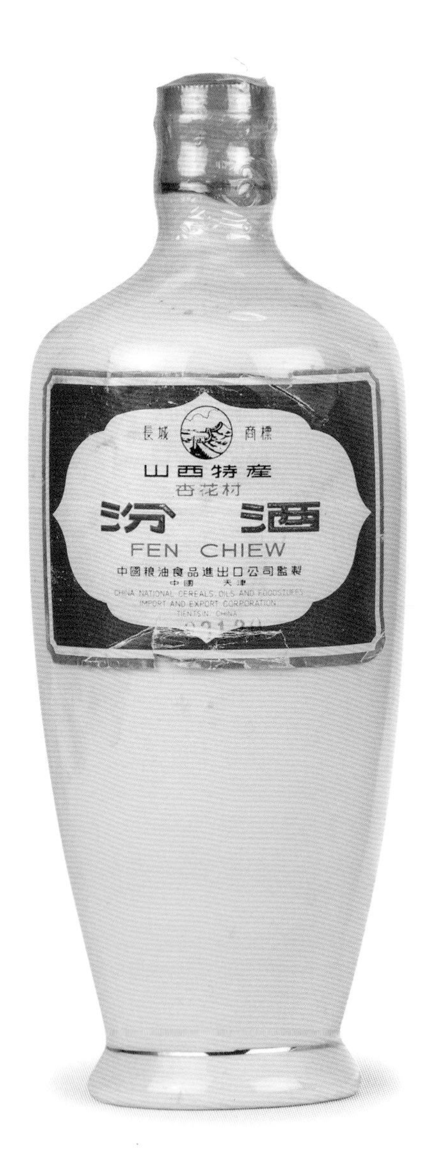

1983年60%vol长城牌汾酒1斤装
（中国　天津）

# 1983年古井亭牌、长城牌汾酒

规　　格 | 60%vol 65%vol　1斤

参考价格 | RMB 42,000 / 42,000

1983年60%vol古井亭牌汾酒1斤装

1983年65%vol长城牌汾酒1斤装

# 1983年古井亭牌汾酒、竹叶青酒礼盒

规　　格 | 65%vol 45%vol　1斤×2

参考价格 | RMB 85,000

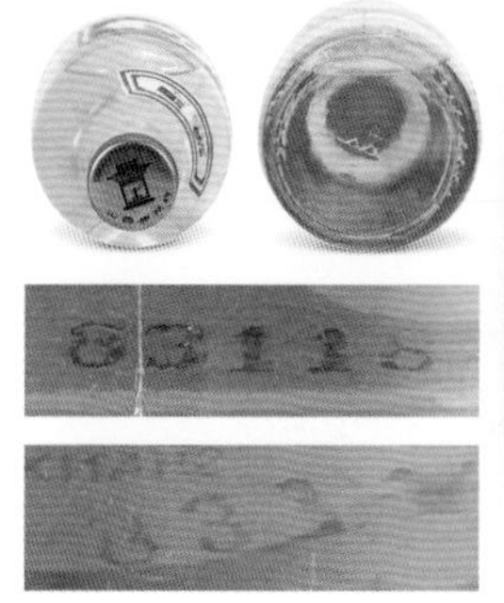

生产日期

1983年65%vol古井亭牌汾酒、45%vol古井亭牌竹叶青酒1斤×2装

# 1983年古井亭牌汾酒、竹叶青酒礼盒

规　　格 | 65%vol 45%vol　0.5斤×2

参考价格 | RMB 42,000

**相关记事：**

1983～1984年4月，山西杏花村汾酒厂党委书记常贵明，厂长吴寿先，副厂长齐印增、冯涪、张源、杨兆春，厂顾问张荫瑞，总会计师张寿桐。

7月16日，汾酒厂第五次扩建一期工程破土动工，当年12月23日全部竣工。本期工程投资3500万元，可新增年生产能力3000吨。其中1号、2号酿酒车间于12月1日正式投产流酒，提前形成了1000吨的生产能力。

9月，韩建书担任汾酒厂研究所副所长。

是年，王福田被全国总工会授予“全国优秀工会工作者”称号。宋维盛被国家轻工部评为“全国轻工业科技先进工作者”。潘曙辉、郭志宏分别被山西省总工会授予“山西省先进工会积极分子”“山西企事业单位生活后勤先进工作者”称号。

是年，酒厂共有职工1190人，占地面积208398平方米，建筑面积112812平方米，固定资产原值1871.42万元，固定资产净值1338万元，年生产能力3600吨，年总产量4451.71吨。

1983年65%vol古井亭牌汾酒、45%vol古井亭牌竹叶青酒0.5斤×2装

# 1983年古井亭牌、竹叶青牌竹叶青酒

规　　格 | 45%vol　1斤

参考价格 | RMB 38,000 / 38,000

**相关记事:**

1983 年，赵迎路担任全面质量管理办公室主任，编写近 20 万字的《全面质量管理教材》。

是年，汾酒、竹叶青受到对外经济贸易部门表彰。

是年，山西省在杏花村汾酒厂首家推出基本建设承包制。

是年，汾杏牌汾杏白酒荣获山西省人民政府和农牧渔业部优质产品奖。

是年，酒厂建立了有 200 多人参加的 32 个全面质量管理小组，到 1983 年年底，已获得成果 32 项。对酿酒过程中的 20 多道工序，进行严格把关，形成了一套“防患于未然”的科学管理办法。

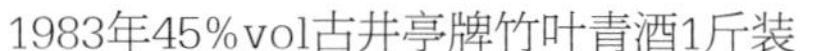
1983年45%vol古井亭牌竹叶青酒1斤装

1983年45%vol竹叶青牌竹叶青酒1斤装

**相关记事：**

1983～1985 年，汾酒厂进行了第五次改造扩建，这是中华人民共和国成立以来规模最大的一次扩建，使每年的产酒能力达到 2.5 万吨，跃居为全国最大的名白酒生产基地。此时，清香型白酒在全国白酒市场上的占有率曾达 70%，汾酒是魁首，是名副其实的“白酒之王”。

1983 年后，琵琶瓶、观音瓶、竹笋瓶、双耳瓶、萝卜瓶等瓷瓶装汾酒，由“古井亭”牌改为“汾”字牌。真标颜色鲜艳，周圈烫金，虽年代久远但历久弥新，不易褪色，烫金奖牌光亮如镜，印刷精美，纹路清晰，用手触摸有明显的立体凹凸感。

1983年，汾酒荣获国家质量奖金质奖章。

1983年45%vol竹叶青牌竹叶青酒1斤装

# 1983年长城牌竹叶青酒

规　　格 | 45%vol　1斤

参考价格 | RMB 38,000

**商标：**

外销汾酒酒标：1983 年，长城牌外销瓷瓶汾酒（65° / 1 斤），使用杏花乳白瓷瓶，酒标与当时内销玻璃瓶汾酒的图案一致，以红、白为主色调，背面是烧制在瓶子上红色杏花相映图案，有“借问酒家何处有？牧童遥指杏花村”诗句，地址为“中国粮油食品进出口公司监制，中国　天津出口”，在商标上打有日期，用泡沫隔套包住放入盒内。

白玉汾酒酒标：1983 年 10 月，古井亭牌白玉酒（40° / 1 斤）瓶盖顶部加“古井亭”图案，颈标没有变化，正标有两枚奖牌，分别是 1915 年巴拿马万国博览会甲等金质大奖章和 1963 年全国评酒会金质奖奖牌。

1983年45%vol长城牌竹叶青酒1斤装

# 中国名酒

因酒稅增加，我公司所經銷的各款中國瓶庄名酒自一九八三年三月一日起，逼得調整每瓶零售價格如下：

## —單價表—

| 產地 | 酒名 | 規格 | 價格 |
| --- | --- | --- | --- |
| 貴州 | 茅台酒 | (大) | 52.00 |
| | 茅台酒 | (中) | 27.00 |
| | 茅台酒 | (小) | 15.00 |
| | 陳年茅台酒 | | 150.00 |
| 天津 | 玫瑰露酒 | (大) | 21.50 |
| | 玫瑰露酒 | (中) | 11.00 |
| | 玫瑰露酒 | (小) | 5.70 |
| | 五加皮酒 | (大) | 20.50 |
| | 五加皮酒 | (中) | 10.50 |
| | 五加皮酒 | (小) | 5.50 |
| | 高粮酒 | (大) | 20.00 |
| | 高粮酒 | (中) | 10.20 |
| | 高粮酒 | (小) | 5.30 |
| | 嘉賓酒 | (特大) | 11.00 |
| | 郁山貢酒 | (大) | 9.70 |
| | 鼉魚酒 | (大) | 5.60 |
| | 金露酒 | (大) | 12.20 |
| | 金露酒 | (中) | 6.20 |
| | 金露酒 | (小) | 3.40 |
| | 陶瓷瓶金露酒 | (大) | 13.20 |
| | 陶瓷瓶金露酒 | (中) | 6.80 |
| | 陶瓷瓶金露酒 | (小) | 3.70 |
| 桂林 | 三花酒 | (大) | 12.00 |
| | 三花酒 | (中) | 6.20 |
| 陝西 | 鳳靈酒 | (大) | 12.50 |
| 河南 | 張弓大曲酒 | (大) | 12.00 |
| 九江 | 雙蒸酒 | (大) | 8.30 |
| | 雙蒸酒 | (中) | 4.30 |
| | 三蒸酒 | (大) | 12.00 |
| | 三蒸酒 | (中) | 6.20 |
| 石灣 | 玉冰燒酒 | (大) | 8.30 |
| | 玉冰燒酒 | (中) | 4.30 |
| 中山 | 茶薇酒 | (大) | 11.50 |
| 福建 | 福建糯米酒 | (大) | 7.80 |
| 四川 | 瀘州大曲酒 | (大) | 21.00 |
| | 五粮液酒 | (大) | 24.00 |
| 湖南 | 洞庭酒 | (大) | 13.50 |
| | 洞庭酒 | (小) | 3.80 |
| | 芙蓉糯米酒 | (大) | 8.00 |
| | 龜蛇酒 | (大) | 17.50 |
| | 龜蛇酒 | (中) | 9.00 |
| 禮盒兩瓶庄 | 龜蛇酒 | (大) | 42.00 |
| 江西 | 封缸酒 | (瓷) | 19.00 |
| | 封缸酒 | (大) | 7.80 |
| 大連 | 凌川白酒 | (瓷) | 21.50 |
| | 迎賓酒 | (大) | 11.00 |
| | 陳釀白酒 | (瓷) | 21.50 |
| | 陳釀白酒 | (大) | 14.20 |
| 內蒙古 | 昭君酒 | (大) | 7.80 |
| 山西 | 竹葉青酒 | (大) | 23.50 |
| | 竹葉青酒 | (中) | 12.00 |
| | 竹葉青酒 | (小) | 6.20 |
| | 瓷瓶竹葉青酒 | (大) | 28.00 |
| | 瓷瓶竹葉青酒 | (小) | 6.80 |
| | 汾酒 | (瓷) | 25.00 |
| | 汾酒 | (大) | 20.00 |
| | 汾酒 | (中) | 10.20 |
| | 汾酒 | (小) | 5.30 |
| 北京 | 桂花陳酒 | (特大) | 19.00 |
| | 桂花陳酒 | (大) | 15.00 |
| | 蓮花白酒 | (大) | 21.50 |
| | 蓮花白酒 | (中) | 11.00 |
| | 蓮花白酒 | (小) | 5.70 |
| 武漢 | 碧綠酒 | (大) | 14.00 |
| | 碧綠酒 | (中) | 7.30 |
| | 碧綠酒 | (小) | 4.00 |
| 紹興 | 香雪酒 | (埕) | 34.00 |
| | 香雪酒 | (大) | 14.00 |
| | 善釀酒 | (埕) | 34.00 |
| | 善釀酒 | (大) | 14.00 |
| 江蘇 | 雙溝大曲酒 | (大) | 22.00 |
| | 雙溝大曲酒 | (中) | 11.20 |
| | 雙溝大曲酒 | (小) | 5.80 |
| | 洋河大曲酒 | (大) | 22.00 |
| | 洋河大曲酒 | (中) | 11.20 |
| | 洋河大曲酒 | (小) | 5.80 |

中國酒業貿易有限公司 1983.3.1

香港干諾道西21-24號22樓

1983年，中国香港瓷瓶汾酒零售价25.00元（港币）、瓷瓶竹叶青酒零售价28.00元（港币）。

# 1984年古井亭牌、汾牌汾酒

规　　格 | 65%vol 60%vol　1斤

参考价格 | RMB 36,000 / 36,000 / 36,000

生产日期

1984年65%vol古井亭牌汾酒1斤装

1984年60%vol汾牌汾酒1斤装

1985年，古井亭牌、长城牌竹叶青酒
被授予国家金质奖证书。

1984年，中华人民共和国
国家质量奖金奖奖章。

1984年，酒类质量奖杯。

**相关记事：**

1984年，山西杏花村汾酒厂党委书记常贵明、厂长吴寿先，副厂长齐印增、张源、宋德晋、厂顾问张荫瑞。

是年，汾酒厂首次对产品价格做出了调整，从2.8元每瓶调整为4.8元每瓶。

3月8日，熊子书参观汾酒厂后赠诗《神话传说古井亭》。

4月，根据山西省人民政府指示，接收山西省国防工办所属的驻山西省孝义县的军工企业——山西省火炬机械厂，产品由原来的军工产品转产特制北方烧酒，并改名为汾青酒厂。

8月31日，在全国第七次“质量月”授奖表影大会上，山西杏花村汾酒厂古井亭牌、长城牌汾酒荣获国家金质奖。

1984年60%vol整箱老白汾酒0.25公斤×40装

# 1984年长城牌汾酒

规　　格 | 65%vol　1斤

参考价格 | RMB 38,000

生产日期

1984年65%vol长城牌汾酒1斤装

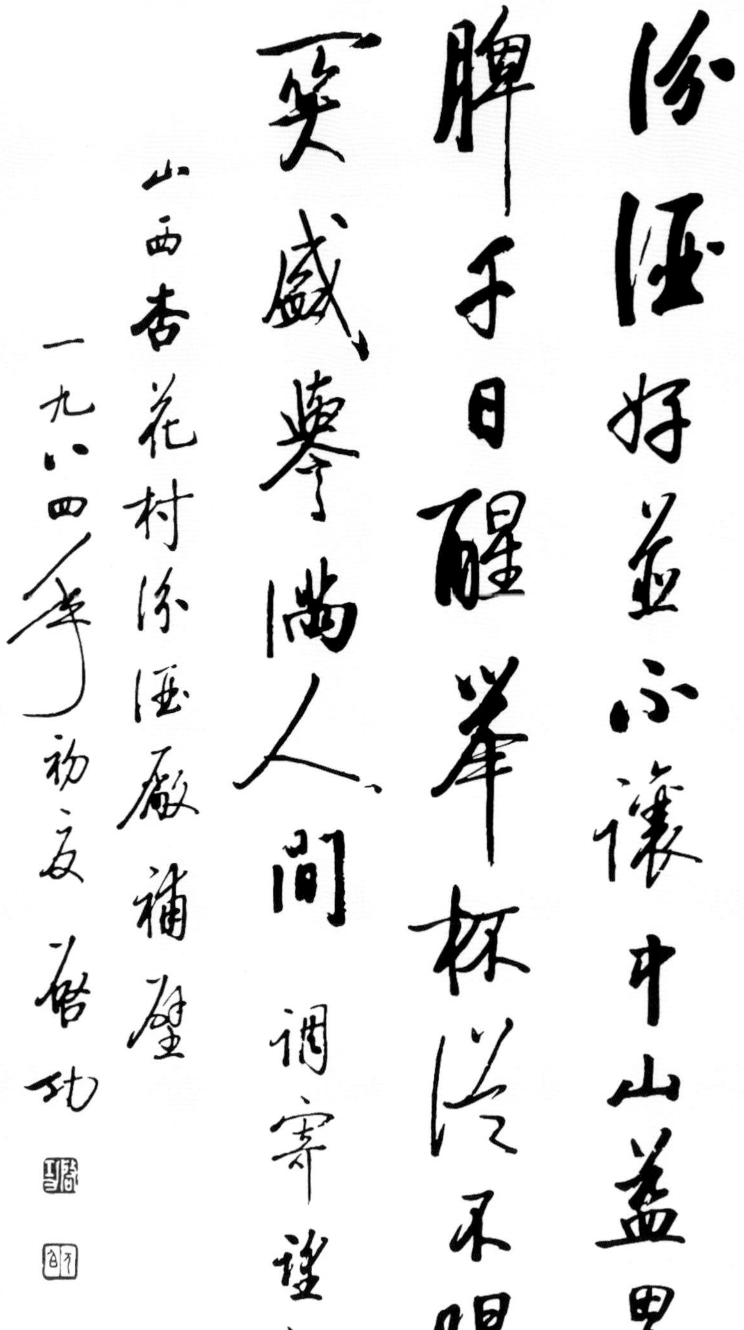

汾酒好，並不讓中山。益胃健脾千日醒，羣杯從不唱陽關，盛譽滿人間。調寄望江南

山西杏花村汾酒廠補壁

一九八四年初夏 啟功

1984年，启功为汾酒厂创作《调寄望江南》。

# 1984年古井亭牌竹叶青

规　　格 | 45%vol　1斤

参考价格 | RMB 36,000

**相关记事：**

1984年9月1日，《山西日报》记者报道：杏花村汾酒年产白酒量达到4400余吨，行销五大洲，出口量比其他7大名酒的出口总和还多，每年为国家创外汇500多万美元。

是月，3号、4号，10号，5号、6号酿酒车间分别建成投产，生产达到3000吨的设计能力。

11月，为适应生产建设需要，经汾酒厂建议，上报山西省轻工业厅和省计委、省经委批复，成立山西杏花村汾酒总公司。

是年，常建伟入职汾酒厂。

1984年45%vol古井亭牌竹叶青1斤装

1984年，古井亭牌白玉汾酒优质产品奖章。

1984年，古井亭牌玫瑰汾酒优质产品奖章。

1984年，汾酒厂荣获“全国轻工业优秀质量管理企业”证书。

**相关记事：**

1984年12月11日，全国轻工系统酒类大奖赛在北京揭晓。杏花村汾酒厂的汾酒获得白酒类金杯奖，竹叶青酒获露酒类金杯奖。

12月26日，山西杏花村汾酒厂第一期扩建工程正式投产，省委、省政府领导李修仁、王西参加投产仪式并剪彩。从此，汾酒的年生产能力又增加了3000吨。

是年，古井亭牌白玉汾酒、古井亭牌玫瑰汾酒获优质产品奖章。

是年，郝成万被山西省社会主义劳动竞赛委员会记三等功一次。

是年，第四届全国白酒评比会后，周恒刚向杏花村汾酒厂赠诗《自古佳酿出汾酒》。

是年，在北京举办的第四次全国评酒会上，汾酒、竹叶青酒又一次双双被评为中国名酒。

是年，汾酒、竹叶青酒行销世界50多个国家和地区。产品质量在全国连续三次获得金牌。

是年，酒厂共有职工2200人，占地面积597596平方米，建筑面积142256平方米，固定资产原值1930.2万元，固定资产净值1337.7万元，年生产能力6600吨，年总产量6248.57吨，产值4095万元。

是年，古井亭牌玫瑰汾酒（30%（V/V）～45%（V/V））、古井亭牌杏花黄酒（18%（V/V）～22%（V/V）），分别在全国酒类大赛中获银质奖、铜杯奖。同时，获山西省优质产品称号。

是年，汾酒开始了向高档化、系列化、低度化迈进的步伐，降度不降质。汾酒厂试制成功60°、55°、48°汾酒、杏花仙酒、40°竹叶青酒等5个新品种。

是年，在“山西省职工为四化立功竞赛”中，吴寿先、常贵明、王仓、朱爱梅等四人获一等功、武兴俭、张德胜、殷凤湄、赵成礼、耿桂英、郝成万、刘生福、程茂昌、任钧、张服群、武宝珍、武善积、张玉让等获三等功。

是年，杏花村汾酒厂荣获“山西省四化建设特等功企业”“全国轻工业优秀质量管理企业”称号；荣获“中华人民共和国国家质量奖金奖”“中国名优酒博览会金奖”。汾酒厂当选为全国白酒第一个香型协作组——清香型协作组组长厂家。

是年，杏花村汾酒厂的产品质量理化指标中的有害成分（甲醇、糠醛、含铅量、氰化物等）与1964年检验数字相比，均降低了40%左右。轻工业部委托黑龙江轻工研究所对全国各名酒检查，检查结果明：汾酒有害杂质最低，产品合格率始终保持在99%以上。连续18年获得外贸出口商品免验的信誉，被国内外广泛誉为质量佳美，产品纯洁，保持和发扬了汾、竹酒固有风格的“信得过”产品。

# 1984年竹叶青牌竹叶青酒

规　　格 | 45%vol　1斤

参考价格 | RMB 36,000 / 36,000

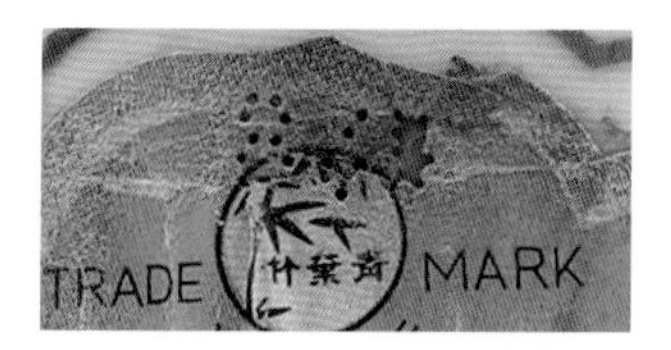


生产日期

1984年45%vol竹叶青牌竹叶青酒1斤装

# 1984年古井亭牌竹叶青酒

规　　格 | 45%vol　1斤

参考价格 | RMB 36,000 / 36,000

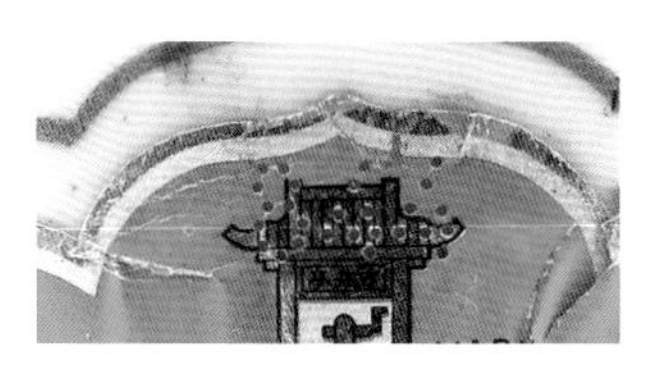

生产日期

1984年45%vol古井亭牌竹叶青1斤装

# 1984年竹叶青牌、古井亭牌竹叶青酒

规　　格 | 45%vol　1斤

参考价格 | RMB 36,000 / 36,000

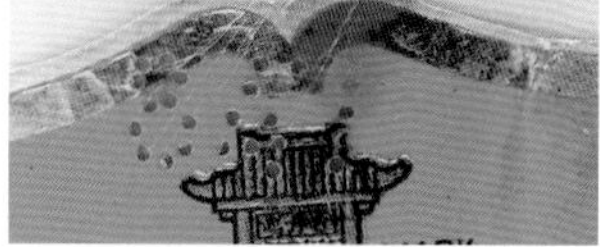

生产日期

1984年45%vol竹叶青牌竹叶青酒1斤装

1984年45%vol古井亭牌竹叶青酒1斤装

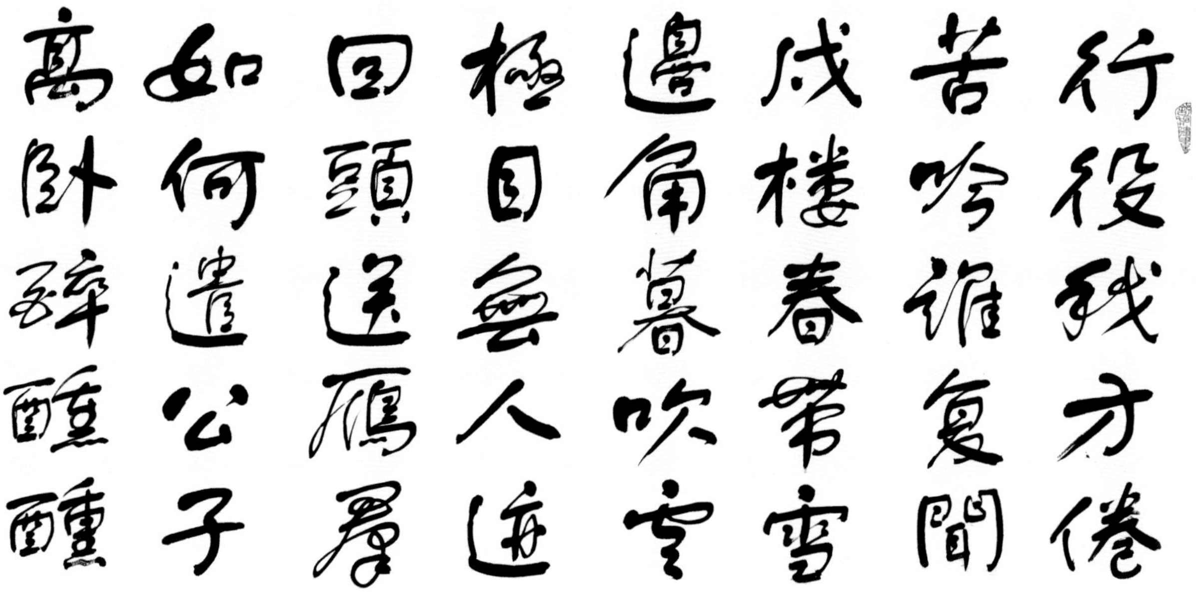

行役我方倦
苦吟誰復聞
戍樓春帶雪
邊角暮吹雲
極目無人迹
回頭送鴈羣
如何遣公子
高卧醉醺醺

舒同

杜牧诗《并州道中》 （舒同书）

**相关记事：**

1984 年，“汾酒成分的剖析”通过鉴定：山西省日用化学研究所和省食品研究所共同研究的“汾酒成分的剖析”科研项目，经过两年多时间的研究试验，通过鉴定。

在该项科研项目的研究过程中，科研人员采用了具有先进水平的毛细管色谱——质谱联用技术，全面系统地分析了汾酒的成分，共鉴定了 204 种成分。其中有机酸 18 种，挥发性酚 9 种，内酯 2 种，碱性含氮化合物 6 种，中性化合物 169 种，第一次发现了醚类的存在。这在我国当前白酒成分的分析方面取得了领先地位。他们还对 3 种不同生产日期的汾酒做了系统分析，经品尝发现香味和口味最佳的汾酒具有如下特点：（1）总酸含量较高，其中乳酸与乙酸含量之比最高；（2）在总酯含量中，乙酸乙酯和乳酸乙酯占总酯量的 98. 5%；（3）含杂醇油和乙醛较低，缩醛含量适中，产生香味的主要物质 B —苯乙醇含量占有一定的比例。

1984 年 7 月 12 日《山西日报》，陈桂华报道

**商标：**

1984 年 10 月，“汾”字牌内销瓷瓶汾酒（65° / 1 斤），同时使用双耳瓷瓶（豆青釉色），使用新酒标，有颈标、正标、小古井亭三种标。正标呈椭圆形，内容与琵琶瓶汾酒酒标一样，四枚奖牌分别是 1915 年的巴拿马万国博览会甲等金质大奖章，1921 年上海总商会陈列所第一次展览会金质奖奖牌、1963 年全国评酒会金质奖章和 1980 年全国优质奖奖牌。在正标与颈标中间加贴金色小古井亭。瓶子的背面为烧印杏花村图案与“老白汾酒”字样。

1984 年，内销玻璃瓶汾酒（65° / 0. 5 斤、1 斤）使酒标恢复到成立杏花村公营酒厂时期的“巴拿马赛会一等奖实影”酒标图案，黄蓝色调。颈标上增加了红色“杏花村”小字，正标将原来的巴拿马奖牌图案换为古井亭图案，古井亭两侧印有 1915 年巴拿马万国博览会甲等大奖奖牌和 1963 年全国评酒会金质奖奖牌。左侧印有杏花图案，下面以蓝色为底有“山西杏花村汾酒厂出品”字样。

1984 年 7 月，内销白色瓷瓶竹叶青酒（45° / 1 斤），盖子上贴有“中国名酒”红色条形标，起封口的作用。正标是以绿色为主色调，“竹叶青酒”字样两侧有四枚奖牌，分别是 1915 年巴拿马万国博览会甲等金质大奖章，1921 年上海总商会陈列所第一次展览会金质奖奖牌、1963 年全国评酒会金质奖章和 1980 年全国优质奖奖牌。酒瓶背面是烧制竹叶图案及“三春竹叶酒，一曲鹍鸡弦”的诗句。

中国名酒
TRADE MARK
山西特产
杏花村
汾酒
Fen

# 第六章

## 1985～1989年

## 锐意改革　再创佳绩

# 1985年古井亭牌汾酒

规　　格 | 65%vol 60%vol 48～53%vol　1斤

参考价格 | RMB 30,000 / 30,000

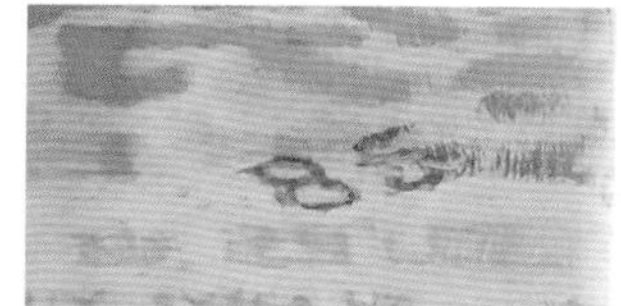

生产日期

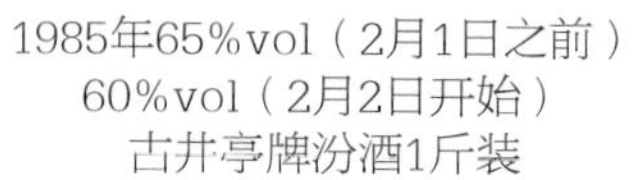

1985年65%vol（2月1日之前）
60%vol（2月2日开始）
古井亭牌汾酒1斤装

1985年48～53%vol古井亭牌汾酒1斤装（试制品）

1985年，古井亭长城牌竹叶青酒荣获国家金质奖证书。

1985年，古井亭牌竹叶青酒荣获“1984年轻工业部酒类质量大赛金杯部优质酒”称号证书。

1985年，长城古井亭“汾”字牌汾酒荣获“1984年轻工业部酒类质量大赛金杯部优质酒”称号证书。

**相关记事：**

1985 年，山西杏花村汾酒总公司党委书记常贵明，副书记张东昕；总经理常贵明，副总经理宋德晋、齐印增、文景明；总工程师杨兆春，副总工程师赵迎路、吴寿先、齐庆功。

是年，酒厂共有职工 2726 人，占地面积 742700 平方米，建筑面积 294486 平方米，固定资产原值 2200.64 万元，固定资产净值 1566.43 万元，年总产量 9001 吨。

1 月 24 日，《山西日报》报道：杏花村汾酒厂职工加紧赶装节日用酒，汾酒、竹叶青酒日装瓶量达到 20 吨以上。春节期间共向全省投放汾酒、竹叶青酒 680 余吨，并向首都各大饭店和单位供应这两种名酒百余吨。

1985 年 2 月 1 日之前，古井亭牌白玻璃汾酒 65%vol；2 月 2 日开始降为 60%vol。

是月，汾酒厂试行公司制改革，实行厂长负责制，汾酒厂改名为汾酒总公司，实行扩厂经营策略。

4 月，在全国 16 个大中城市的繁华街道上设立“杏花村酒家”，每年将可分别得到总公司提供的汾酒和竹叶青酒 20 吨。

类：白酒黄酒　　金额：元

| 货号 | 品名 | 规格型号 | 产地 | 单位 | | 郑州现行价格 | | | 备注 |
|---|---|---|---|---|---|---|---|---|---|
| | | | | 批 | 号 | 进货价 | 发批价 | 另售价 | |
| | 茅台酒 | 1斤瓷瓶 | 贵州 | | 瓶 | 9.50 | 10.23 | 11.80 | |
| | 五粮液 | 60°螺口 | 宜宾 | | 〃 | 5.33 | 5.777 | 6.47 | |
| | 头曲 | 62°螺口 | 泸州 | | 〃 | 3.468 | 3.991 | 4.47 | |
| | 特曲 | 62° 〃 | 〃 | | 〃 | 4.75 | 5.304 | 5.94 | |
| | 汾酒 | 65°普瓶斤 | 杏花村 | | 〃 | 4.209 | 4.795 | 5.37 | |
| | 竹叶青 | 45° 〃 | 〃 | | 〃 | 4.209 | 4.795 | 5.37 | |
| | 西凤酒 | 65° 〃 | 陕西 | | 〃 | 3.905 | 4.455 | 4.99 | |
| | 古井贡酒 | 62°普通瓶 | 安徽亳县 | | 〃 | 4.847 | 5.357 | 6.00 | |
| | 酒汾 | 半斤装 | 山西 | | 〃 | | 2.60 | 2.90 | |
| | 竹叶青 | 〃 | 〃 | | 〃 | | 2.60 | 2.90 | |
| | 新造型竹叶青 | 斤印花瓷瓶 | 〃 | | 〃 | 6.004 | 6.76 | 7.57 | |
| | 〃 汾酒 | 〃 | 〃 | | 〃 | 6.004 | 6.76 | 7.57 | |

·43·

1985年1月，郑州市65° 汾酒零售价5.37元、45° 竹叶青酒零售价5.37元。

# 1985年长城牌出口汾酒

规　　格 | 65%vol　545mL

参考价格 | RMB 32,000

1985年65%vol长城牌出口汾酒545mL装

# 1985年长城牌贵乐汾酒

规　　格 | 60%vol　500mL

参考价格 | RMB 32,000

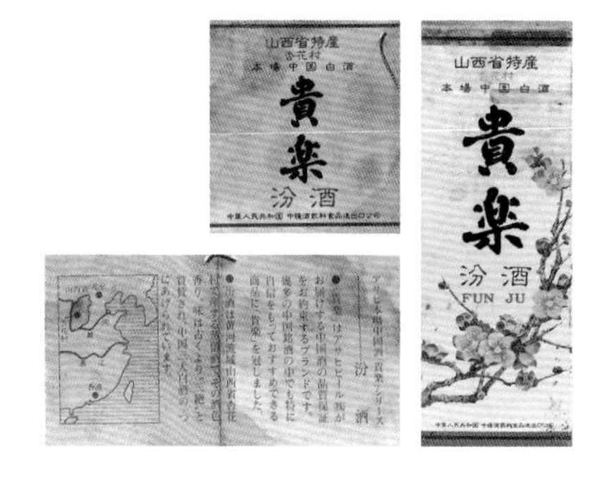

1985年60%vol长城牌出口日本贵乐汾酒500mL装

# 1985年汾牌汾酒

规　　格 | 60%vol 48%vol　1斤

参考价格 | RMB 32,000 / 32,000

1985年60%vol汾牌汾酒1斤装

**相关记事：**

1985年5月，杏花村汾酒厂第五次二期工程扩建，投资2700万元，新增生产能力2000吨。汾酒厂成为全国最大的名牌白酒生产基地。

9月，韩建书担任汾酒厂质管办副主任。

是月，二期补充工程亦动工，到年底除三变治理项目外，其余工程全部竣工，建成年生产能力达2000吨的酿造车间，年产大曲1000吨的大曲车间，日装能力20吨的成装车间和贮存能力达2400吨的酒库。至此，全厂年产酒能力达到8600吨以上。

中美教学法学术交流会纪念酒1斤装

# 1985年长城牌汾酒

规　　格 | 48%vol　1斤 0.25斤

参考价格 | RMB 32,000 / 32,000 / 15,000

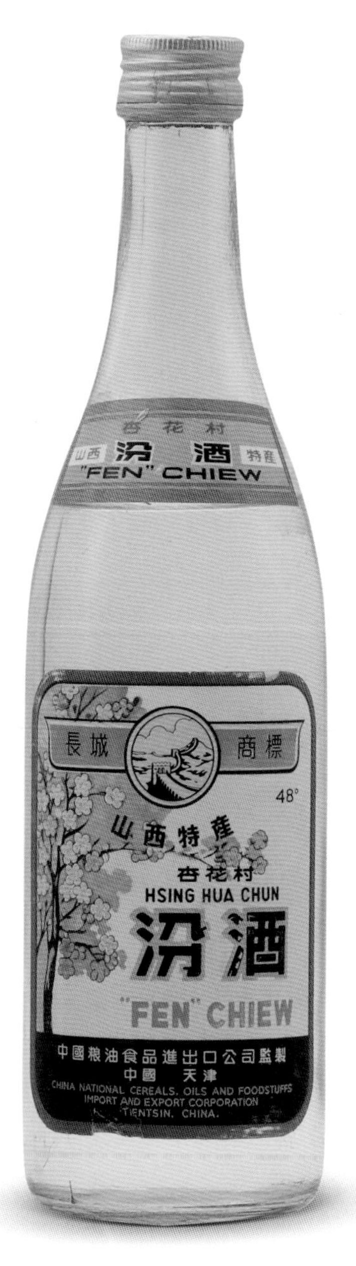


1985年48%vol长城牌汾酒1斤装

1985年48%vol长城牌汾酒0.25斤装

神泉仙井九醞
漿紫府流霞亦
遜香一舉盟成
開國誼三巡興
逸惹詩狂金牌
載譽傳天下石
碣留吟継世長
今日杏花濃豔
處樓林街網酒
都光
丁卯年秋書
苗志嵐

苗志岚书

**相关记事：**

1985 年，王海进入汾酒厂，在质检处品酒科工作。

是年，郝持胜进入汾酒厂工作。

是年，杨兆春被国家轻工部评为“安全生产先进工作者”。

是年，胡晓峰被山西省人民政府授予“山西省环境保护先进工作者”。

是年，冯丽华被吕梁地区工会办事处评为“三等先进工作者”。

是年，郎廷祯荣获吕梁地区“全区职工为四化立功竞赛”一等功，王平录获三等功。

是年，古井亭牌竹叶青、长城牌、古井亭牌、“汾”字牌汾酒荣获“1984 年轻工业部酒类质量大赛”金奖部优质酒。

是年，古井亭牌长城牌竹叶青酒经复查确认继续授予国家金质奖；并荣获国家质量奖金质奖章。

是年，酒类大赛中，玫瑰汾酒获国家名酒银质奖。特制北方烧酒、杏花仙酒、真武沙棘酒获山西省优质产品称号。

是年，由人工踩曲到机械化制曲，大曲生产基本上实现了半机械化生产，生产效率提高了数百倍，极大地减轻了工人的劳动强度。

是年，杏花村汾酒厂被国家经委评为全国质量管理先进单位预选企业，1986 年将接受国家经委的复查。

是年后，开始生产 65°、60°、55°、53°、48°、45°、42°、38°、28°汾酒系列，竹叶青酒为 45°、40°、38°、28°，并于成功改制 38°汾酒汾特佳酒。

是年，汾酒厂试制了一套古色古香的高档陶瓷瓶，内装贮存十年以上的老汾酒，酒度 53°，外加一个精美盒包装，每瓶售价 30 元。1986 年开始在北京、天津、西安、太原等地的大宾馆和饭店试销，受到热烈欢迎，反映很好。

是年，在酿酒原料大麦相当紧缺的情况下，大曲车间认定进厂的 20 万公斤大麦不合格，拒绝投料，工厂领导当即拍板：全部退货。为此，工厂损失万余元，但厂领导却对大曲车间这种对质量严格把关的做法大加赞扬。

## 1985年古井亭牌竹叶青酒

规　　格 | 45%vol　1斤

参考价格 | RMB 28,000

1985年45%vol古井亭牌竹叶青酒1斤装

山西杏花村酒宣传资料

**商标：**

内销汾酒酒标：1985 年，古井亭牌内销瓷瓶汾酒与新品老白汾酒（60° / 1 斤、53° / 1 斤）使用白色杏花瓷瓶，老白汾使用紫红色瓷瓶，与之前相比，瓶形和酒标都发生了变化。老白汾为烤花贴标，选用我国著名窑口磁州窑。内销瓷汾颈标为“中国名酒”红色条形标，正标以红色为底色，金色边框，文字与琵琶瓶酒标内容一样，有两枚奖牌，分别是 1915 年巴拿马万国博览会甲等金质大奖章和 1963 年全国评酒会金质奖奖牌，背面是烤在瓶子上的红色杏花竞相绽放，有“借问酒家何处有？牧童遥指杏花村”诗句。

内销竹叶青酒酒标：1985 年，黄色竹笋状瓷瓶竹叶青酒（40° / 0.25 斤、0.5 斤、1 斤），使用“古井亭”牌商标，正面贴绿色酒标，酒标上有 1915 年巴拿马赛会甲等金质大奖章和 1963 年全国评酒会金质奖奖牌，背面印有“清明诗”图。

1985 年 8 月 6 日，内销玻璃瓶竹叶青酒（45° / 0.25 斤、1 斤），左侧奖牌上“巴拿马赛会一等奖章”前有“1915 年”字样。10 月，白色观音印花瓷瓶竹叶青酒（40° / 0.25 斤、1 斤），使用“竹叶青”牌商标。瓶子及盖子没有变化，酒标由绿色改为黄色，图案没有变化，加“40°”和“1 斤”字样。

外销竹叶青酒酒标：1985 年，外销瓷瓶竹叶青酒（45° / 1 斤）使用“长城”牌商标，瓶子正面贴有高粱穗边白色标，底部有“中国粮油食品进出口公司监制，中国　山西”字样。

玻璃瓶竹叶青酒（40° / 0.25 斤、0.5 斤、1 斤），改为“竹叶青”商标。正标上将长城标志换为竹叶青 1986 年 7 月，外销标志，其他没有变化。

白玉汾酒酒标：1985 年 12 月生产的外销古井亭牌白玉酒（40° / 1 斤），酒标底色为白色，图案为棕色。颈标为月牙形，有“白玉酒”三字和英文标注。正标上古井亭图案两侧各有两枚奖牌，左侧是 1915 年巴拿马赛会甲等金质大奖章的正反面，右侧是 1921 年上海总商会陈列所第一次展览会金质奖奖牌和 1928 年工商部中华国货展览会一等金质奖章，正标背面打生产日期。

# 1985年古井亭牌玫瑰汾酒、玫瑰酒

规　　格 | 40%vol　1斤

参考价格 | RMB 28,000 / 28,000 / 28,000

1985年40%vol古井亭牌玫瑰汾酒1斤装

1985年40%vol古井亭牌玫瑰酒1斤装

# 1985年北方烧酒、沙棘酒

规　　格 | 40%vol　1斤

参考价格 | RMB　10,000 / 10,000

生产日期

1985年北方烧酒1斤装

1985年真武沙棘酒1斤装

# 1986年古井亭牌汾酒

规　　格 | 60%vol　1斤

参考价格 | RMB 28,000 / 28,000

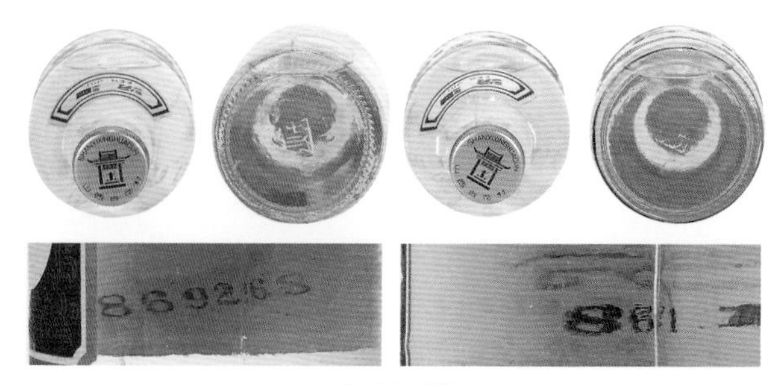

生产日期

**相关记事：**

1986 年，山西杏花村汾酒厂党委书记吴寿先，副书记张东昕、安智海；厂长常贵明，副厂长宋德晋、齐印增、文景明、刘元勋、张源、王继光；总工程师杨兆春，副总工程师赵迎路、刘元勋、齐庆功。

是年，酒厂共有职工 2125 人，占地面积 742700 平方米，建筑面积 294486 平方米，固定资产原值 10229 万元，固定资产净值 9436 万元，年总产量 11045 吨，产值 7201 万元。

1986年60%vol古井亭牌汾酒1斤装

# 1986年古井亭牌汾酒

规　　格 | 60%vol　1斤

参考价格 | RMB 28,000 / 28,000

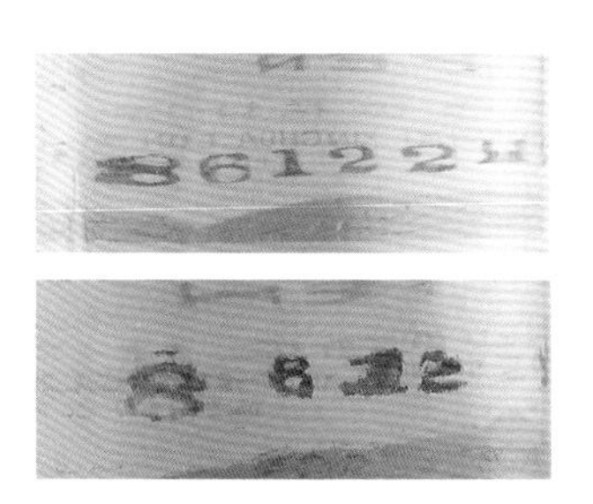


生产日期

**相关记事：**

1986 年 1 月 3 日，《经济参考》报道：山西杏花村汾酒厂已经成为全国目前最大的名白酒生产基地。杏花村汾酒厂又相继在沈阳、武汉、成都等城市开办了酒家，均受到当地群众的欢迎。

1986年60%vol古井亭牌汾酒1斤装

# 1986年长城牌汾酒

规　　格 | 60%vol　1斤 0.5斤

参考价格 | RMB 28,000 / 28,000 / 10,000

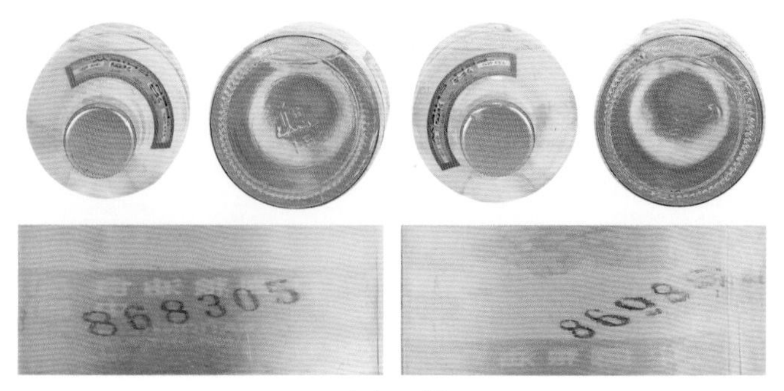


生产日期

1986年60%vol长城牌汾酒1斤装

1986年60%vol长城牌汾酒0.5斤装

经国家质量奖审定委员会
批准，授予你单位一九八六年国
家质量管理奖，特发此证书。

1986年，汾酒荣获国家质量管理奖证书。

1986年，山西汾酒厂荣获“六五”
技术进步先进企业全优奖奖牌。

**相关记事：**

1986 年 1 ～ 5 月，全厂完成产值比 1985 年同期增长 19.19%，实现利润比 1985 年同期增长 55.43%，汾酒新酒入库合格率达 99.31%，竹叶青酒新酒入库合格率达到 100%。汾酒厂在长期生产实践中形成了一套独特的酿造工艺和管理方法。把传统的管理和现代化质量管理有机地结合起来，逐步形成一套适用本厂实际的质量保证体系，提高了传统管理的系统性。

7 月，中国白酒协会和山西省食品协会在杏花村汾酒厂举办了为期两周的名优白酒厂评酒员、勾兑员培训班，有来自全省的 82 名学员参加了培训。

9 月 5 日，《山西经济报》报道：近年来，杏花村汾酒厂 11 种产品，有 3 种被评为国优，2 种评为部优，3 种评为省优。1979 年以来开发的新产品有：38%（V/V）、48%（V/V）、53%（V/V）汾酒，40%（V/V）竹叶青酒，35%（V/V）玫瑰和白玉汾酒，31%（V/V）杏花仙酒和 13%（V/V）真武沙棘酒。

是月，韩建书担任汾酒厂质检处处长、副总工程师。

10 月 16 日，山西杏花村汾酒厂获得 1986 年度国家质量管理奖。是山西省唯一获得此奖的单位，也是全国同行业中首家夺得国家质量管理奖。

12 月，汾酒厂完成了“六五”技改，投资 187.31 万元，异地改造锅炉房项目和投资 500 万元的一期填平补齐项目，并形成了年产 700 吨汾酒的能力。

是年，汾酒厂荣获“六五”技术进步先进企业全优奖。

是年，赵迎路获“全国优秀质量管理者”称号。雷振河参加了由原轻工业部组织的“汾酒大容量贮存容器研究”项目，获得“山西省科技进步二等奖”。马丽梅被山西省总工会授予“山西省先进工会积极分子”称号。常贵明被山西省人民政府授予“山西省劳动模范”称号；被国家轻工部评为“全国轻工业优秀经营管理者”。

是年，引进日本技术，开始使用由日本福正宗先生设计的“福正宗”玻璃瓶。

是年，一期扩建工程所贷款 3750 万元全部还清，而且企业还创造了 650 万元经济效益。

是年，汾酒开始高、低盖混合使用，“低盖”加印“OPEN”英文字母和开启指示箭头“→”图案。

是年，玫瑰香沙棘酒、真武沙棘酒荣获全国沙棘产品质量评议会酒类优良奖，并获国家水电部和国家林业部颁发的“新产品开发奖”。汾特佳酒（38°汾酒）、清香大曲酒、玫瑰香沙棘酒、羊羔美酒获山西省优质产品奖。

# 1986年长城牌汾酒

规　　格 | 60%（V/V）　1斤

参考价格 | RMB 28,000

**商标：**

内销汾酒酒标：1986年7月，汾酒（0.1斤）使用“汾”牌商标，使用新酒标，只有正标。酒标以紫红色为主色调，金色边框。在“汾”商标图案两边有四枚奖牌，分别是1915年巴拿马万国博览会甲等金质大奖章，1921年上海总商会商品陈列所第一次展览会金质奖奖牌、1963年全国评酒会金质奖奖牌和1980年全国优质奖奖牌。下面是盛开的杏花，并有白色的“老白汾酒”字样。当时，这种酒标只限于使用于“汾竹白玫”套装。

11月，古井亭牌内销玻璃瓶汾酒（60°/0.5斤、1斤）酒标恢复到1975年的云型古井亭酒标，使用白色直玻璃瓶、黄色铝盖，在盖子上增加向右的红色箭头和“OPEN”字样。

1986年60%（V/V）长城牌汾酒1斤装

**商标:**

外销汾酒酒标：1986 年 8 月，正标上取消针孔数字，而是背部印有生产日期及度数；特别是改“中国　天津”为“中国　山西”。

内销竹叶青酒酒标：1986 年，内销双耳浅绿色瓷瓶竹叶青酒（40° / 1 斤）使用古井亭牌商标，瓶身贴椭圆形酒标。酒标以黄色为主，酒标上有两枚奖牌，分别是 1915 年巴拿马万国博览会甲等金质大奖章和 1963 年全国评酒会金质奖奖牌。中间有“山西特产”字样，下面有“山西杏花村汾酒厂出品”字样。1986 ～ 1990 年使用。

1986 年，黄色笋状瓷瓶竹叶青酒（40° / 0.45 斤）酒标上改为四枚奖牌。左侧是 1915 年巴拿马万国博览会甲等金质大奖章和 1921 年上海总商会陈列所第一次展览会金质奖奖牌，右侧是 1963 年全国评酒会金质奖奖牌和 1980 年全国优质奖奖牌。

1986 年，内销双耳瓷瓶竹叶青酒（40° / 1 斤），在 1975 年的基础上颈标贴金色金属古井亭图案，正标上的“竹叶青”改为“竹叶青酒”，正标下面有“山西杏花村汾酒厂出品”字样。内销双耳瓷瓶竹叶青酒（40° / 0.45 斤），使用竹叶青牌商标，颈标上烧制“古井亭”图案，正标上有四枚奖牌。

1986年60%（V/V）长城牌汾酒1斤装

1986年48%（V/V）古井亭牌汾酒1斤装

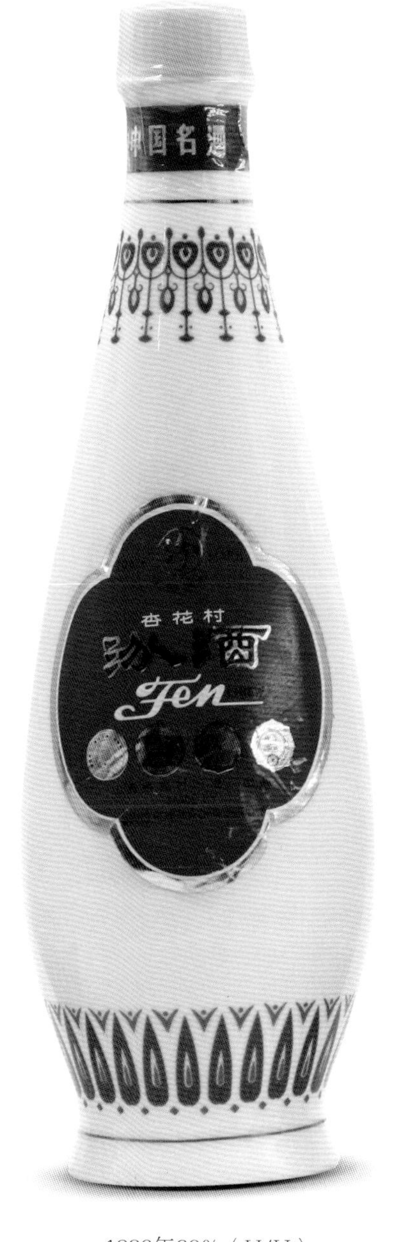


1986年60%（V/V）
汾牌汾酒1斤装

# 1986年古井亭牌竹叶青酒、玫瑰汾酒、白玉酒

规　　格 | 40%vol　1斤 0.5斤

参考价格 | RMB 22,000 / 10,000 / 22,000

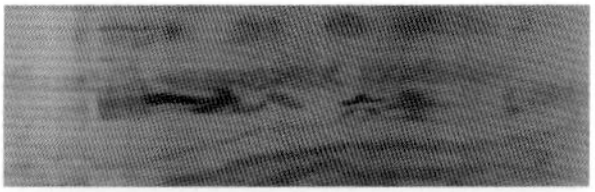

生产日期

**商标：**

1986年7月，竹叶青酒（0.25斤）使用“竹叶青”牌商标，设计新酒标，只有正标。酒标以绿色为主色调，金色边框。在杏花村商标两边有四枚奖牌，分别是1915年巴拿马赛会甲等金质大奖章，1921年上海总商会陈列所第一次展览会金质奖奖牌，1963全国评酒会金质奖和1980年全国优质奖奖牌。下面是竹叶图案，并有白色的“竹叶青酒”字样。当时，这种酒标只限于使用于“汾竹白玫”套装。

1986年40%vol古井亭牌
竹叶青酒1斤装

1982年40%vol古井亭牌
竹叶青酒0.5斤装

1986年40%vol古井亭牌
玫瑰汾酒1斤装

**商标：**

白玉汾酒酒标：7月，白玉汾酒使用“杏花村”牌商标，酒标只有正标，以棕色为主色调，金色边框。在杏花村商标图案两侧各有两枚奖牌，分别是1915年巴拿马万国博览会甲等金质大奖章，1921年上海总商会陈列所第一次展览会金质奖奖牌，1963年全国评酒会金质奖和1980年全国优质奖奖牌。下面是杏树，并有白色的“白玉汾酒”字样。当时，这种酒标只限使用于“汾竹白玫”套装。7月，0.25斤玫瑰汾酒使用“杏花村”牌酒标，酒标只有正标，以紫红色为主色调，金色边框。在杏花村商标图案两边各有两枚奖牌，分别是1915年巴拿马万国博览会甲等金质大奖章，1921年上海总商会陈列所第一次展览会金质奖奖牌，1963年全国评酒会金质奖奖牌和1980年全国优质奖奖牌。下面是两朵盛开的玫瑰花，并有白色的“玫瑰汾酒”字样。

玫瑰汾酒酒标：8月，古井亭牌玫瑰酒（35°/1斤和40°/1斤）酒标恢复到1971至1975年间使用的酒标。黄色铝盖上有古井亭图案及“山西杏花村”字样，盖上有箭头，指示打开方向。

1986年40%vol古井亭牌
白玉酒1斤装

1986年40%vol古井亭牌
白玉汾酒1斤装

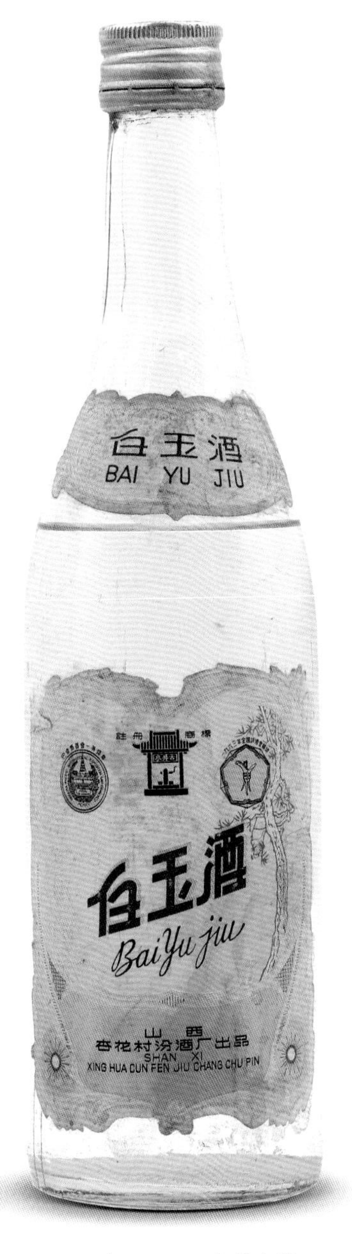


1986年40%vol古井亭牌
白玉酒1斤装

# 1987年古井亭牌汾酒

规　　格 | 60%vol　1斤 0.5斤

参考价格 | RMB 20,000 / 10,000

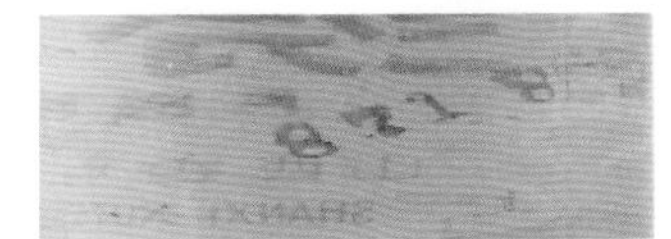

生产日期

**相关记事：**

1987 年，山西杏花村汾酒厂党委书记吴寿先，副书记张东昕、安智海，厂长常贵明，副厂长宋德晋、齐印增、文景明、刘元勋、张源、王继光，总工程师杨兆春，副总工程师赵迎路、刘元勋、齐庆功。

是年，酒厂共有职工 4030 人，固定资产原值 12273 万元，年总产量 19862 吨。

1987年60%vol古井亭牌汾酒1斤装

1987年60%vol古井亭牌汾酒0.5斤装

# 1987年古井亭牌汾酒

规　　格 | 60%vol　1斤

参考价格 | RMB 20,000 / 20,000 / 20,000

生产日期

1987年60%vol古井亭牌汾酒1斤装
（汾字颈标，带酒度、容量）

1987年60%vol古井亭牌汾酒1斤装

# 1987年汾牌汾酒

规　　格 | 48%vol　1斤

参考价格 | RMB 20,000

1987年48%vol汾牌汾酒1斤装

# 1987年汾牌汾酒、汾特佳酒

规　　格 | 48%vol 38%vol　1斤

参考价格 | RMB 35,000 / 28,000

**相关记事:**

汾特佳酒是应国内外市场需求，在继承老白汾酒传统工艺基础上，经科学研制、勾兑而成的新产品。其酒无色、清亮、透明、清香纯正，入口柔和，绵、甜、爽、净，饮后有余香。色、香、味保持了汾酒的典型风格。兑入其他饮料中饮用，更别具风味。能舒筋活血，帮助消化，解除疲劳，有益健康。一九八七年获旅游产品金樽奖。

1987年48%vol汾牌双耳汾酒1斤装

1987年38%vol汾牌汾特佳酒1斤装
（金樽奖、优质奖奖章）

# 1987年古井亭牌竹叶青酒

规　　格 | 45%vol 40%vol　1斤 0.5斤

参考价格 | RMB 15,000 / 8,000

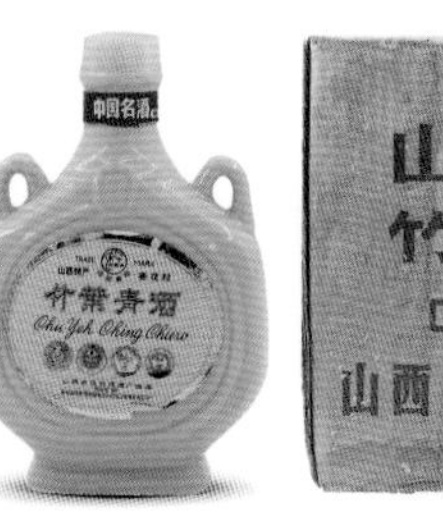

1987年45%vol竹叶青牌
竹叶青酒0.25斤装

1987年40%vol竹叶青牌
竹叶青酒整箱0.25公斤×40装

1987年45%vol古井亭牌竹叶青酒1斤装

1987年40%vol竹叶青酒0.5斤装

1989年，古井亭牌竹叶青酒为首届中国酒文化节名酒证书。

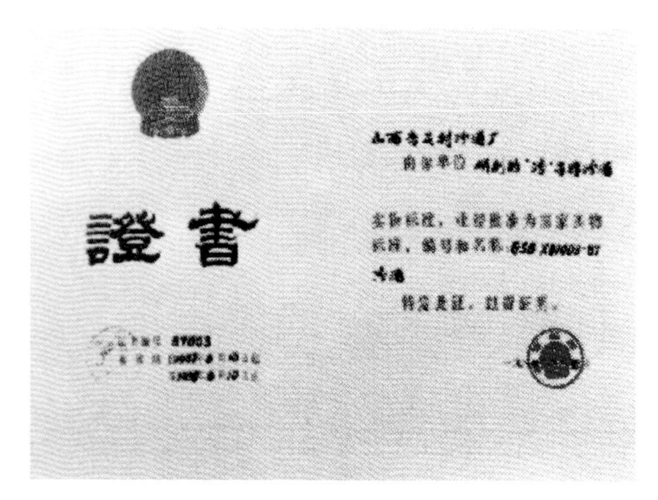


1987年，“汾”字牌汾酒被批准为国家实物标准的证书。

**相关记事：**

1987年5月7日，汾阳县政府决定将杏花村水资源区划为重点保护区，这是吕梁地区第一个重点水资源保护区。

6月6～13日，杏花村汾酒厂的出口产品汾特佳酒获1987年中国出口名特产品金奖和低度（38°）白酒金樽奖。

7月，扩建生产项目全部竣工，新增汾酒年生产能力7700吨，使汾酒厂经济效益又跃上一个新的台阶。

是年，山西省在山西杏花村汾酒厂首批推行了承包责任制。

是年，常贵明被国务院授予“全国五一劳动奖章”“全国优秀经营管理者”；被轻工业部授予“全国轻工业劳动模范”称号，被山西省人民政府授予“山西省劳动模范”称号；被山西省劳动竞赛委员会授予“山西省优秀厂长”称号。

是年，杨兆春、张守功被省轻工厅授予“山西轻工系统劳动模范”称号，杨兆春、刘元勋、赵迎路参与的“玫瑰香沙棘酒”项目获山西省科技进步二等奖。白雨田被山西省轻工厅评为“省轻工系统先进财会工作者”。

是年，在“山西省职工为四化立功竞赛”中，李乃妹获二等功，齐印增获三等功。李启荣被吕梁地区文化局评为“全区剧场先进工作者”，苏彤峰被吕梁地区工会办事处评为“工会先进工作者”。王祚德、刘新生荣获吕梁地区“全区职工为四化立功竞赛”一等功，范治森获三等功。张丽萍被地区工会评为“财务竞赛先进工作者”，李铁柱被评为“工会先进工作者”。

是年，“汾”字牌汾酒被批准为国家实物标准。

是年，竹叶青酒在法国国际酒展会上获特别品尝酒金质奖和外国出品酒第一名。玫瑰汾、汾特佳酒、白玉汾酒、玫瑰沙棘酒获中国出口名特产品金奖。

是年，竹叶青酒在中华人民共和国成立后规格为47°，20世纪70年代后降为45°，后经著名数学家华罗庚先生通过“优选法”科学试验，1987年后增加了40°竹叶青酒。

是年，汾特佳酒、玫瑰沙棘酒被轻工部授予全国轻工优秀新产品奖；玫瑰沙棘酒获全国沙棘产品评议会优质金奖，真武沙棘酒获银奖，低度汾特佳酒（38°）获旅游者喜爱的低度白酒金樽奖。

是年，汾酒厂出口创汇已呈连年翻番的趋势，1987年比1986年翻了一番。汾酒、竹叶青酒1987年出口量达2500余吨。

# 1987年古井亭牌玫瑰汾酒、白玉酒、白玉汾酒

规　　格 | 40%vol　1斤

参考价格 | RMB 15,000 / 15,000 / 15,000

1987年40%vol古井亭牌
玫瑰汾酒1斤装

1987年40%vol古井亭牌
白玉酒1斤装

1987年40%vol古井亭牌
白玉汾酒1斤装

**相关记事:**

杏花村汾酒厂在全国有四最：一是每年出口量最大，等于全国其他名酒出口量的总和；二是名酒率最高，达99.97%，全国每斤名白酒中就有杏花村汾酒厂的半斤；三是成本最低，因而价格也最低；四是得奖最多。他们说汾酒厂从选料到每瓶酒出厂，要经过“5道关口，9个工序质量管理点，17道防线”。每升酒甲醇含量国家规定不得超过0.4克，他们却只有0.064克；铅含量规定是不超过0.001克，他们却只有0.000043克，达到了国际先进水平；酒中的有益物质总脂含量，国际标准每升中不得少于2克，而汾酒厂达到4.4克。难怪杏花村的酒漂洋过海，远销60多个国家和地区。这两年杏花村汾酒厂研制出不少新产品，而且名字特别好听，53°、55°和60°北方烧、31°杏花仙、55°清香大曲、14°真武沙棘酒和玫瑰香沙棘酒等。他们还对原来的老产品进行了降度试验。在65°汾酒的基础上，试制了60°、53°、48°、38°汾酒；在45°竹叶青酒的基础上，试制了40°、35°竹叶青酒等。

1987年6月29日，新华社新闻稿报道

1988年，汾酒荣获首届中国食品博览会金奖奖章。

**商标:**

内销汾酒酒标：6月8日，古井亭牌内销玻璃瓶汾酒（60°/0.5斤、1斤），使用白色直玻璃瓶，颈标和正标没有变化。增加了背标，背标为橘黄色椭圆形，内容为汾酒的简介，标注“山西杏花村汾酒厂”。

6月17日，古井亭牌玻璃瓶汾酒（60°/1斤）增加了新酒标，酒标有颈标和正标，以棕色和金黄色为主色调。颈标为棕色椭圆形，有“汾”字商标图案，标明“酒度：60，容量：500ml”及“中国名酒”字样。正标以棕色和金黄色为主，在古井亭图案两旁各有两枚奖牌：左侧为1915年巴拿马万国博览会甲等金质大奖章和1921年上海总商会陈列所第一次展览会金质奖奖牌，右侧为1963年全国评酒会金质奖奖牌和1980年全国优质奖奖牌，有“山西特产”“杏花村”“山西杏花村汾酒厂出品”字样。

白玉汾酒酒标：1987年，外销白玉汾酒（40°/0.45斤），使用绿色福正宗瓶，黄色扭断防伪盖。正标上商标图案两侧“注册商标”字样被去掉，奖牌变为1915年巴拿马赛会甲等金质大奖章和1963年全国评酒会金质奖奖牌。

# 1988年古井亭牌汾酒

规　　格 | 60%vol　500mL

参考价格 | RMB 12,000 / 12,000

生产日期

**相关记事：**

1988 年，山西杏花村汾酒厂厂长常贵明，副厂长齐印增、文景明、刘元勋、张源、王继光、曹会元。9 月，组建杏花村汾酒集团，董事长常贵明，副董事长吴寿先、齐印增、文景明；总经理常贵明。

1988 年 5 月，汾酒厂作为国家指名调整上涨价格的 13 种名烟名酒中的一种，步入了价格上涨的快车道。汾酒从 4.8 元上涨到 6 元。7 月，涨至 15 元，随后涨到 20 元，短期内涨至每瓶 30 元。

1988年60%vol古井亭牌汾酒500mL装

**相关记事：**

1988 年 5 月 21 日，经山西省经委、计委、财政厅、体改办、协作办晋经计字（1988）228 号文件下达了《关于成立杏花村汾酒集团的批复》。文件明确了集团以杏花村汾酒厂为主体，以其下属的白玉酒厂、汾青酒厂、孝义酒厂为骨干企业，联合太原、吕梁、长治等地 18 个企业和科研单位组成。

5 月 30 日，国家工商局商标局局长李继忠同志在新闻发布会上发表了题为《保护竹叶青商标专用权》的讲话，宣告了法律的胜利，维护了法律的尊严。

1988年汾酒酒标

7 月 13 日，法国瑞尼洛德公司总经理烈德先生在山西省太原市并州饭店，将竹叶青荣获法国国际酒展金质奖第一名的奖章、奖杯和荣誉证书交给杏花村汾酒厂厂长常贵明。

11 月，汾酒史上首张报纸《汾酒报》创刊，发行至国家各部委，全国轻工系统各企业，各省政府办公厅、轻工厅等单位，每期 5000 份。

是年，汾酒厂在全国酒业中首家通过产品质量认证。

是年，中国轻工业系统记者协会全国代表大会在汾酒厂举行。汾酒在全国酿酒行业中第一家晋升为国家大型一档企业。汾酒厂荣获国家二级企业称号，成为山西省第二利税大户。

1988年60%vol古井亭牌汾酒250mL装　　国家标准样品

# 1988年汾牌汾酒

规　　格 | 60%vol　500mL

参考价格 | RMB 12,000

瓶底

1988年60%vol汾牌汾酒500mL装

1988年，汾酒厂荣获首届西安王冠奖。（左为原副厂长文景明）

**相关记事：**

1988 年，汾酒、竹叶青及其系列产品通过了国家方圆标志委员会产品质量认证。

是年，为了参加 1989 年第五届品酒会，汾酒厂特制了一批 65°大盖汾酒，酒质特别好。常贵明的“大容器贮酒研究”获得省科委科技进步二等奖。宋维盛被国家轻工部、全轻工委评为“全国轻工业科技先锋”。张守功被中共山西省委授予“山西省先进班组长”称号。冯丽花被山西省总工会评为“工会财务竞赛先进个人”。冯长江荣获吕梁地区“全区职工为四化立功竞赛”一等功。赵迎路、苏雪林荣获“山西省职工为四化立功竞赛”二等功。杨心田被吕梁地区工会评为“工会先进工作者”，俞兵获“工运理论研究论文奖”。王福田、赵崇德、赵效贤被吕梁地区工会办事处评为“群众劳动保护竞赛先进个人”。

是年，汾酒厂荣获“全国轻工业出口创汇先进企业”称号。

是年，汾酒厂再次被评为全国 500 家最佳经济效益大型骨干企业之一，并居全国饮料行业首位。

是年，国家卫生部颁发了荣誉证书，认定竹叶青酒为中国唯一保健名酒。

是年，山西杏花村汾酒厂在“国家最佳经济效益企业 500 家”榜上有名，按税总额排名第 289 位。

是年，实行工贸联营，在全国各地建立了 22 个杏花村酒家，从而使以汾酒厂为核心的各种生产要素得到优化配置。

是年，广州中国出口商品春季交易会开办的前 10 天，1500 吨汾酒、竹叶青酒就被订购一空，仍远远为未满足新老用户的需求。

是年，在 1987 年金奖评选活动中，山西杏花村汾酒厂生产的汾酒、竹叶青酒、白玉酒、玫瑰酒、汾特佳酒、玫瑰香沙棘酒荣获金奖。

是年，酒厂共有职工 5235 人，占地面积 742700 平方米，建筑面积 294486 平方米，固定资产原值 14504 万元，年总产量 17562 吨。

# 1988年古井亭牌竹叶青酒

规　　格 | 40%vol 45%vol　500mL 250mL

参考价格 | RMB 8,000 / 4,000

**相关记事:**

1988 年，在首届中国酒文化节上，汾酒厂当之无愧的荣获了“酒文化王国”的最高奖——王冠奖，并荣获中国文化名酒产品金龙奖。古井亭牌汾酒、古井亭牌竹叶青被授予中国首届酒文化节中国文化名酒。

是年，汾酒、竹叶青酒、白玉酒和玫瑰汾酒分别获轻工业部优秀出口产品金质奖、银奖以及铜奖。在首届中国食品博览会上，汾牌 53°汾酒、竹叶青牌竹叶青酒、真武沙棘酒获金奖，白玉牌白玉汾酒、古井亭牌玫瑰香沙棘酒获银奖。

1988年40%vol古井亭牌
竹叶青酒500mL装

1988年45%vol古井亭牌
竹叶青酒250mL装

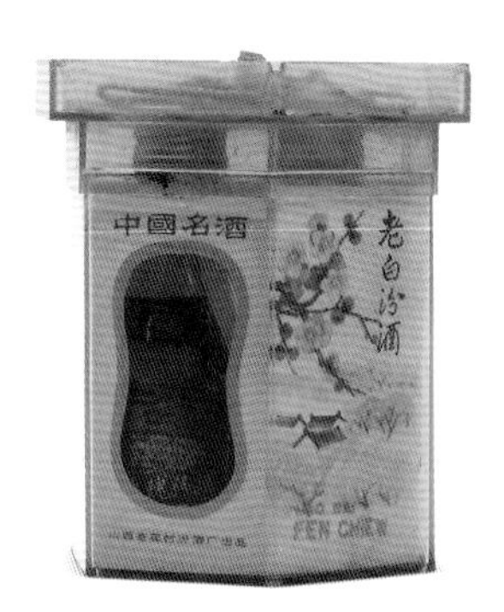

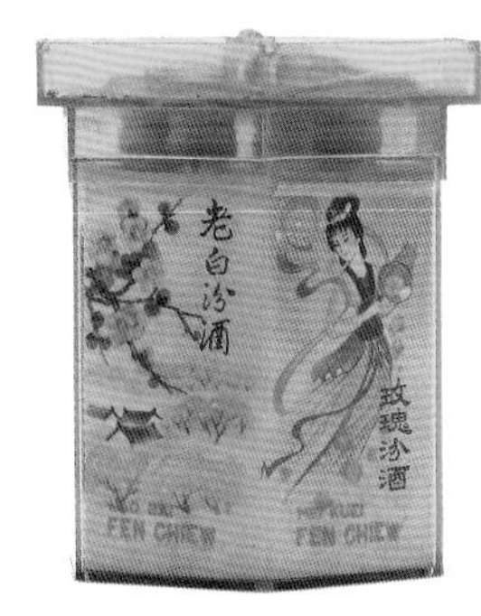

1988年灯笼盒老白汾酒、竹叶青酒、白玉汾酒、玫瑰汾酒50mL×4装

**相关记事：**

1988 年，山西杏花村汾酒厂的饮料酒产量从 1978 年的 3000 吨，增长为 1988 年的 25000 吨，增长了 7 倍多。实现利税由 1978 年的 700 万元增长为 1988 年的 2 亿元，增长了 28 倍。成为全国最大的名白酒生产基地，是山西省的第二税利大户。共获各种奖杯（牌）30 枚，产品行销 60 多个国家和地区，年创外汇 600 万美元，成为汾酒生产史上迄今最灿烂的时期。1988 年，经过 20 多年的培育与锤炼，全厂上下逐步形成了统一的意志和追求，也就是企业精神——“杏花精神”。

**商标：**

内销汾酒酒标：1988 年，“汾”字牌内销琵琶瓶汾酒（60° / 500ml）。酒标在原标的基础上又增加了“60，容量 500ml”字样，封条未变。1989 年 10 月 13 日，增加小月牙颈标作为说明，并把日期打印在小月牙上，正标没有变动。古井亭牌玻璃瓶汾酒颈标上标注“酒度：60，容量：500 毫升”。正标没有变化。同时，还有一种无颈标玻汾，使用时间 1986 ～ 1988 年。

外销汾酒酒标：5 月 23 日，长城牌外销玻璃瓶汾酒（60° /250ml、500ml），颈标的颜色改为深黄色，正标长城图案上增加了“长城”牌字样，在图案下面增加了“Great Wall”字样。

内销竹叶青酒酒标：3 月 22 日，古井亭牌内销玻璃瓶竹叶青酒（40° / 500ml），使用绿色直玻璃瓶，酒标以金色为主色调，有颈标和正标 。颈标上有“竹叶青”商标图案及“酒度：40、容量 500 毫升”字样，下面有“山西特产”“杏花村”字样。边框图案还是高粱，中间“古井亭”两侧有四枚奖牌，分别是 1915 年巴拿马万国博览会甲等金质大奖章，1921 年上海总商会陈列所第一次展览会金质奖奖牌、1963 年全国评酒会金质奖奖牌和 1980 年全国优质奖奖牌。

7 月 23 日，内销玻璃瓶竹叶青酒（40° / 500ml），改用“竹叶青”牌商标，颈标为梯形的，正标改为两枚奖牌，分别是 1979 年全国名酒优质奖牌和 1963 年全国评酒会金质奖奖牌。

8 月，竹叶青牌内销瓷瓶竹叶青酒（45° / 500ml），改用高粱穗边环绕的黄色酒标，酒标上有两枚奖牌，分别是 1963 年全国评酒会金质奖奖牌和 1980 年全国优质奖奖牌。在酒标上加了酒精度和容量。

外销竹叶青酒酒标：1988 年，外销玻璃瓶竹叶青酒（45° /250ml、500ml），使用“长城”牌商标，竹叶青盖，瓶身只贴一枚绿色酒标，酒标上有“杏花村”“竹叶青酒”“中国粮油食品进出口公司监制，中国　山西”字样。

# 1988年古井亭牌玫瑰汾酒

规　　格 | 40%vol　500mL

参考价格 | RMB 8,000 / 8,000

生产日期

**商标：**

玫瑰汾酒酒标：4 月 28 日，古井亭牌玫瑰酒（40° / 500ml），酒标上将“玫瑰酒”改为“玫瑰汾酒”，“古井亭”图案两侧各有两枚奖牌分别是 1915 年巴拿马万国博览会甲等金质大奖章，1921 年上海总商会陈列所第一次展览会金质奖奖牌，1963 年全国评酒会金质奖奖牌和 1980 年全国优质奖奖牌。

1988年40%vol古井亭牌玫瑰汾酒500mL装

1988年40%vol古井亭牌玫瑰汾酒500mL装

**商标：**

白玉汾酒酒标：1988 年，白玉汾酒（40° / 500ml），颈标和正标上的“白玉酒”均改为“白玉汾酒”。正标古井亭图案下加“杏花村”字样，左面加“山西特产”字样。古井亭图案两侧各有两枚奖牌，左侧是 1915 年巴拿马万国博览会甲等金质大奖章的正反面，右侧是 1921 年上海总商会陈列所第一次展览会金质奖奖牌和 1928 年工商部中华国货展览会一等金质奖章。

1988 年后，大部分产品启用“高盖”，瓶盖封口紧密细致，高盖顶部印有“山西杏花村”汉字、“XINGHUACUN”汉语拼音和“杏花村”LOGO 图案，整齐清楚。铝盖内壁为银白色，内垫使用弹性极好的白色双覆膜内垫，封口三道螺纹整齐严密。酒瓶倒置，滴酒不漏。

古井亭牌特制北方烧酒　　北方牌北方烧酒

北方牌清香大曲　　杏花黄酒　　古井亭牌真武沙棘酒

# 1989年汾牌汾酒

规　　格 | 60%vol　500mL

参考价格 | RMB 10,000

1989年60%vol汾牌汾酒500mL装

**相关记事：**

1989 年，山西杏花村汾酒厂党委书记吴寿先，副书记安智海、杨长元，厂长常贵明，副厂长吴寿先、齐印增、文景明、刘元勋、张源、王继光、曹会元。

4 月 1 日，汾酒采取降价促销的策略，零售价由 26 元降到 15 元，并且对商业部门实行保值销售。平民酒的价位，使汾酒陷入了被动之中。

是年，酒厂共有职工 3830 人，固定资产原值 16169 万元，固定资产净值 12674 万元，年总产量 14252 吨。

是年，山西杏花村汾酒厂“国家最佳经济效益企业 500 家”榜上有名，按税总额排名第 287 位。

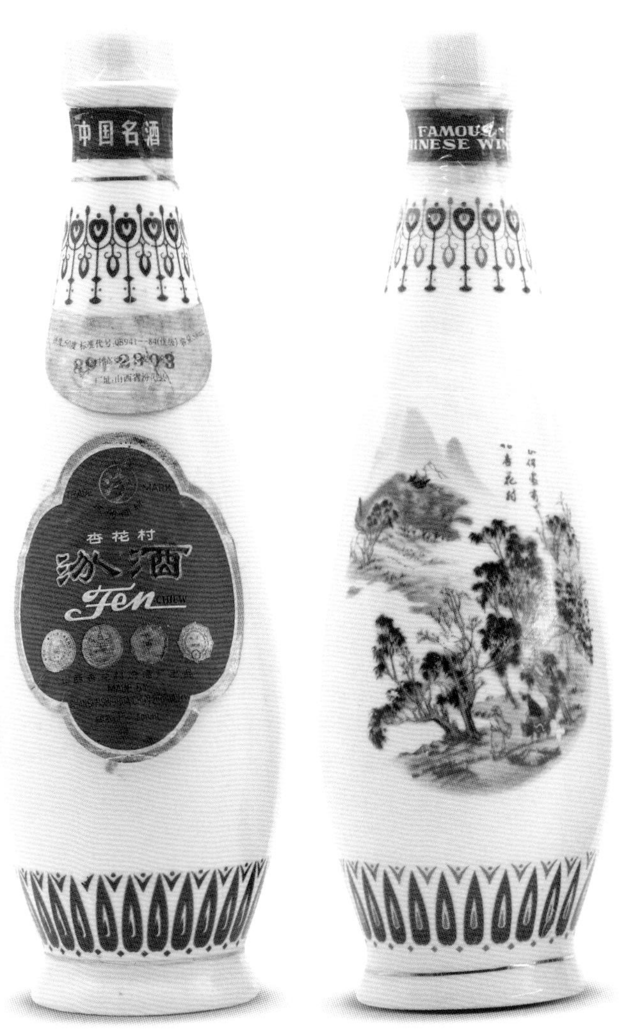

1989年60%vol汾牌汾酒500mL装

1989年60%vol汾牌汾酒500mL×2装

# 1989年古井亭牌汾酒

规　　格 | 60%vol　500mL

参考价格 | RMB 10,000 / 10,000

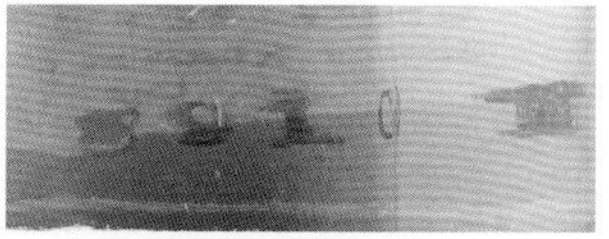

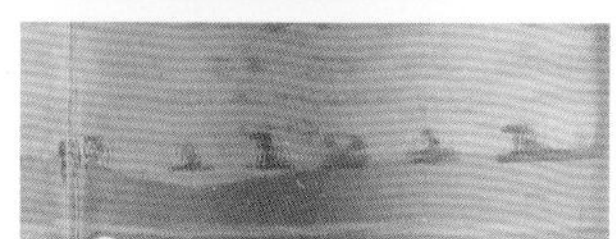

生产日期

1989年60%vol古井亭牌汾酒500mL装

1989年45%vol
竹叶青酒50mL装

1989年45%vol
竹叶青酒125mL装

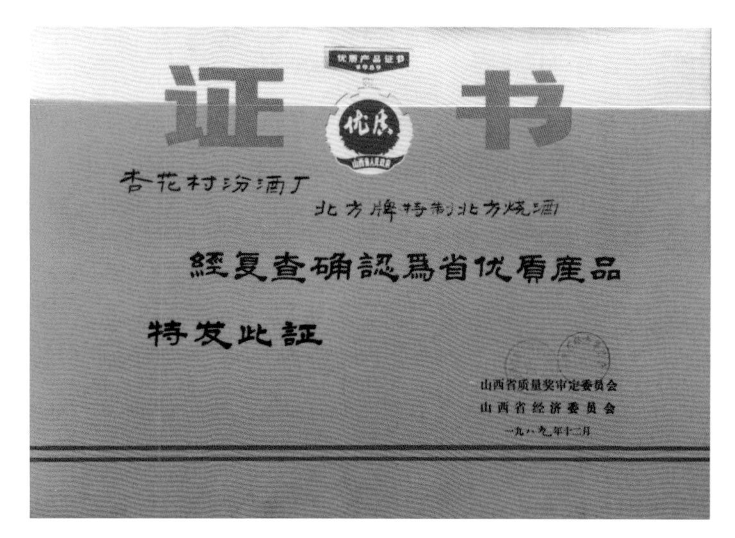

优质产品证书

证 书

优质

杏花村汾酒厂

北方牌特制北方烧酒

經复查确認爲省优質產品

特发此証

山西省质量奖审定委员会

山西省经济委员会

一九八九年十二月

1989年，杏花村汾酒获省优质产品证书。

**相关记事:**

1989年, 常贵明被国务院授予"全国劳动模范"称号, 被山西省人民政府评为"山西省劳动模范", 被吕梁地委、行署评为"吕梁地区特级劳动模范"。

是年，郭双威被吕梁地委、行署评为"劳动模范"。

是年，张三宝被山西省总工会评为"山西省优秀工会干部""山西省优秀工会积极分子"。

是年，汾酒厂第五次扩建二期，27个子项已基本建成。

是年，汾酒厂被国家技术监督局认定为计量合格企业一级。

是年，杏花仙酒、北方牌特制北方烧酒、真武沙棘酒被评为山西省省优产品。

是年，在首届北京国际博览会上，汾酒、竹叶青酒获得金奖，玫瑰汾酒、白玉汾酒获得银奖。

是年，汾酒厂再次进入全国500家最佳经济效益大型企业行列，并继续保持全国食品饮料业第一名。

是年, 在全国商品包装装潢展评会上, 山西省杏花村汾酒厂吴寿先、张树文设计的国优老白汾酒的包装获金奖。

是年，国家技术监督局为杏花村汾酒厂生产的汾酒系列产品、竹叶青酒系列产品，颁发了国家级产品质量认证书。

是年，在安徽省合肥市举办的第五次全国评酒会上，汾酒再一次被评为中国名酒。至此，国家举办的历届（共五届）全国评酒会"中国名酒"称号，汾酒实现了五届蝉联。

**商标:**

内销汾酒酒标:1989年12月11日，在颈标上增加新的内容，"配料：高粱，水"字样。在正标背后除了有"日期、车间及班组"的字样外，又新加印了"代号：QB941－84（优级） 地址：山西省汾阳县"。

内销竹叶青酒酒标：1989年，竹叶青牌内销玻璃瓶竹叶青酒（45°/500mL），"竹叶青"商标图案为白色。

# 第七章
## 1990～1999年

## 厚积薄发
## 中国酒企首位上市公司

# 1990年古井亭牌汾酒

规　　格 | 55%vol 60%vol　500mL

参考价格 | RMB 8,000 / 8,000

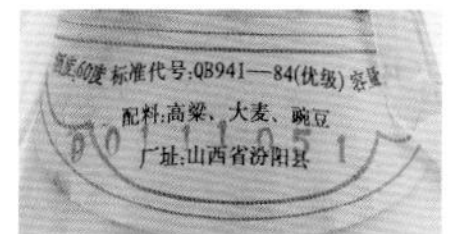


生产日期

1990年55%vol古井亭牌汾酒500mL装

1990年60%vol汾牌汾酒500mL装

1983年，曹光华为汾酒厂作“盈满三百杯，胜过活神仙”。

**相关记事：**

1990 年，山西杏花村汾酒厂党委书记吴春先，副书记安智海、杨长元；厂长常贵明，副厂长吴春先、齐印增、文景明、刘元勋、张源、王继光、曹会元。

是年，酒厂共有职工 5146 人，固定资产原值 16622 万元，固定资产净值 13301 万元，年总产量 14529 吨。

是年，山西杏花村汾酒厂“国家最佳经济效益企业 500 家”榜上有名，按税总额排名第 103 位。

是年，邓朝珠被国家轻工业部、全轻工委授予“全国轻工业劳动模范”称号，被省轻工厅、省直工委评为“山西省轻工系统劳动模范”；张东昕被评为“全国轻工业优秀工会工作者”。张佩被国家财政部、人事部授予“全国先进财务工作者”称号。苏仲武被国家轻工部、全轻工委评为“全国轻工系统劳动保护先进个人”。

是年，杨寿元被山西省轻工委评为“山西省轻工业系统先进工作者”；贺天荣被评为“山西轻工系统劳动模范”。赵书权被山西省委评为“山西省优秀班组长”。胡晓峰被山西省轻工厅评为“省轻工业环境保护先进工作者”。李启荣被山西省文化厅评为“电影系统‘创三优、争五好’先进工作者”。任正权被吕梁地区工会办事处评为“工会先进工作者”。赵迎路撰写的论文《数理统计方法在汾酒生产中的应用》获山西科协科技进步二等奖。

是年，竹叶青酒在第十四届巴黎国际食品博览会上荣获金奖。

是年，汾酒厂获得国家级企业技术进步奖，获轻工部优质工程一等奖奖章。

是年，设在杏花村汾酒集团前区广场上的“杏花村汾酒大厦商城”和“酒都宾馆”相继开业。

是年，杏花村汾酒集团在全国 500 家最佳经济效益企业中名列第 103 位，在饮料业列第一位。

是年，汾酒厂产品经销处就已达 118 家，遍布全国 26 个省、市、自治区，形成了自己的销售网络。

# 1990年长城牌竹叶青酒

规　　格 | 45%vol　500mL

参考价格 | RMB 6,000

**相关记事：**

1990 年，在首届全国轻工博览会上，汾字牌，古井亭牌汾酒、竹叶青牌竹叶青酒、玫瑰牌玫瑰汾酒获金质奖，白玉牌白玉汾酒、北方牌特制北方烧酒获银质奖。汾酒、竹叶青酒获轻工业部最受欢迎销售产品奖。

是年，汾酒厂第三次被评为全国 500 家最佳经济效益大型骨干企业之一，并三次蝉联全国食品饮料行业冠军；国家计委授予汾酒厂“七五”国家级企业技术进步奖；国家轻工部授予“‘七五’期间全国轻工业安全生产先进单位”。

20 世纪 90 年代初期，除出口装外，内销汾酒改为每箱 1×20 瓶，中后期改为每箱 1×12 瓶。

1990年45%vol长城牌竹叶青酒500mL装

**商标：**

1990 年始，杏花村汾酒厂开始使用防伪商标。经国家工商行政管理局商标注册的防伪商标有“汾青”“竹叶青”“杏竹”“竹青”“竹云青”“竹青叶”“青叶竹”“汾竹”牌共 8 种，有效期限为 10 年。

内销汾酒酒标：1990 年后，“汾”字牌内销琵琶瓶汾酒（53°、55° / 500ml），正标没有变化，把“55 酒精度”与“500ml”删除，启用新封条，封条上印有“配料，酒度，容量，厂址，GB10781.2 － 89（优级）”，并有方圆合格标志，打有生产日期及车间。

1990 年，内销玻璃瓶汾酒（55° / 500ml），颈标在“汾酒”二字中间加方圆标志，“酒度：55°”“GB10781.2 － 89（优级）”“容量：500ml”“配料”“厂址”。

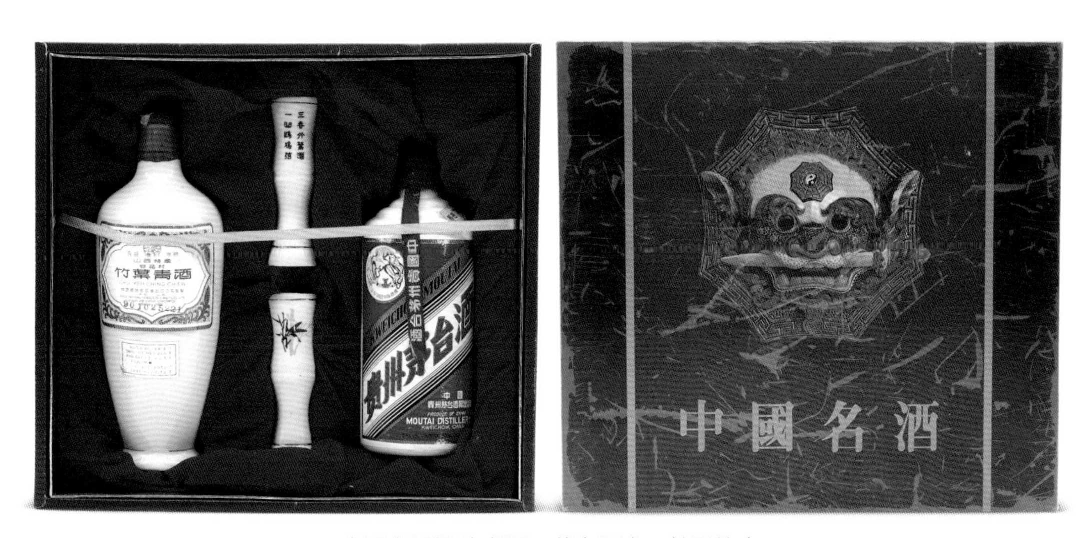

中国名酒竹叶青酒、茅台酒出口韩国礼盒

中国名酒竹叶青酒、洋河大曲出口韩国礼盒

# 1990年竹叶青牌竹叶青酒

规　　格 | 45%vol　500mL

参考价格 | RMB 6,000

**商标：**

1990 年，内销瓷瓶竹叶青酒（45° / 500mL），在正标下面加月牙形附标，附标上有生产日期、规格、糖度、保质期、容量、配料等说明。

1990年45%vol竹叶青牌竹叶青酒500mL装

# 1990年出口白玉白酒

规　　格 | 53%vol　500mL

参考价格 | RMB 6,000

**商标：**

内销竹叶青酒酒标：1990年，竹叶青牌内销玻璃瓶竹叶青酒（45°/ 500ml），颈标上加了方圆标志，并标明糖度、保质期、配料、厂址。

白玉汾酒酒标：1990年7月30日，注册“白玉汾”商标，注册号525145。白玉汾酒最初也是使用“古井亭”注册商标，1990年重新注册了“白玉汾”商标使用至今。

玫瑰汾酒酒标：1990年8月10日，注册了“玫瑰汾”商标。双耳瓷瓶玫瑰汾酒（125ml），使用新酒标，酒标为椭圆形，以紫红色为主色调，金色边框。酒标上没有奖牌，只有商标图案和“玫瑰汾酒”字样以及厂址。用于“汾竹白玫”礼品盒酒。

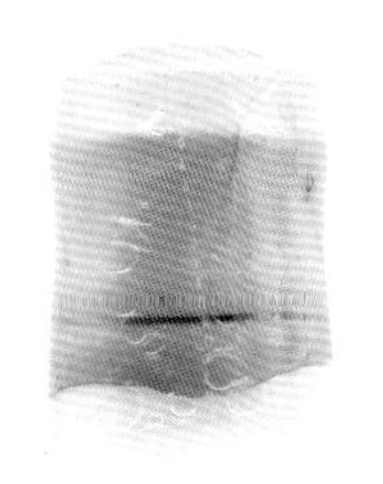

1990年53%vol出口白玉白酒500mL装

# 1991年古井亭牌汾酒

规　　格 | 55%vo 53%vol　500mL

参考价格 | RMB 5,500 / 5,500

生产日期

**相关记事：**

1991 年，山西杏花村汾酒厂党委书记吴寿先，副书记安智海、杨长元；厂长常贵明，副厂长齐印增、文景明、刘元勋、张德胜、王继光、曹会元。

是年，酒厂共有职工 4525 人，固定资产原值 17210 万元，固定资产净值 10590 万元，年总产量 10837 吨。

是年，山西杏花村汾酒厂“国家最佳经济效益企业 500 家”榜上有名，按税总额排名第 101 位。

1991年55%vol古井亭牌汾酒500mL装　1991年53%vol古井亭牌汾酒500mL装

**相关记事：**

1991 年 10 月，在全国评选出 108 家企业授予国家级企业技术进步奖，杏花村汾酒厂位于山西省 5 家获奖企业之首。

是年，长城牌竹叶青酒荣获第十四届国际食品博览会金奖。

是年，汾牌、汾字牌、古井亭牌、白玉牌、玫瑰汾牌及竹叶青牌系列酒荣获第二届北京国际博览会金奖。

是年，被列入国家 1991 年《经济年鉴》企业集团名录的共有 54 家，汾酒集团是白酒行业唯一的一家。

据《中国统计信息报》公布的统计资料，1991 年度，杏花村汾酒厂以利润总额 24556 万元的实绩，跃居全国最大工业企业第 92 位，在全国食品饮料行业里名列榜首。

1991年53%vol汾牌汾酒500mL装

# 1991年长城牌竹叶青酒

规　　格 | 45%（V/V）　750mL 500mL

参考价格 | RMB 7,500 / 5,000

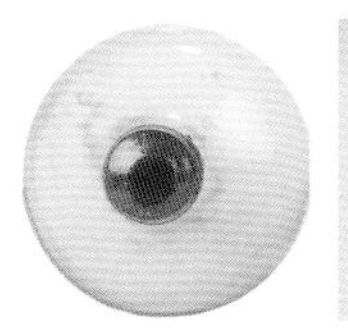

1991年45%（V/V）长城牌
竹叶青酒750mL装

1991年45%（V/V）竹叶青牌
竹叶青酒500mL装

**相关记事：**

1991 年，汾酒厂在全国轻工业系统（利税总额）200 家工业企业排序中名列第一位。

是年，王海组织的老白汾酒 QC 攻关小组，获得了国家、省科技奖。郭志宏、吴润民分别被司法部、体改委、轻工部评为“全国企（事）业法律顾问先进个人”。雷恩秉被省轻工厅评为“‘七五’先进财会工作者”。李乃妹在“山西省职工为四化立功竞赛”中获二等功。贺天荣、武兴俭被吕梁地委、行署授予“劳动模范”称号。杨寿元被吕梁地区劳动竞赛委员会、工会办事处评为“职工最信任的厂长”；赵书权获“全区最佳工人”；安智海获“职工之友”；孙慧兵被评为“工会先进工作者”。

是年，汾酒厂荣获中国首届名酒书画博览会特别荣誉奖；荣获首届全国工业企业技术进步成就展览会荣誉奖；荣获上海市场优秀食品消费者奖。

1991年42%（V/V）杏花村牌杏花村酒500mL装

1991年55%（V/V）、53%（V/V）北方牌特制北方烧酒

1991年53%（V/V）、50%（V/V）、38%（V/V）北方牌清香北方大曲酒

# 1992年长城牌汾酒

规　　格 | 53%vol　500mL

参考价格 | RMB 4,800

生产日期

1992年53%vol长城牌汾酒500mL装

杏花春色无限好 （刘继瑛、郭传璋、白雪石、卢光照、焦晓、周怀民、古一舟、程莉影、傅石霜合作）

**相关记事：**

1992年，山西杏花村汾酒厂党委书记吴寿先，副书记安智海、杨长元；厂长常贵明，副厂长郭双威、齐印增、文景明、刘元勋、张德胜、王继光、曹会元。

5月1日，杏花村汾酒厂被中华全国总工会授予“五一劳动奖章”，被山西省委、省政府评为“模范企业光荣”。

5月19日，山西省政府办公厅印发了《关于扩大完善杏花村汾酒集团组建中国杏花村汾酒集团公司有关问题的会议纪要》，责成轻工厅提出具体方案。此后，又经过近半年酝酿、论证，在11月启动山西杏花村汾酒集团的整体改制工作。

是月，汾酒厂开始万吨低度汾酒技改扩建工程。这是杏花村汾酒厂成立以来的第六次扩建改造。

7月1日，汾酒厂进出口公司正式开业。

12月26日，万吨汾酒技改工程新酿酒车间如期流酒。实现了“当年设计、当年施工、当年投产、当年流酒”的目标。这项工程竣工投入使用，极大地提高了汾酒公司的储酒能力和勾兑能力。

是年，武兴俭被国家公安部授予“保卫干部荣誉奖章”。阎东荣被国家轻工部评为“全国轻工系统档案先进工作者”，赵济中被评为“全国轻工系统优秀新闻工作者”。马凤琴、吕春香被山西省总工会评为“1991年度先进女职工”，张三宝被评为“山西省模范工会干部”，杨心田被评为“企业民主管理先进工作者”。

是年，酒厂共有职工5673人，占地面积742700平方米，建筑面积294480平方米，固定资产原值20379万元，固定资产净值13915万元，年总产量20833吨，其中饮料酒产量14821吨，产值43538万元。

是年，山西杏花村汾酒厂“国家最佳经济效益企业500家”榜上有名，按税总额排名第92位。

# 1992年古井亭牌汾酒

规　　格 | 53%vol　500mL

参考价格 | RMB 4,500 / 4,500

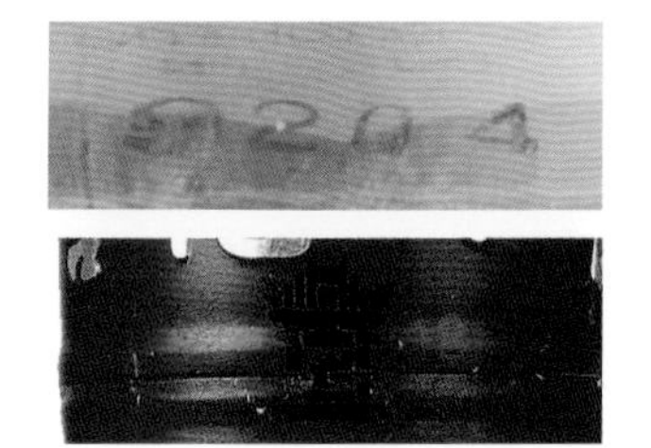
生产日期

**相关记事：**

1992 年，苏仲武被省轻工厅评为“轻工系统安全生产先进工作者”，吕春娥、李俊娥被评为“轻工系统巾帼建功先进女职工”。

1992年53%vol古井亭牌汾酒500mL装

# 1992年长城牌竹叶青酒

规　　格 | 45%（V/V）　500mL

参考价格 | RMB 4,500

**相关记事：**

1992 年，常贵明、安智海被吕梁地区工会办事处评为“依靠工人阶级，支持工会工作的党政领导”，张东昕被评为“工会先进工作者”，马凤琴、吕春香、马丽梅被评为“先进女职工”。赵志伟被吕梁地区直属机关党委评为“岗位练兵技术比武能手”。

1992年45%vol长城牌出口竹叶青酒500mL装

# 1992年长城牌汾酒（正标换代）

规　　格 | 53%vol　500mL 375mL 250mL

参考价格 | RMB 4,500 / 2,200 / 1,000

生产日期

1992年53%vol长城牌汾酒500mL装

1992年53%vol长城牌汾酒375mL装

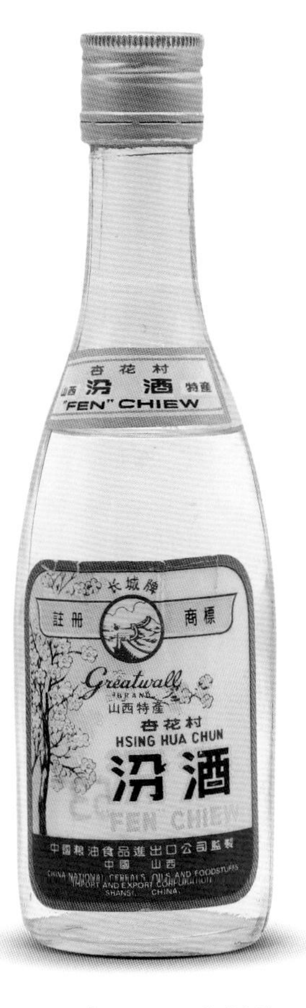


1992年53%vol长城牌汾酒250mL装

# 1992年长城牌汾酒

规　　格 | 60%vol 53%vol　500mL

参考价格 | RMB 4,500 / 4,000

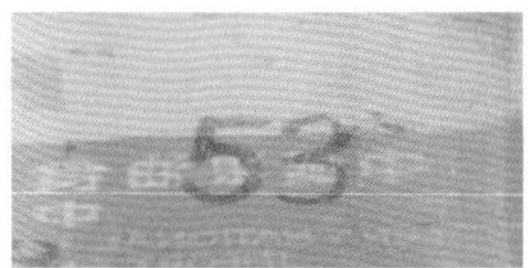


度数

1992年60%vol长城牌汾酒500mL装

1992年53%vol长城牌汾酒500mL装

# 1992年汾牌、古井亭牌汾酒

规　　格 | 53%vol　500mL

参考价格 | RMB 4,500 / 4,500

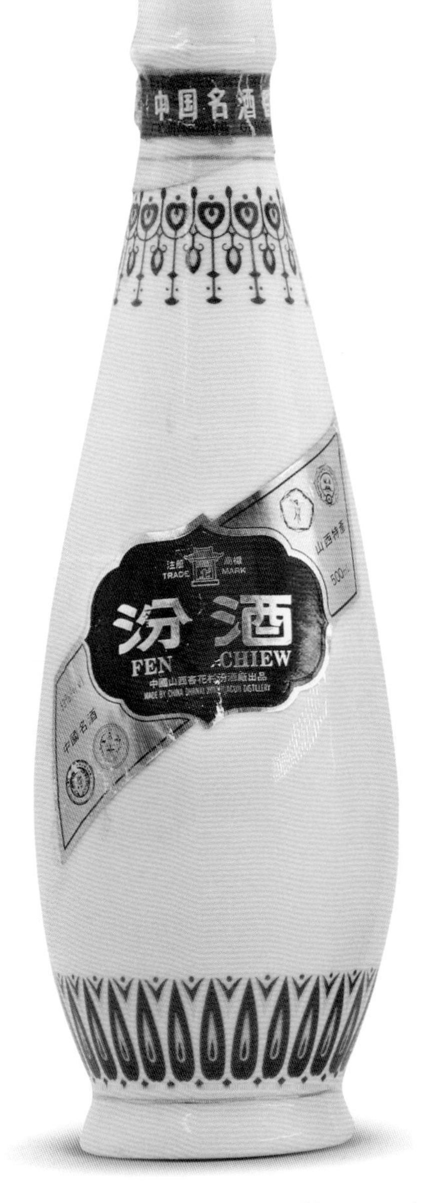

1992年53%vol汾牌汾酒500mL装

1992年53%vol古井亭牌汾酒500mL装

**相关记事：**

1992 年，汾酒厂被接纳为驰名商标保护组织成员单位。

是年，汾酒荣获相关国际食品博览会最高金质奖，竹叶青获金奖，玫瑰汾酒获银奖。

是年，在国货精品消费者调查活动中，竹叶青酒荣获最满意奖。

是年，古井亭、汾字、长城牌汾酒荣获“中国名优酒博览系列片”金奖。

是年，杏花村酒荣获 1992 年中国新产品新技术博览会金奖；白玉汾酒获银奖。

是年，汾酒厂就在股份制运营方面做出了大胆尝试，成立“山西杏花村义泉泳酒业股份有限公司”。

是年底，喷码技术的初次使用，启用法国“马肯依玛士”喷码机设备。起初字母为“XFFW BJ”意为“杏汾防伪”首字母与“古井亭”图案组合；后改成生产日期“年月日”数字加“古井亭”图案组合。

是年，杏花村汾酒厂被评为“1992 年度全国环境保护先进企业”“1992 年度全国执行食品标签通用标准优秀企业”“全国名优产品售后服务最佳企业”，并荣获“1992 年度同行业 50 家最佳经济效益第一名”，国家统计局利税总额排序饮料行业第一名，全国轻工业系统按利税总额排序 200 家最大企业第一名，国家质量奖银奖。

**商标：**

玫瑰汾酒商标：1992 年 9 月 18 日，内销礼盒玫瑰汾酒（40°/ 500mL）使用“玫瑰汾”牌商标。使用绿福正宗瓶，黑色铝盖，紫红色酒标及外盒。黑色铝盖上有凸出的古井亭图案及“杏花村”字样。颈标上有棕色的“玫瑰汾酒”字样，正标中间是由“如意”围成的图案，图案有白色的“玫瑰汾酒”字样，并标明规格、净容量、厂址、配料、糖度、保质期标准。

汾酒博物馆

# 1993年长城牌汾酒

规　　格 | 53%vol　750mL 500mL

参考价格 | RMB　6,000 / 4,000

生产日期

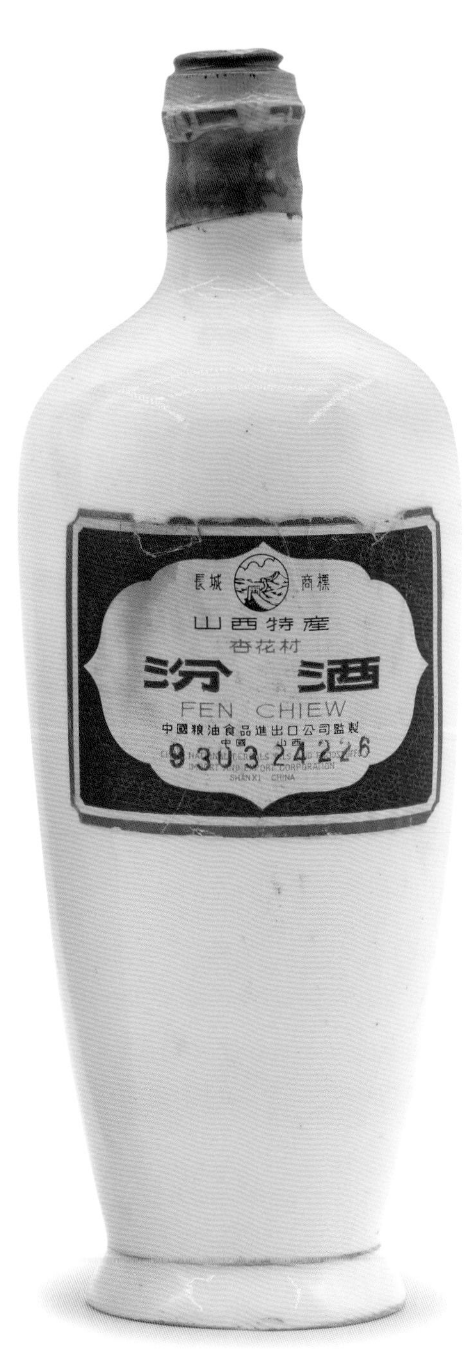


1993年53%vol长城牌汾酒750mL装
（中国　山西）

1993年53%vol长城牌汾酒500mL装
（中国　山西）

1993年11月3日，汾酒厂股份有限公司股票发行新闻发布会及签字仪式。

**相关记事：**

1993～1996年，汾酒（集团）公司党委书记、董事长常贵明，副书记杨长元；总经理张德胜，副总经理杨寿元、赵严虎、左孝智、刘力、曹会元、文景明、齐印增。

1月8日，山西杏花村汾酒（集团）公司由山西省人民政府批准，在山西省工商行政管理局登记注册正式成立。

5月1日，山西省劳动竞赛委员会召开表彰大会，山西杏花村汾酒厂获“山西省最佳企业”称号。

7月20日，由全国70多家晚报的摄影部主任、摄影记者组成的大型采访团到杏花村汾酒厂参观采访。

8月15日，山西杏花村汾酒集团公司成立。

11月3日，杏花村汾酒厂股份有限公司股票发行承销协议签字仪式在太原隆重举行。

12月19日，召开了山西杏花村汾酒厂股份有限公司创立大会暨第一届股东大会，通过了公司章程，选举产生了董事会和监事会，作出了《山西杏花村汾酒厂股份有限公司股票在上海证券交易所挂牌上市的决议》。

是年，仵烨、王小兵分别被国家统计局评为“全国投入产出调查先进工作者”。

是年，酒厂共有职工5050人，固定资产原值37934万元，固定资产净值18425万元，销售收入72624万元。饮料酒产量17208吨，产值50605万元。

是年，常贵明被山西省劳动竞赛委员会评为“山西省优秀企业家”，被吕梁地区工会办事处评为“重视支持工会工作的党政领导”。

# 1993年古井亭牌、汾牌汾酒

规　　格 | 53%（V/V） 38%（V/V）　500mL

参考价格 | RMB 4,000 / 4,000 / 2,500

1993年53%（V/V）
古井亭牌汾酒500mL装

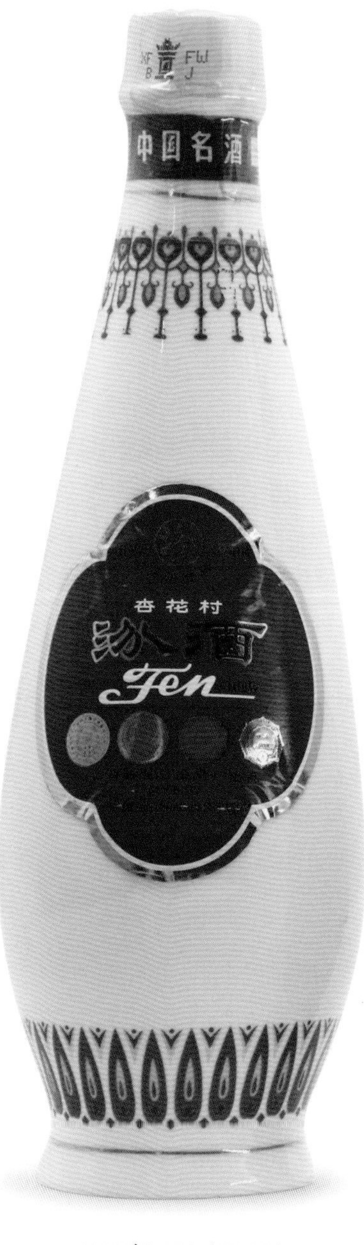


1993年53%（V/V）
汾牌汾酒500mL装

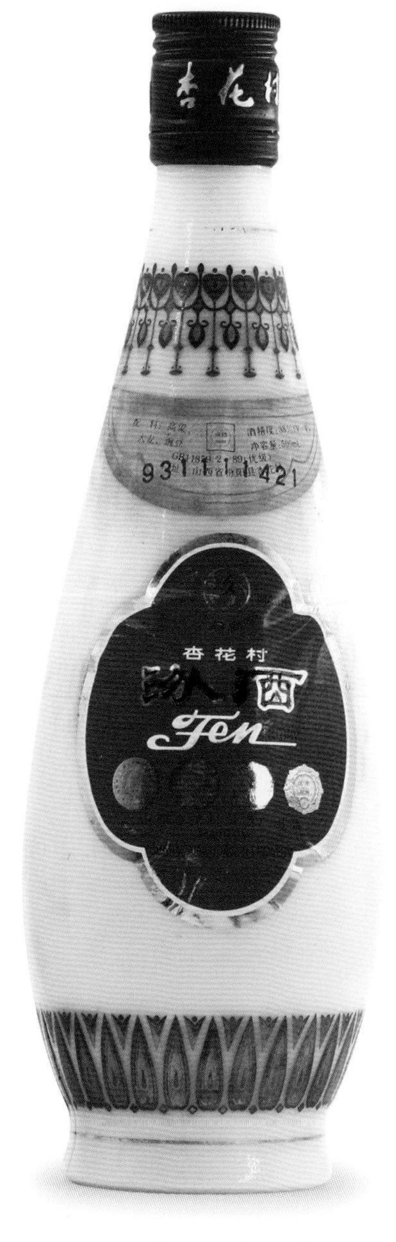


1993年38%（V/V）
汾牌汾酒500mL装

# 1993年汾牌汾酒

规　　格 | 38%vol　500mL

参考价格 | RMB 4,000

**相关记事：**

1993 年，张东昕、殷凤湄分别被国家轻工业部、人事部授予“全国轻工系统劳动模范”称号。王海兰被国家技术监督局、中科协、中质协、全总授予“全国优秀质量管理者”称号。齐国亭被山西省综治委评为“综合治理先进个人”。张东昕被山西省轻工厅评为“1992 年度工会先进工作者”，被吕梁地区劳动竞赛委员会荣记特等功。高斌被山西省轻工厅评为“省轻工业安全生产先进个人”。张玉让被山西省人民政府评为“省重点工程先进工作者”。在“山西省职工为四化立功竞赛”中，杜小威获一等功；侯发成获二等功。李晓玲被吕梁地区评为“优秀思想政治工作者”，雷振河被评为“优秀科技工作者”，马丽梅被吕梁地区工会办事处评为“工会先进工作者”。

1988 ～ 1992 年，经过艰苦的搜寻，汾酒厂共收集文物字画数千件，“汾酒酒史馆”初具规模。山西杏花村汾酒博物馆正式对外公开展出。

1988 ～ 1993 年，连续六年杏花村汾酒厂利税总额居全国白酒行业第一。1993 年利税总额突破 3.5 亿元。

1988 ～ 1993 年，连续 6 年被评为“全国 500 家最佳经济效益企业”之一，综合经济效益持续 6 年名列全国食品饮料行业和全国轻工系统以及与生活消费相关行业（除烟草业外）第一名，当时被同行业尊称为“汾老大”，最能反映企业综合管理水平的主要经济技术指标达到了国家一级企业的要求。

1993年38%vol汾牌双耳瓷汾酒500mL装

# 1993年古井亭牌特制老白汾酒（十年陈酿音乐盒）

规　　格 | 53%（V/V）　500mL

参考价格 | RMB 7,888

1993年53%（V/V）古井亭牌十年陈酿音乐盒特制老白汾酒500mL装

# 1993年长城牌竹叶青酒

规　　格 | 45%vol　500mL

参考价格 | RMB 3,000

**相关记事：**

1993 年，杜小威被委任为汾酒厂贮配分厂总工，从事名酒汾酒、竹叶青酒系列产品的勾兑和新品开发任务。到任以后，他首先组织相关人员对库存原酒的质量状况进行了全面的调查摸底，理清了汾酒的库存情况，制定了汾酒勾兑的长远发展计划，细化了汾酒勾兑总则，进一步完善了工艺流程，使汾酒系列产品能够合理贮存，科学勾兑，汾竹系列产品的质量进一步稳定提高，为汾酒生产经营的长远健康有序发展奠定了基础。同时，他还负责组织汾酒、竹酒高档酒及低度酒的开发工作。经过五年的努力，共计开发新品 20 余种，为汾酒集团的做优、做强、做大储备了力量。

1993年45%vol长城牌竹叶青酒500mL装

# 1993年玫瑰汾牌玫瑰汾酒

规　　格 | 40%vol　500mL

参考价格 | RMB 3,000

**相关记事：**

1993 年，杏花村酒厂被列为汾阳市重点文物保护单位。

是年，汾酒厂荣获“国家消费者精品展览会荣誉奖”。

是年，汾酒厂按 1993 年利税总额排序荣获中国行业十强。

是年，“山西杏花村汾酒博物馆”正式更名为“汾酒博物馆”。

是年，杏花村汾酒厂荣获“全国内部审计工作先进单位”称号。

1993年40%vol玫瑰汾牌玫瑰汾酒500mL装

**相关记事：**

1993 年，白玉汾牌白玉汾酒、汾牌汾酒、古井亭牌汾酒、玫瑰汾牌玫瑰汾酒及竹叶青牌竹叶青酒荣获山西省第四届“两会一节”精品展金奖。

是年，汾酒厂开始出口荷兰、委内瑞拉、澳大利亚、西班牙、德国等国。

是年，在全国民用生活用品消费取向调查中，竹叶青酒获得“全国消费者推荐购物最佳优质产品”称号。

是年，老白汾酒获中国诗酒成果博览会金奖。

是年，集团公司选送样品参加了日本东京举行的“第五届国际酒类饮料博览会”，汾酒、竹叶青酒双双荣获金奖，在巴黎举行的评优活动中，获得了“第七届欧洲质量奖”。

**商标：**

外销竹叶青商标：1993 年 12 月，外销瓷瓶竹叶青酒（45° / 500ml），改用“杏花村”商标，酒标周围的花边改为竹叶花边，中间换为杏花村商标的图案，两边有“TRADE MARK”，下面有“XING HUA CUN”，厂址改为“山西杏花村汾酒厂出品，中国　山西”，其下是英文标注。正标下加一附标，附标上有酒精度、净含量、配料等说明，右上方是“方圆”标志，左侧是条形码。

白玉汾酒商标：1993 年，白玉汾酒（40° / 500ml）单礼盒商标为“白玉汾”牌，使用全新的酒标（3 月 2 日启用），有颈标和正标，以浅黄色为底色，颈标上有“白玉汾酒”“山西特产”字样，正标由如意纹饰围成一圈，有“白玉汾酒”字样，下面有酒精度、净容量、厂址。在正标的左侧有公司名称，右侧有配料、保质期、标准代码。生产日期打在正标背面。

双耳瓶瓷瓶（白色）白玉汾酒，使用“白玉汾”牌商标，1993 年有颈标和正标。颈标上有“中国名酒”的红色条形标，正标为椭圆形，以淡黄色为主色调，有“白玉汾酒”字样及“白玉汾”商标图案。

1993年，杏花村汾酒厂投产的新车间。

# 1994年古井亭牌汾酒

规　　格 | 53%vol　500mL

参考价格 | RMB 3,600

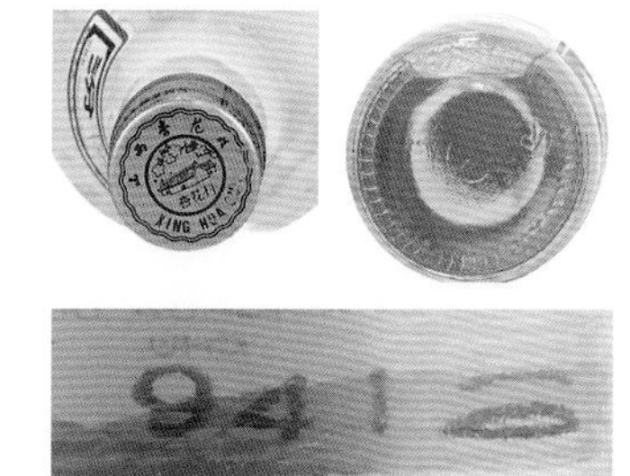


生产日期

1994年53%vol古井亭牌汾酒500mL装

山西日报刊登“热烈祝贺汾酒股票1994年1月6日在沪上市”。

**相关记事：**

1994年，酒厂共有职工7186人，固定资产原值43720万元，固定资产净值32765万元，销售收入69846万元。

1月6日，杏花村汾酒股票在上海证券交易所挂牌上市，是山西省首家上市公司，是中国白酒行业第一股。从此，以山西杏花村汾酒厂股有限公司为核心企业的山西杏花村汾酒（集团）公司，进入了一个更加快速发展的新时期。

8月，在中国国际名酒博览会上，汾牌38°汾酒荣获“中国酒王”称号，竹叶青牌45°竹叶青酒荣获“中国保健酒王”称号。

10月21日，《中国食品报》报道：在国家统计局公布的中国工业500强企业中，汾酒厂以3.69亿元的利税雄居全国白酒行业头把交椅。

# 1994年杏花村牌汾酒

规　　格 | 53%vol　500mL

参考价格 | RMB 3,600

生产日期

1994年53%vol杏花村牌汾酒500mL装

1994年，杏花村牌杏花村酒被评为中国名牌产品。

1994年，竹叶青牌竹叶青酒获中国保健酒王。

**相关记事：**

1994 年 11 月 18 日，在美国华盛顿水门举行的“纪念巴拿马赛会 80 周年万国博览会”上，汾酒和竹叶青酒分别荣获特别金奖。

12 月 5 日，国家名优白酒质量检评会宣布，第五届全国评酒会评出的山西汾酒、贵州茅台酒等 17 种中国名酒，确认保持了国家名优酒的质量水平。

20世纪90年代，汾酒厂俯瞰图。

# 1994年白玉汾牌白玉汾酒

规　　格 | 40%vol　500mL

参考价格 | RMB 3,000

1994年40%vol白玉汾牌白玉汾酒500mL装

清明時節雨紛紛路上行人欲斷魂借問酒家何處有牧童遙指杏花村

唐杜牧詩 壬戌小暑

杜牧《清明》 （刘炳森书）

**相关记事：**

1994 年，霍永健被山西省劳动竞赛委员会被评为“山西省优秀班组长”。

是年，张东昕被山西省总工会评为“工会财务工作积极分子”“山西省优秀工会干部”。

是年，在“山西省职工为四化立功竞赛”中，武关成获二等功。

1994年53%（V/V）
杏花村牌汾酒125mL装

45%vol竹叶青牌
竹叶青酒125mL装

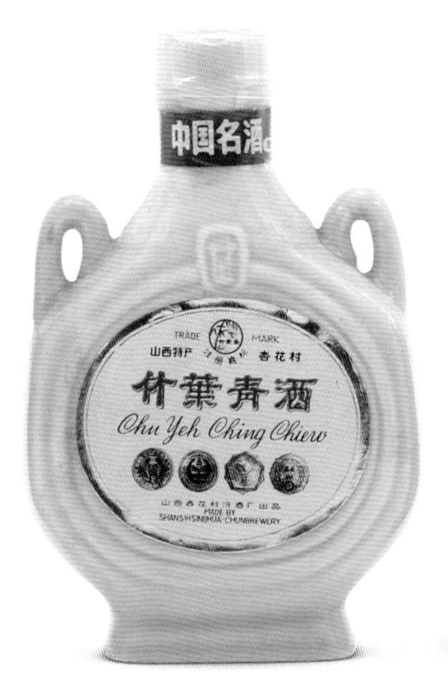


45%vol竹叶青牌
竹叶青酒125mL装

杏花村牌竹叶青酒
香港总经销125mL装

# 1994年杏花村牌出口竹叶青酒

规　　格 | 45%（V/V）　500mL

参考价格 | RMB 3,200 / 3,200

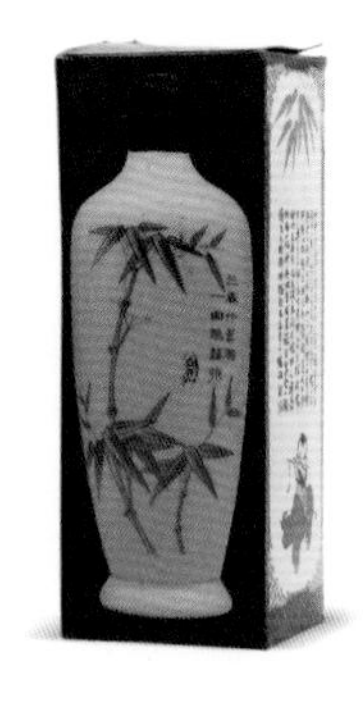

1994年45%（V/V）杏花村牌出口竹叶青酒500mL装

**相关记事：**

1994 年，张德胜、杨长元被吕梁地区工会办事处评为“重视支持工会工作的党政领导”。马瑞、张亦斌分别被吕梁地区劳动竞赛委员会评为“吕梁地区优秀工人”“优秀企业家”，武玉湖被荣记二等功。

是年，雷振河主持研发的 28°酒系列获得“轻工业部优秀新产品奖”。

是年，高占山被国家统计局评为“全国工业企业优秀统计工作者”。杜小威荣获山西省优秀青年科技工作者称号。宋维盛、李小林被中国设备管理协会评为“全国优秀设备管理工作者”。

是年，杨兆春、康健、吕彩云、张素芳参与的“清香型白酒国家标准”获山西省科技进步二等奖，张素芳参与的“露酒行业标准”获山西省科技进步三等奖。

是年，开始研制青花瓷汾酒，俗称“大兰花”。白玉汾酒荣获中国果露行业名酒称号。白玉汾牌、杏花村牌汾酒荣获博览会金奖，汾酒被联合国第四次世界妇女大会指定为专用酒；杏花村牌杏花村酒获巴黎国际食品饮料酒行业特别金奖；38°汾酒荣获国际轻工、电器精品展览暨经贸洽谈会金奖。

是年，汾酒公司评为中国轻工业出口创汇优秀企业。汾酒厂按 1994 年利税总额排序荣获中国行业十强；全国消费品市场调查评价中，古井亭牌汾酒获中国名牌创造奖；汾字牌产品被中国名牌产品认定明星企业评选活动组委会评为中国名牌产品；在第五届亚洲及太平洋国际贸易博览会上，竹叶青牌竹叶青酒和杏花村牌汾酒获博览会金奖。

是年，汾酒厂股份有限公司获“全国轻工业优秀企业”“中国明星企业”“最佳中国市场名牌”称号；并进入为中国最大 300 家股份制企业之列。

是年，汾酒、竹叶青酒被中国名牌产品认证委员会授予“中国名牌产品”标志，杏花村牌杏花村酒被评为中国名牌产品。汾酒被国家统计局评为“知名度最高的酒、口感最好的酒”。并被中国酿酒协会等 7 单位授予“国家名酒检评会金奖”。

汾酒厂生产车间职工

# 1994年竹叶青牌竹叶青酒

规　　格 | 45%（V/V）　250mL

参考价格 | RMB 3,200 / 3,200

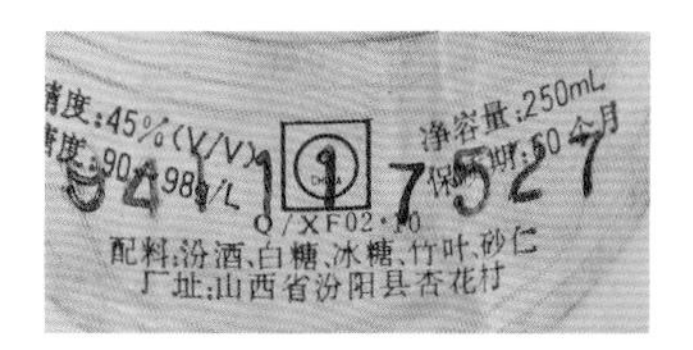


生产日期

1994年45%（V/V）竹叶青牌竹叶青酒250mL装

**商标：**

外销汾酒商标：1994 年 9 月 24 日，外销玻璃瓶汾酒（60° / 500ml），开始使用“杏花村”商标，有正标与背标。正标的主色调及图案没有变化，整体尺寸变小，正标上将“长城”商标图案换为“杏花村”商标图案，有“杏花村”“汾酒”字样，蓝色部分写“中国山西杏花村汾酒厂股份有限公司出品”。背标标明香型（清香型）、酒精度、净含量、原料、地址，条码产品标准号以及打印日期，生产车间等。此酒标一直使用至今。同时，外销瓷瓶汾酒也改用“杏花村”商标，只有正标，酒标上只是将原来的“长城”商标图案换为“杏花村”图案。

内销竹叶青酒酒标：1994 年，内销瓷瓶竹叶青酒（45° / 500ml），酒标没有变化，只是在瓶口酒精胶帽外喷古井亭图案与生产日期。

1994年45%（V/V）竹叶青牌出口韩国竹叶青酒250mL装

# 1995年杏花村牌汾酒

规　　格 | 53%（V/V）　500mL

参考价格 | RMB 3,200

1995年53%（V/V）杏花村牌汾酒500mL装

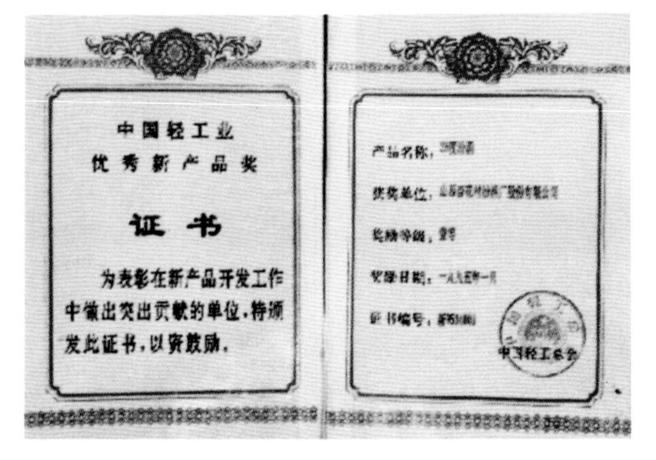
中国轻工业
优秀新产品奖
证书
为表彰在新产品开发工作中做出突出贡献的单位，特颁发此证书，以资鼓励。

产品名称：
获奖单位：
奖励等级：
奖励日期：
证书编号：
中国轻工总会

1995年，28° 汾酒荣获中国轻工业优秀新产品奖一等奖证书。

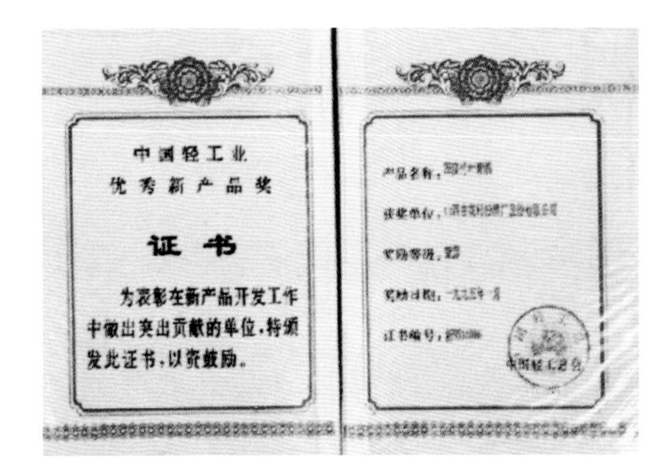
中国轻工业
优秀新产品奖
证书
为表彰在新产品开发工作中做出突出贡献的单位，特颁发此证书，以资鼓励。

产品名称：
获奖单位：
奖励等级：
奖励日期：
证书编号：
中国轻工总会

1995年，28° 竹叶青酒荣获中国轻工业优秀新产品奖一等奖证书。

**相关记事：**

1995 年，酒厂共有职工 6785 人，固定资产原值 49510 万元，固定资产净值 34137 万元，销售收入 48014 万元。饮料酒产量 16812 吨，产值 57190 万元。

1 月 6 日，《山西日报》报道：中国食品工业协会授予汾酒集团公司董事长常贵明“全国食品工业优秀企业家”称号。

8 月，汾酒、杏花村牌竹叶青酒荣获世界名牌消费品认定委员会授予的“世界名牌消费品认证证书”。

是年，常贵明被国务院授予“全国劳动模范”称号，被山西省人民政府评为“山西省劳动模范”。

是年，杨兆春因 38°竹叶青酒获轻工部优秀新产品而受到表彰。刘元勋因“饲料干粉”被中国轻工总会评为轻工业优秀新产品而受到表彰。

是年，汾酒入选《首都市场畅销品牌》金榜。

是年，汾酒厂研发了多种低度的竹叶青酒、白玉汾酒、玫瑰汾酒。

是年，28°汾酒、28°竹叶青获中国轻工业优秀新产品奖一等奖。

是年，汾酒厂获“全国固定资产投资统计工作先进单位”“中国食文化优秀企业”“中华之光名牌产品”称号。

是年，汾酒勾兑工序实现了计算机信息化和自动化管理。经过两年多的努力，已建立了汾酒史上第一个由计算机进行自动计算酒龄的“汾酒酒库管理系统数据库”和“智能型汾酒专家勾兑系统”。

是年，公司开始总经销策略，在全国范围实行统一供货，统一价格的政策。

是年，由国家经贸委、国家统计局公布的 1995 年度中国工业企业综合评价最优 500 家，汾酒集团公司总体排名第 52 位。在中国轻工业 200 强中，汾酒集团公司名列第 6 位，在食品、饮料行业中，以利税总额排序为第 2 名。

是年，张东昕被全国总工会授予“全国优秀工会干部”称号，王秋玲被吕梁地委、行署评为“劳动模范”，高斌被山西省轻工厅评为“省轻工业安全生产先进个人”。张玉让被山西省人民政府评为“省重点建设工程功臣”。

是年，酒都杏花村被评为“山西十佳旅游景点”之一。

# 1995年汾牌汾酒

规　　格 | 48%（V/V） 38%（V/V） 53%（V/V）　500mL

参考价格 | RMB 3,200 / 2,000 / 3,800

1995年48%（V/V）汾酒500mL装　　1995年38%（V/V）汾酒500mL装

**商标：**

内销汾酒酒标：1995 年 8 月 24 日，内销“古井亭”牌玻璃瓶汾酒启用新酒标，以暗红色为底色，有正标与颈标，颈标上有“中国名酒、山西特产”字样，正标上中心图案没有变化，左侧有厂址，右侧有配料，下面有酒精度和规格，分别用长方形框圈起来。1996 年 3 月 26 日，125ml 玻汾开始使用此种酒标，只贴正标。

外销汾酒商标：1995 年，外销瓷瓶汾酒酒标增加背标，但是由于背面有杏花图案，所以背标贴在正标下面。

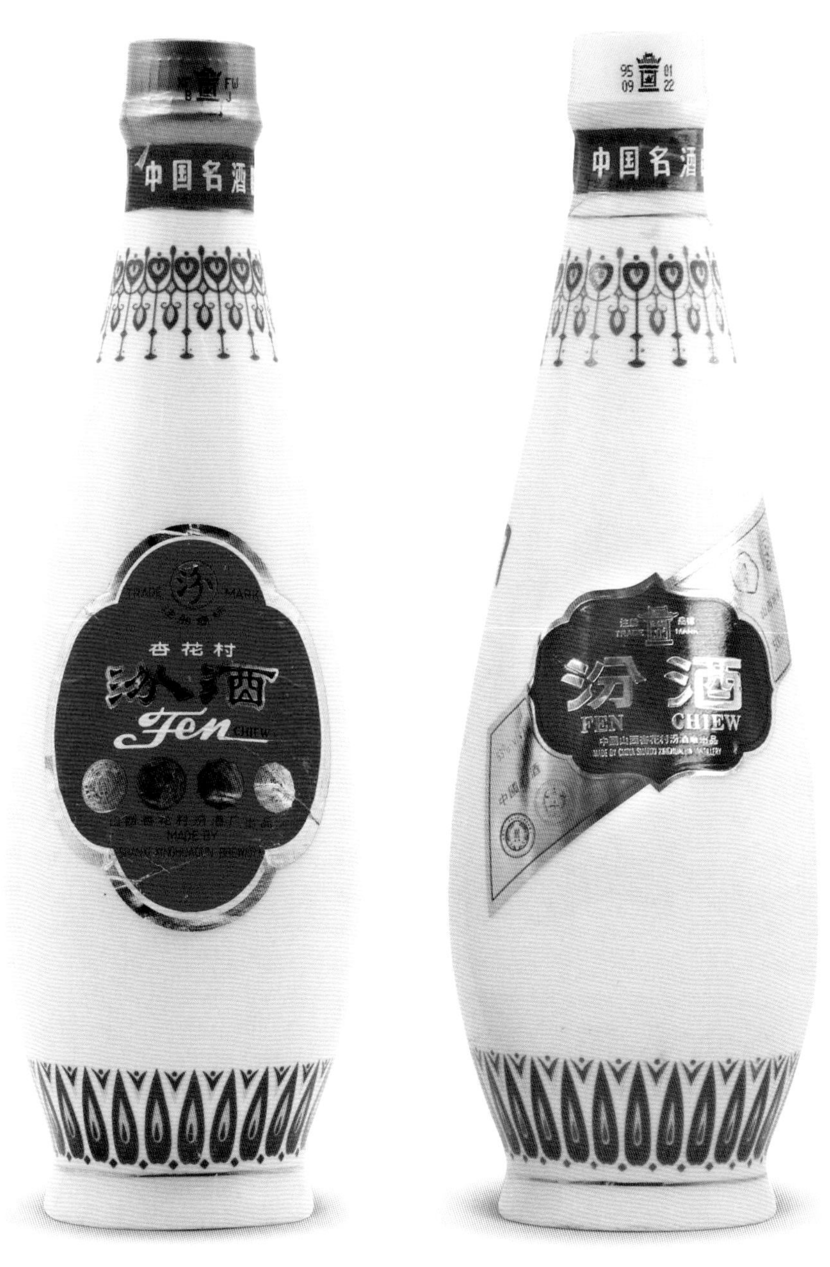


1995年53%（V/V）汾酒500mL装

# 1995年古井亭牌汾酒

规　　格 | 65%（V/V） 53%（V/V）　500mL

参考价格 | RMB 4,000 / 3,200

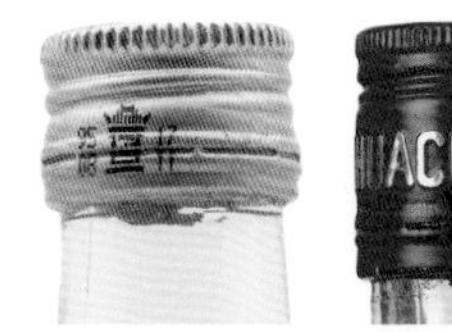

生产日期

1995年65%（V/V）古井亭牌汾酒500mL装

1995年53%（V/V）汾酒500mL装

# 1995年古井亭牌汾酒（郭子仪庆寿图）

规　　格 | 38%（V/V）　500mL

参考价格 | RMB 2,000

1995年38%（V/V）古井亭牌汾酒500mL装

# 1995年杏花村牌、汾牌老白汾酒

规　　格 | 28%（V/V） 38%（V/V） 500mL 50mL×2

参考价格 | RMB 3,200 / 1,800

1995年28%（V/V）杏花村牌汾酒500mL装

1995年38%（V/V）汾牌老白汾酒礼盒50mL×2装

**相关记事:**

1995 年，杨心田被山西省总工会评为“企业民主管理先进工作者”。

是年，白涛被吕梁地区劳动竞赛委员会、工会评为“职业道德标兵”，被荣记二等功。

是年，文彦海被山西省轻工总会评为“省‘八五’技术改造先进个人”。

是年，李明强被山西省环保局评为“环境污染防治设施管理先进个人”。

是年，王海兰、李春明分别获中国轻工总会“中国轻工业优秀工业设计一等奖”。

是年，任正权被全国轻工总工会轻工委评为“全国轻工业优秀工会保障工作者”。

是年，赵济中被轻工部轻工记协评为“1992～1995 年期间从事新闻采编工作成绩显著的优秀新闻工作者”。

1995年28%（V/V）杏花村牌
白玉汾酒500mL装

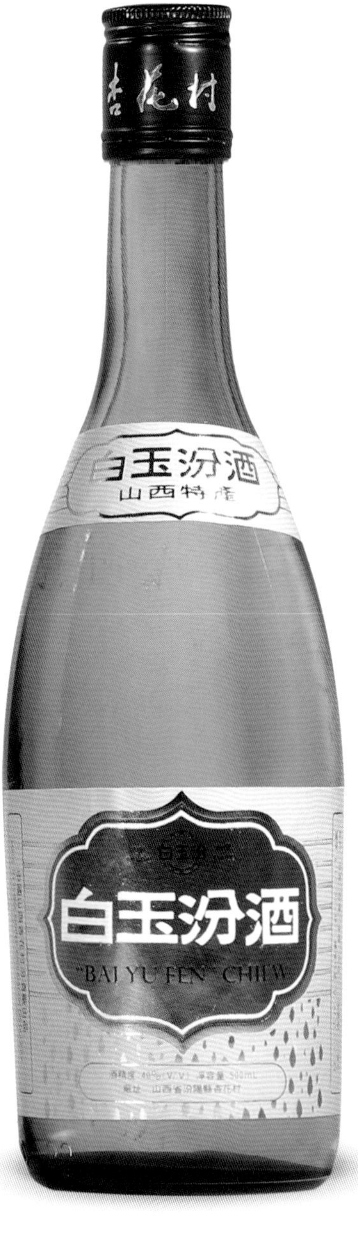


1995年40%（V/V）白玉汾牌
白玉汾酒500mL装

1995年28%（V/V）杏花村牌
玫瑰汾酒500mL装

# 1995年竹叶青牌音乐盒珍品特制竹叶青酒

规　　格 | 45%vol　500mL

参考价格 | RMB 6,000

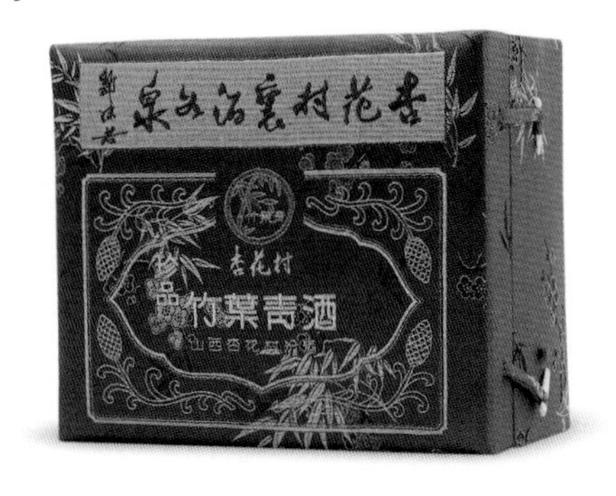

1995年45%vol竹叶青牌音乐盒珍品特制竹叶青酒500mL装

**商标：**

10 月 10 日，杏花村牌外销白玉汾酒（40° / 500ml），使用新酒标，有正标和背标。正标以白色为主色调，上面是“杏花村”商标图案及英文说明，下面是杏树图案及“白玉汾酒”字样。背标上有文字说明，底部打生产日期、条码在背标左侧，有原料、酒精度、厂址等文字说明。

1995年，杏花村牌竹叶青酒世界名牌消费品认证证书。

1995 年内销竹叶青：10 月 6 日，内销“竹叶青”牌玻璃瓶牧童盒竹叶青酒（45° / 500ml、125ml）启用新酒标，有颈标和正标，以绿色为主色，金色为辅，颈标上有“中国名酒”和“山西特产”字样，字体为金色。正标依旧是如意图案，图案里有“竹叶青”商标图、“注册商标”和“竹叶青酒”字样。

1995 年玫瑰汾酒商标：4 月 4 日，外销玫瑰汾酒（40° / 500ml）使用“杏花村”牌商标（1981 年 6 月 15 日注册，注册号为 147571），杏花村铝盖，绿福正宗瓶。酒标为全新的，以紫红色为主，在瓶子颈部贴一圈上有“杏花村”紫色商标，正标中间是“酒”字，右上角为“杏花村”商标图案，下面有“中国山西杏花村汾酒厂股份有限公司出品”字样。背标上注明：酒精度、糖度、配料、标准代号、厂址及英文字母。10 月 19 日，外销玫瑰汾酒（40° / 500ml），使用“杏花村”牌商标，酒瓶和瓶盖没有变化。酒标只有正标，以白色为底色，红色边框，“杏花村”商标图案下面是绽放的玫瑰花图，有“玫瑰汾酒”字样及英文标注。

1995年45%（V/V）竹叶青牌竹叶青酒500mL装

1995年45%（V/V）竹叶青牌竹叶青酒500mL装

# 1996年杏花村牌出口汾酒

规　　格 | 53%（V/V）　750mL

参考价格 | RMB 5,800

1996年53%（V/V）杏花村牌出口汾酒750mL装

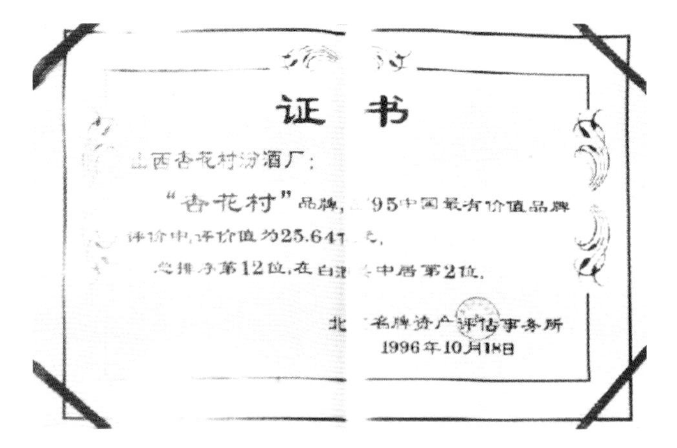

证　书

山西杏花村汾酒厂：

"杏花村"品牌，[illegible]95中国最有价值品牌评价中评价值为25.64[illegible]，总排序第12位，在白[illegible]中居第2位。

北[illegible]名牌资产评估事务所

1996年10月18日

1996年，"杏花村"品牌资产评估价值和排序在白酒类中居第2位。

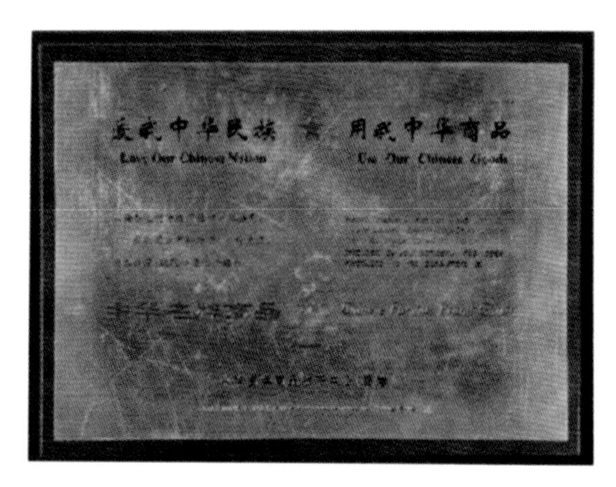


1996～1997年，汾酒、竹叶青酒、白玉汾酒、玫瑰汾酒列为中华名牌商品被推广。

**相关记事：**

1996 年，汾酒（集团）公司党委书记、董事长、总经理高玉文，副书记赵严虎，副董事长张德胜。股份公司董事长高玉文，总经理郭双威。

1996 年，酒厂共有职工 6712 人，固定资产原值 75493 万元，固定资产净值 36284 万元，销售收入 64385 万元。

6 月，霍永健调入大曲分厂生产科，负责评曲和质量分析工作。

8 月，山东市场产品调查组织委员会向汾酒集团公司发来贺信，对汾酒、竹叶青酒被评为"山东省畅销产品"，表示热烈祝贺。

8 月 10 ～ 15 日，山西名优特新商品交易会于太原农展馆隆重开幕，汾酒集团公司展位设立于精品馆中央，同时还设立了品酒台。蓝花瓶珍品汾酒和新推出的特制玫瑰汾酒引起了极大的关注。

12 月 24 日，山西省"八五"重点工程万吨系列低度汾酒技改工程通过验收并正式投产。

20世纪90年代后期，建成的汾酒厂周转酒库。

# 1996年汾牌汾酒

规　　格 | 48%（V/V） 38%（V/V） 28%（V/V） 500mL

参考价格 | RMB 3,000 / 2,000 / 1,500

生产日期

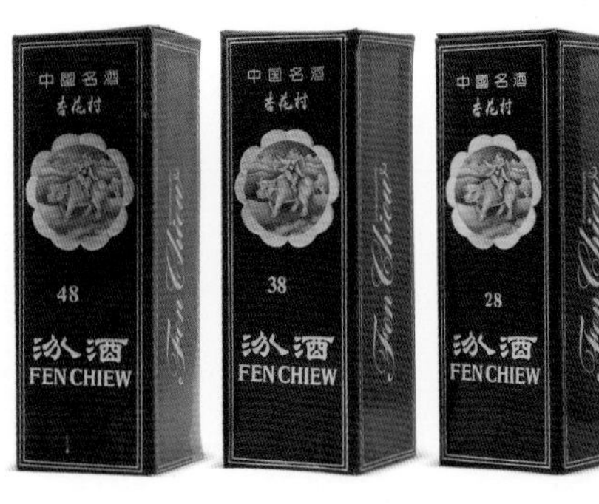


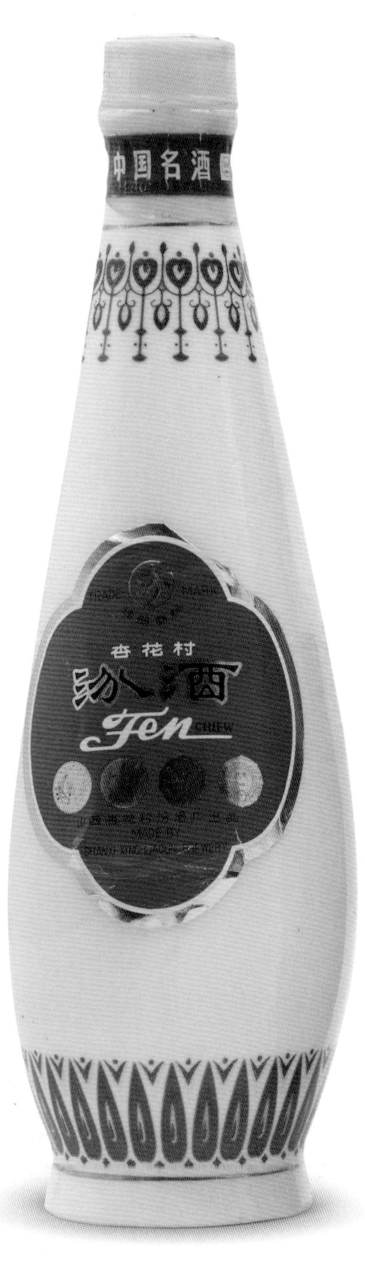


1996年48%（V/V）
汾牌汾酒500mL装

1996年38%（V/V）
汾牌汾酒500mL装

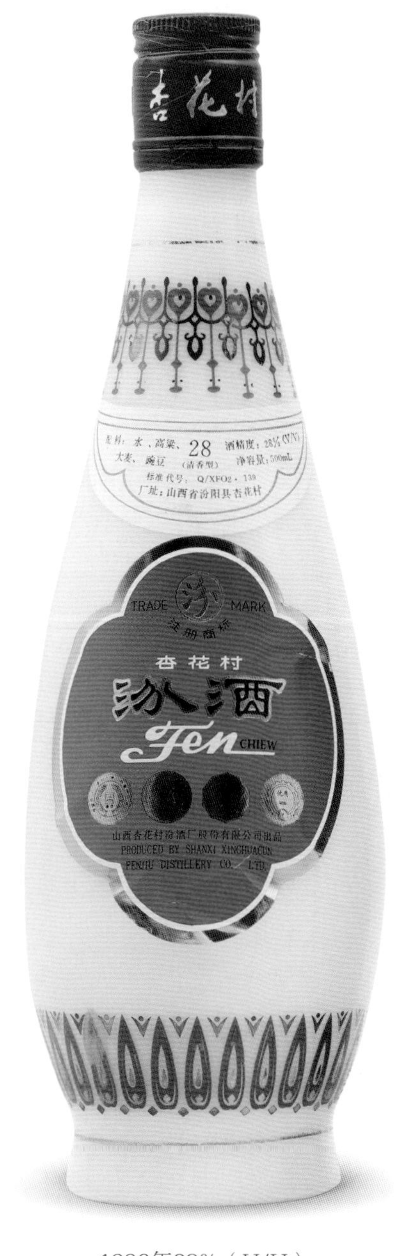


1996年28%（V/V）
汾牌汾酒500mL装

**相关记事：**

1996 年，郭双威被轻工业总部、人事部授予“全国轻工系统劳动模范”称号。

是年，孙慧兵被全国轻工委授予“全国轻工业优秀工会工作者”称号。

是年，杨兆春被山西省人民政府评为“山西省第二批优秀专家”。

是年，杨心田获山西省总工会“两会并存”调研成果二等奖。

是年，谭忠豹被山西省轻工总会评为“安全生产先进工作者”，雷恩秉被评为“省轻工系统先进会计工作者”。

是年，王秋玲被山西省劳动竞赛委员会评为“山西省优秀班组长”，张兴宏被荣记一等功。

是年，陈银在“山西省职工为四化立功竞赛”中获二等功。

是年，武兴俭被山西省反腐败斗争领导组评为“国有企业领导干部廉洁自律先进个人”。

是年，张玉让、胡晓峰分别被山西省轻工总会评为“‘八五’技术改造先进工作者”“‘八五’环境保护先进个人”。

是年，赵迎路撰写的论文《优质高产是汾酒酿造的独有特征》获得山西科协科技进步二等奖。

是年，由杜小威组织并领导的汾酒厂贮配分厂勾兑中心“运用正交试验，提高特汾勾兑质量”质量管理小组，解决了特汾勾兑过程中批次质量不稳定的问题。获“全国优秀质量管理小组称号”。

是年，汾酒厂被评为山西省重点工程建设功臣单位。

是年，杏花村品牌资产评估价值和排序在白酒类中居第 2 位。

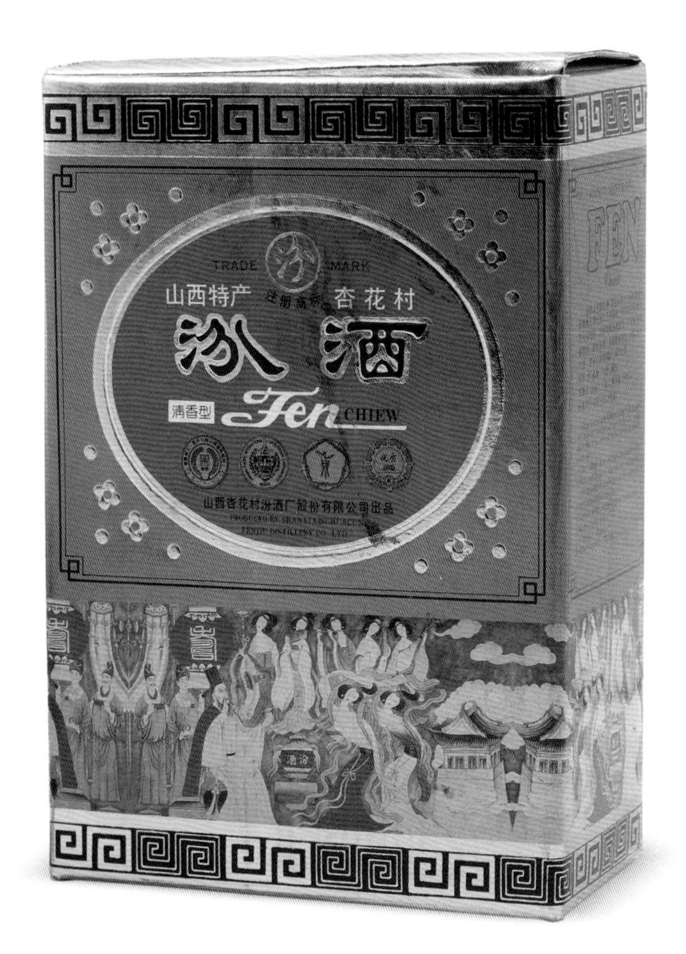


1996年38%（V/V）汾牌汾酒500mL装

# 1996年古井亭牌汾酒

规　　格 | 53%（V/V） 48%（V/V）　500mL

参考价格 | RMB 2,800 / 2,500

**商标：**

内销汾酒酒标：1996 年下半年，结束使用了半个世纪“汾酒厂”酒标，开启“股份公司”酒标时代。

内销竹叶青酒酒标：1996 年 4 月，内销玻璃瓶竹叶青酒（45° / 500ml），正标底印的英文有变化，并增加“500ml”“山西特产”字样。

8 月，内销瓷瓶竹叶青酒（45° / 500ml）附标上不再打生产日期，去掉保质期、方圆注册号等。

1996年53%（V/V）古井亭牌
汾酒500mL装

1996年48%（V/V）古井亭牌
汾酒500mL装

# 1996年古井亭牌汾酒

规　　格 | 38%（V/V） 28%（V/V）　500mL

参考价格 | RMB　2,000 / 1,500

**商标:**

玫瑰汾酒酒标：1996 年 2 月 9 日，内销玫瑰盒玫瑰汾酒（38° / 500ml），使用绿色皇家瓶、黑色硬塑高盖，“杏花村”牌商标，酒标只有正标。正标为黄色，有：“中国名酒”“玫瑰汾酒特制”字样、“股份公司出品”字样，并标明酒精度及容量，外盒以黄色为主，正面有一小朵玫瑰花的黄主褐辅礼盒，盒上穿红丝绳，生产日期打印在盒内顶盖里面。

1996年38%（V/V）古井亭牌
汾酒500mL装

1996年28%（V/V）古井亭牌
汾酒500mL装

# 1996年杏花村牌竹叶青酒

规　　格 | 45%（V/V）　750mL 250mL

参考价格 | RMB 4,500 / 4,500 / 2,000

GOVERNMENT WARNING: (1) ACCORDING TO THE SURGEON GENERAL, WOMEN SHOULD NOT DRINK ALCOHOLIC BEVERAGES DURING PREGNANCY BECAUSE OF THE RISK OF BIRTH DEFECTS (2) CONSUMPTION OF ALCOHOLIC BEVERAGES IMPAIRS YOUR ABILITY TO DRIVE A CAR OR OPERATE MACHINERY, AND MAY CAUSE HEALTH PROBLEMS.

背标

1996年45%（V/V）杏花村牌竹叶青酒750mL装

1996年45%（V/V）杏花村牌竹叶青酒250mL装

# 1996年出口皇竹酒

规　　格 | 45%（V/V） 500mL

参考价格 | RMB 2,000

1995年45%（V/V）
杏花村牌竹叶青酒
125mL装

1996年45%（V/V）
竹叶青牌竹叶青酒
125mL装

1996年45%（V/V）出口皇竹酒500mL装

# 1996年杏花村牌特制玫瑰汾酒

规　　格 | 38%（V/V）　500mL

参考价格 | RMB 3,500

96020913

生产日期

1996年38%（V/V）杏花村牌特制玫瑰汾酒500mL装

# 1996年中国名酒汾竹白玫套装礼盒

规　　格 | 38%vol　125mL×4

参考价格 | RMB 6,000

1996年38%vol中国名酒汾竹白玫套装礼盒125mL×4装

# 1997年杏花村牌汾酒

规　　格 | 38%（V/V）　500mL×4

参考价格 | RMB 10,000

**相关记事：**

1997 年，酒厂共有职工 7015 人，固定资产净值 56820 万元，销售收入 70044 万元。

3 月，“杏花村”“古井亭”“汾”“竹叶青”“老白汾”“玫瑰汾”6 个商标被山西省工商局认定为山西省著名商标。

5 月，杏花村半干白葡萄酒获得“山西省优质产品”称号、“中国食品行业名牌产品”称号，并获得法国巴黎科学技术博览会最高金奖。

1997年38%（V/V）杏花村牌汾酒500mL×4装

# 1997年中国名酒礼盒

规　　格 | 125mL×6

参考价格 | RMB 8,000

1997年中国名酒礼盒125mL×6装

# 1997年汾牌、古井亭牌汾酒

规　　格 | 53%（V/V）　500mL

参考价格 | RMB 2,600 / 2,600 / 2,600

**相关记事：**

1997 年 4 月 7 日，国家国家工商行政管理局商标局下发通知，“杏花村”商标被认定为中国驰名商标。

7 月 5 日，汾酒集团公司汾酒系列产品荣获“97 吉林省市场畅销产品”荣誉称号。

8 月 8 日，《山西日报》评论发表《品牌的灵魂》一文称：杏花村汾酒集团公司上半年利润首屈一指，显示了这个大型国有企业的管理实力。

1997年53%（V/V）
汾牌汾酒500mL装

1997年53%（V/V）
古井亭牌汾酒500mL装

**相关记事：**

1997 年，张玉让被山西省经贸委评为“‘八五’技术改造先进工作者”。

是年，谭忠豹、武鹏程分别被山西省轻工总会评为“‘八五’期间职工教育先进工作者”“安全生产先进工作者”。

是年，赵济中被山西省政府法制局评为“一九九七年度法制宣传工作先进工作者”。

是年，王贤璋荣获吕梁地区“第四届职业道德标兵”。冯恩智荣获吕梁地区“五一劳动奖章”，薛俊生获特等功，何烈、赵积灏、张东昕获一等功；杨心田、任正权、梁福成、王贤榜获二等功。

是年，康健被山西省总工会评为“第五届山西省职工读书自学积极分子”，冯恩智获“山西省李双良式的模范工人”称号，罗龙真、张学功获“全省轻工系统安全生产先进个人”，赵效贤、孙慧剑获“‘八五’期间职工教育先进工作者”，刘旺亮、刘建军获“全省轻工业安全生产先进个人”。

是年，竹叶青酒荣获法国巴黎国际酒类展评会金奖第一名。

1997年52%vol杏花村牌
出口汾酒500mL装

1997年48%（V/V）杏花村牌汾酒125mL装

1997年53%（V/V）杏花村牌汾酒125mL装

# 1997年出口韩国竹叶青酒

规　　格 | 45%（V/V）　500mL 250mL

参考价格 | RMB 2,800 / 2,000

1997年45%（V/V）出口韩国竹叶青酒500mL装

1997年45%（V/V）出口韩国竹叶青酒250mL装

**相关记事:**

1997 年，何烈被山西省劳动竞赛委员会荣记特等功；薛俊生被中国山西省企业工委荣记一等功。

是年，在“山西省职工为四化立功竞赛”中，杜小威获一等功，赵润香获二等功，孙吉玉获三等功。

是年，郭双威、赵严虎、安智海、杨长元被吕梁地区工会评为“重视支持工会工作的党政领导”。

是年，香港知名人士、实业家邵逸大到汾酒集团参观。

是年，汾酒集团公司汾酒、竹叶青酒的产品合格率稳定保持在 99% 以上，连续 13 年获出口免检信誉。

是年，在内蒙古自治区成立 50 周年大庆期间，汾酒系列产品被推举为蒙交会酒展中“质量最好的酒”。

是年，“杏花村”商标被国家工商局认定为全国驰名商标。仅此一项，其无形资产就达 25 亿元人民币。

是年，汾酒（集团）公司被山西省政府评为 1997 年度“管理优秀企业”，汾酒厂股份公司被授予“五一劳动奖章”。

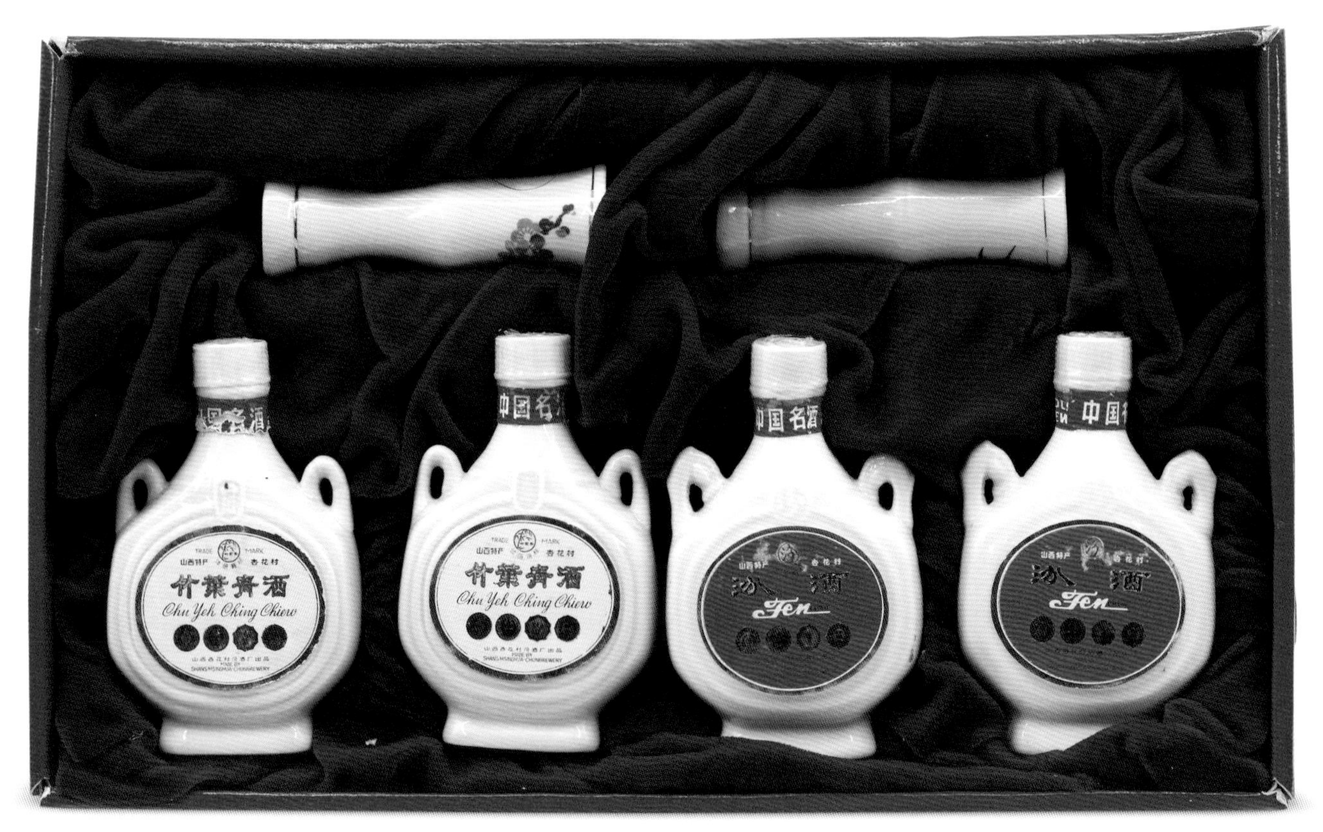


1997年汾牌汾酒、竹叶青牌竹叶青酒礼盒

# 1997年杏花村牌玫瑰汾酒

规　　格 | 38%（V/V） 28%（V/V）　500mL

参考价格 | RMB 3,500 / 3,500

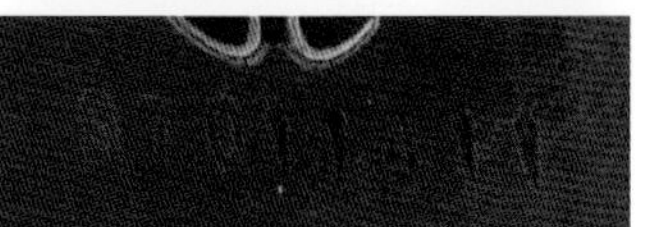

生产日期

**相关记事：**

1997 年 9 月，杜小威被提拔担任汾酒厂股份有限公司副总工程师兼技术中心主任。他提出了“技术创新、科技增效”的工作原则，瞄准酿酒前沿技术，结合企业实际，大胆采取自主创新开发和产、学、研联合形式，推行项目负责制和项目奖惩制，并严格按照 PDCA 循环的科学管理方法，使多项科研成果转化为生产力，后为公司带来了巨大的经济效益，且大力推动了公司的技术进步和可持续发展。

1997年38%（V/V）杏花村牌玫瑰汾酒500mL装

1997年28%（V/V）玫瑰汾牌玫瑰汾酒500mL装

**商标：**

内销汾酒酒标：1997 年 8 月 31 日，内销玻璃瓶汾酒（48° / 500ml）增加新品，称为珠光盒汾酒。酒标有颈标、正标和背标。颈标是红色的牧童牛图案，正标是梯形，以暗红色为底色，有“中国名酒汾酒”字样及产地。背标以白色为底色，红色边框，内容为汾酒的简介。

1997 年，外销瓷瓶白玉白酒（53° / 500ml），使用“牧童牛”商标，白色烤花瓷瓶，白塑料塞外套，酒精胶帽，瓶身只有正标，以黄色为主色调，左侧绘有杏花的图案，名称为“白玉白酒”，右下角有条形码，左下方是原料、厂址等相关说明。背标是烤制在瓶子上的杏花图案，有“借问酒家何处有？牧童遥指杏花村”的诗句。

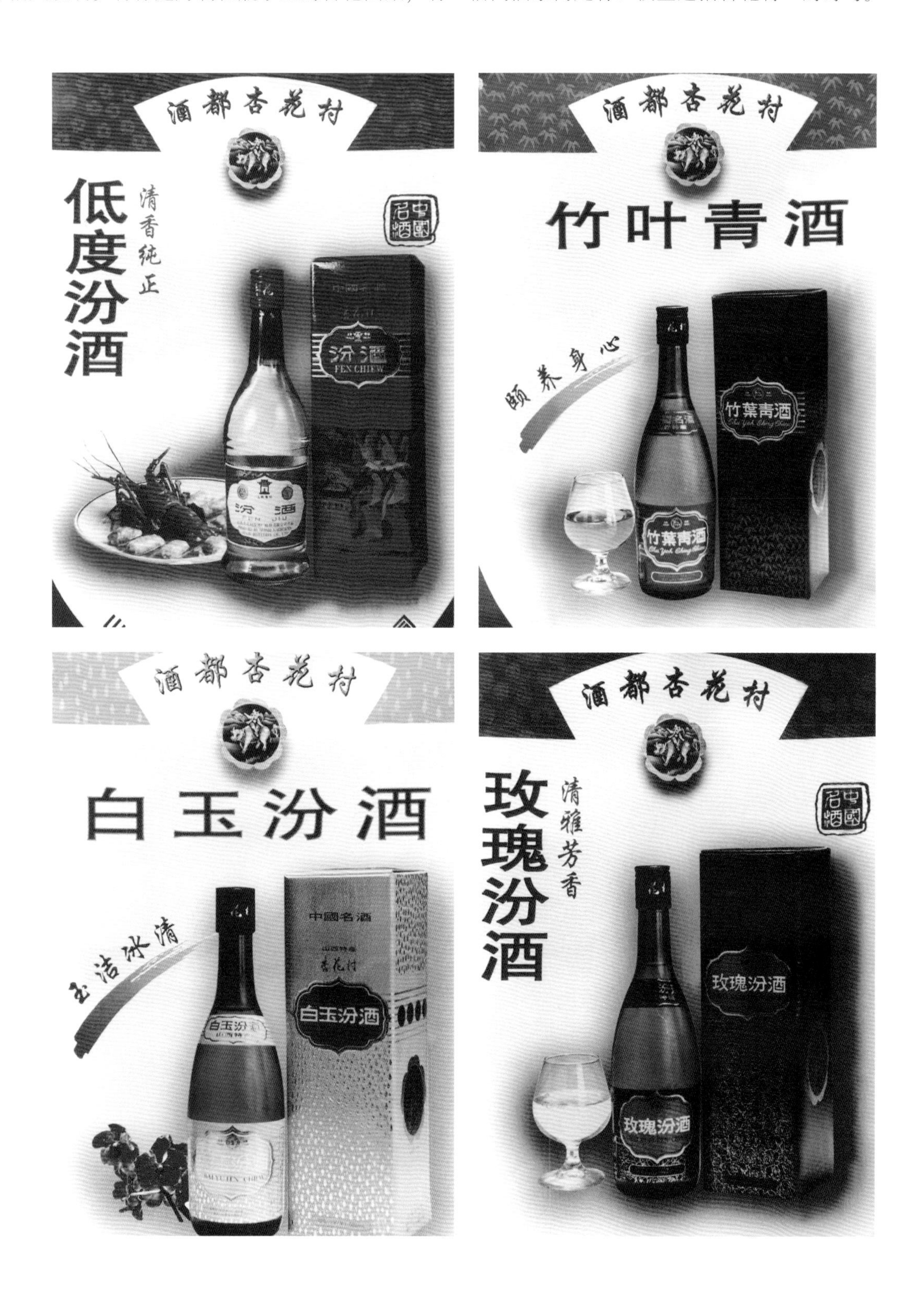

# 1998年牧童牛汾酒

规　　格 | 48%vol　1500mL 750mL

参考价格 | RMB 6,000

**相关记事：**

1998年，酒厂共有职工5729人，固定资产原值81534万元，固定资产净值53139万元，销售收入42053万元。饮料酒产量14348吨，产值36293万元。

2月16日，竹叶青酒荣获国家卫生部颁发的《保健食品批准证书》。

3月，面对社会上假酒案的冲击，国家质量技术监督局组织国家食品质量检验中心对汾酒、竹叶青在全国抽检20个批次样品，结果全部合格，合格率为100%。

1998年48%vol牧童牛汾酒750mL装

# 1998年杏花村牌汾酒

规　　格 I 38%（V/V）　500mL

参考价格 I RMB 2,300

1998年38%（V/V）杏花村牌汾酒500mL装

# 1998年杏花村牌竹叶青酒

规　　格 | 38%（V/V）　500mL

参考价格 | RMB 2,800

**商标：**

外销汾酒酒标：1998 年，外销瓷瓶白玉白酒（53° / 500ml），正标没有变化，背标“清明诗”下方加“八年陈酿”字样。

内销竹叶青酒酒标：1998 年，内销玻璃瓶竹叶青酒（45° / 500ml），加贴背标，背标上有酒精度、净含量、配料、糖度、地址、竹叶青酒介绍等。

1998年38%（V/V）杏花村牌竹叶青酒500mL装（健字牌）

1998年45%（V/V）
竹叶青酒250mL装

1998年45%（V/V）出口竹叶青酒125mL装

**相关记事：**

1998 年 4 月 16 日，国家技术监督局在京召开新闻发布会，公布：汾酒、竹叶青酒各项指标全部符合国家、行业标准的要求。

8 月 5 ～ 27 日《重庆商报》连续刊载《汾酒之花越开越艳》《山西汾酒老树新芽，千年佳酿源远流长》《汾酒老字号，香飘海内外》等文章。

9 月 20 日，由山西省技术监督局牵头，组织 8 家新闻单位在东北三省调查采访汾酒、竹叶青酒系列产品的市场销售和消费情况，受到当地群众好评。

10 月 23 日，“1998 年度中央人民广播电台汾酒、竹叶青知识有奖收听大赛”抽奖仪式在杏花村举行。

11 月 18 日，中央人民广播电台《新闻和报纸摘要》节目播出《山西杏花村汾酒集团凭质量打天下》。

12 月 29 日，汾酒厂股份有限公司隆重举行创立五周年庆祝活动。

是年，韩建书任汾酒厂副总工程师。

是年，贯丽君被山西省公安厅荣记二等功；王海兰被评为“全国职工自学活动积极分子”；王秋玲被山西省总工会评为“山西省先进女职工”；苏生荣被国家审计署授予“全国审计先进工作者”称号；韩建书被山西省人民政府评为“山西省劳动模范”；张世良被山西省轻工总会评为“全省轻工系统安全生产先进工作者”，被吕梁地区工会评为“全心全意依靠群众办好企业的优秀厂长”；高玉文被中共山西省委、山西省人民政府评为“山西省优秀企业家”，被吕梁地委、行署评为“特级劳动模范”；韩建书、李建峰、郎春梅、王海兰参与的“露酒行业标准”获山西省科技进步三等奖；武兴俭被吕梁地区工会办事处评为“财务先进工作者”，苏彤峰被评为“工会先进工作者”。

是年，汾酒公司开办了第一家汾酒专卖店。

是年，汾酒公司获评全国酒行业明星企业。

# 1998年杏花村牌汾酒礼盒

规　　格 | 48%（V/V） 500mL

参考价格 | RMB 3,000

1998年48%（V/V）杏花村牌汾酒礼盒500mL装

**相关记事：**

1998 年，竹叶青酒获卫生部颁发的《保健食品批准证书》，成为国家名酒中唯一的保健食品。

是年后，喷码变更为上下排列 8 位阿拉伯数字和“牧童牛”图案，例如“98 03 11## 牧童牛”。内销玻汾到 90 年代中期，才停止在正标背面手工加盖生产日期。

是年，竹叶青酒荣获卫生部颁发的《保健食品批准证书》，成为国家名酒中唯一的保健食品；汾酒、竹叶青酒及其系列产品通过了国家方圆标志委员会的产品质量认证。

杏花村里杏花村 （燕利民书）

# 1999年纪念澳门回归祖国特制收藏珍品老白汾酒

规　　格 | 45%vol　750mL

参考价格 | RMB 80,000

**相关记事:**

1999个祝福献给祖国，1999瓶国酒载入史册。在澳门回归祖国之际，特隆重推出纪念澳门回归祖国特制收藏珍品老白汾酒，以醇厚的情意庆祝这一世纪盛事。该藏品整体造型以出土战国时期的“青铜马车”为构图基础，四马御车喜载而归的凯旋场面。四角以24K镀金柱和24K镀金链装饰，并镶嵌24K镀金纪念币。酒瓶为表面无釉哑光暗白陶瓷广口坛型瓶。铜车马上装有手工精致陶瓷酒瓶，内装750毫升金质老白汾酒，酒品经漫长岁月精制而成。绝版发行，经典奉献，收藏价值较高。

1999年45%vol纪念澳门回归祖国特制收藏珍品老白汾酒750mL装

## 老白汾酒 收藏珍品证书

九九澳门回归，喻示着中国的发展和强大，为庆祝澳门回归祖国，山西杏花村汾酒厂股份有限公司特推出“纪念澳门回归”收藏珍品金质中国名酒老白汾酒。此酒整体造型以战国时期出土文物“铜车马”为构图基础，四马御车喜载而归的凯旋场面。车马分别以优质铜材和铜锡合金精制而成。四匹造型威武雄壮的御马表层以24K镀金，光彩照人、熠熠生辉。四角以24K镀金 柱和24K镀金链装饰，并镶制24K镀金纪念币。铜车马上装有手工精制陶瓷酒瓶，内装750mL金质老白汾酒，酒品经漫长岁月储存而成，清澈芳香飘逸、柔和协调，“色、香、味”堪称三绝。其包装名贵高雅，具有很高的收藏价值。本品限量生产1999瓶，生产完毕后，模具将在公证部门的监督下销毁。

杏花村 山西杏花村汾酒厂股份有限公司

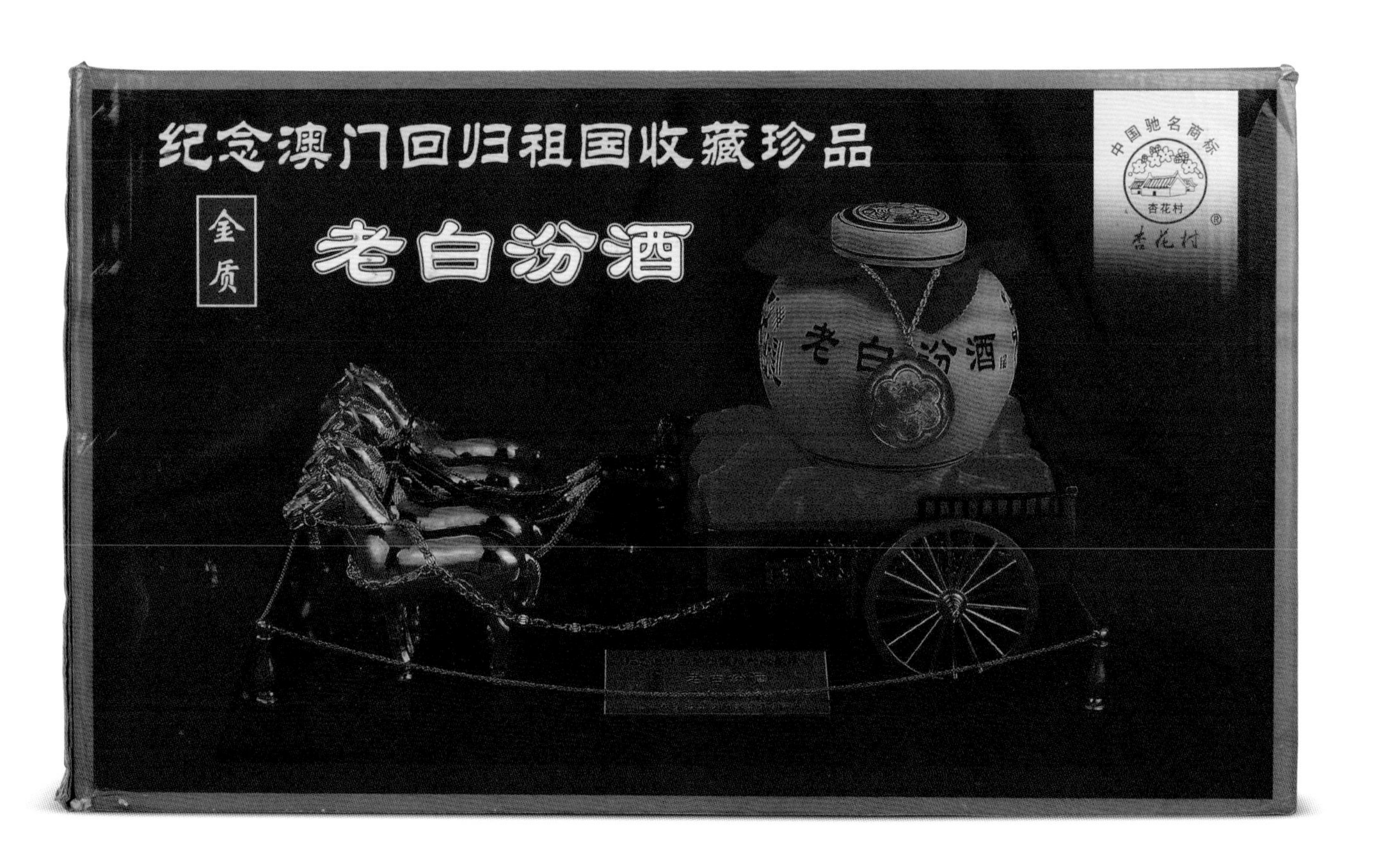

# 1999年杏花村牌神井汾酒

规　　格 | 53%（V/V） 800mL

参考价格 | RMB 28,000

**相关记事：**

1999年，酒厂共有职工5896人，固定资产原值8733万元，固定资产净值55346万元，销售收入46215万元。

4月21日，山西杏花村汾酒厂股份有限公司公布1998年年度报告：公司实现利润413.36万元，每股收益0.0095元，每股净资产1.8元。1998年度不向股东分配股利，也不进行资本公积金转增。

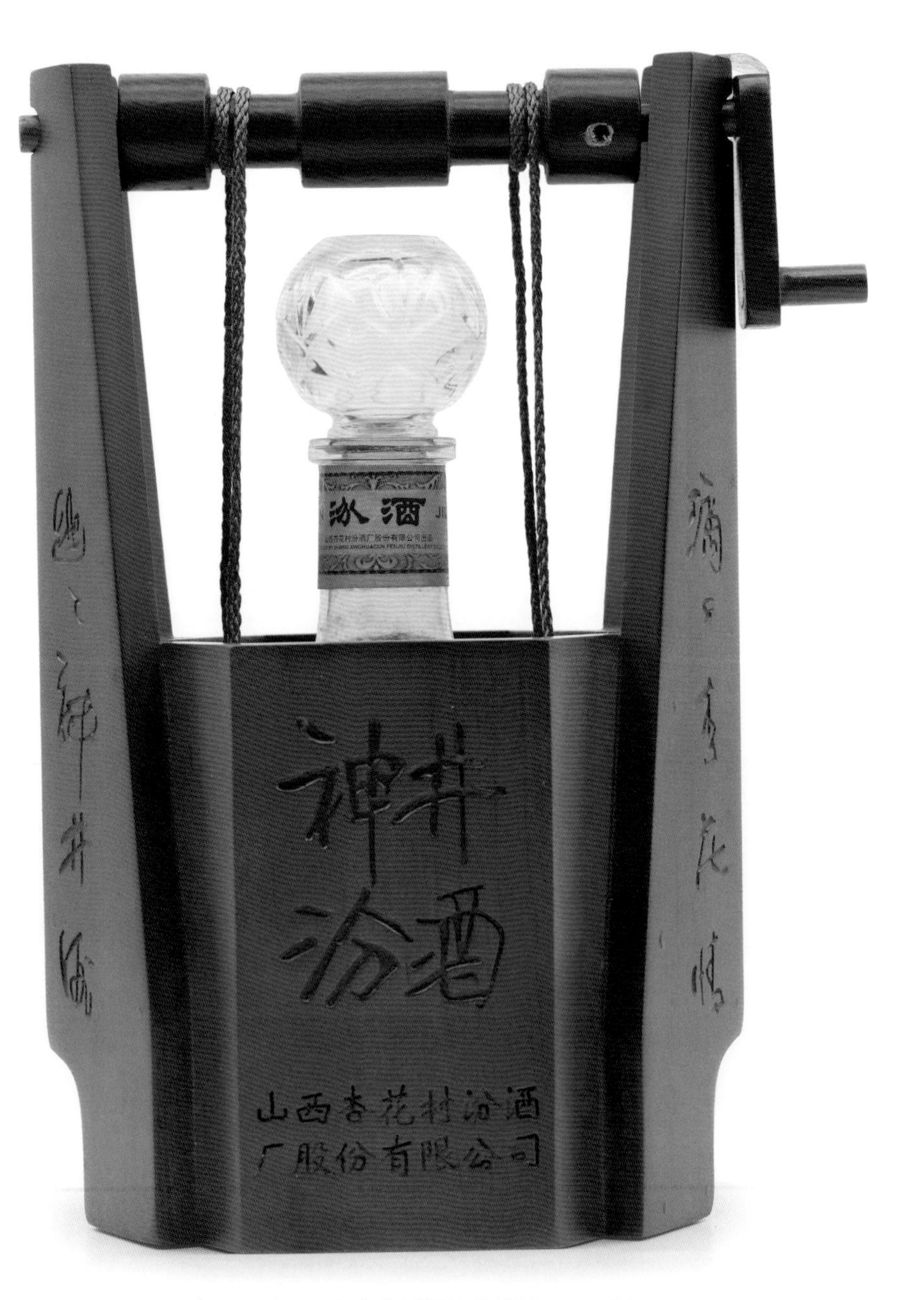


1999年53%（V/V）杏花村牌神井汾酒800mL装

1999年，汾酒集团获中国食品工业优秀企业奖牌。

1999年，汾酒集团获保护消费者杯单位最高奖奖杯。

**相关记事:**

1999年4月21日，汾酒、竹叶青酒中国台湾销售总代理、台商李金贤一行24人在省政协副主席万良和省对台办有关领导陪同下，到杏花村汾酒集团公司考察，商讨合作事宜。

4月，山西省工商行政管理局《关于对“杏花村”驰名商标实施扩大范围保护有关问题的通知》。

9月，是汾酒厂建厂50周年，公司召开了盛大的庆祝大会，并印制了《汾酒五十年》的大型画册，对内提升汾酒人的自豪感和责任感，对外进一步宣传汾酒的优秀质量和诚信精神。

10月16～17日，由斯洛文尼亚、印度、埃及、美国、哥伦比亚、法国、日本、越南等国驻京记者组成的赴晋采访团一行十多人，到杏花村汾酒公司采访。

# 1999年竹叶青牌竹叶青酒

规　　格 | 45%（V/V）　500mL

参考价格 | RMB 2,200

1999年45%（V/V）竹叶青牌竹叶青酒500mL装

1999年45%（V/V）长城牌竹叶青酒125mL装

1999年45%（V/V）杏花村牌竹叶青酒125mL装

**相关记事:**

1999 年，郭双威、高玉文、赵严虎被吕梁地区工会评为“重视支持工会工作的党政领导”。高玉文被中共山西省委、山西省人民政府评为“山西省优秀企业家”。康健获山西省科技进步三等奖。高斌被山西省安委会评为“省轻工业安全生产先进个人”。张丽萍被山西省总工会评为“山西省工会财务先进工作者”，武兴俭被评为“全省实施‘送温暖’工程模范工作者”。在“山西省职工为四化立功竞赛”中，赵志岭获特等功，赵润香获二等功。李建兵被吕梁地区劳动竞赛委员会荣记特等功。季建红被吕梁地区工会办事处评为“财务先进个人”。武世杰、王建耀、张汝忠、麻宝山、王宝珠被评为“学习邓小平理论百千万活动先进个人”。

是年，山西杏花村汾酒（集团）公司获“全国酒行业明星企业”“中国食品工业优秀企业”称号，并荣获“保护消费者杯单位最高奖”。

是年，公司“杏花村”“汾”字商标被国家工商局录入《全国重点商标保护名录》，要求各地工商部门予以重点保护。

是年，汾酒厂一次性通过 ISO9001 国际标准质量体系认证。一个企业能同时拥有两个国家名酒和世界名牌，这在全国白酒行业中仅此一家。

是年，汾酒厂在国内售酒的背标上加印 HKDNP（中国香港关税未付），防止水货流往中国香港，有效地稳定了中国香港市场。对意大利市场采用了专供背标，在美、德、韩、日等大宗海外市场采用了专用小标，这样基本保证了产品不跨市场流动，为公司准确掌握每一市场的饱和程度和运作状况提供了可靠依据。

**商标:**

内销汾酒商标：1999 年 1 月 14 日，外销白玉白酒（45° / 500ml），正标上成分改为“玉米、小麦、大麦、豌豆、水”，“白玉白酒”字样上方“SPIRIT”变为“OTHER SPIRIT”（其他烈酒）。背标没有变化。

1999 年 11 月 17 日，杏花村牌内销玻璃瓶汾酒（48° /450ml），增加使用磨砂瓶。只有正标，以红、黄为主色调，上下两部分为红色，中间为黄色，有“中国名酒”字样，中间标注有酒精度、净含量，并特别标注杜牧的诗“借问酒家何处有？牧童遥指杏花村”，下面红色部分有“山西杏花村汾酒厂股份有限公司出品”。

外销汾酒商标：1999 年 3 月 10 日，启用的外销瓷瓶汾酒酒标在原来的基础上进行了改进，有正标和副标。正标上红色部分四周环绕金色的高粱，副标分布在正标两侧，以白色为底色，和正标连在一起，左侧是香型、酒精度、净含量、原料、地址，右侧是条形码及方圆标志。此酒标一直使用至今。

外销竹叶青商标：1999 年 1 月，外销瓷瓶竹叶青酒（45° / 500ml）去掉附标，文字说明加在正标的左侧，右侧是条形码和方圆标志。酒标为长方形。

中国名酒

# 第八章

## 2000年～至今

## 稳守品质底线　共创良好业态

# 2000年53度书本盒汾酒

规　　格 | 53%（V/V）　800mL

参考价格 | RMB 19,000

**相关记事：**

2000年，酒厂共有职工6020人，固定资产净值52381万元，销售收入75084万元。

4月26日，汾酒厂股份有限公司荣获山西省五一劳动奖状。

5月，公司名列520户国家重点企业。

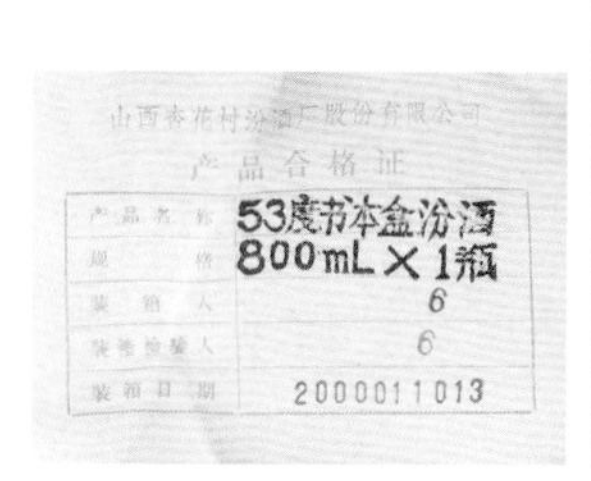

山西杏花村汾酒厂股份有限公司
产品合格证

| 产品名称 | 53度书本盒汾酒 |
| --- | --- |
| 规格 | 800mL×1瓶 |
| 装箱人 | 6 |
| [illegible] | 6 |
| 装箱日期 | 2000011013 |

2000年53%（V/V）杏花村牌53度书本盒汾酒800mL装

2000年，汾酒厂被评为全国轻工业系统先进单位奖牌。

2000年，汾酒厂获全国质量管理先进企业奖牌。

2000年53%vol杏花村牌出口汾酒500mL装

2000年53%vol杏花村牌专供外销汾酒500mL装

# 2000年牧童牛竹叶青酒

规　　格 | 38%vol　1500mL 750mL

参考价格 | RMB 7,000 / 3,500

**相关记事：**

2000 年 9 月 1 日，在国家质量技术监督局召开的“贯彻实施产品质量法，千家企业新世纪质量宣言大会”上，汾酒厂有限公司获“2000 年全国质量管理先进企业”荣誉称号。

9 月 30 日，“杏花村”和“汾”字商标入选国家商标局《全国重点商标保护名录》。

11 月，杏花村汾酒厂股份有限公司顺利通过了“中国进出口商品质量认证中心”的质量体系认证。

12 月 8 日，42%（V/V）新品杏花村酒通过质检，当月投入市场。

是月，山西杏花村汾酒集团公司获得“2000 年全国用户满意工程先进单位”荣誉称号。

2000年38%vol牧童牛竹叶青酒1500mL装

**相关记事：**

2000 年，郑开源被中轻工业全国委员会授予“全国轻工业全心全意依靠职工办企业优秀经营者”称号。

是年，王秋玲被山西省总工会评为“山西省三好女职工”，任正权获“山西省模范工会工作者”称号。在“山西省职工为四化立功竞赛”中，任建印获一等功。赵志岭被山西省委荣记一等功，李哲军、岳利生被荣记三等功。张丽萍被山西省劳竞荣记一等功。高玉文被中共山西省委、山西省人民政府评为“山西省优秀企业家”。潘如生被吕梁地区劳竞委、工会荣记一等功，李有德获二等功。潘曙辉、赵志岭荣获吕梁地区“地区五一劳动奖章”。韩建书获得山西省社会主义劳动竞赛二等功、“九五”企业技术创新先进工作者。赵严虎、郭双威、高玉文被吕梁地区工会评为“重视支持工会工作的党政领导”，孙慧兵、苏彤峰被评为“1999 年度工会先进工作者”。

是年，低度竹叶青色泽稳定性研究与应用项目、杏花村酒（浓香）开发项目获百项重大技术难题攻关一等奖。

是年，杏花村汾酒厂股份有限公司分别通过了中国质量认证中心、中国方圆标志认证委员会的国际 ISO9001：2000 版标准认证。

汾酒、竹叶青酒喷码全部改成上下 18 位排列数字，上行为“年月日＋车间”，下行为车间流水号码，每瓶都是独立流水数字。阿拉伯数字在放大镜下呈“圆、实、黑、齐”，横竖排列整齐，一直到激光机的出现，才替代部分喷码机。

2000年45%vol杏花村牌竹叶青酒500mL装

2000年35%（V/V）出口竹叶青酒750mL装

# 2000年特制五年熟成竹叶青酒

规　　格 | 45%（V/V）　500mL

参考价格 | RMB 2,000 / 2,000

2000年45%（V/V）特制五年熟成竹叶青酒500mL装

# 2000年出口白玉白酒、皇竹酒

规　　格 | 40%vol 45%vol　500mL

参考价格 | RMB 2,000

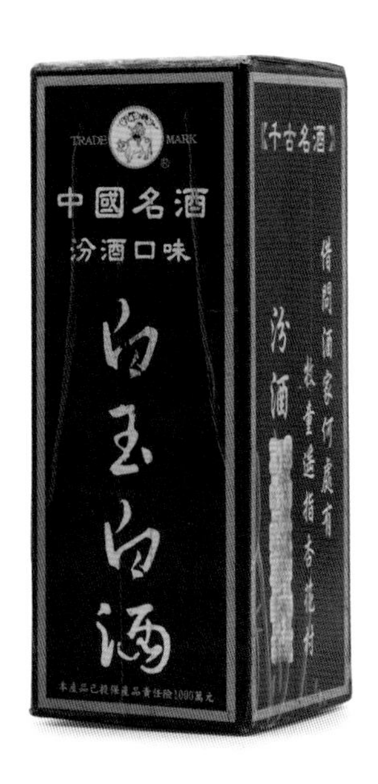


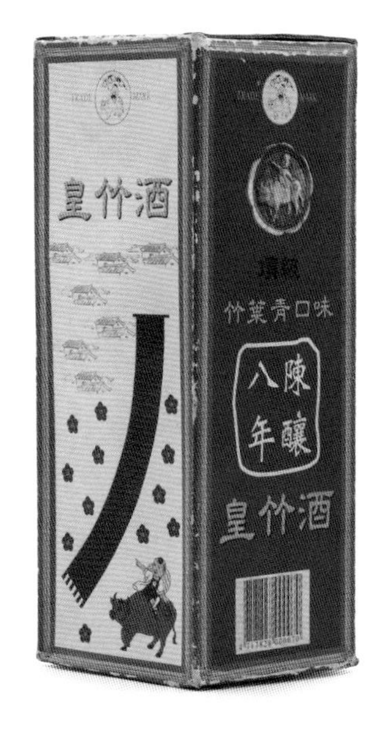


2000年40%vol白玉白酒500mL装

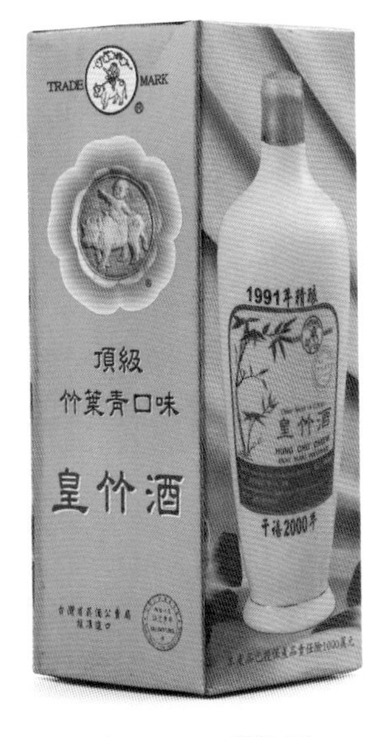


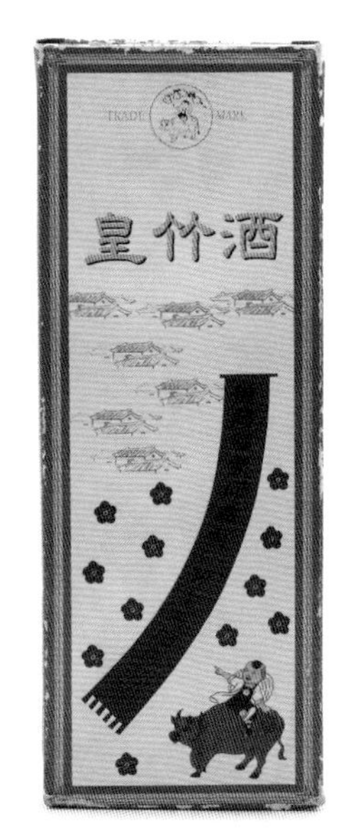


2000年45%vol皇竹酒500mL装

# 2001年杏花村牌十年陈酿汾酒

规　　格 | 53%（V/V）　500mL

参考价格 | RMB 2,000

2001年53%（V/V）杏花村牌十年陈酿汾酒500mL装

**相关记事：**

2001 年下半年，郭双威同志接任党委书记，集团公司及股份公司董事长，赵严虎同志任股份公司总经理。

1 月 9 日，汾酒公司获山西省委、省政府命名的“山西省优秀企业”。

9 月 24 日，38%（V/V）汾酒和竹叶青牌 38%（V/V）竹叶青酒、45%（V/V）竹叶青酒为“2001 年山西标志性名牌产品”。

是年，酒厂共有职工 6573 人，固定资产原值 102952 万元，固定资产净值 60693 万元，销售收入 88286 万元。

2001年3月汾酒激光防伪酒标

是年，杜小威对“低度竹叶青酒色泽稳定性的研究与应用”获山西省高等学校科技进步一等奖，并获得山西省企业技术创新先进工作者称号。高玉文被山西省委、省政府评为“山西省特级劳动模范”。范世昌被山西省总工会评为“山西省职工技术创新带头人”。宋维盛被山西省总工会技协办评为“2000 年度山西省职工技协先进个人”。武兴俭被山西省总工会经审委评为“山西省支持经审工作先进个人”。武兴俭、苏彤峰、季建红被吕梁地区工会评为“先进工会工作者”。

2001年53%vol杏花村牌出口意大利汾酒5000mL装

杏花村牌出口汾酒、竹叶青包装

# 2001年杏花村牌汾酒竹叶青酒礼盒

规　　格 I 38%（V/V）　475mL×2

参考价格 I RMB 3,500

2001年38%（V/V）杏花村牌汾酒竹叶青酒礼盒475mL×2装

汾酒5mL装

竹叶青酒5mL装

**相关记事：**

2001 年，林海涛被吕梁地区劳竞委荣记一等功。孙慧兵被吕梁地区工会评为“先进工会工作者”，任建印被吕梁地委、行署评为“吕梁地区特级劳动模范”。赵严虎、郭双威、高玉文被吕梁地区工会评为“重视支持工会工作的党政领导”。青花瓷汾酒项目获山西省“九五”企业技术创新优秀项目奖。竹叶青色泽稳定性研究与应用项目获山西省高等学校科技进步一等奖。根据 20 年来的优异成绩，汾酒集团公司被中国食品工业协会评为全国 20 家贡献突出的食品工业企业之一。

2001年38%（V/V）竹叶青牌竹叶青酒475mL装

是年，山西杏花村汾酒集团公司被评为“1981～2001 年中国食品工业突出贡献企业”。

是年，解决低度竹酒低温浑浊项目获省科委组织的科技成果鉴定，并获山西省“九五”企业技术创新优秀项目奖。

是年，与天津科技大学食品与生物工程学院合作的“汾酒大曲、微生物及酶系研究”项目，已取得了阶段性成果，为进一步研究汾酒酿造工艺特性奠定了微生物基础。

4 月，外销瓷瓶竹叶青酒（45°/ 500mL）酒标由长方形改为扇形，其他没有变化。此酒标使用至今。

# 2002年杏花村牌精品老白汾酒

规　　格 | 45%（V/V） 500mL

参考价格 | RMB 2,500

**相关记事：**

2002 年 3 月～ 2005 年 6 月，汾酒（集团）公司党委书记、董事长郭双威，副书记赵严虎、阚秉华，副董事长李秋喜，副总经理谭忠豹、李志龙、高占山、武鹏程、刘力、杨寿元、左孝智、安智海，总工程师杜小威。

1 月 1 日，由汾酒公司销售公司举办的“相约 2002 汾酒精品大展示”活动，在太原五一广场隆重开幕。

1 月 29 日，全国汾酒经销商 2001 年度表彰大会召开。

是年，酒厂共有职工 6907 人，固定资产净值 60740 万元，销售收入 97561 万元。

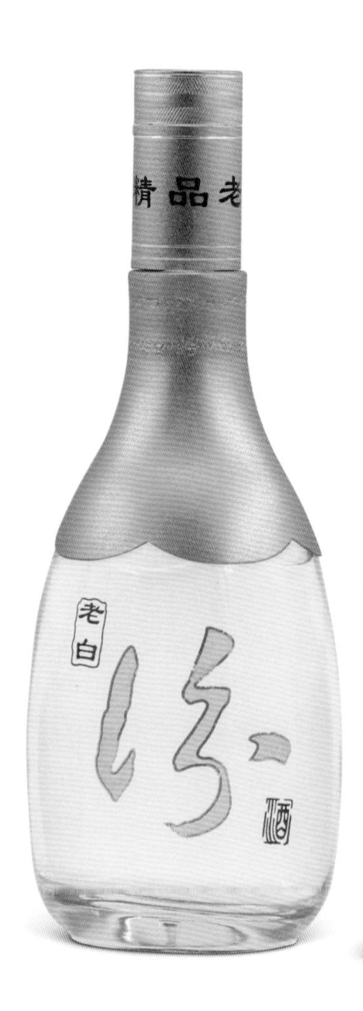

2002年45%（V/V）杏花村牌精品老白汾酒500mL装

# 2002年杏花村牌汾酒

规　　格 | 48%（V/V）　500mL

参考价格 | RMB 1,600

2002年48%（V/V）杏花村牌汾酒500mL装

# 2002年杏花村牌特制竹叶青酒

规　　格 | 38%（V/V）　250mL

参考价格 | RMB 1,600

**相关记事：**

2002 年，康健负责公司的白酒品评检验，参与了公司历次新产品的酒体品评设计。

是年，杜小威被任命为山西杏花村汾酒集团有限责任公司股份公司总工程师兼科技质量中心主任，分管技术中心、质量监督检验处及质量体系、标准、计量三个直属科室。

是年，杜小威主持的“低度竹叶青酒色泽稳定性的研究及应用”项目获山西省科技进步应用研究类一等奖，其本人获得山西省质量管理小组活动卓越领导者称号。

是年，郝持胜主持的“低度竹叶青酒色泽稳定性的研究应用”课题，获得 2002 年山西科技进步一等奖，并获得国家科技进步二等奖。

2002年38%（V/V）杏花村牌特制竹叶青酒250mL装

**相关记事：**

2002 年 3 月 1 日，经山西省人民政府批准，汾酒集团公司改制为“山西杏花村汾酒集团有限责任公司”，同时成为山西省人民政府授权经营的十二家大型企业集团之一。

4 月 12 日，山西省政府对大型国有资产实行授权经营，山西汾酒集团公司正式改制为“山西杏花村汾酒集团有限责任公司”。

5 月，韩建书担任汾酒厂股份有限公司副总经理。

6 月 19 日，山西杏花村汾酒销售有限责任公司挂牌成立，并于 7 月 1 日正式运行。

6 月 28 日，汾酒股份有限公司召开股东大会，选举郭双威为公司第三任董事长，聘任赵严虎为公司总经理，选举阚秉华为公司第三届监事会主席。会议通过上市公司建立现代企业制度报告，通过 2000 年度利润分配方案（每 10 股派 0.6 元）。

7 月，杜小威任山西省酿酒工业协会副会长。

10 月，山西杏花村汾酒集团公司被省经贸委授予“‘九五’优秀食品企业”荣誉称号，郭双威董事长被评为“优秀管理者”。公司被中国食品协会评为“2000 年中国食品工业突出贡献企业”荣誉称号。

是年，孙慧兵被山西省总工会宣教部授予“山西省《工会法》知识竞赛优秀个人奖”称号。赵积灏被吕梁地区劳竞委荣记一等功。李晓玲被吕梁地区工会评为“吕梁地区先进女职工”，张振松被吕梁地区劳竞委授予“全区职工技术创新能手”称号。赵严虎、郭双威、高玉文被吕梁地区工会评为“依靠工人阶级，重视工会工作”者，张丽萍、季建红被评为“2001 年度财务工作先进个人”；孙慧兵、苏彤峰被评为“2001 年度工会先进工作者”，武兴俭被评为“女职工献爱心活动先进组织者”。

是年，汾酒集团获科学进步奖。

是年，汾酒集团被中国质量协会授予“全国质量管理小组活动优秀企业”。

是年，新面市的产品有“杏花人家”“杏花娇子”“金世纪”“清香一坛香”等白酒新品种，还有 32%（V/V）娇子竹叶青酒。

2002年38%（V/V）杏花村牌
竹叶青酒475mL装

2002年38%vol杏花村牌
三春竹叶青酒500mL装

2002年28%（V/V）杏花村牌
专供中国香港竹叶青酒125mL装

# 2002年特制5年熟成竹叶青酒

规　　格 | 45%（V/V）　500mL

参考价格 | RMB 1,600 / 1,600

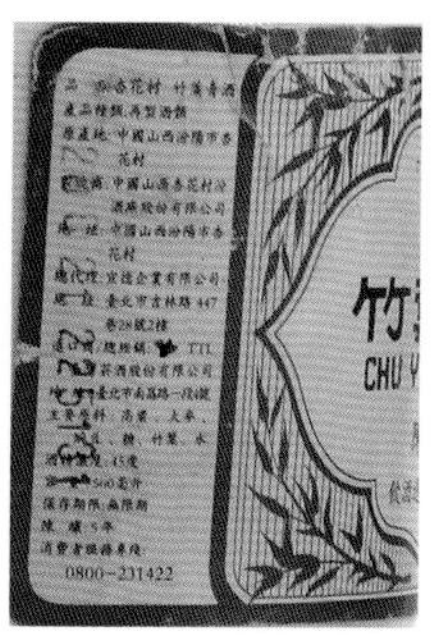

生产日期

**商标：**

玫瑰汾酒商标：2002 年 9 月，外销玫瑰汾酒（60°/750ml），使用“杏花村”牌商标，酒标有正标和背标。正标以橙色为主，淡蓝为辅，金色边框，中间有红色玫瑰花图案，并有“玫瑰汾酒”字样，注明“750ml”“Alc60%5by. vol”、“中国山西杏花村汾酒厂股份有限公司出品”。背标上注明：原料、厂址及英文字样等文字说明。

2002年45%（V/V）特制5年熟成
竹叶青酒500mL装

2002年45%（V/V）陈酿五年
专供中国台湾竹叶青酒500mL装

# 2002年玫瑰汾酒

规　　格 | 60%vol　750mL

参考价格 | RMB 16,000 / 16,000

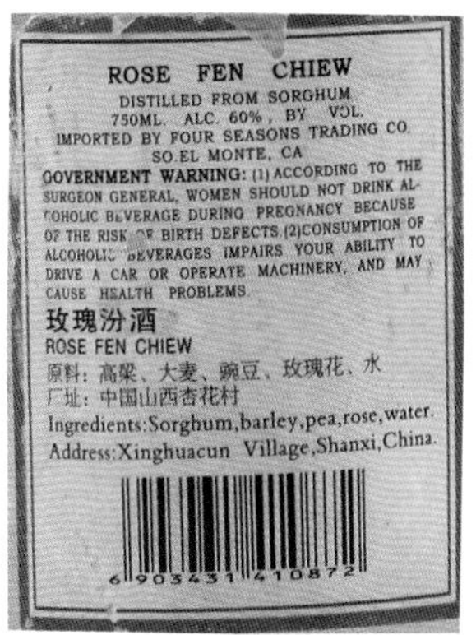

2002年60%（V/V）玫瑰汾酒750mL装

# 2003年杏花村牌汾酒

规　　格 | 48%vol　500mL

参考价格 | RMB 1,600

**相关记事：**

2003 年 1 月 18 日，山西省第十届人民代表大会第一次会议选出出席第十届全国人民代表大会代表 69 人，汾酒集团公司董事长郭双威当选为山西省第十届全国人大代表。

是月，汾酒集团公司与中央电视台、中国书法家协会共同举办“杏花村汾酒集团杯”首届全国电视书法大赛启动，向全国征集书法作品。

2003年48%（V/V）杏花村牌汾酒500mL装

2003年，汾酒集团获中国“最具影响力企业称号”。

2003年，汾酒集团获“全国投入产出调查先进集体”。

2003年，汾酒集团获中国最具影响力企业称号的奖杯。

**相关记事:**

2003 年 2 月 29 日，汾酒集团公司召开 2002 年度全国汾酒经销商表彰大会。

3 月，第十届全国人大代表郭双威在全国人代会上呼吁出台酒法，依法治酒。

12 月 25 日，由汾酒集团设计生产、中国国家博物馆监制的“国藏汾酒”被中国国家博物馆珍藏。这批国藏珍酿将于 2008 年启封，为奥运金牌选手庆功。第二次启封则在 2009 年，中华人民共和国成立 60 周年所用。

是年，马世彪被中共山西省劳竞委荣记一等功。赵仁充被吕梁市总工会授予“先进工会工作者”称号。王振明被吕梁地区劳竞委荣记一等功，文彦海获二等功，李奇获三等功。

是年，汾酒集团荣获“2002 ～ 2003 年度全国轻工业质量效益型先进企业”。

是年，汾酒集团获“全国投入产出调查先进集体”称号。

是年，杜小威的对“低度竹酒低温混浊成因及其除浊方法的研究”获山西科技进步二等奖，其本人被评为山西省企业技术创新促进会专家。

是年，汾酒集团与华北工学院合作开发的“MIS 信息管理示范”项目完成并投入试运行。

是年，竹叶青被 21 世纪（泰国）国际医药发展大会授予“国际绿色保健精品金象金奖”。

是年，汾酒集团入选了“中国最具影响力的企业”名录和获得“国家级企业管理现代创新成果奖”。

是年，汾酒集团被评为“首批山西省质量信誉 AAA 级企业”，公司的“杏花村”“古井亭”“汾”字牌汾酒和“杏花村”“竹叶青”牌竹叶青酒被认定为“山西标志性名牌产品”。

是年，汾酒集团与北京化工大学协作，开展“超临界萃取提取发酵香味成分研究”，并取得了初步试验结果，对调味酒的研发起到了一定的促进作用，为汾酒质量再上新台阶打下了良好的基础。

是年，酒厂共有职工 7405 人，固定资产原值 108547 万元，固定资产净值 59715 万元，销售收入 117683 万元。

# 2003年杏花村牌玫瑰汾酒

规　　格 | 49.5%vol　750mL

参考价格 | RMB 12,000

**商标:**

2003 年 11 月，外销意大利玫瑰汾酒（49.5°/750mL），使用“杏花村”牌商标。与 2002 年相比，酒标颜色有变化，以淡黄为主，淡蓝为辅色调，其他没有变化。

2003年49.5%vol杏花村牌玫瑰汾酒750mL装

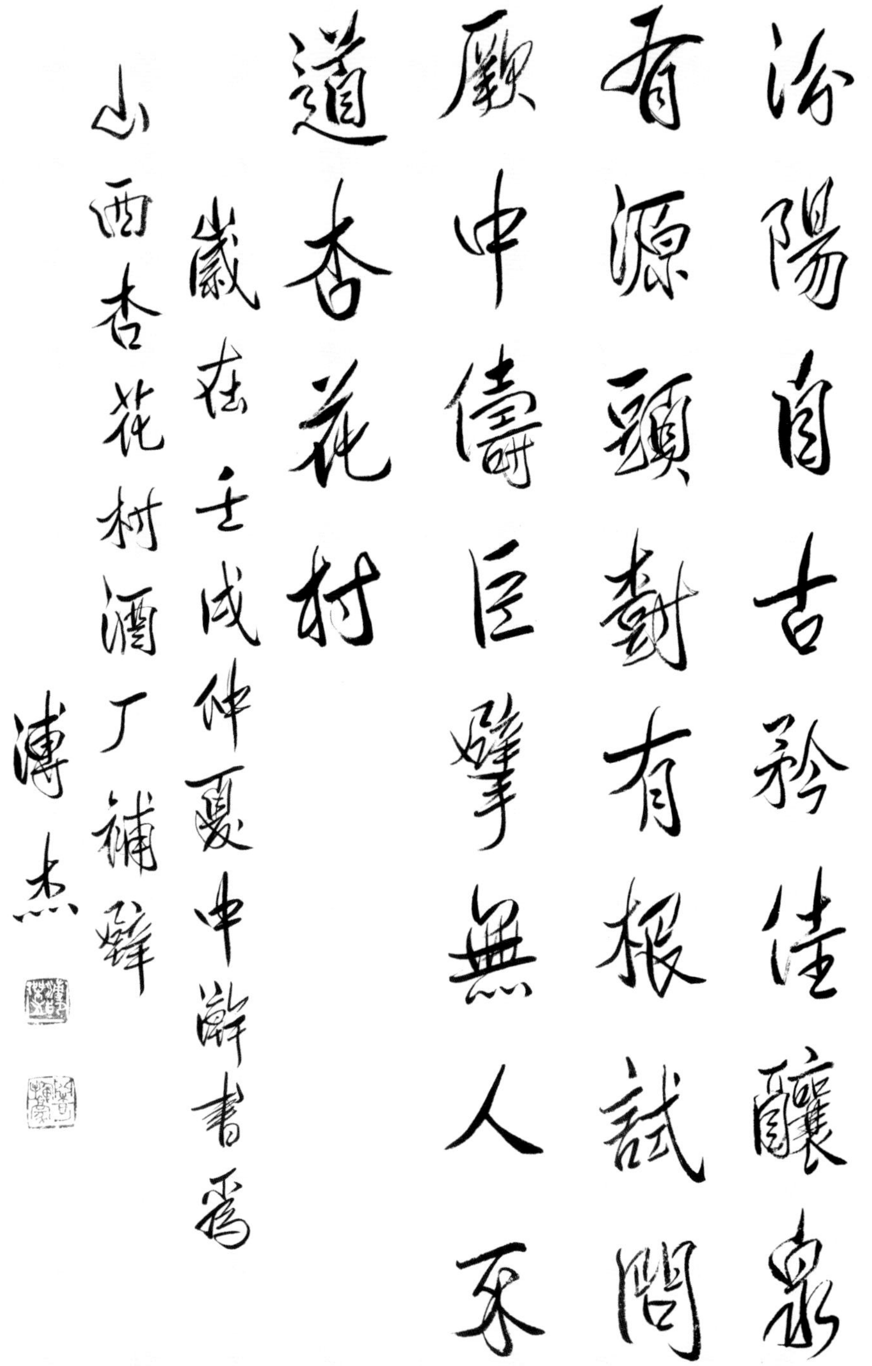

汾陽自古矜佳釀衆
香源頭對有根試問
廠中誰巨擘無人不
道杏花村

歲在壬戌仲夏中澣書爲
山西杏花村酒廠補壁
溥杰

溥杰为山西杏花村汾酒厂题词

# 2004年汾酒竹叶青酒礼盒

规　　格 | 45%vol　475mL×2

参考价格 | RMB 2,000

**商标：**

2004年10月29日，玻璃瓶汾酒（48°/475mL），改用“杏花村”商标，酒标只有正标。与“云形古井亭”酒标相比，整体设计没有变化。去掉奖牌；“汾酒”二字由美术体改为隶书，字体一直沿用至2006年。

2004年7月，杏花村牌玫瑰汾酒增加新品种，即玫瑰香酒（38°/225mL、300mL、500mL），长且窄的白色玻璃瓶，酒标有正标和背标。正面是杏花村商标图案，画一支玫瑰花，有“玫瑰香”字样；背面是烧制在酒瓶上的玫瑰香的简介、规格、净含量、地址、生产许可等文字内容。

2004年45%vol汾酒竹叶青酒礼盒475mL×2装

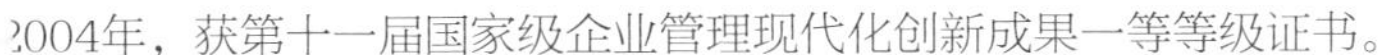
2004年，获第十一届国家级企业管理现代化创新成果一等等级证书。

2004年，获全国质量管理先进企业奖牌。

**相关记事：**

2004 年 1 月，山西杏花村汾酒厂股份有限公司顺利通过了中国方圆标志认证委员会的现场审核。

2 月 20 日，汾酒集团重点科技攻关项目“竹叶青酒稳定性研究及应用”荣获国家科学技术进步奖二等奖，成为中国酿造业唯一获此殊荣的企业。

4 月，山西杏花村汾酒集团有限责任公司顺利通过 ISO9001:2000 质量管理体系认证。

4 ～ 8 月，汾酒集团举办了首届“汾酒竹叶青杯”全国 DV 大赛、首届全国主题广告创意大赛首届全国主题诗词文赋大赛及首届山西主题摄影大赛。

7 月，汾酒老作坊被列为山西省重点文物单位，正式名称为杏花村汾酒作坊遗址。

8 月 25 日，中国山西首届杏花村汾酒文化节新闻发布会在北京圆满召开。

9 月 19 ～ 23 日，汾酒集团举办“中国山西首届杏花村汾酒文化节”。

是月，汾酒文化广场、汾酒工业园林、文化墙浮雕、中国质量鼎等汾酒文化标志性建筑竣工。是月，被国家旅游节确定为“全国工业旅游示范点”。

11 月，汾酒文化战略“清香工程”启动。委托太原知行办管理咨询公司进行企业文化战略设计。

是月，“以提升品牌竞争力为核心的有效管理”项目获第十一届国家级企业管理现代创新成果一等奖。

是年，酒厂共有职工 8168 人，固定资产原值 113087 万元，固定资产净值 59965 万元，销售收入 153316 万元。

是年，郭双威被山西省委、省政府授予“山西省劳动模范”称号。麻宝香被山西省妇女联合会评为“山西省三八红旗手”。杜小威的“低度有色配制酒稳定性的研究与应用”获国家科技进步二等奖，其本人成为山西省计量标准化和质量工程专业高工职务评审委员会成员。

是年，汾酒集团被国家认证联盟论坛授予“管理卓越奖”。汾酒集团荣获“中国最具成长性企业”和“全国质量管理先进单位”称号。汾酒集团被评为中国白酒工业 2003 年度“经济效益十佳企业金牌”“百强企业”。汾酒集团获“第十一届国家级企业现代化创新成果一等奖”“中食品工业质量效益先进企业奖”，并被中国质量协会授予“中国质量鼎”。

## 2005年马上封侯

规　　格 | 53%（V/V） 500mL

参考价格 | RMB 13,000

**相关记事：**

“马上封侯”是中国传统寓意纹样。“猴”与“侯”同音双关。猴子骑于马上，“马上”为立刻之意。侯为中国古代分五等贵族爵位的第二等级，这里泛指达官权贵。马上封侯寓意功名指日可待。

2005年53%（V/V）马上封侯500mL装

**相关记事:**

2005年1月，汾酒集团再次被评为“山西省爱国主义教育基地”。

1月25日《山西日报》报道，1月19日从北京传来喜讯：在刚刚结束的2004年度“中国企业十大新闻”评选发布会上，山西杏花村汾酒集团有限责任公司被中国企业联合会和中国企业家协会推选为2004年度“中国最具成长性企业”。这是汾酒集团继2003年度荣获“中国最具影响力企业”之后获得的又一殊荣。

荣誉证书

授予 山西杏花村汾酒集团有限责任公司

中国食文化优秀企业

2005年，汾酒集团获“中国食文化优秀企业”证书。

7月，汾酒（集团）公司党委书记、董事长郭双威，副书记赵严虎、阚秉华，副董事长李秋喜；总经理李秋喜，副总经理谭忠豹、李志龙、高占山、武鹏程、刘力、杨寿元、左孝智、安智海。

是月，汾酒集团通过定量包装商品企业计量保证能力评价（C标志）。

是年，汾酒集团共有职工7590人，固定资产原值117070万元，固定资产净值65192万元，销售收入190844万元。

2004～2005年，进行了“清香白酒香气口感改善项目”的研究，该项目分别从直接勾调、工艺发酵、催陈、微量成分剖析等多方面进行了研发试验，筛选出较优样品在部分产品中进行了选择性应用。

汾酒工业园林——杏林

# 2005年杏花村牌汾酒竹叶青酒礼盒

规　　格 | 53%（V/V）　45%（V/V）　375mL×2

参考价格 | RMB 2,800

2005年53%（V/V）汾酒375mL装

2005年45%（V/V）竹叶青酒375mL装

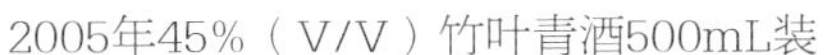

2005年45%（V/V）竹叶青酒500mL装

2005年45%（V/V）竹叶青酒500mL装

**相关记事:**

2005 年 2 月 4 日，汾酒集团召开了公司首届三次职工、工会会员代表大会。

5 月 18 日，郭双威董事长荣膺“山西十大营销风云人物”。

是月，韩建书担任汾酒厂股份有限公司总经理。

6 月 30 日，山西杏花村汾酒厂股份有限公司召开了 2004 年度股东大会。

是月，“生态型白玉汾酒”获山西省经委新产品鉴定证书。

是月，在山西杏花村汾酒集团有限责任公司举办首届“汾酒竹叶青杯”环境人像摄影大赛。

是月，李秋喜出任汾酒集团有限责任公司党委委员、副董事长、总经理。

12 月 12 日，汾酒集团公司召开了企业文化建设宣传贯彻推行细节化管理动员大会。

是年，郭双威被国务院授予“全国劳动模范”称号。杜小威被评为中国食品工业协会白酒专家。王海被聘为中国酿酒协会高级评酒师，并荣获山西五一劳动个人一等功。郝持胜主导的“竹叶青酒药液制备 QC”攻关，获得 2005 年度轻工部 QC 小组成果奖。张丽萍被山西总工会评为“工会财务先进工作者”。刘江山被中共山西省劳竞委授予“山西省五一劳动奖章”称号。李程锁被山西省总工会评为“山西省优秀劳动争议调解工作者”。韩青梅、王海被中共山西省劳竞委荣记一等功，康健、王花被荣记二等功，张桂仙、王凤仙被荣记三等功。苏彤峰、张玉让被吕梁市总工会评为“先进工会工作者”。

是年，竹叶青酒被评为全国优质产品。“竹叶青”商标被国家商标局认定为中国驰名商标。

是年，汾酒公司获“全国质量管理先进企业”称号，入选 1980 ～ 2005 年“爱国者”品牌中国总评榜百家企业。

是年，汾酒入选“中国最具影响力的 20 个酒类品牌”，“杏花村”“古井亭”“汾”字牌汾酒获全国酒类产品质量安全诚信品牌。

**商标:**

2005 年 3 月 23 日，“汾”字牌内销琵琶瓷瓶汾酒，小月牙颈标上标明：原料、酒精度、地址、电话、方圆标志、质量安全、优级等内容。正标上去掉奖牌。

# 2006年杏花村牌特制五年熟成汾酒

规　　格 | 53%（V/V） 500mL

参考价格 | RMB 1,500

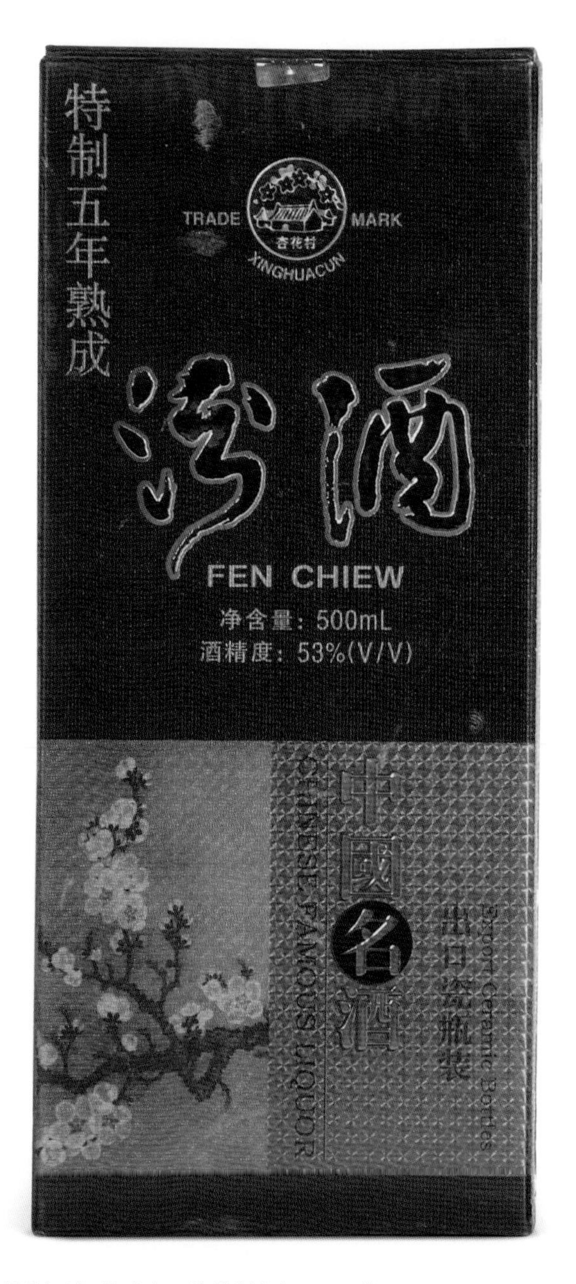


2006年53%（V/V）杏花村牌特制五年熟成出口瓷瓶汾酒500mL装

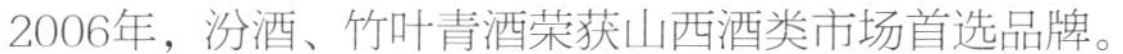
2006年，汾酒、竹叶青酒荣获山西酒类市场首选品牌。

2006年，杏花村汾酒酿制技艺被列入首批国家级非物质文化遗产。

**相关记事：**

2006 年 1 月 7 日，山西杏花村汾酒厂股份公司荣获“山西省政府质量奖”。

4 月 10 日，山西杏花村汾酒厂股份获山西省人民政府国有资产监督管理委员会《关于山西杏花村汾酒厂股份有限公司股权分置改革有关问题的批复》文件的批准。

是月，韩建书、雷振河、康健等 9 名技术水平高、实践经验丰富的技术带头人被山西大学聘为研究生兼职导师。

6 月 21 ～ 23 日，郭双威董事长带队参加 2006 年度山西（上海）经济合作项目推介会。

是月，山西杏花村汾酒的传统酿造工艺被列入首批国家非物质文化遗产，杏花村汾酒老作坊被国务院颁布为全国重点文物保护单位。

8 月 19 日，汾酒集团入选“优秀企业创新形象十佳”。

8 月，山西杏花村汾酒厂股份有限公司在《证券市场周刊》举办的“2006 最佳成长上市公司”评选活动中，荣获“最佳成长上市公司 50 强”称号。

用心酿造　诚信天下

# 2006年老白汾酒

规　　格 | 65%（V/V）　500ml

参考价格 | RMB 5,800

2006年65%（V/V）荣获1915年巴拿马万国博览会甲等金质大奖章老白汾酒500mL装

**相关记事：**

2006 年 9 月 26 日，汾酒集团董事长郭双威率队参加首届中国中部投资贸易博览会。

10 月，“解决竹叶青酒低温浑浊沉淀”项目获山西省经委“十五”技术创新奖，“生态型白玉汾酒（功能性白酒）”项目获山西省经委“十五”新产品技术创新奖，“酒体勾兑 CAD 及勾贮熟一体化新技术推广应用”及“利用现代生物技术研制调味酒”项目获山西省经委“十五”技术创新团队奖。

11 月，汾酒集团获“全球百佳中华儒商企业”殊荣。

11 月 18 日，中国酒文化学术活动中心为汾酒集团举行了全国首家“中国酒文化学术活动基地”的授权仪式。

12 月，韩建书获“首届中国酿酒大师”“山西省杰出青年企业家”称号。

是年，李春明被吕梁市劳竞委授予“吕梁市五一劳动奖章”。季建红被吕梁市总工会评为“先进基层工会工作者”，张玉让、魏浩被评为“先进工会工作者”。

是年，《汾酒的文化》第三辑出版。

是年，汾酒、竹叶青系列酒荣获“山西酒类市场首选品牌”。

是年，中国酿酒工业协会评选汾酒为中国白酒清香型代表。

是年，汾酒被中国食品工业协会、国家统计局等四部门评为“中国白酒十大影响力品牌”之一。

是年，酒厂共有职工 7616 人，固定资产原值 109421 万元，固定资产净值 62597 万元，销售收入 244209 万元。

是年，汾酒集团获得 2006 年度“中国酒业文化百强”“全国实施卓越绩效模式先进企业”“博物馆展示服务先进单位”等荣誉。同时，入选“中国最具生命力百强企业”前三甲，并被评为“2005～2006 年度山西省企业文化建设先进单位”。

是年，“竹叶青”及图形商标被认定为中国驰名商标，“玫瑰汾”“汾”字牌“老白汾”“竹叶青”“金家”等 5 个商标同时入选山西著名商标。“杏花村”“竹叶青”入选“山西标志性品牌”，并居前两位；同时入选“中国酒界十大领袖品牌”。

# 2006年特制5年熟成竹叶青酒

规　　格 | 45%vol　500mL

参考价格 | RMB 1,200

2006年45%vol特制五年熟成竹叶青酒500mL装

2006年，汾酒博物馆荣获展示服务先进单位。

2006年，汾酒老作坊列入全国重点文物保护单位。

**相关记事:**

2006 年，与中科院成都生物研究所合作开展了“利用微生物功能菌群研制调香调味液”项目研究，对微生物产酸菌的培养和推广应用起到了很大的促进作用。

是年，汾酒厂股份公司获得中国质量认证中心颁发的食品安全管理体系认证证书，认证机构每年根据《食品质量认证实施细则——酒类》ISO9001 标准和 ISO2000 标准，对公司进行现场监督审核。

是年，经权威机构评估，杏花村品牌价值达 47.76 亿元，位居中国最具品牌价值 500 强的第 117 位，食品饮料行业品牌榜第 15 位，白酒行业品牌第 7 位，山西省品牌第 1 位。

是年，汾酒集团公司按照“营养保健、优质高档、绿色环保”的调产思路，将竹叶青酒作为重中之重，扩大生产。从 2006 年起，将保健酒生产能力扩建，2010 年保健酒配制量将达 1 万吨。

是年，汾酒集团委托中国农业科学研究院作物科学研究所结合中医药保健理论及国家卫生部认定的 27 项保健功能，选择性地进行提高机体免疫力、抗氧化性、抗疲劳性三个功能的动物试验。结果显示，竹叶青酒在该三保健功能方面均有显著功效。

汾酒博物馆展厅

# 2006年竹叶青酒

规　　格 | 45%vol　500mL

参考价格 | RMB 1,100

**商标：**

内销竹叶青酒：2006 年 2 月，内销竹叶青酒（45° / 500ml），使用“杏花村”牌新酒标，去掉颈标。正标主色调为深绿色，“竹叶青酒”字样和杏花村标志为白色，中间的竹叶上有红色的“杏花村”字样，并在正标上印有净含量、酒精度。背标右上角有方圆标志及文字说明和条形码。

2006 年 11 月，内销竹叶青酒（45° / 500ml）改为使用“竹叶青”商标。背标上去掉酒精度和净含量，在方圆标志下面加“中酒联合质量认证”标识。

2006年45%vol竹叶青酒500mL装

# 2006年竹叶青酒

规　　格 | 45%vol　500mL

参考价格 | RMB 1,100

**商标：**

白玉汾酒酒标：2006 年 8 月 28 日，“杏花村”牌生态型白玉汾酒（42° /225ml），使用仿玉瓶，深蓝铝质防伪盖，红色礼盒。瓶盖上喷生产日期及流水号，瓶颈处挂吊牌。

2006年45%vol竹叶青酒500mL装

# 2007年牧童牛汾酒

规　　格 | 48%vol　475mL

参考价格 | RMB 2,500

2007年48%vol牧童牛汾酒475mL装

**相关记事：**

2007年1月6日，山西省首家研究生教育创新中心在汾酒集团正式挂牌成立。

1月10日，山西省的白酒品牌“杏花村”被评估为28.33亿元，在“中国最有价值商标500强”排行榜中排名第56位，成为山西省最贵的商标。

1月28日，以“友谊交流、合作发展”为主题的汾酒集团金家酒“驻华使馆汾酒”授牌仪式暨驻华使节山西行活动，在汾酒集团公司举行。

4月11～21日，总经理李秋喜率领打假办人员一行，亲赴河南市场，进行了深入的调查研究。

7月，汾酒集团荣获国家人事部、国家质量监督检验检疫总局颁发的“全国质量工作先进集体”称号。

7月26日，汾酒集团技术中心荣获“全国质量工作先进集体”称号。

9月，汾酒集团技术中心被国家五部委（发改委、科技部、财政部、海关总署、税务总局）联合认定为国家级企业技术中心。

10月9～19日，汾酒集团举办中国山西第二届杏花村汾酒文化节。

10月12日，中国企业联合会、中国企业家协会举行了授牌仪式，并授予汾酒集团“全国企业文化示范基地”标牌。

10月14日，汾酒集团与山西晋商研究会联合举办“晋商与汾酒文化学术研讨会”。

10月18日，中国酿酒工业协会与汾酒集团在太原晋祠宾馆联合举办“汾酒杯”首届国际蒸馏酒论坛。

是月，竹叶青酒被中国名牌战略推进委员会授予“中国名牌产品”称号。在全国第五届评酒会上，汾酒第五次蝉联“中国名酒”称号。

12月，青花瓷汾酒正式登陆韩国市场。

是年，酒厂共有职工9178人，固定资产原值110807万元，固定资产净值55187万元，销售收入292937万元。

酒史博物馆

# 2007年特制五年熟成出口瓷瓶装汾酒

规　　格 | 53%vol　500mL

参考价格 | RMB 1,100

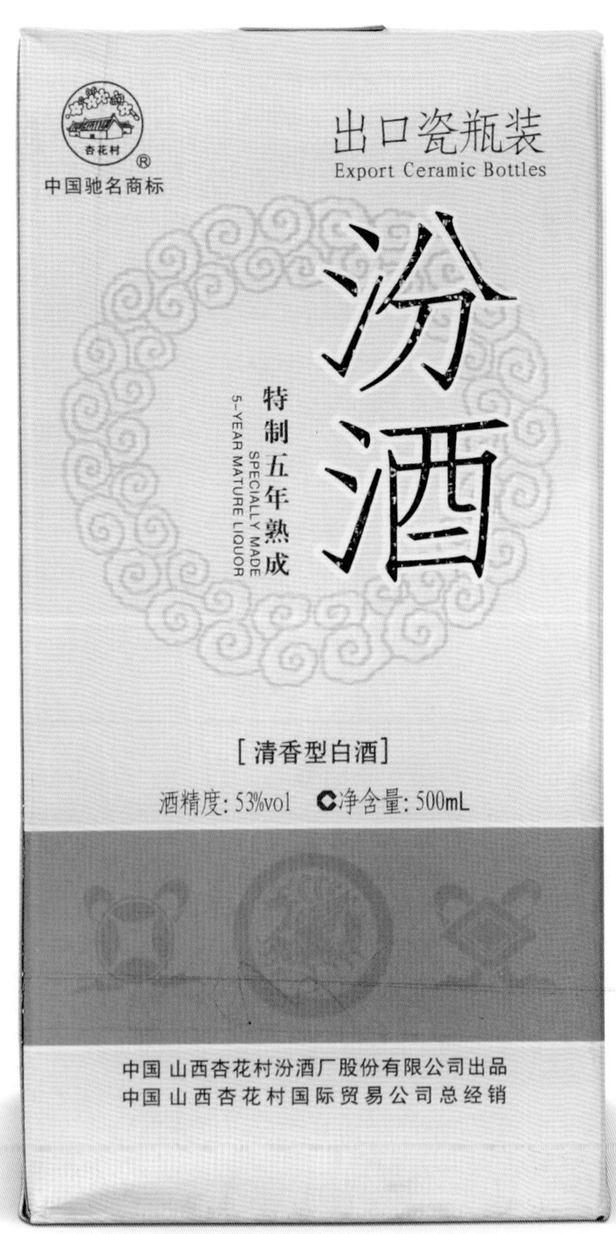


2007年53%vol特制五年熟成出口瓷瓶装汾酒500mL装

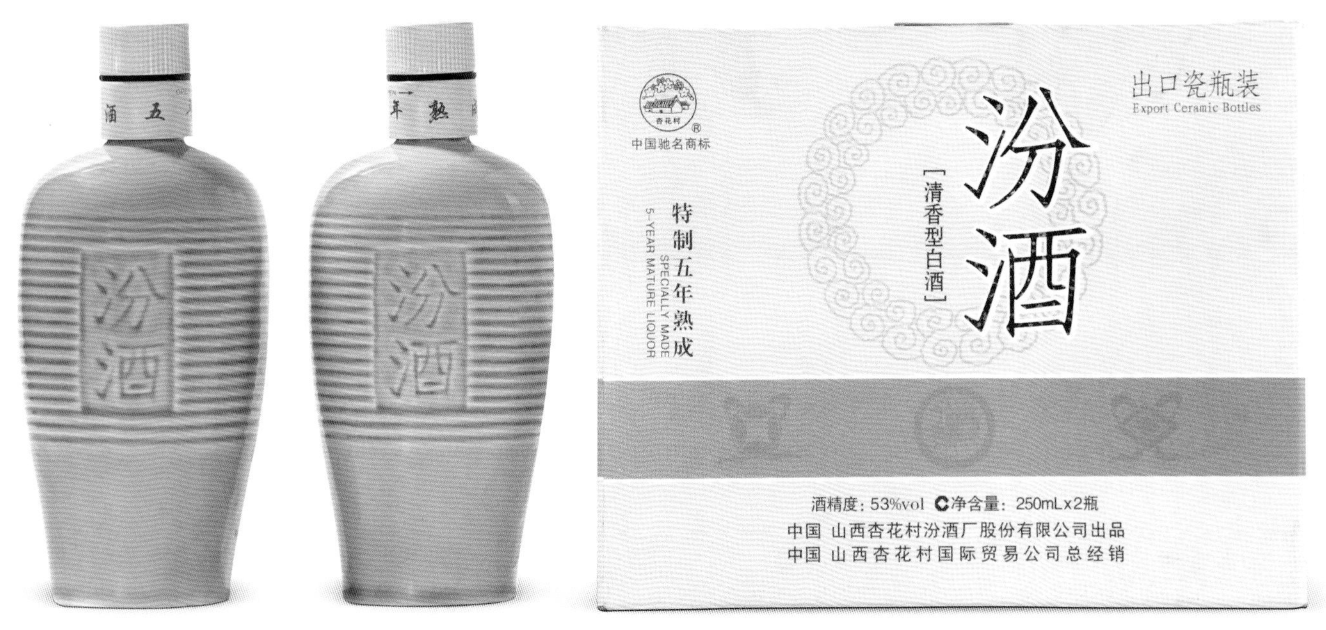


2007年53%vol特制五年熟成出口瓷瓶装汾酒250mL×2装

**相关记事:**

2007 年，郝持胜所在班组荣获“全国优秀 QC 成果奖”。

是年，张玉让被山西省总工会评为“全省工会系统先进工会工作者”。张红卫、张树彬被吕梁市总工会评为“先进基层工会工作者”。

是年，汾酒厂技术中心荣获省科委“技术创新先进单位”奖，雷振河荣获省科委技术创新管理先进个人奖。翟旭龙、韩英、史静霞三人荣获省科协金牛奖。

是年，开始实施人才培养、人才储备工程，利用师徒帮教的形式，培养汾酒生产优秀接班人。目前共培养出 5 名班组管理能力强、生产业绩突出的年轻大师傅。

是年，汾酒集团与北京 301 医院合作开展的“竹叶青保健功能因子的研究与应用”项目，通过动物试验和人体试验，提出了竹叶青酒还具有抗疲劳、抗氧化、提高免疫力的新功效。

是年，汾酒集团与江南大学合作开展的“中国白酒 169 计划”项目，利用国际先进仪器和检测技术，对汾酒特征成分及重要呈香呈味物质形成机理，白酒香味物质的阈值、白酒健康成分等进行了全方位的研究，并进一步检测出了汾酒中原来未知的多种类萘、柠檬烯、大马酮等成分。

是年，汾酒集团获“全国轻工行业先进集体”称号。中国企业联合会、中国企业家协会在汾酒厂召开了全国企业文化现场会暨企业文化实战研讨会，并授予杏花村汾酒厂“全国企业文化示范基地”。这些评价和荣誉，既是对杏花村汾酒厂和汾酒集团的充分肯定，也是对其企业文化建设成果的一种认证。

是年，汾酒集团与山西大学开展了“汾酒酿造微生物功能菌群的研究开发与应用”“汾酒大曲的理化指标与汾酒质量关系的研究”“重金属对汾酒催陈、沉淀机理的研究”“白酒的绿色催陈研究与应用”“应用分子间相互作用原理研究白酒质量稳定性问题”“红曲霉在汾酒生产中的应用研究”等七项课题的合作与共研，均取得阶段性进展。

# 2007年杏花村牌五年熟成汾酒

规　　格 | 53%vol　500mL

参考价格 | RMB 1,100

**相关记事：**

2007～2008年，主要进行清香白酒功能性调味酒研制试验，有几种调味酒勾调效果较好，已应用到酒如泉酒等产品的生产中。

2007年53%vol杏花村牌五年熟成汾酒500mL装

2007年45%（V/V）竹叶青酒125mL×2装

**商标：**

2007 年，玻璃瓶汾酒（48°、53°/475mL）恢复使用“古井亭”牌商标，酒标恢复到 1990 年的，增加背标。背标上有规格、原料、地址、电话及汾酒介绍及条形码。

汾酒厂场景

# 2008年杏花村牌紫砂汾酒

规　　格 | 53%vol 42%vol　475mL

参考价格 | RMB 800 / 600

**相关记事：**

2008 年，酒厂共有职工 8988 人，固定资产净值 62587 万元，销售收入 330160 万元。

是年，郭双威当选第十一届全国人大代表。公司总经理李秋喜、雷振河当选第十届山西省政协委员。

2008年42%vol杏花村牌紫砂汾酒475mL装

**相关记事：**

2008 年 3 月 26 日，在山西省首届慈善与健康峰会上，汾酒集团公司被评为“山西省 2007 年度爱心奉献奖”单位。

4 月 1 日，山西省国资委在汾酒宾馆召开省属企业宣传思想工作会暨企业文化研究会一届三次年会，汾酒集团公司荣获“2007 年度企业文化建设先进单位”称号，公司党委副书记阚秉华被评为“企业文化建设优秀工作者”。

4 月 9 日，山西杏花村汾酒集团定量包装商品计量保证能力评价换证复查审核顺利通过。

6 月 16 日，第二届山西品牌节公布了首届山西品牌十大功勋人物，汾酒集团董事长郭双威名列榜首。

6 月 27 日，郭双威作为奥运火炬接力大同站的第 5 棒火炬手，韩建书作为联想集团推荐的火炬手，参加了太原站的传递，任第 121 棒。

是月，霍永健被评为第一批省级非物质文化遗产项目代表性传承人。

7 月，汾酒集团贮配分厂配制车间 QC 小组完成的“降低竹叶青酒生产过程中低聚果糖损耗”课题，荣获全国优秀质量管理小组成果奖。

9 月 24 日，由汾酒集团公司和贵州茅台、泸州老窖两公司联合组成的“中国蒸馏酒传统酿造技艺”申报世遗项目取得重大进展，成功入选中国向联合国教科文组织申报“人类口头及非物质化遗产代表作”名录。

10 月 29 日，全国首届职业经理人高峰论坛暨全国优秀职业经理人颁奖大会在太原开幕，汾酒集团公司总经理李秋喜和杏花村汾酒厂股份公司总经理韩建书喜获全国优秀职业经理人华腾奖，并获全国“优秀职业经理人”称号。

11 月，刘江生被山西省国资委评为高级专家并颁发证书。

12 月 5 日，由民政部主办的 2008 年度“中华慈善奖”在京揭晓，山西杏花村汾酒集团有限责任公司荣获“中华慈善奖”殊荣。2008 年共为社会捐助资金 1000 多万元。在山西慈善暨社会捐助工作表彰会上，被授予“2008 年爱心捐助功勋奖”。

12 月 27 日，纪念山西改革开放 30 周年“经济风云人物”评选暨颁奖盛典晚会在并州饭店举办，公司董事长郭双威以高票荣膺“山西改革开放三十年经济风云人物”称号。同时，汾酒厂股份有限公司荣获“优秀企业”奖。

永济鹳雀楼景区再现古时酿造桑落酒场景

# 2008年特制五年熟成竹叶青酒

规　　格 | 45%vol　500mL

参考价格 | RMB 900 / 900

**相关记事：**

2008 年，孙慧兵、张玉让被吕梁市总工会评为“先进工会工作者”。

是年，汾酒集团获省政府授予的“安全生产先进单位”称号。

是年，汾酒博物馆被评定为首家“国家级酒文化学术活动示范基地”。

是年，杏花村汾酒集团公司获得“中华名酒第一村”的赞誉，并获“中国上市公司市值管理百佳奖”。

是年，汾酒集团与山西省农科院合作承担的国家科技支撑项目“高淀粉高粱产业化”示范项目，2010 年 10 月已经验收。

是年，汾酒厂进行竹叶青酒保健功能因子研究，共分析鉴定出于 58 种功效成分，进一步揭示了竹叶青酒对人体的保健功效。

2005 ～ 2008 年完成了省技术创新项目“汾酒勾贮优化系统”并投入贮配生产应用，提高了汾酒勾贮质量。

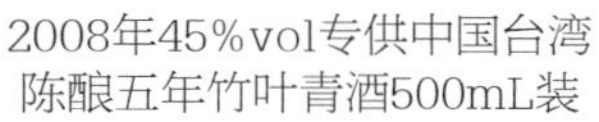
2008年45%vol专供中国台湾
陈酿五年竹叶青酒500mL装

2008年45%vol特制五年熟成竹叶青酒500mL装

# 2008年专供意大利竹叶青酒

规　　格 | 45%vol　500mL

参考价格 | RMB 800

**相关记事：**

2008 年，汾酒集团利用“师徒结对”的形式，指定了生产经验、酿造理论、操作技能丰富的 28 位大师傅，以一对一的形式专门培养贴甑工、发酵工共计 28 名。

2008 ～ 2010 年，汾酒集团与山西大学、复旦大学合作开展“汾酒制曲发酵过程中菌系酶系变化规律的研究”项目。

**商标：**

8 月，内销竹叶青酒（45° / 500mL）正标无变化，背标的方圆标志下的注册号、“质量安全 QS”标志、“山西省汾阳市杏花村”和电话号码等内容一直使用至今。

2008年45%vol竹叶青酒500mL装

# 2009年牧童牛汾酒

规　　格 | 48%vol　10L

参考价格 | RMB 58,000

2009年48%vol牧童牛汾酒10L装

2009年38%vol竹叶青酒475mL装

**相关记事:**

2009 年 4 月 9 日，全国白酒标准化技术委员会清香型白酒分技术委员会汾酒集团公司成立。

4 月 20 日“中国清香型汾酒风味物质剖析技术体系及关键风味物质研究”获中国轻工业联合会鉴定证书。

5 月，郭双威荣获 2009 年度“全国优秀创业企业家”称号。

6 月 1 日，汾酒集团积极参与“寄一份包裹，送一份爱心”5·12 灾区学生六一关爱行动，向灾区儿童捐款 109300 元。

6 月 13 日，郭双威当选非物质文化遗产国家级传承人。

是月，“汾酒勾贮优化管理系统”获中国食品工业协会 2007 ～ 2008 年度科学技术进步二等奖。

11 月 25 日，汾酒集团召开干部大会，会议勾勒出到 2015 年实现百亿汾酒的发展目标，并制定了新的举措，号召全体汾酒人为实现“百亿汾酒”目标而努力奋斗！

2009 年，汾酒集团李秋喜董事长提出“汾酒 · 中国酒魂”企业文化理论体系定位。

是年，李卫平荣获“山西省五一劳动奖章”。郭建明被吕梁市劳竞委评为“吕梁市五一劳动奖章”。张树彬、徐欣瑗被吕梁市总工会评为“先进工会工作者”。

是年，汾酒集团“竹叶青酒配制工艺”入选山西省非物质文化遗产名录。

是年，经权威部门评选，汾酒集团入围“山西省 2008 年度工业企业 30 强企业”。

是年，汾酒集团荣获山西省人民政府“2008 年度安全生产工作先进单位”荣誉称号。

是年，汾酒集团团委被共青团中央授予“全国五四红旗团委”荣誉称号，这是共青团组织的国家级最高荣誉。

是年，在山西省国资委主办的省属国有企业庆祝新中国成立 60 周年“赞美祖国”大型歌咏比赛中，获得二等奖。

是年，康健先后考取了国家一级品酒师和一级酿酒师资格。

是年，酒厂共有职工 9155 人，固定资产原值 140160 万元，固定资产净值 67722 万元，销售收入 377580 万元。

2009 年 10 月～ 2011 年 8 月，汾酒（集团）公司党委书记王敬民，副书记李秋喜、阚秉华、高润珍；董事长李秋喜，副董事长王敬民；总经理李秋喜，副总经理谭忠豹、高占山、刘力、李志龙。

# 2010年杏花村牌汾酒

规　　格 | 48%vol 42%vol 500mL

参考价格 | RMB 800 / 600

2010年48%vol杏花村牌汾酒500mL装　　2010年42%vol杏花村牌汾酒500mL装

2010年，汾酒唯一荣获1915年巴拿马万国博览会中国白酒品牌甲等金质大奖章95周年纪念大会。

**商标：**

2010 年 1 月 25 日，瓷瓶汾酒改用乳白玻璃瓶装“杏花村”牌酒标，酒标图案没有变化。商标上“汾酒”二字和杏花村标识为黄色，盖子使用扭断式防伪盖，颈部去掉红色封条，将配料、规格等内容直接喷在瓶上。盖下面标印有配料，正标不再使用纸质，而是直接烧制在瓶身上。

2010 年 1 月 26 日，外销玻璃瓶汾酒（53°/ 125mL、500mL），正标在原来的基础上添加了净含量、规格及“中国驰名商标”字样，背标增加了生产许可标志。

2010 年，“杏花村”牌白玉汾酒（45°/ 475mL），烤花瓷坐佛瓶，配套烤花瓷盖，防伪帽喷有生产日期及流水号，套防滑垫圈，戴小吊册，再盖上外瓷盖。盒两侧戴锁扣，一侧贴一张激光防伪标，另一侧贴一张物流防伪标，生产日期打在盒顶部。“质量安全”改为“生产许可”。

2010 年 9 月，“杏花村”牌外销玫瑰汾酒（28°/ 750mL），使用白色磨砂玻璃瓶，紫红色铝制防伪盖，酒标的正标和背标都是烧制在瓶上的。正面是“如意”图案，里面有“玫瑰汾酒”字样，有规格和净含量；背面是英文字母。

2010 年 9 月，“杏花村”牌玫瑰汾酒（40°/ 475mL），分别使用白色玻璃瓶与深红色瓷瓶，有金色防伪圈，酒标形状没有变化，瓶子装酒后，将盖压紧戴防伪圈，用专用工具锁好，盖上喷生产日期和流水号。

# 2010年30年陈酿青花汾酒

规　　格 | 53%vol　1.5L

参考价格 | RMB 5,100

2010年53%vol30年陈酿青花汾酒1.5L装

骨子里的中国
青花汾酒
青花30
汾
CHINA
山西杏花村汾酒厂股份有限公司出品
PRODUCED BY SHANXI XINGHUACUN FENJIU DISTILLERY CO.,LTD.

# 2010年青花30青花汾酒

规　　格 | 48%vol　500mL

参考价格 | RMB 1,200

2010年48%vol青花30青花汾酒500mL装

**相关记事：**

2010年1月，李秋喜被山西省总工会评为“全心全意依靠职工办企业优秀企业家”。

1月22日，汾阳市人民政府与汾酒集团签订了共同建设杏花村酒业集中发展区战略合作协议，初步实现了政企联动。

3月19日，在“共赢未来”第二届中国酒业营销金爵奖颁奖盛典中，汾酒集团荣获“中国酒业全国化领军企业奖”“中国酒业新高端品牌奖”，李秋喜董事长个人获得的“中国酒业杰出贡献奖”。

是月，汾酒集团选拔50名管理人员和28名技术人员，分别派往清华大学和江南大学进行为期半年的学习培训，标志着汾酒集团建立人力资源动力机制的开始。

4月22日，汾酒集团与吕梁市政府正式签署战略合作协议，共同建设杏花村酒业集中发展区项目。这一项目于2010年9月28日奠基开工。

5月，汾酒集团董事长李秋喜荣获“全国劳动模范”称号，荣获山西省“五一劳动奖章”。

8月，由国家人力资源和社会保障部、全国博士后管理委员会批准成立“汾酒集团博士后科研工作站”。

8月23日，汾酒集团公司在省城太原隆重举行“清香汾酒 · 财富天下”汾酒新产品上市发布会。

9月5日，在北京举办了“巴拿马赛会”大奖95周年纪念版国藏汾酒拍卖会。20瓶纪念版国藏汾酒每瓶拍卖均价153.8万元，单瓶最高拍出了209万元，共计拍得3076万元，并将其全部用于成立山西省汾酒集团公益基金会。

10月，谭忠豹担任常务副总经理。

11月29日，汾酒集团董事长李秋喜荣获“山西省十大公益人物奖”。

12月18日，汾酒集团董事长李秋喜荣获“2010品牌中国年度人物奖”。

是年，汾酒集团提出“汾酒 · 中国酒魂”战略定位。

是年，保健酒园区建设稳步推进，竹叶青酒营销公司正式成立。

是年，山西杏花村竹叶青酒营销有限责任公司正式注册成立，开启了中国唯一保健名酒竹叶青酒的营销发展之路。

是年，王海担任山西杏花村汾酒厂股份有限公司贮配厂厂长。

是年，王凤仙在全国第二届品酒技能大赛中被全国总工会授予“全国酿酒行业技术能手”荣誉称号。郝持胜荣获“山西省2010年度三晋技术能手”称号。

是年，谭忠豹顶住内外压力，出色地完成了汾酒产品的瘦身计划。从2010年至今，公司产品规格从1059个压缩到361个。

是年，酒厂共有职工9403人，固定资产原值138066万元，固定资产净值63207万元，销售收入535619万元。

# 2011年青花20青花汾酒

规　　格丨53%vol　500mL

参考价格丨RMB 688

2011年53%vol青花20青花汾酒500mL装

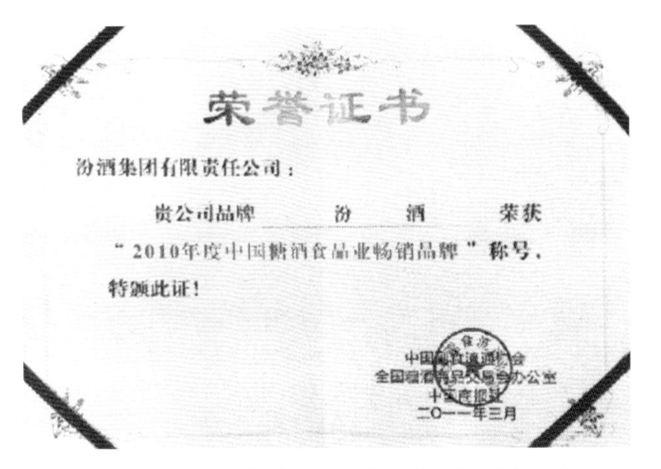
荣誉证书

汾酒集团有限责任公司：

贵公司品牌 汾 酒 荣获

“2010年度中国糖酒食品业畅销品牌”称号，

特颁此证！

二〇一一年三月

2011年，汾酒集团获中国糖酒食品业畅销品牌证书。

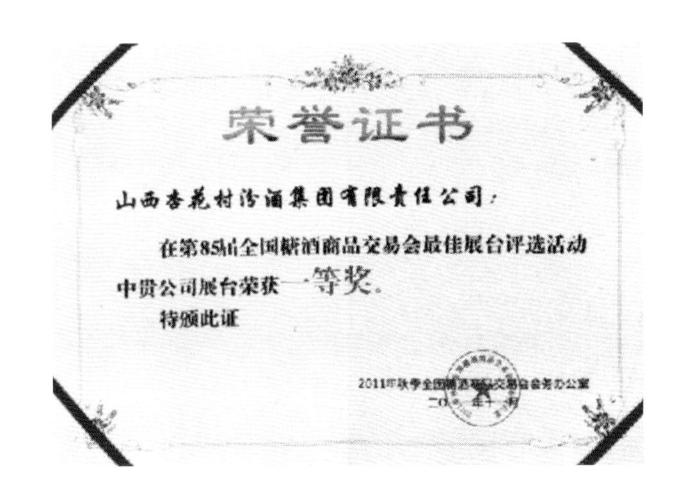
荣誉证书

山西杏花村汾酒集团有限责任公司：

在第85届全国糖酒商品交易会最佳展台评选活动

中贵公司展台荣获一等奖。

特颁此证

2011年，汾酒集团获第85届全国糖酒交易会最佳展台评选活动一等奖证书。

**相关记事：**

2011 年 8 月，汾酒（集团）公司党委书记王敬民，副书记李秋喜、阚秉华、高润珍；董事长李秋喜，副董事长王敬民；总经理谭忠豹，副总经理高占山、刘力、李志龙。

1 月 21 日，由中华书局出版发行的珍藏版大型图书《杏花村诗书画文选》，在北京钓鱼台国宾馆举行首发仪式。

2 月 21 日，在北京人民大会堂隆重召开汾酒集团公益基金会成立大会。

3 月，外交部把汾酒确定为中国驻外使领馆接待专用酒。

3 月 6 日，山西杏花村竹叶青酒营销有限公司在太原正式成立。

3 月 21 日，在第 85 届全国糖酒交易会最佳展台评选活动中，汾酒集团获一等奖，汾酒获“2011 年度中国糖酒食品业畅销品牌”，李秋喜获“2011 年度中国糖酒食品业人物奖”。

3 月 30 日，汾酒荣膺“2010 年度全球消费者信赖的中国酿酒行业十佳优秀自主品牌”。

5 月 22 日，在中国酒类流通协会和《东方酒业》杂志社联合举办的第四届中国白酒东方论坛上，李秋喜做了《开启中国酒魂时代》的演讲。

是月，竹叶青酒营销公司推出的国酿、精酿、特酿竹叶青酒等三款新品，分别以三十年陈年汾酒、十年陈年汾酒、五年优质汾酒为基酒，上市后受到各地消费者热捧。

6 月，由王凤仙牵头组织设计的“基酒质量监控系统（白酒品评系统）”获全国 QC 小组一等奖。

8 月 8 日，第五届中国品牌节在北京人民大会堂隆重开幕，汾酒集团喜获“华谱奖”。李秋喜董事长在会上发表了题为“开启中国酒魂时代”的演讲。

8 月 21 日，山西汾酒荣获“2011CCTV 十佳回报上市公司”称号，并入选央视财经 50 指数。

9 月 1 日，杏花村汾酒厂股份公司新酿酒车间竣工投产。

9 月 17 日，汾酒荣获“全国顾客最佳满意十大品牌”。

9 月 21 日，山西汾酒集团在北京隆重召开纪念大会，庆祝“汾酒 · 共和国第一国宴用酒 62 周年”。

12 月 8 日，汾酒集团召开实现销售收入百亿目标专家研讨会。汾酒专家咨询委员会主任万良适等 20 余名领导和专家应邀出席了研讨会，集团公司董事长李秋喜做了题为“积聚力量，战略发展，实现百亿目标”的报告，正式提出了提前三年实现销售收入百亿元目标的战略部署。

是年，汾酒集团公司技改工程完工，原酒生产能力达到 1.8 万吨。

是年，杏花村汾酒酿造技艺被列入世界非物质文化遗产的建议名单。

是年，我国外交部在经过实地考察、仔细甄选后，最终确定把汾酒作为国家领导人出国访问时赠送外国元首的礼品酒。

是年，酒厂共有职工 9918 人，固定资产原值 159179 万元，固定资产净值 80567 万元，销售收入 784970 万元。

# 2011年青花40青花汾酒

规　　格 | 55%vol　500mL

参考价格 | RMB 5,800

生产日期

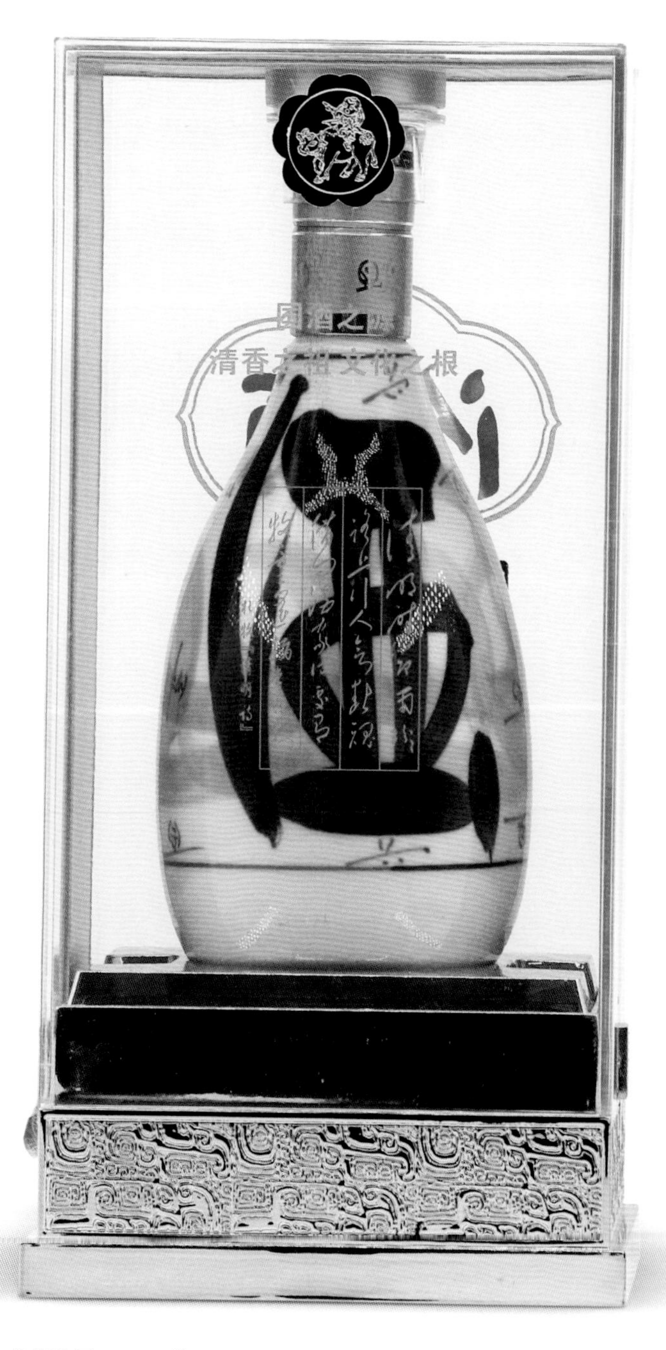

2011年55%vol青花40青花汾酒500mL装

青花25汾酒

**相关记事：**

2011年，康健组织建立了山西杏花村汾酒厂股份有限公司新产酒计算机品评系统，该项成果2012年获得国家QC小组一等奖，同时被山西省科技委员会鉴定为“国际先进水平”成果。

是年，康健参与了《露酒》国家标准的起草，该标准获山西省科技进步三等奖。他还参与了低度汾酒、低度竹叶青酒产品的开发，获得了中国轻工总会“优秀新产品奖”；参与设计的青花瓷汾酒包装获轻工部优秀工业设计一等奖。

**商标：**

2011年11月18日，杏花村牌白玉汾酒启用全新的磨砂玻璃瓶与酒标，配套连体圈塑料柱芯防伪瓶盖上有数字“10”字样，银色折叠硬质礼盒。酒标为烤花标，上有“酒如玉，情如玉”字样，下面的酒标上有“白玉汾酒”“露酒”字样。瓶盖顶部喷生产日期及流水号。

11月，玫瑰汾酒（45°/225mL、500mL）启用全新的两种酒瓶，一种是深红色玻璃瓶，配套连体圈塑料柱芯防伪瓶盖上有数字“10”字样，银色折叠硬质礼盒。一种是黑色磨砂瓶，配套连体圈塑料柱芯防伪瓶盖上有数字20字样，黑色折叠硬质礼盒。商标名称为“杏花村”，酒标为烤花工艺，酒标上有“玫瑰汾酒”“露酒”字样。生产日期打在盒顶部。

12月22日，杏花村牌白玉汾酒（45°/ 500mL）在原来磨砂玻璃瓶的基础上增加了青瓷酒瓶，青色配套连体圈塑料柱芯防伪瓶盖上有数字“20”字样，直光柱激光金色硬质礼盒。商标名称为“杏花村”，瓶盖顶部喷生产日期及流水号。

# 2012年竹叶青牌国酿竹叶青酒

规　　格 | 45%vol　500mL 250mL 50mL

参考价格 | RMB 1,299 / 600 / 300

2012年38%vol 竹叶青酒125mL装　2012年38%（V/V）玫瑰汾酒250mL装

2012年45%vol竹叶青牌国酿竹叶青酒500mL、250mL、50mL装

2012年，汾酒集团获省级非物质文化遗产生产性保护示范基地证书。

2012年，国藏汾酒荣获首届中国白酒金樽奖奖杯。

2012年，汾酒厂股份有限公司获中国上市公司资本品牌百强奖牌。

**相关记事:**

2012 年 1 月 9 日，汾酒集团董事长李秋喜荣获 2011 年度“人民社会责任杰出贡献人物奖”。

4 月 16 日，杏花村酒业集中发展区年产 10 万吨白酒项目合作框架协议签约仪式暨发起设立山西杏花村汾酒集团酒业发展区股份有限公司大会隆重举行，汾酒集团李秋喜董事长与中汾酒业投资有限公司白卫国董事长代表合作双方签订协议。

4 月 29 日，汾酒集团党委副书记阚秉华、副总经理常建伟荣获“山西省五一劳动奖章”。

5 月 26 日，在北京举办的第六届中国上市公司市值管理高峰论坛上，汾酒厂股份有限公司荣获“2012 年度中国上市公司市值管理百佳”“2012 年度中国上市公司资本品牌百强”“2012 年中国上市公司资本品牌溢价百强”三项殊荣尽收囊中。

6 月 5 日，汾酒集团组建公司首届董事会，董事长由汾酒集团董事长李秋喜兼任，副董事长由中汾投资公司白卫国和汾酒集团总经理谭忠豹担任。同时，组建汾酒集团首届监事会，监事会主席由宋月照担任。

6 月 9 日，汾酒集团被列入省级非物质文化遗产生产性保护示范基地。

6 月 15 日，山西杏花村汾酒集团酒业集中发展区股份有限公司正式成立，注册资金 10 亿元。

6 月 28 日，世界品牌实验室（World Brand Lab）在北京公布了 2012 年（第九届）“中国 500 最具价值品牌”排行榜。在这份基于财务、消费者行为和品牌强度分析排行榜中，汾酒集团的“杏花村”品牌以 73.26 亿元人民币的品牌价值再次荣登榜单，较 2011 年增加 7.77 亿元，创出品牌价值新高。

10 月，王凤仙牵头组织设计的“基酒质量监控系统（白酒品评系统）”被山西省科技厅鉴定为“国际先进水平”。

11 月 6 日，汾酒集团销售收入已经突破百亿元，达到 100.18 亿元，提前三年实现了“十二五”确定的百亿目标。

11 月 17 日，国家文物局经过考察、论证、专家评定，将杏花村酿酒作坊遗址列入世界文化遗产预备名单名录。

12 月 31 日，“汾”字商标被国家工商总局商标局正式认定为中国驰名商标。至此，汾酒集团已拥有“杏花村”“竹叶青”和“汾”字三项中国驰名商标。

是月，第 18 届“中国最具价值品牌百强榜”在英国伦敦揭晓，榜单涉及国内 35 个竞争性行业的 50 个产品类别。汾酒集团“杏花村”品牌以 83.17 亿元的价值位列榜单第 36 名，同时也是山西省唯一入选的品牌。

是年，韩英被中华全国妇女联合会中商业联合会授予“2010 ～ 2011 年度全国商业服务业中国建功标兵”称号。

是年，汾酒 · 国藏汾酒荣获 2012 年度首届中国白酒“金樽奖”。

是年，郝持胜荣获“2012 年度全国技术能手”。

是年，刘江生被山西省人力资源和社会保障厅授予“刘江生技能大师工作室”。

是年，汾酒（集团）公司党委书记王敬民，副书记李秋喜、阚秉华、高润珍；董事长李秋喜，副董事长王敬民；总经理谭忠豹，副总经理高占山、刘力、李志龙、李卫平、杨建峰、常建伟。

是年，酒厂共有职工 11414 人，固定资产原值 179372 万元，固定资产净值 92935 万元，销售收入 1073321 万元。

# 2013年青花30青花汾酒

规　　格 | 53%vol　850mL

参考价格 | RMB 1,980

2013年53%vol青花30青花汾酒850mL装

青花汾酒
青花
30
55%vol
典藏
3L
装
汾
青花
30
戊戌典藏

# 2013年特酿、精酿竹叶青酒

规　　格 | 45%vol　500mL

参考价格 | RMB 600 / 500

2013年45%vol特酿竹叶青酒500mL装

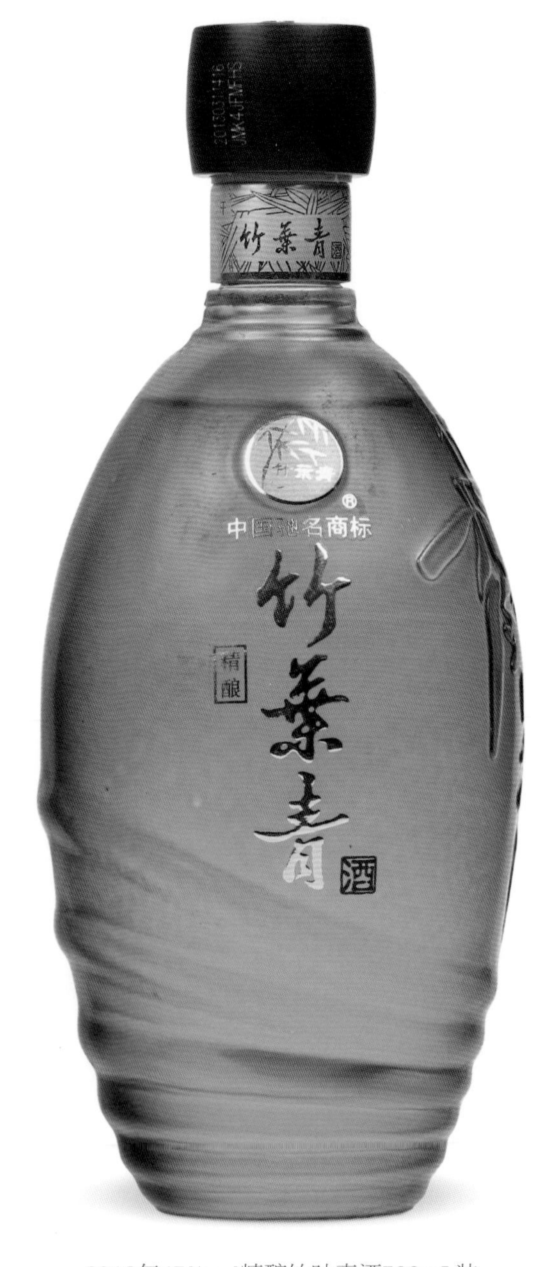


2013年45%vol精酿竹叶青酒500mL装

2012年2月16日，山西杏花村汾酒集团有限责任公司召开三届一次职工代表大会。

**相关记事：**

2013 年 1 月 30 日，董事长李秋喜光荣当选山西省第十二届人民代表。

2 月 5 日，汾酒荣登影响世界的中国力量品牌 500 强。

3 月 6 日，公司董事长李秋喜应邀参加由中国酒业协会举行的“酒界全国人大代表座谈会”。

3 月 25 日，汾酒集团中国白酒酿酒高粱研究中心在省农科院高粱研究所挂牌成立。

6 月 14 ～ 16 日，2013 年中国酒业协会国家级评酒委员年会在山西省太原市晋祠宾馆隆重召开。中国酒业协会理事长王延才，汾酒集团公司董事长李秋喜，贵州茅台集团名誉董事长、中国白酒标准化技术研究主任季克良及著名白酒专家、中国酒业协会、山西省酿酒工业协会有关同志及全国 200 余名国家级评酒委员参加年会。

8 月 19 日，汾酒集团在京隆重发布新品“杏花村 3 号酒”。

是日，在第二十届中国国际广告节中，汾酒集团荣获广告节最高奖“2013 中国广告长城奖营销传播案例金奖”，集团公司副总经理、汾酒销售公司总经理常建伟荣获“功勋人物奖”。

10 月，汾酒入围“2013 最佳中国品牌价值排行榜”50 强。

是年，赵迎路被评为“感动山西十大人物”，他作为教授级高级工程师是汾酒科研事业带头人之一。

是年，汾酒集团荣获“全国企业文化建设特殊贡献单位”。

**商标：**

2013 年 9 月 3 日，“古井亭”牌内销玻璃瓶汾酒，使用的酒标在原酒标基础上进行了修改，酒标分为红色（42°/475mL）和黄色（48°、53°/475mL）两种，红色酒标的颈标和正标边框及周围的高粱穗使用金黄色、红色，正标没有标注规格。黄色酒标颈标和正标为金黄色边框，左上方和右上方是云朵，正标上标注规格。

# 2014年汾牌甲等老白汾酒

规　　格 | 53%vol　2.5L

参考价格 | RMB 1,980

2014年53%vol汾牌甲等老白汾酒2.5L装

# 2014年汾牌甲等老白汾酒

规　　格 | 42%vol　850mL 500mL 225mL

参考价格 | RMB 730 / 380 / 240

**相关记事：**

2014 年 5 月 19 日，汾酒集团在北京隆重举行以“荣耀百年 唱响清香”为题的汾酒荣获巴拿马万国博览会甲等金质大奖章 100 周年系列纪念活动启动仪式。

6 月，成立了山西汾酒创意定制有限公司。

8 月 22 ～ 24 日，“山西品牌中华行 · 汾酒”澳门站在澳门威尼斯人酒店会展中心 A 馆举行。

9 月 16 日，“山西品牌中华行 · 汾酒”在南宁站开幕了。

2014年42%vol汾牌甲等老白汾酒850mL、500mL、225mL装

# 汾牌甲等老白汾酒

规　　格 | 53%vol　2.5L　850mL　500mL　225mL

参考价格 | RMB 1,980 / 780 / 380 / 240

2.5L装

850mL装

**相关记事：**

2014 年 9 月 24 日，汾酒创意定制示范店（汾酒竹叶青 0999 号旗舰店）暨纪念汾酒荣获“巴拿马万国博览会甲等大奖 100 周年”纪念酒上市发布会。

10 月 9 日，“寻找大众酒榜样”颁奖中，甲等老白汾、竹叶春荣膺“大众酒榜样”。

10 月 21 日，在首届“中国首席白酒品酒师颁证大会”中，汾酒集团的王凤仙在 46 位“中国白酒首席品酒师”中脱颖而出，成为 13 位“中国白酒首席女品酒师”之一。

**商标：**

外销汾酒商标：2014 年 2 月 9 日，外销玻璃瓶汾酒（53° / 500mL）正标上去掉“中国驰名商标”字样。

500mL装

225mL装

# 2015年杏花村牌出口10汾酒

规　　格 | 53%vol　500mL

参考价格 | RMB 198

2015年53%vol杏花村牌出口10汾酒500mL装

**相关记事：**

2015 年 1 月 11 日，66°世博汾酒投资拍卖会在太原凯宾斯基饭店举行。此次拍卖会对编号具有特殊意义的 9 坛 66°世博汾酒进行了拍卖，拍得的 35.8 万元全部注入汾酒慈善公益基金。

1 ～ 3 月，汾酒实现营业收入 14.36 亿元，同比下降 7.82%；实现净利润 2.15 亿元，同比下降 37.1%。山西汾酒表示，报告期净利润减少，主要系本期主营业务收入减少及毛利率下降所致。

2 月，山西汾酒集团荣膺“2014 年度最受投资者尊重的百强上市公司”称号。

是月，中国酒业协会聘任汾酒集团董事长李秋喜为 2015 年度中国酒业协会文化委员会轮值主席，聘任期限为 2015 年 3 月 1 日至 2016 年 2 月 29 日。

3 月 18 日，汾酒集团在太原万达国际酒店举行杏花村品牌战略发布暨甲级杏花村酒新品发布会。这是汾酒集团“三大品牌、三轮驱动”战略实施的新年首作。

3 月 23 日，汾酒集团战略新品“海峡情汾酒”亮相 2015 年春季糖酒会。

3 月 24 日，“青花汾酒 15 年”荣获“国酒香 ・2015 年度中国酒业 20 大明星新品——名酒星锐奖”。

4 月 25 日，汾酒集团发布“汾酒执行与国际标准接轨的食品安全内控标准”。

4 月 28 日，由中国酒业协会主办的 2015 中国国际“酒与社会”论坛在北京召开。中国酒业协会文化专业委员会轮值主席、山西杏花村汾酒集团有限责任公司董事长李秋喜发表“中国酒文化的传承与创新”，从“四个传承、三个创新”的角度解读了中国酒文化、挖掘白酒本质。

汾酒老作坊博物馆

# 2015年竹叶青牌10精酿竹叶青酒

规　　格 | 42%vol　500mL

参考价格 | RMB 388

2015年42%vol竹叶青牌10精酿竹叶青酒500mL装

汾酒老作坊博物馆

**相关记事：**

2015 年 5 月 27 日，中国酒业协会名酒收藏委员会汾酒老酒专场鉴定会在山西杏花村信义堂举行。

9 月 1 日，汾酒集团与第二十四届中国金鸡百花电影节举行签约仪式，汾酒成为本届电影节指定用酒。

9 月 15 日，公司领导出席巴拿马百年纪念碑揭幕仪式。杏花村汾酒老作坊遗址博物馆举行开馆仪式。

是日，汾酒集团在酒都宾馆萃园堂举办了以“创新与实干”为主题的全国晋商商会论坛。

9 月 19 日，汾酒集团隆重举行了汾酒荣获巴拿马万国博览会甲等金质大奖章 100 周年文艺晚会。汾酒召开荣获巴拿马甲等金质大奖章 100 周年经销商座谈会。

11 月 19 日，在山西省太原市星河湾酒店举行 42° /10 年老白汾酒新品发布会暨推广招商会议。

11 月 30 日，山西杏花村汾酒厂股份有限公司荣膺“中国商标金奖——商标运用奖”。

是年，汾酒集团牵头成立中清酒业酿造技艺发展中心。

是年，山西省人力资源与社会保障厅成立“技能大师工作室”。

# 2016年十五年陈酿鸿运老白汾酒

规　　格 | 42%（V/V）　2250mL

2016年42%（V/V）十五年陈酿鸿运老白汾酒2250mL装

**相关记事：**

2016 年 1 月 28 日，山西杏花村汾酒厂股份有限公司多年倾心打造的头锅原浆汾酒上市发售。

3 月 22 日，由汾酒集团与微酒联合主办的第四届中国酒业营销趋势论坛上，李秋喜为 5 亿酒民发声：“全国 5 亿酒民的安全健康比经济增长重要若干倍！”

4 月 22 日，汾酒集团旗下上市公司山西汾酒召开六届二十次董事会，审议通过 2015 年年度报告、2016 年一季报及其他事项。2015 年度实现营业收入 41.29 亿元，同比增长 5.43%。实现归属于上市公司股东净利润 5.21 亿元，同比增长 46.34%。并向全体股东每 10 股派发 3.2 元现金股利（含税），共计 2.78 亿元。

4 月 26 日，汾酒集团荣膺“全国 2015 年度十大维权打假先进单位”。

7 月 27 日，汾酒商学院正式揭牌成立。

7 月 29 日，山西杏花村汾酒科技开发有限责任公司成立。“对流首届青花汾酒当代艺术发展开启之旅”在汾酒集团隆重举行。

8 月 2 日，中央电视台财经频道重磅推出的财经人物纪录片“汾酒《遇见大咖》”第三季开机仪式暨“中国经济半年报：中国企业变与不变”主题演讲。

9 月 5 日，汾酒集团“FSI e+”项目启动大会在山西杏花村信义堂召开。

10 月 9 日，汾酒股份公司荣获“山西省质量奖”。汾酒 2016 重阳封藏大典在山西省汾阳市杏花村隆重开幕。

12 月 26 日，2016 年汾酒集团经销商大会在太原召开，汾酒 421 余名经销商参加了此次会议。

中国汾酒城

# 2017年汾牌龙凤如意汾酒

规　　格 | 48%vol　475mL

参考价格 | RMB 118

2017年48%vol汾牌龙凤如意汾酒475mL装

**相关记事：**

2017 年 1 月 10 日，汾酒集团总经理、汾酒股份公司董事长谭忠豹在“2016 十大经济年度人物”评选中荣获经济年度人物奖。

2 月 23 日，李秋喜同志兼任汾酒集团公司党委书记。

是年初，李秋喜代表汾酒集团与省国资委签下了三年任期经营目标责任书，打响了山西省国资国企改革的第一枪。作为企业负责人，他亲力亲为，靠着敢闯敢干、勇于创新，带领汾酒人超预期完成了责任书确定的目标，创造了令人瞩目的“汾酒速度”，打造出富有山西特色的国企改革“汾酒样本”。

3 月 21 日，由汾酒股份公司旗下竹叶青品牌、酒业第一新媒体酒业家联合主办的“葛根竹叶青——2017 中国健康白酒论坛”在成都环球中心天堂洲际大酒店召开。

3 月 22 日，2017 年汾酒集团春季糖酒会以“把握机遇 创赢未来”为主题的经销商大会在成都环球中心天堂洲际大酒店隆重召开。

8 月 25 日，2017 山西（汾阳 · 杏花村）世界酒博会媒体见面会在太原召开。

10 月 9 日，汾酒股份公司荣获“第二届山西省质量奖”。

是年，汾酒集团被确定为山西省国资国企改革的“试点”企业。

杏花村雨后　（魏镇绘）

# 2018年杏花村牌20清香典雅汾酒

规　　格 | 55%vol 45%vol　500mL

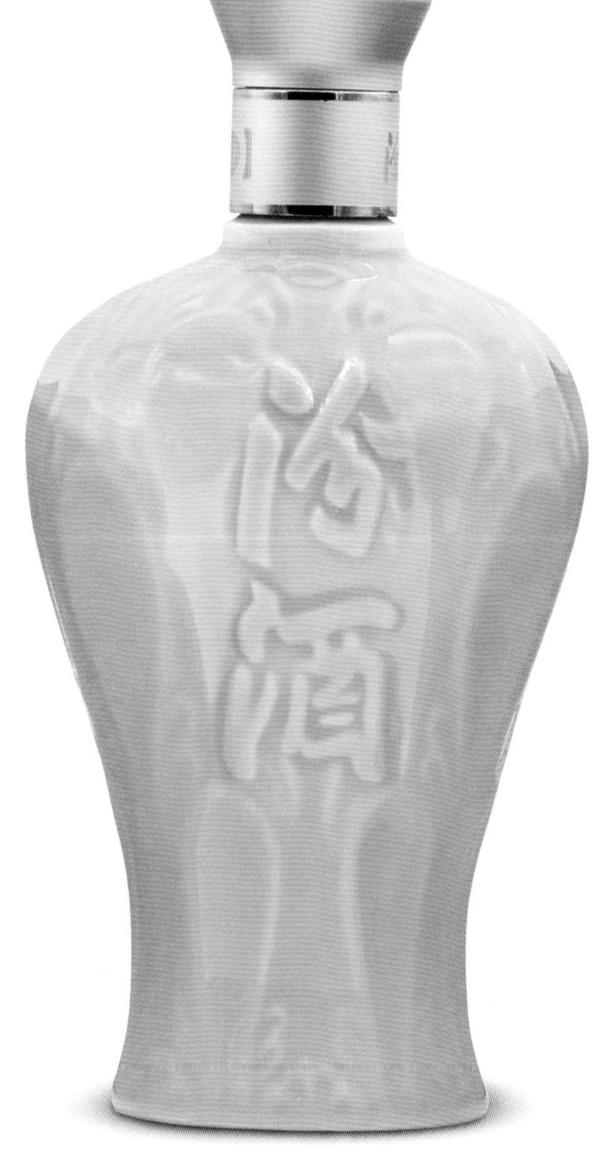

2018年55%vol杏花村牌20清香典雅汾酒500mL装

2018年45%vol杏花村牌20清香典雅汾酒500mL装

# 2018年品味·杏花村礼盒

规　　格 | 60%vol 38%vol 40%vol　150mL×4

参考价格 | RMB 788

山西杏花村汾酒厂股份有限公司

产品合格证

产品名称　品味·杏花村

规　　格　150mL×4（瓶）

检 验 员　02

生产日期　20181 10

2018年60%vol汾酒、38%vol竹叶青、40%vol白玉汾酒、40%vol玫瑰汾酒　品味·杏花村礼盒150mL×4装

**相关记事：**

2018年1月31日，董事长李秋喜当选第十三届全国人大代表。

4月24日，以“创意·创新·创举”为主题的2017河南酒业年度总评榜颁奖典礼中，汾酒厂股份公司总经理常建伟荣获“荣耀中原2017酒业领袖”奖，汾酒青花30获“2017河南市场畅销酒奖”。

5月1日，第九届中美企业峰会在美国洛杉矶举办，青花汾酒成为本次峰会官方指定用酒。同时，汾酒荣膺“2018中美企业峰会最具价值中国国家品牌名片”，汾酒品牌国际化发展迎来新的历史时刻。

5月21日，李秋喜荣获“中国酒业改革开放40年功勋人物”奖。

5月25日，汾酒荣膺联合国工业发展组织指定合作单位。

5月29日，汾酒集团党委书记、董事长李秋喜，总经济师杨波，董事会秘书长张琰光，总经理助理、国贸投资公司董事长潘杰等领导拜访了中国驻俄大使馆。中国驻俄大使馆公使衔参赞李静援对汾酒代表团的到来表示了热烈欢迎。李静援表示，随着中俄两国高层互访不断加强，两国关系日渐升温，汾酒作为中国白酒的代表来到俄罗斯恰逢其时。

5月30日，汾酒集团党委书记、董事长李秋喜带队考察调研了具有悠久历史的伏特加酒厂——俄罗斯水晶酒厂。

6月8日，第二届山西（汾阳·杏花村）世界酒文化博览会新闻发布会。

# 2018年杏花村牌百年1915荣耀20汾酒

规　　格 | 53%vol 42%vol　475mL

参考价格 | RMB 428

**相关记事：**

2018 年 9 月 19 日，“产区引领下的中国白酒国际化之——2018 中国名酒杏花村论坛”在山西省汾阳市贾家庄召开。

是月，30 年头锅原浆汾酒以 500 万卖出，刷新汾酒拍卖纪录。

是月，中国最大的清香型白酒生产基地——“中国汾酒城”揭牌。

2018年42%vol杏花村牌百年1915荣耀20汾酒475mL装

# 2018年杏花村牌15封坛老白汾酒

规　　格 | 53%vol 42%vol　475mL

参考价格 | RMB 298 / 288

**相关记事：**

2018 年 12 月 17 ～ 21 日，第二届中国国际名酒文化节在四川宜宾举办。而就在 12 月 16 日晚间，汾酒集团党委书记、董事长李秋喜，茅台集团党委书记、董事长李保芳，五粮液集团党委书记、董事长李曙光在宜宾聚首同框，行业热议已久的“三香三甲”现象被瞬间定格，三家企业互相站台、互为“助攻”。

2018年53%vol杏花村牌15封坛老白汾酒475mL装

2018年42%vol杏花村牌15封坛老白汾酒475mL装

# 2018年竹叶青牌30竹叶青酒

规　　格 | 45%vol　500mL

参考价格 | RMB 1,699

2018年45%vol竹叶青牌30竹叶青酒500mL装

# 2018年杏花村牌玫瑰汾酒

规　　格 | 40%vol　475mL

参考价格 | RMB 158 / 158

2018年40%vol杏花村牌玫瑰汾酒475mL装

# 2019年青花40青花汾酒

规　　格 | 55%vol　500mL

参考价格 | RMB 3,288

**相关记事：**

2019 年 3 月 1 日，纪念山西汾酒上市 25 周年改革发展论坛在太原举行。

3 月 5 日，A 股震荡走高，山西汾酒自开盘起一路走高至涨停，报收 100.17 元，涨停“破百”。山西汾酒也成为继贵州茅台、五粮液、洋河股份、古井贡酒后第 5 支破百白酒股。

5 月 13 日，汾酒总市值成功突破千亿元“大关”，成为山西板块市值“第一股”。

2019年55%vol青花40青花汾酒500mL装

# 2019年杏花村牌老白汾酒、汾酒

规　　格 | 42%vol 48%vol　475mL

参考价格 | RMB 128 / 108

**相关记事：**

2019 年 8 月 8 日，第三届山西（汾阳 · 杏花村）世界酒文化博览会暨 2019（山西 · 杏花村）比利时布鲁塞尔国际烈性酒大奖赛在首都北京举行了第二次新闻发布会。

是日，汾酒科技大会在山西杏花村隆重举行。此次大会是汾酒科技发展史上的又一个重要里程碑，也是一条开放式科技创新平台全新路径。汾酒将充分利用专业团队资源，强化科技创新引领支撑，推动汾酒全产业链实现纵深突破；勇担新使命，形成对行业发展具有重大意义的研究成果，有力推动中国白酒行业高质量发展。

8 月 21 ～ 25 日，在山西 · 杏花村举行 2019 比利时布鲁塞尔国际烈性酒大赛。

9 月 19 日，第三届山西（汾阳 · 杏花村）世界酒文化博览会在汾阳市中国汾酒城盛大开幕。

2019年42%vol杏花村牌醇柔老白汾酒475mL装

2019年48%vol杏花村牌汾酒475mL装

# 2019年古井亭牌汾酒

规　　格 | 53%vol 48%vol　500mL 475mL

参考价格 | RMB 98 / 188

**相关记事:**

2019 年 10 月，山西省文化和旅游厅认定郝持胜为省级非物质文化遗产代表性项目“竹叶青泡制技艺”的代表性传承人。

11 月 5 日，国家级非物质文化遗产——汾酒古法酿造工艺，代表“中国品质”在中国国际进口博览会展示。

12 月 28 日，山西大学杏花村学院（山西酿造产业研究院）揭牌成立。

是月，汾酒集团召开 2019 年第三次临时股东大会，汾酒董事会完成换届，标志着汾酒集团体制改革任务的完成。汾酒实现整体上市，成为山西第一家，也是白酒产业第一家整体上市的国有企业。三年改革后，启动了竹叶青大健康产业，打造第二增长极，实现了两次变革、两次突破。汾酒集团成为白酒产业唯一入选国务院国企改革“双百行动”企业。

2019年53%vol古井亭牌
粤味香汾酒500mL装

2019年48%vol古井亭牌汾酒475mL装

# 2019年玫瑰汾酒

规　　格 | 40%（V/V） 500mL

参考价格 | RMB 3,888

2019年40%（V/V）玫瑰汾酒500mL装

2019年40%（V/V）玫瑰汾酒500mL装

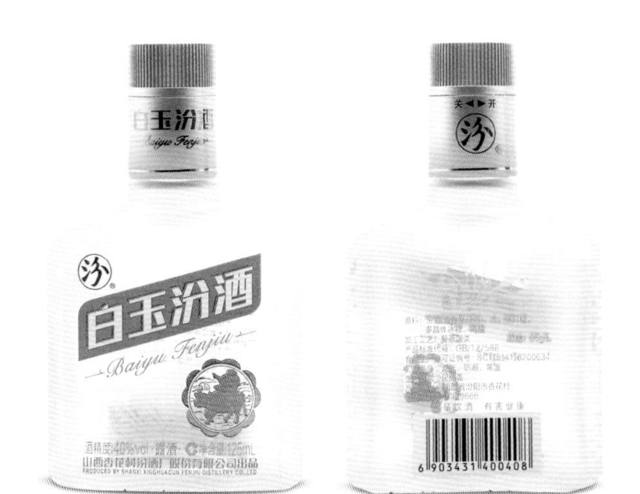


40%vol汾牌白玉汾酒125mL装

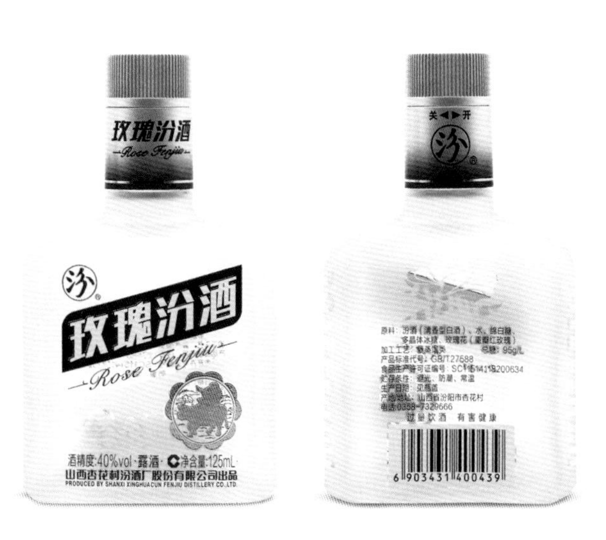


40%vol汾牌玫瑰汾酒125mL装

# 2019年汾牌福禄寿喜双耳汾酒

规　　格 | 42%vol　475mL

参考价格 | RMB 128

2019年42%vol汾牌福禄寿喜双耳汾酒475mL装

# 2019年汾牌玫瑰汾酒

规　　格 | 38%vol 40%vol　500mL 375mL 125mL

参考价格 | RMB 168 / 128 / 58

**相关记事：**

2019年12月26日，以“不忘初心，凝心聚力再出发”为主题的2019汾酒全球经销商大会在山西太原隆重举行。汾酒党委书记、董事长李秋喜发表重要讲话。他表示，过去三年是汾酒历史上极不容易、极其艰难、翻天覆地的三年。在全体汾酒人和经销商伙伴的共同努力下，汾酒整体上市取得关键性成果，三年军令状提前完成并提交优秀答卷。李秋喜同时也强调，汾酒改革永远在路上，他还勉励所有汾酒人，继续保持昂扬的奋斗姿态，坚定汾酒复兴的伟大梦想，实现汾酒价值再升华。

2019年38%vol汾牌
玫瑰汾酒500mL装

2019年40%vol汾牌
玫瑰汾酒375mL装

2019年40%vol汾牌
玫瑰汾酒125mL装

# 2020年杏花村牌汾酒

规　　格 | 42%vol　500mL

参考价格 | RMB 138

**相关记事：**

2020 年 3 月 23 日，汾阳杏花村酒文旅融合规划汇报会在山西杏花村信义堂召开。

是月，竹叶青大健康产业重新出发，从发布战略新品到举办系列活动，实现销量、声誉全方位提升。

是月，汾酒以现金方式对竹叶青公司增资 6 亿元。随着“山西竹叶青大健康产业项目改革方案”进入执行阶段，竹叶青品牌宣告重启。

5 月，汾酒召开宣传思想文化工作会议，提出“211985”汾酒复兴文化宣传战略。

2020年42%vol杏花村牌汾酒500mL装

# 2020年汾酒博物馆复古生产线酿造汾竹白玫

规　　格 | 65%vol　38%vol　40%vol　100mL×4

参考价格 | RMB 788

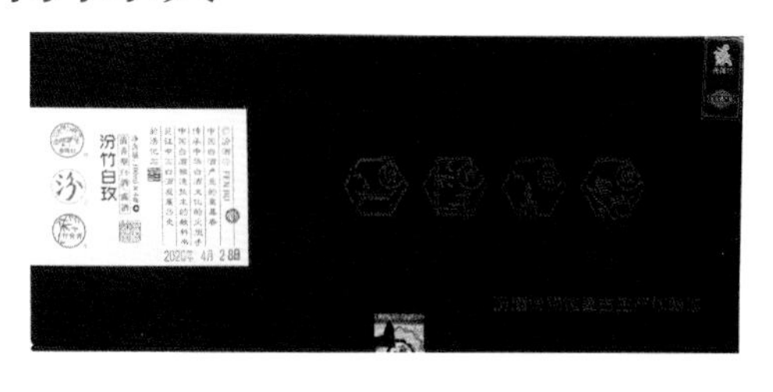

2020年65%vol汾酒、38%vol竹叶青、40%vol白玉汾酒、40%vol玫瑰汾酒　汾酒博物馆复古生产线酿造100mL×4装

**相关记事:**

2020年7月14日，汾酒新型学徒制工作推进大会在山西杏花村信义堂召开，标志着山西省首家企业新型学徒制培训单位正式启动。山西杏花村汾酒厂股份有限公司荣获2019年度"科学技术发明奖""科学技术进步奖"两项殊荣。

7月22日，2020年汾酒食品质量安全工作会在山西杏花村信义堂召开。

8月6日，"探寻文化汾酒 · 品味大国清香"人民网走进汾酒交流座谈会在萃元堂举行。

8月25日，中国酒业协会理事长宋书玉率队到汾酒调研2020年白酒产业发展情况。

9月1日，"行走的汾酒2020"新闻发布会在山西汾阳杏花村举行。历经两年"行走"之后，"行走的汾酒"这一酒业超级IP，在得到业内外广泛认可的同时，经全面升级之后，开启了2020年的"行走"。

9月5日，一瓶国藏汾酒拍卖出209万的天价，刷新了由1959年的车轮牌茅台在2020年6月创下的103万的交易纪录。

9月28日，以"敬天 · 爱人 · 传承"为主题的2020汾酒封藏大典，在山西省汾阳市杏花村汾酒体育场正式拉开帷幕。"活态文化"打开汾酒复兴新局面。

10月11日，2019～2020年度中国酒业青云奖在济南揭幕，六大类、16个奖项一一揭晓。在众多优秀品牌和优秀产品竞选中，汾酒脱颖而出，收获颇丰，共计拿下10个奖项：汾酒党委书记、董事长李秋喜荣获"年度标志人物大奖"，汾酒总经理谭忠豹被评为"年度影响力人物"，汾酒副总经理常建伟被评为"年度营销大师"，汾酒副总经理、汾酒销售公司总经理李俊被评为"年度青年榜样"。汾酒中国装被评为"年度高端产品"，玻汾被评为"年度大众畅销产品"，汾酒大师 · 青韵、石门沟酒被评为"年度新锐产品"，行走的汾酒被评为"年度经典品牌案例"，汾酒商学院被评为"年度经典营销案例"。

10月25日，"大国之酿 青花汾酒"——青花汾酒30复兴版 · 华致酒行首发签约仪式在北京举行，这是青花汾酒30 · 复兴版继2020年9月9日发布后，首次走向线下市场。

# 2020年杏花村牌竹叶青酒套装

规　　格 | 42%vol　45%vol　53%vol　55%vol　500mL×4

参考价格 | RMB 1299

**相关记事：**

2020 年 11 月 6 日，汾酒公司召开干部大会。会上，齐海斌宣读了任免决定。经中共山西省委、山西省人民政府决定：李秋喜同志任山西杏花村汾酒集团有限责任公司党委委员、书记、董事长。

经山西省人民政府、中共山西省委组织部决定：谭忠豹同志任山西杏花村汾酒集团有限责任公司党委委员、副书记、副董事长，正职待遇，主持经理层工作。高志武同志任山西杏花村汾酒集团有限责任公司党委委员、纪委书记。杨波同志任山西杏花村汾酒集团有限责任公司党委委员、董事。决定提名杨建峰、常建伟、李明强为山西杏花村汾酒集团有限责任公司副总经理人选。

2020年42%vol竹叶青酒500mL装

2020年45%vol竹叶青酒500mL装

**相关记事:**

2020 年 11 月 28 日，杏花村文旅公司正式揭牌成立。

12 月 28 日，“文化汾酒”复兴战略研讨会在北京举行。研讨会以“文化汾酒 活态为魂”为主题，邀请了文化和旅游行业相关部委、协会、专家学者，就如何以文化创新引领文化复兴，推动“汾酒新文化运动”，打开汾酒集团改革“双轮驱动”新局面等内容，展开了深入探讨。

12 月 31 日，山西汾酒收盘价达到每股 375.29 元，一年间股价累计上涨超过 300%，在 19 家白酒上市公司中排名第二，跑赢上证指数 25 倍之多；市值最高超过 3200 亿元，是 A 股山西板块市值最大的公司。

2020年53%vol竹叶青酒500mL装

2020年55%vol竹叶青酒500mL装

# 2021年青花50青花汾酒

规　　格 | 55%vol　500mL

参考价格 | RMB 5,999

**相关记事：**

2021 年，实现营收 199.71 亿元，同比增长 42.75%；归属净利润 53.14 亿元，同比增长 72.56%。

1 月 6 日，山西汾酒盘中最高价达 406.03 元，首破 400 元。截至收盘，山西汾酒最新价为 395 元 / 股，上涨 2.42%，总市值达 3442.54 亿元。

3 月 24 日，享有“诗酒天下第一村”美誉的山西汾阳杏花村披上了节日的盛装，第五届汾酒杏花节隆重开幕。

4 月 23 日，由中国酒业协会主办，以“开新篇 布新局 行致远”为主题的第十届中国白酒 T9 峰会在湖北宜宾召开。汾酒党委书记、董事长李秋喜做了题为“遇见 洞见 远见”的主题演讲。

2021年55%vol 青花50青花汾酒500mL装

**相关记事：**

2021 年 4 月 23 日，中国酒业协会第六届理事会第二次（扩大）会议在北京召开。汾酒荣获中国酒业科技突出贡献奖，公司党委委员、董事杨波被评选为“2020 年中国酒业科技领军人才”，公司技术中心“清香型白酒热季微生态定向调控发酵技术开发”项目荣获中国酒业协会科学技术进步奖，技术中心主任韩英发表的论文《基于风味和产酶性能的霉菌 M2 的筛选及制曲工艺优化》荣获中国酒业协会科技进步优秀论文一等奖。

5 月 9 日，2021 中国品牌价值评价信息发布暨中国品牌建设高峰论坛在上海举行。李秋喜董事长作为特邀嘉宾，向与会领导、嘉宾及媒体朋友们做了题为“始于文化，忠于品质，成于担当”的主题演讲。

5 月，汾酒集团确定了“66415”的“十四五”发展规划目标，引领汾酒复兴。

6 月 18 日，汾酒党委书记、董事长李秋喜主持召开山西汾酒 2020 年年度股东大会。会上，谭忠豹作了 2020 年度董事会工作报告。报告指出，2020 年，公司紧紧围绕年度工作计划，全面推进创新，统筹改革发展，各项业务延续了稳中有进、稳中向好的发展态势，实现营业收入 139.9 亿元，同比增长 17.63%；实现归属于上市公司股东的净利润 30.79 亿元，同比增长 56.39%。

6 月 30 日，山西汾酒市值突破 4000 亿元。

是日，大咖云集的新时代经济文化之美论坛和青花汾酒 40・中国龙上市发布会在上海世博园中国馆隆重举行。

9 月 25 日，2021 汾酒封藏大典盛大开幕。

10 月 21 日，汾酒新增原酒产能储能项目启动仪式隆重举行。山西杏花村酒文旅融合项目奠基仪式隆重举行。

12 月 8 ～ 9 日，中国白酒老作坊联合申遗前期工作调研组莅临汾酒集团，前往汾酒老作坊、汾酒博物馆、中国汾酒城和保健酒园区等地做了实地探访，对汾酒的历史、文化、酿造技艺以及文物保护等做了深入了解，并在山西杏花村萃元堂召开了中国白酒老作坊联合申遗汾酒调研座谈会。

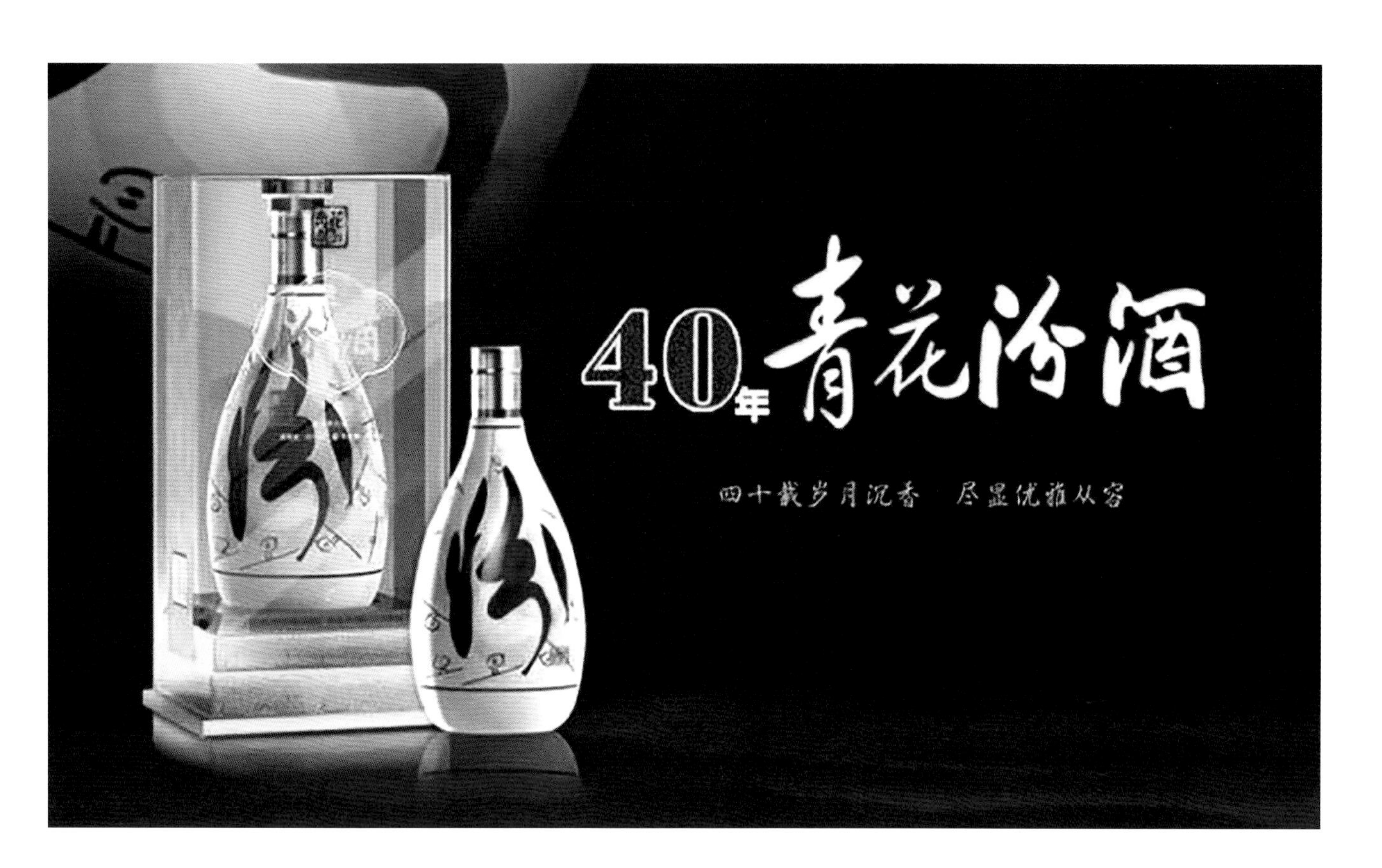


40年青花汾酒

# 2021年青享30版竹叶青酒

规　　格 | 53%vol　500mL

参考价格 | RMB 1,999

**相关记事：**

2021 年 12 月 17 日，袁清茂出任汾酒集团党委书记、董事长，同时担任山西汾酒股份公司党委书记。12 月 19 日，山西汾酒股份公司发布《关于收到推荐公司董事长文件的公告》称，根据工作需要，推荐袁清茂为山西汾酒第八届董事会董事、董事长人选。

2021年53%vol青享30版竹叶青酒500mL装

# 2021年竹叶青酒

规　　格 | 42%vol 45%vol 38%vol　500mL 475mL

参考价格 | RMB 498

2021年42%vol竹叶青牌20青享版竹叶青酒500mL装

2021年45%vol竹叶青牌竹叶青酒500mL装　　2021年38%vol竹叶青牌竹叶青酒475mL装

# 2022年青花40青花汾酒

规　　格 | 53%vol　500mL

参考价格 | RMB 3，599

**相关记事：**

2022年1月4日，汾酒党委书记、董事长袁清茂调研首站来到酿酒、大曲一线，就汾酒生产工作进行调研并召开现场会。第一季度，山西汾酒预计实现营业总收入约105亿元，同比增长43%左右；预计实现归属于上市公司股东的净利润37亿元左右，同比增长70%左右。

2022年53%vol青花40青花汾酒500mL装

2022年8月1日，汾酒上半年经济运行分析会。

**相关记事：**

2022 年 1 月 7 日，汾酒集团第八届董事会第十九次会议，选举袁清茂为公司第八届董事会董事长，任期与本届董事会一致。

是日，汾酒集团党委书记、董事长袁清茂应邀出席汾阳杏花村经济技术开发区项目集中签约仪式暨中国清香型白酒核心产区 5 万吨白酒生产项目集中开工仪式。

3 月，山西汾酒发布公告称，公司拟投资 91 亿元建设实施汾酒 2030 技改原酒产储能扩建项目（一期），项目占地 128 万平方米，建设工期计划为三年。该项目建成后，预计将新增年产原酒 5.1 万吨，新增原酒储能 13.44 万吨。

3 月 10 日，山西汾酒发布 1 ～ 2 月经营情况公告，公司预计实现营业总收入 74 亿元以上，同比增长 35% 以上；预计实现归属于上市公司股东的净利润 27 亿元以上，同比增速超过 50%。

4 月 11 日，汾酒发布 2021 年度主要财务数据及 2022 年一季度经营情况公告。公告显示，2021 年，公司实现营业总收入 199.71 亿元，同比增长 42.75%；净利润为 53.14 亿元，同比增长 72.56%。其中，以竹叶青酒为主体的配制酒实现营收 12.5 亿元，同比增长 91.39%。

4 月 15 日，山西汾酒公布，公司 2018 年限制性股票激励计划第二个解除限售期解除限售条件已成就。公司符合第二个解除限售期解除限售条件的激励对象共 392 名，可解除限售的限制性股票数量为 236.145 万股，占目前公司总股本的 0.1935%。

5 月，汾酒集团党委书记、董事长袁清茂当选中共二十大代表。

6 月 7 日，汾酒董事长袁清茂与华致酒行董事长吴向东举行工作会谈。

6 月 17 日，第十一届中国白酒 T8 峰会在四川泸州召开。汾酒集团党委书记、董事长袁清茂，总经理谭忠豹应邀出席，汾酒集团党委委员、董事杨波。汾酒股份公司副总经理李俊参加峰会。

6 月 20 日，2022 年“618”购物节期间，京东汾酒官方旗舰店青花系列产品同比增长 50%。其中“青花 30 复兴版”同比增长 106%，获得“618”当天与“618”全周期的白酒品牌店铺排行榜第一的成绩，实现 2020 ～ 2022 年“618”三连冠。

6 月 21 日，山西杏花村汾酒厂股份有限公司发布 2021 年年度权益分派实施公告。本次利润分配将以方案实施前的公司总股本 1,220,073,422 股为基数，每股派发现金红利 1.8 元（含税），共计派发现金红利 21.96 亿元。

6 月 23 日，汾酒老作坊修葺揭碑仪式在汾酒老作坊博物馆隆重举行，汾酒“2022 企业文化月”大幕正式拉开。

# 2022年古井亭牌献礼版汾酒

规　　格 | 53%vol　500mL

参考价格 | RMB 109

生产日期

**相关记事：**

汾酒 · 献礼版——献给懂酒的您　1952 ～ 1989 年蝉联五届中国名酒

国家于 1952 ～ 1989 年举办五届全国评酒会，汾酒首次参加就被列入『四大名酒』并蝉联历届『中国名酒』称号。『汾酒 · 献礼版』寻味经典，致敬时代，传承匠心品质，献礼岁月风华。

2022年53%vol古井亭牌献礼版汾酒500mL装

2022年，汾酒股份公司召开2022～2023周期生产工作会议。

**相关记事：**

2022 年 7 月 4 日，汾酒集团党委书记、董事长袁清茂与洋河股份党委书记、董事长、双沟酒业董事长张联东一行举行交流座谈。

7 月 6 日，泸州市政协副主席、泸州老窖股份公司副总经理沈才洪一行来汾酒调研。

7 月 12 日，汾酒集团党委书记、董事长袁清茂参加质量检测中心党支部“喜迎二十大 奋进新征程”主题党日活动。

7 月 20 日，拥有“双非遗”传统工艺的汾酒集团竹叶青产业公司与中国丝绸领军企业杭州万事利丝绸文化股份有限公司签订战略合作意向协议，推进双方在非遗传承、文化创意、产业链上下游等领域的战略合作。

7 月 27 日，“2022 中国杏花村国际酒业博览会”新闻发布会在太原召开。

8 月 6 日，“焕新经典，献礼时代”汾酒 · 献礼版上市发布会在郑州举行。

8 月 9 日，走进“汾酒第一车间——全国主流媒体原粮（大麦）基地行”活动启动仪式在甘肃山丹军马场举行。

8 月 16 日，“传奇清香，汾酒 1500”品牌上市发布会在北京举办。

8 月 18 日，由中国酒业协会主办，山西杏花村汾酒厂股份有限公司承办的“首届中国露酒 T5 峰会”在汾酒集团隆重召开。是日，中国酒业活态文化高峰论坛暨中国酒业协会文化工作委员会年会在山西汾酒集团隆重召开。是日，由山西杏花村汾酒集团有限公司牵头起草的“中国酒业活态文化遗产团体标准”工作正式启动。

8 月 19 日，主题为“灵源善酿，世醉素风”的“中国清香型白酒市场与消费趋势论坛”于山西汾阳贾家庄裕和花园酒店会议中心盛大开幕。

8 月 20 日，由中国酒业协会名酒收藏专业委员会主办，山西杏花村汾酒厂股份有限公司协办的陈年汾酒陈年竹叶青专场鉴评活动暨“时间的味道”高端品鉴会，在山西省汾阳市成功举办。

是日，由中国酒业协会、《中国国家地理》杂志社主办，吕梁市政府支持，中国酒业协会市场专业委员会、中国国家地理 · 国酒地理承办的“解读一瓶好酒的地理密码——中国美酒产区价值论坛”在山西省汾阳市举办。

# 第九章

1995年～至今

## 打造品牌新内涵
## 提升传统与现代的文化融合

# 1995年青花汾酒

规　　格 | 38%（V/V） 850mL

参考价格 | RMB 128,000

**相关记事：**

山西杏花村汾酒厂股份有限公司为纪念汾酒在1915年巴拿马赛会荣获甲等金质大奖章八十周年，隆重推出38°兰花盒珍品汾酒。珍品汾酒系选用二十年以上之陈年汾酒精心酿制而成。其酒液晶莹透明、清香纯正、幽雅芳香、绵甜爽净、回味悠长。内瓶包装采用书法文字汾酒作为图案的青花瓷瓶，并配饰有24K纯金纪念币一枚；总价值2488元，外包装采用诗词、石刻、雕砌等效果，有古朴，浓郁的民族特色，体现了珍品汾酒华丽、高贵的特点。不失为品尝、收藏之珍品。总数量为200瓶，每瓶包装打有编号，纪念币模具当众销毁。

1995年38%（V/V）青花汾酒850mL装

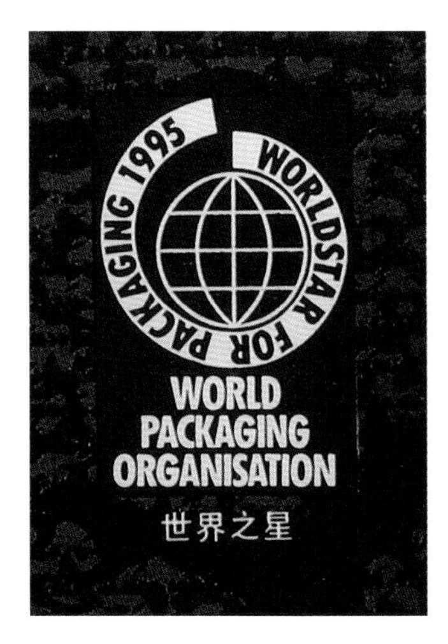


汾酒荣获世界之星包装设计奖

中国轻工业优秀工业设计奖

证书

为表彰在工业设计工作中做出突出贡献者，特颁发此证书。

获奖项目：豪华高档汾酒包装

获奖等级：壹等

获 奖 者：康 健

中国轻工总会

一九九五年 月

证书编号设9514003

1995年，汾酒厂康健荣获中国轻工优秀工业设计奖。

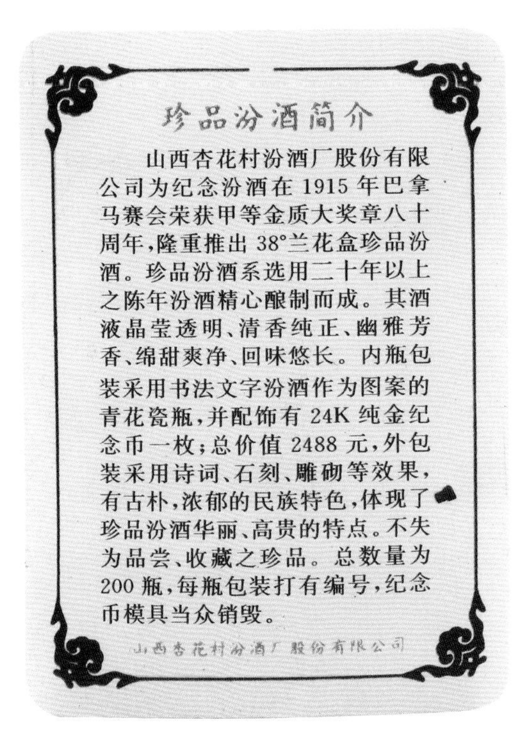

珍品汾酒简介

山西杏花村汾酒厂股份有限公司为纪念汾酒在1915年巴拿马赛会荣获甲等金质大奖章八十周年，隆重推出38°兰花盒珍品汾酒。珍品汾酒系选用二十年以上之陈年汾酒精心酿制而成。其酒液晶莹透明、清香纯正、幽雅芳香、绵甜爽净、回味悠长。内瓶包装采用书法文字汾酒作为图案的青花瓷瓶，并配饰有24K纯金纪念币一枚；总价值2488元，外包装采用诗词、石刻、雕砌等效果，有古朴，浓郁的民族特色，体现了珍品汾酒华丽、高贵的特点。不失为品尝、收藏之珍品。总数量为200瓶，每瓶包装打有编号，纪念币模具当众销毁。

山西杏花村汾酒厂股份有限公司

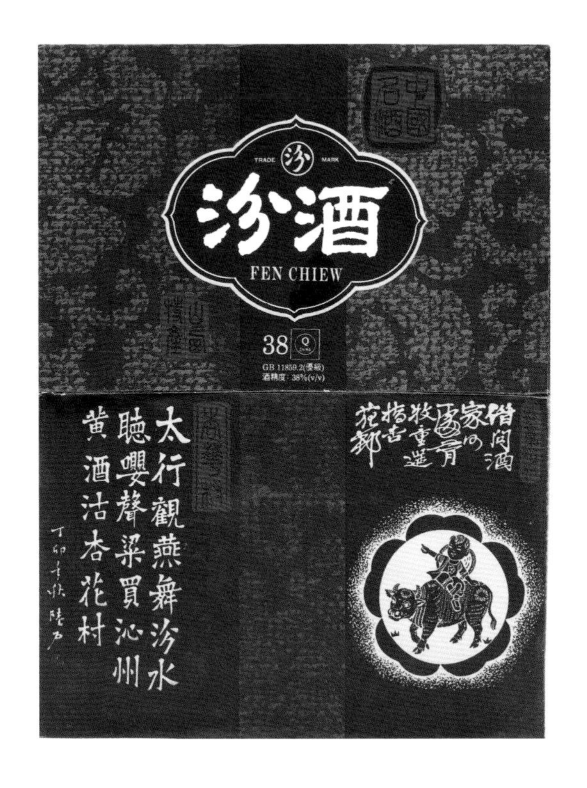


**相关记事：**

青花汾酒采用汾酒特级原酒，盛装密封在宜兴酒瓮中埋于地下，老熟后出瓮。经汾酒特色的精湛勾兑技术勾调，其酒液晶莹透亮，清香纯正，幽雅芳香，绵甜爽净，酒体丰满，回味悠长，是汾酒的经典之作。青花汾酒的瓶身由被誉为“玲珑之子”的陶艺家王宗涛设计，采用了中国传统的青花瓷风格，以“汾”字为主体，瓶体充满各种字体的“酒”字，从汉字发展的角度阐释了汾酒的悠久历史。该瓶烧制则来自景德镇米通陶瓷，其瓷质细腻柔和，青花料色明丽，实为瓷器之精品。

青花汾酒采用中国核心文化要素“国瓷”——青花瓷为外包装。青花瓷淡雅脱俗、高贵深邃、堪称国粹。汾酒博大精深、源远流长、享誉四海。名酒名瓷古朴典雅，相映生辉。青花瓷汾酒实为中华“瓷酒国粹”文化相结合的经典之作。

# 1995年世界妇女大会青花汾酒

规　　格 | 38%vol　850mL

参考价格 | RMB 108,000

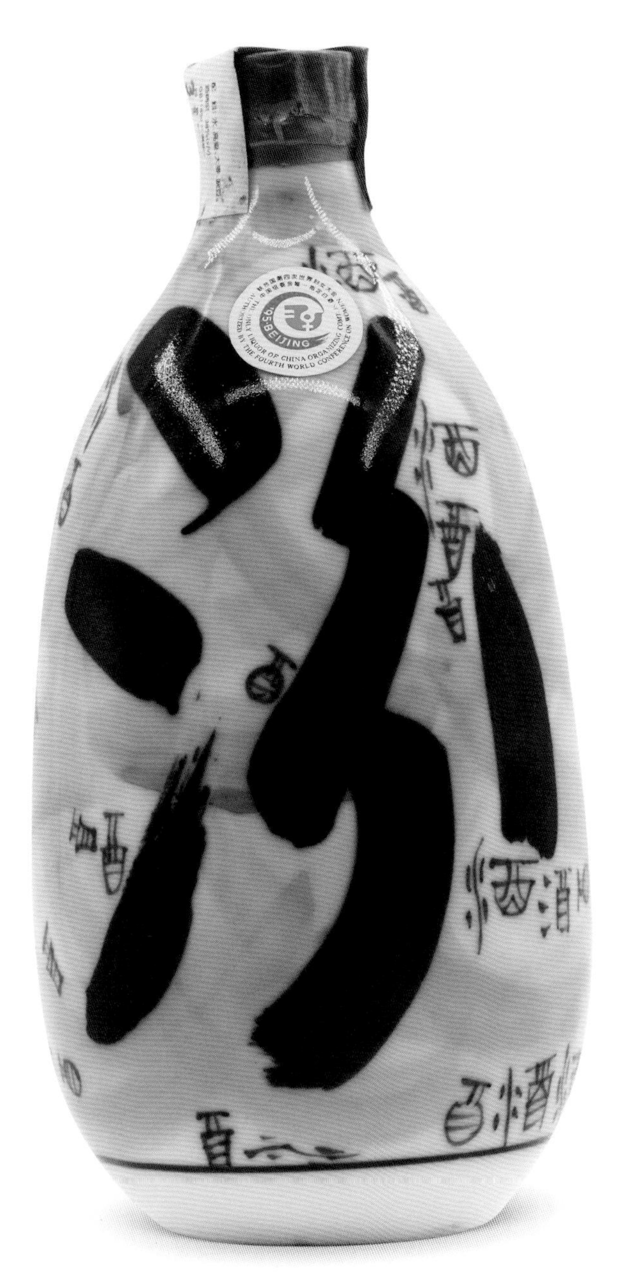

1995年38%vol世界妇女大会青花汾酒850mL装

# 1996年青花汾酒

规　　格 | 53%vol　850mL

参考价格 | RMB 68,000

**相关记事：**

1996 年 11 月 5 日，53°大兰花开始生产。

勾兑通知单

1996年53%vol青花汾酒850mL装

# 1997年青花汾酒

规　　格 | 53%vol　850mL

参考价格 | RMB 58,000

生产日期

1997年53%vol青花汾酒850mL装

# 1998年青花汾酒

规　　格 | 53%vol 48%vol　850mL 500mL

参考价格 | RMB 48,000 / 35,000

**相关记事：**

1998 年 1 月 21 日，48°小兰花开始生产。

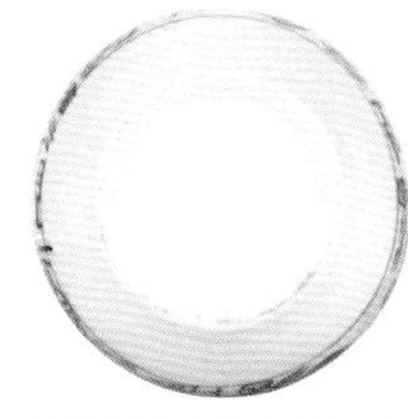

生产日期

1998年53%vol青花汾酒850mL装

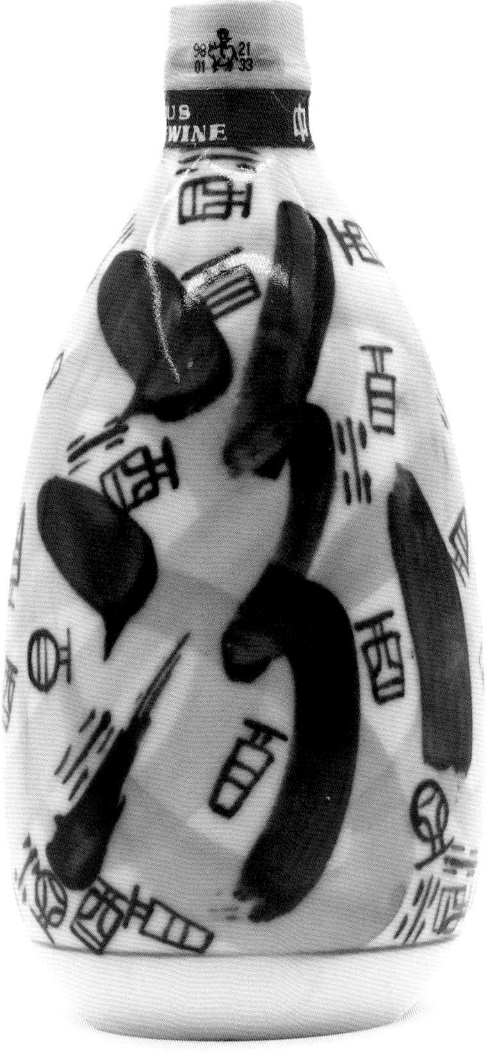


1998年48%vol青花汾酒500mL装

# 1999年三十年陈酿青花汾酒

规　　格 | 53%vol 48%vol　850mL 500mL

参考价格 | RMB 36,000 / 21,000

1999年53%vol三十年陈酿青花汾酒850mL装

1999年48%vol三十年陈酿青花汾酒500mL装

# 2000年三十年陈酿青花汾酒

规　　格 | 53%vol　850mL

参考价格 | RMB 28,000

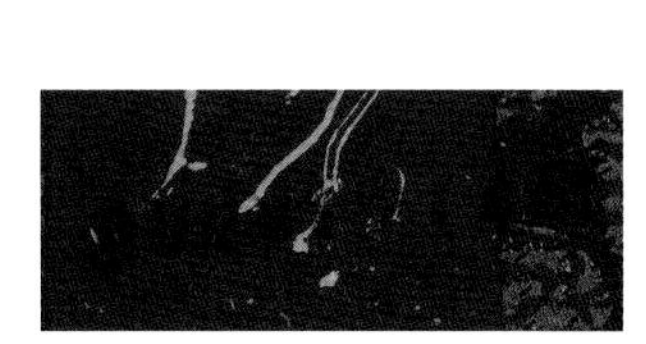

生产日期

2000年53%vol三十年陈酿青花汾酒850mL装

# 2001年三十年陈酿青花汾酒

规　　格 | 53%vol　850mL

参考价格 | RMB 25,000

2001年53%vol三十年陈酿青花汾酒850mL装

# 2002年三十年陈酿青花汾酒

规　　格 | 53%vol　850mL

参考价格 | RMB 19,000

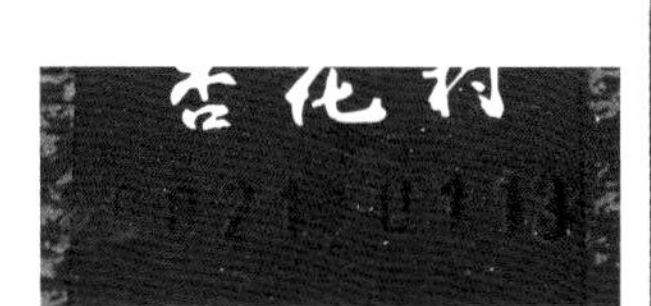

生产日期

2002年53%vol三十年陈酿青花汾酒850mL装

# 2003年三十年陈酿青花汾酒

规　　格 | 53%vol　850mL

参考价格 | RMB 12,000

2003年53%vol三十年陈酿青花汾酒850mL装

# 2004年三十年陈酿青花汾酒

规　　格 | 53%vol 48%vol　850mL 500mL

参考价格 | RMB 11,000 / 6,000

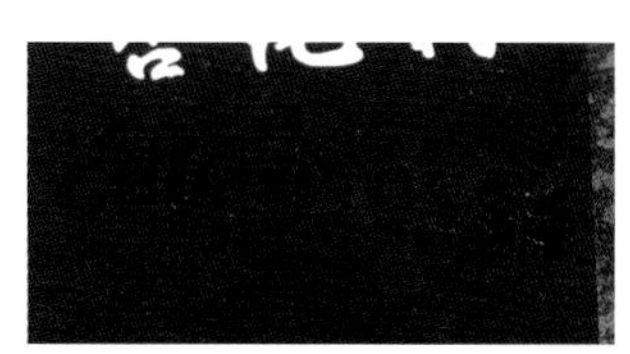

生产日期

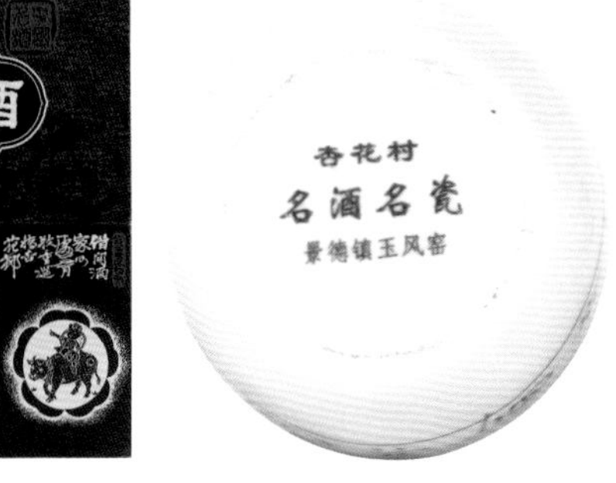

2004年53%vol三十年陈酿青花汾酒850mL装

2004年48%vol三十年陈酿青花汾酒500mL装

# 2005年三十年陈酿青花汾酒

规　　格 | 53%vol 48%vol　850mL 500mL

参考价格 | RMB 9,800 / 4,500

生产日期

2005年53%vol三十年陈酿青花汾酒850mL装

2005年48%vol三十年陈酿青花汾酒500mL装

# 2006年三十年陈酿青花汾酒

规　　格 | 53%vol　850mL

参考价格 | RMB 8,800

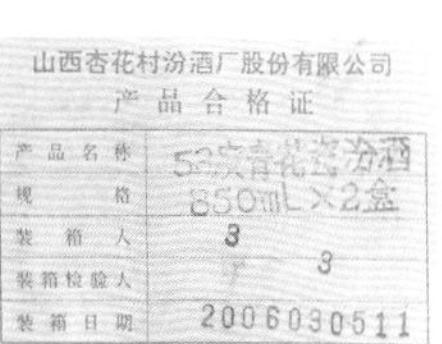

山西杏花村汾酒厂股份有限公司

产品合格证

| 产品名称 | 53度青花瓷汾酒 |
| --- | --- |
| 规格 | 850mL×2盒 |
| 装箱人 | 3 |
| 装箱检验人 | 3 |
| 装箱日期 | 2006030511 |

2006年53%vol三十年陈酿青花汾酒850mL装

# 2006年三十年陈酿特制青花汾酒

规　　格 | 48%vol　225mL×2

参考价格 | RMB 3,800 / 3,000

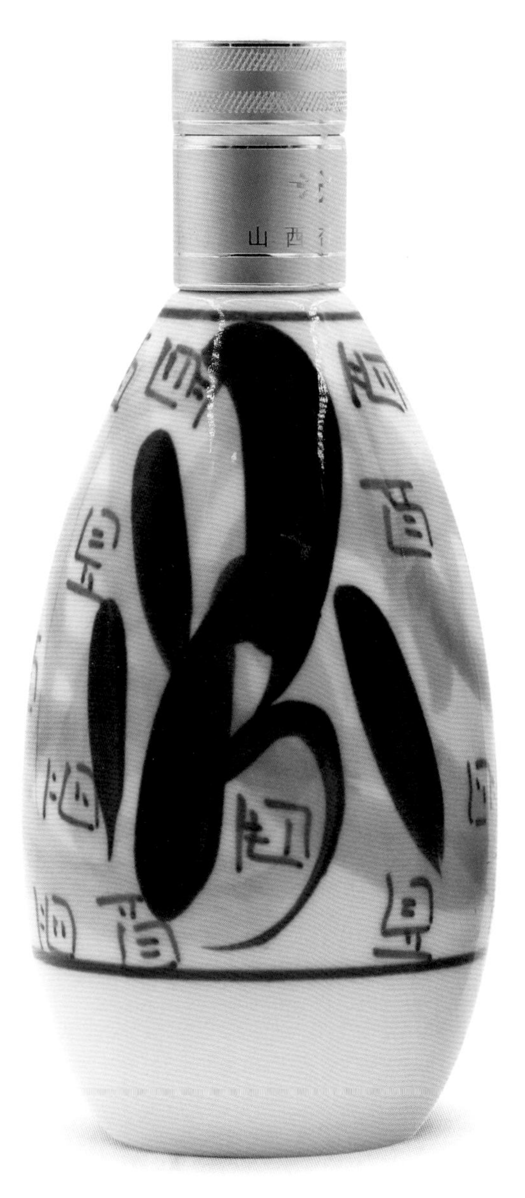

2006年48%vol三十年陈酿
特制青花汾酒225mL×2装

2011年48%vol三十年陈酿
青花汾酒225mL×2装

# 2007年三十年陈酿青花汾酒

规　　格 | 53%vol　850mL

参考价格 | RMB 8,888

生产日期

2007年53%vol三十年陈酿青花汾酒850mL装

# 2007年三十年陈酿青花汾酒

规　　格 | 53%vol　850mL

参考价格 | RMB 6,800

生产日期

2007年53%vol三十年陈酿青花汾酒850mL装

# 2008年三十年陈酿青花汾酒

规　　格 | 53%vol　850mL

参考价格 | RMB 6,500

生产日期

2008年53%vol三十年陈酿青花汾酒850mL装

# 2009年三十年陈酿青花汾酒

规　　格 | 53%vol　850mL

参考价格 | RMB 5,800

生产日期

2009年53%vol三十年陈酿青花汾酒850mL装

# 2009年三十年陈酿青花汾酒

规　　格 | 48%vol　500mL

参考价格 | RMB 3,500

生产日期

2009年48%vol三十年陈酿青花汾酒500mL装

# 2009年青花汾酒

规　　格 | 53%vol　500mL

参考价格 | RMB 4,500

生产日期

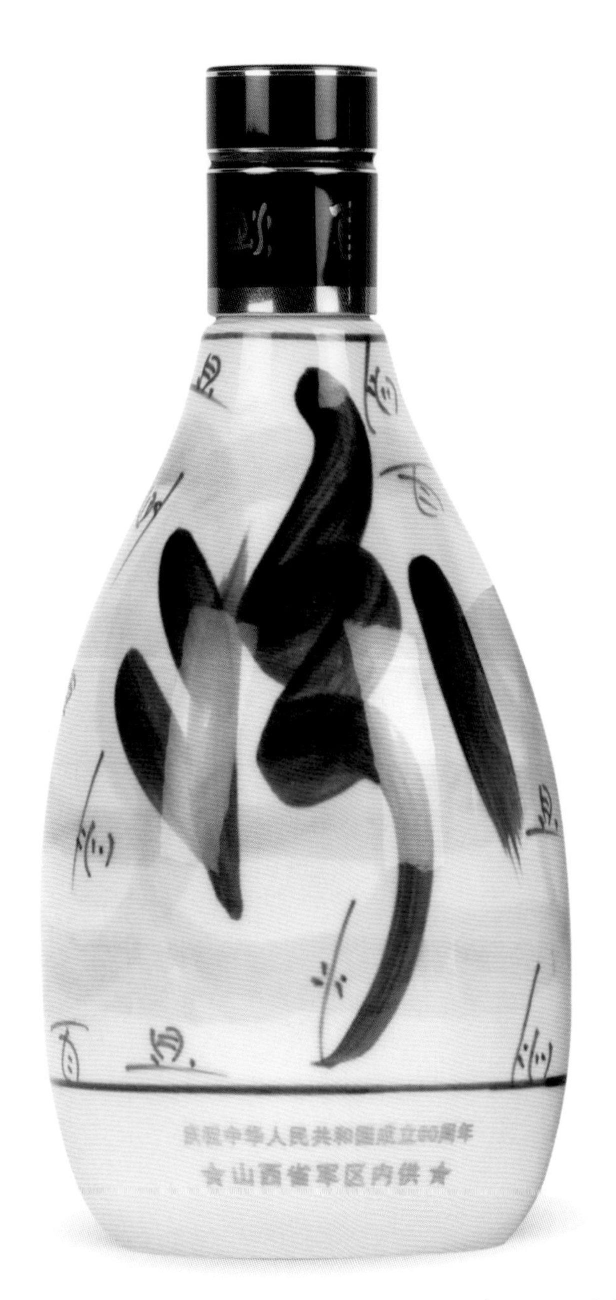

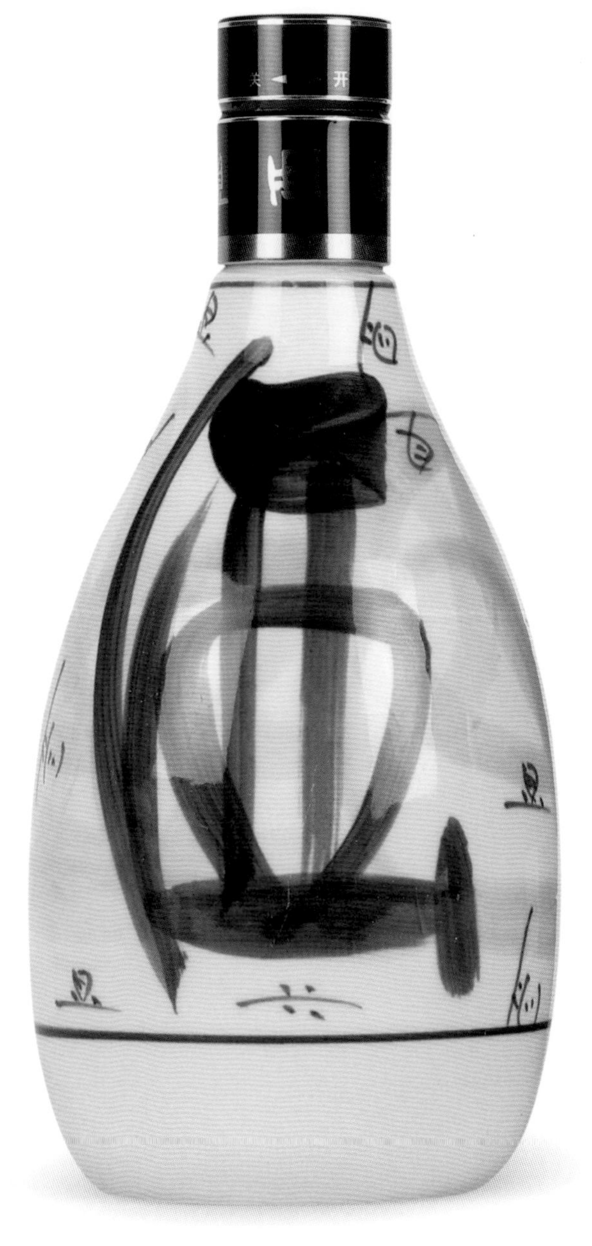


2009年53%vol青花汾酒500mL装

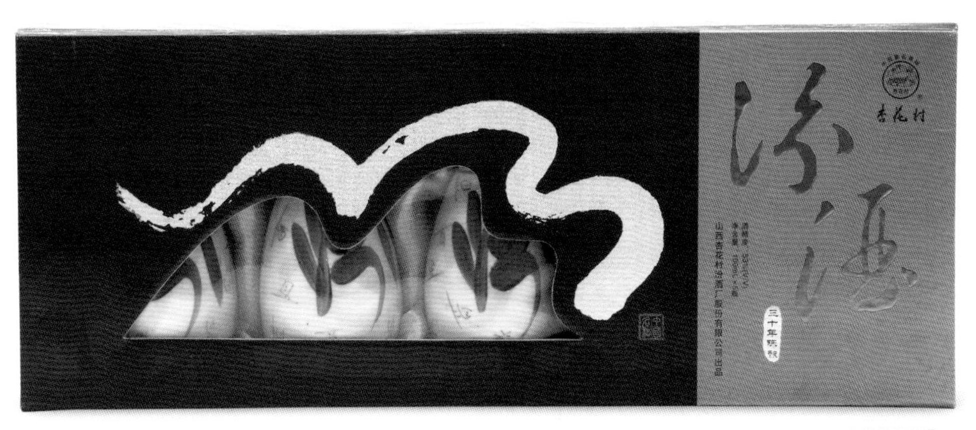

2009年53%（V/V）杏花村青花汾30年陈酿100mL×5装

48%vol青花汾酒225mL×2装

## 2010年五十年陈酿青花汾酒

规　　格 | 60%vol　4L

参考价格 | RMB 128,000

2010年60%vol五十年陈酿青花汾酒4L装

# 2010年三十年陈酿青花汾酒

规　　格 | 48%vol　500mL

参考价格 | RMB 2,800

2010年48%vol三十年陈酿青花汾酒500mL装

# 2011年青花40青花汾酒

规　　格 | 55%vol　500mL

参考价格 | RMB 5,800

生产日期

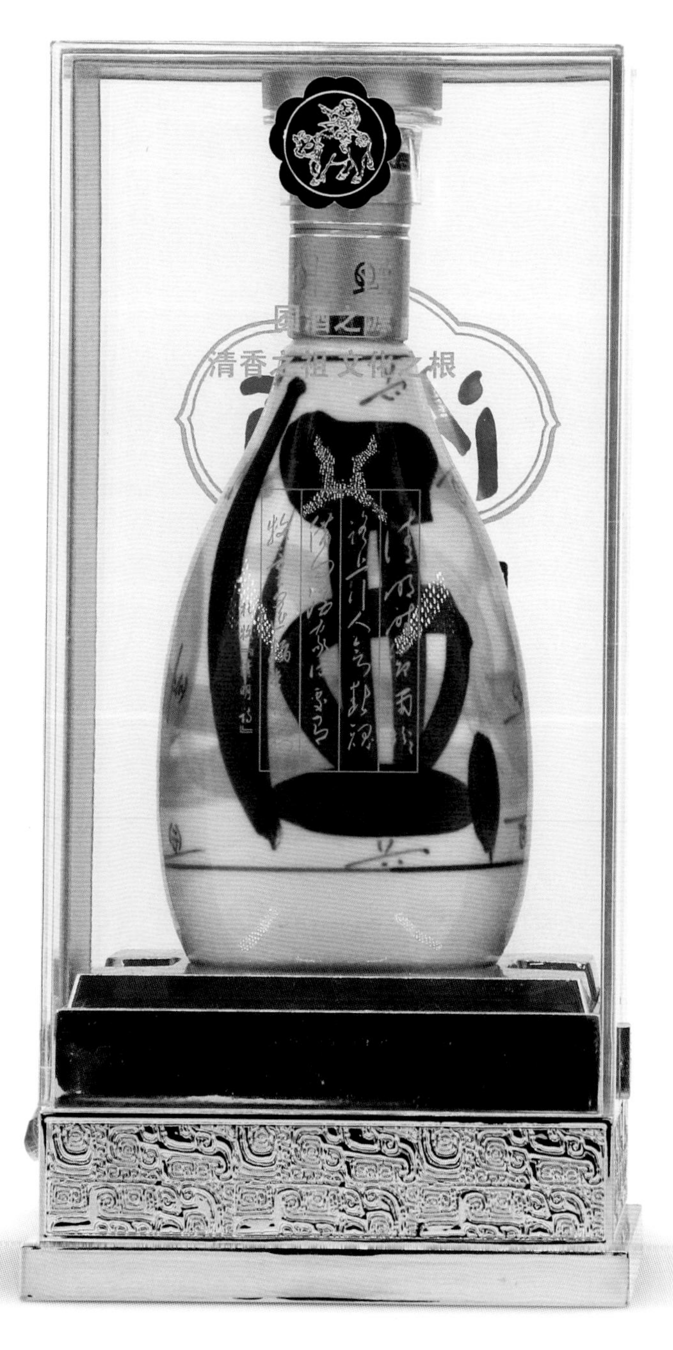

2011年55%vol 青花40青花汾酒500mL装

# 2012年青花30青花汾酒礼盒

规　　格 | 53%vol　100mL×5

参考价格 | RMB 3,000

青花50青花汾酒100mL装

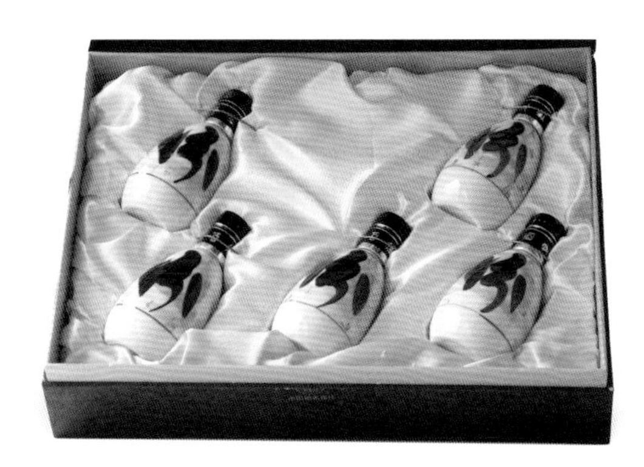

2012年53%vol 青花30青花汾酒礼盒100mL×5装

# 2013年青花30青花汾酒

规　　格 | 53%vol　500mL

参考价格 | RMB 2,500

2013年53%vol 青花30青花汾酒500mL装

# 2014年青花25青花汾酒

规　　格 | 42%vol　475mL

参考价格 | RMB 700

生产日期

2014年42%vol 青花25青花汾酒475mL装

# 2015年三十年陈酿美国大文行酒业有限公司总经销汾酒

规　　格 | 53%vol　375mL

参考价格 | RMB 2,100

生产日期

2014年65%vol青花50
青花汾酒100mL装

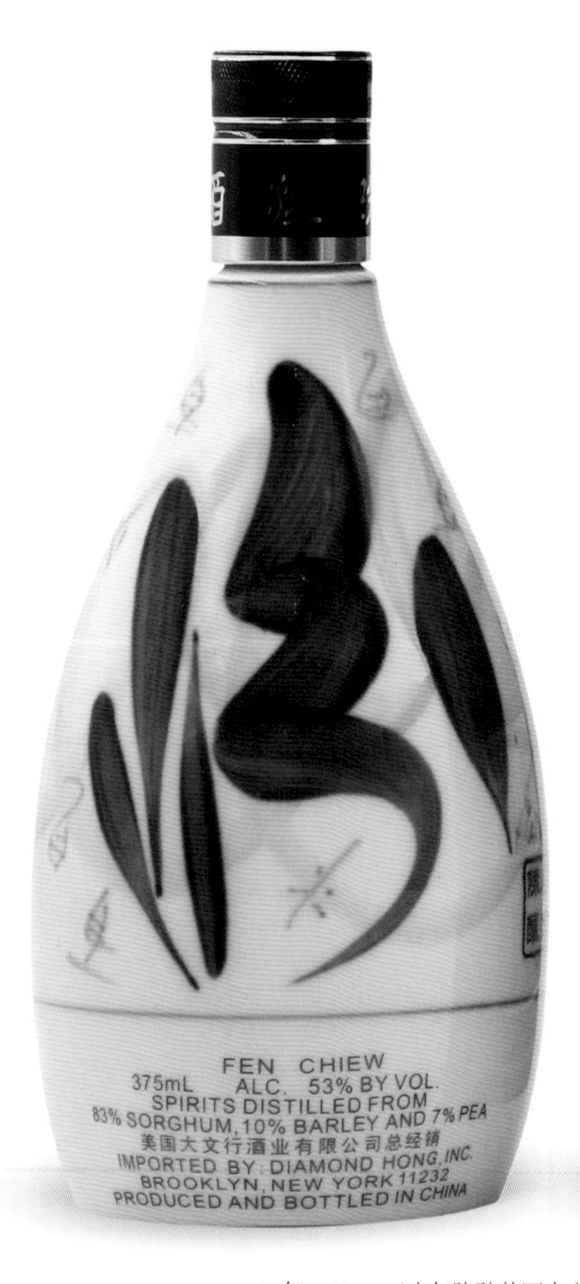


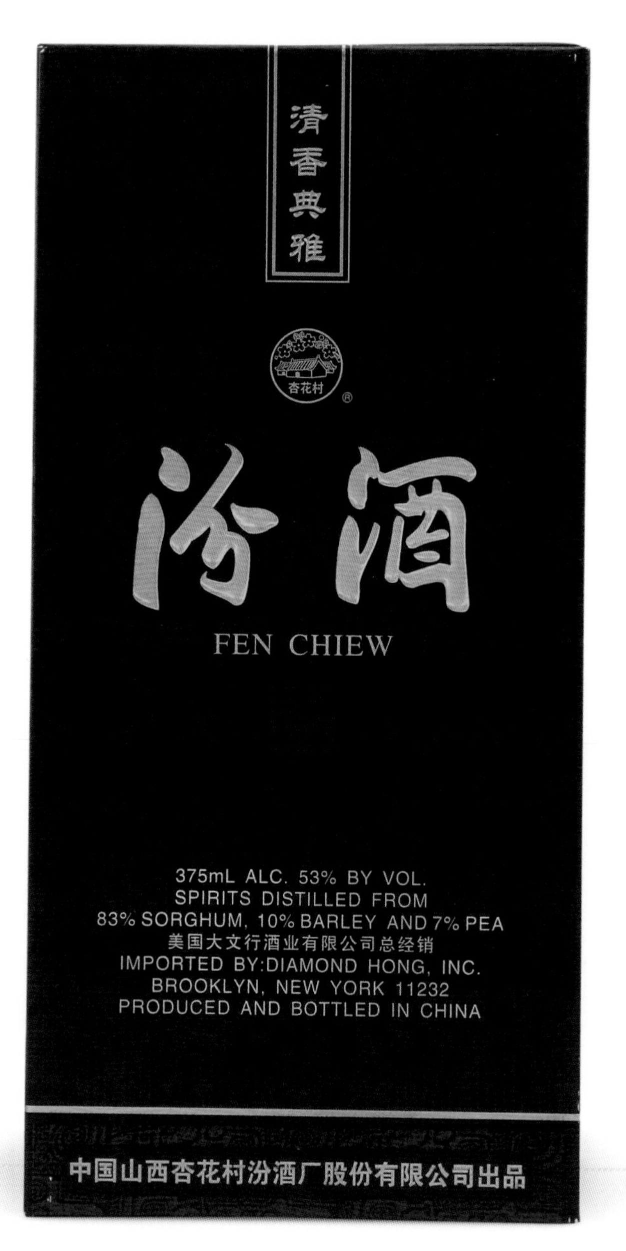


2015年53%vol三十年陈酿美国大文行酒业有限公司总经销汾酒375mL装

# 2016年青花15青花汾酒

规　　格 | 53%vol　475mL

参考价格 | RMB 680

生产日期

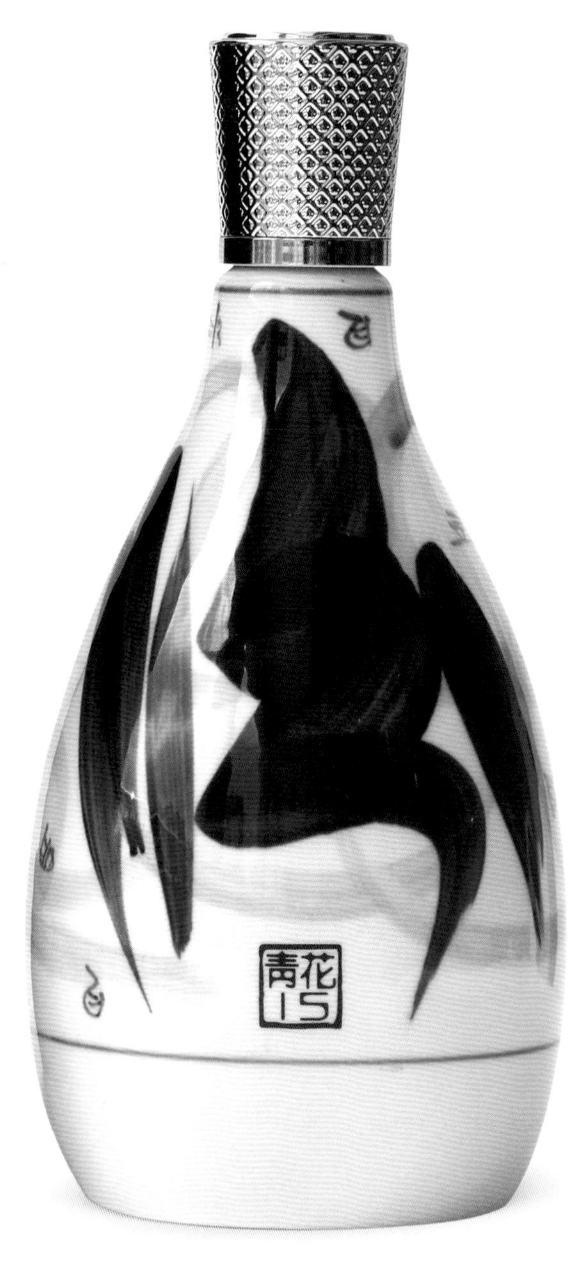


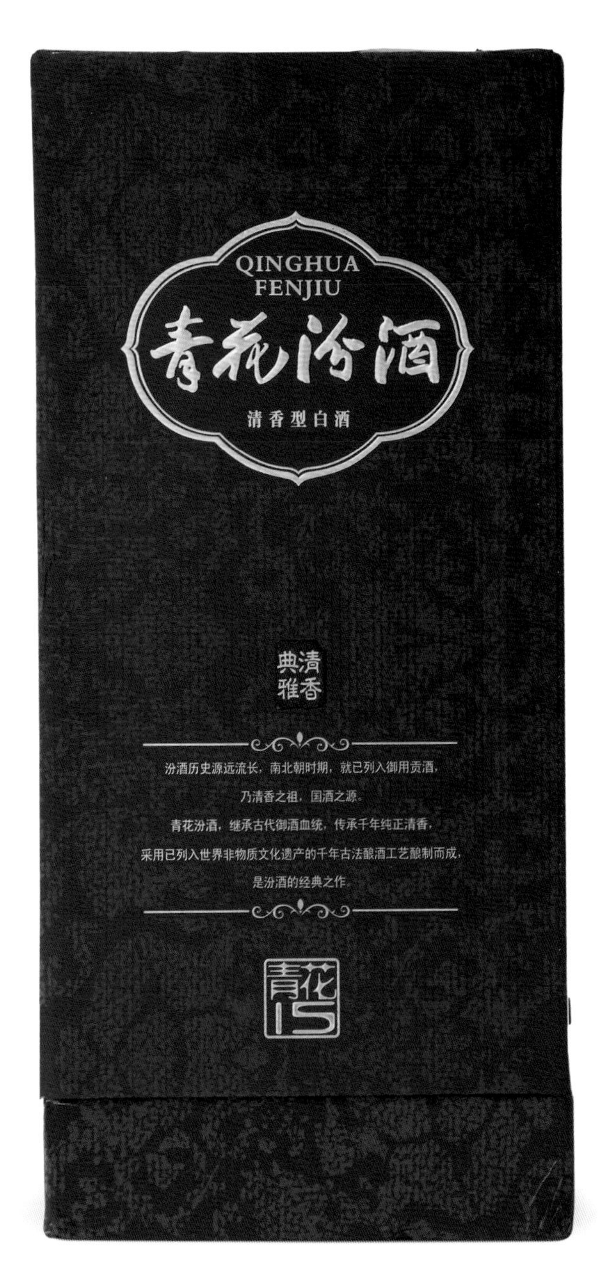


2016年53%vol青花15青花汾酒475mL装

# 2018年China中国龙青花汾酒

规　　格 | 55%vol　500mL

参考价格 | RMB 3,800

生产日期

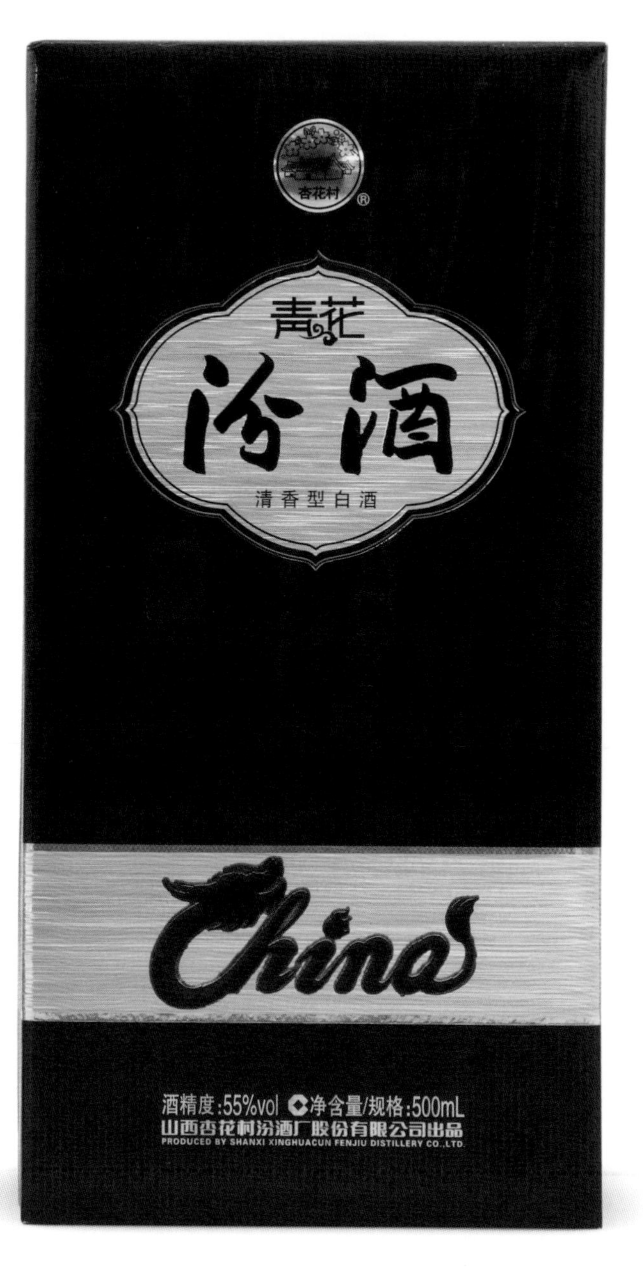


2018年55%vol China中国龙青花汾酒500mL装

# 2019年戊戌典藏30年青花汾酒

规　　格 | 55%vol　3L

参考价格 | RMB 18,000

生产日期

2019年55%vol 戊戌典藏30年青花汾酒3L装

# 2019年China50青花汾酒

规　　格 | 55%vol　500mL

参考价格 | RMB 5,999

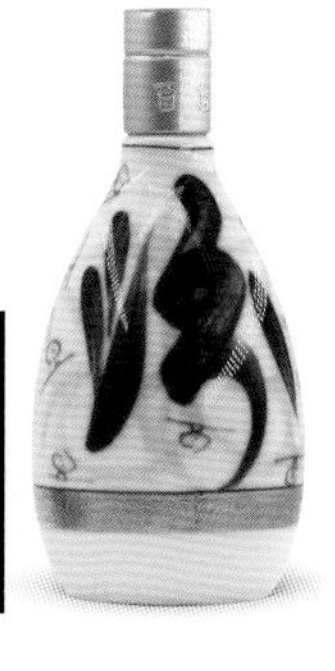

生产日期

2019年55%vol Chin50青花汾酒500mL装

# 2020年China全球经销商大会复兴版青花30汾酒

规　　格 | 53%vol　500mL

参考价格 | RMB 1,599

生产日期

**相关记事:**

青花汾酒 · 为高品质生活代言

汾酒是享誉世界的中国历史文化名酒，早在1500年前就被北齐武成帝推崇为宫廷御酒，晚唐大诗人杜牧的“牧童遥指杏花村”更是千年传颂。明清时期，晋商将汾酒的酿制技艺传播到全国各地，衍生出众多中国名酒。1915年，汾酒成为巴拿马万国博览会上唯一荣获最高奖项——甲等金质大奖章的中国品牌白酒。

1949年，汾酒成为第一届中国人民政治协商会议和开国大典的国宴用酒，并蝉联历届国家评酒会“中国名酒”称号。2006年，杏花村汾酒酿制技艺列入首批国家非物质文化遗产名录。

2020年53%vol China全球经销商大会复兴版青花30汾酒500mL装

# 2021年青花30复兴版青花汾酒

规　　格 | 53%vol　500mL

参考价格 | RMB 1,399

2021年53%vol青花30复兴版青花汾酒500mL装

# 2021年全球经销商大会留念青花40汾酒

规　　格 | 53%vol　500mL

参考价格 | RMB 3,199

生产日期

2021年53%vol全球经销商大会留念青花40汾酒500mL装

# 2021年鉴赏专用青花汾酒

规　　格 | 60%vol　4L

2021年65%vol青花50青花汾酒100mL装

2021年60%vol鉴赏专用青花汾酒4L装

# 2021年骨子里的中国青花30汾酒礼盒

规　　格 | 53%vol　500mL

参考价格 | RMB 1,288

2021年53%vol骨子里的中国青花30汾酒礼盒500mL装

# 青花定制

48%vol昆仑好客
青花汾酒500mL装

53%vol昆仑好客
青花汾酒850mL装

48%vol太重集团公司
青花汾酒500mL装

42%vol平朔
青花汾酒500mL装

48%vol山西陆合集团
青花汾酒500mL装

48%vol山西人民
青花汾酒500mL装

48%vol海峡两岸关系协会成立
二十周年纪念青花汾酒500mL装

48%vol山西大学
青花汾酒500mL装

48%vol中铁三局集团有限
公司青花汾酒500mL装

48%vol西矿业集团
青花汾酒500mL装

53%vol青花
汾酒500mL装

48%vol中铁咨询
青花汾酒500mL装

53%vol2017欧亚经济论坛
指定用酒青花汾酒500mL装

48%vol东辉集团
青花汾酒500mL装

48%vol阳煤化工青花
汾酒500mL装

48%vol潞安集团青花
汾酒500mL装

48%vol中国石化
青花汾酒500mL装

53%vol中国石化
青花汾酒850mL装

48%vol齐鲁一化
青花汾酒500mL装

53%vol山西民航
青花汾酒500mL装

53%vol汾酒集团
青花汾酒500mL装

2009年53%vol新春快乐青花汾酒500mL装

48%（V/V）八一
青花汾酒500mL装

48%（V/V）青花
汾酒500mL装

# 青花汾酒序列风采

规　　格 | 53%vol　4L　3L　1.5L　850mL　500mL　375mL　250mL　100mL　50mL

4L装　　3L装　　1.5L装

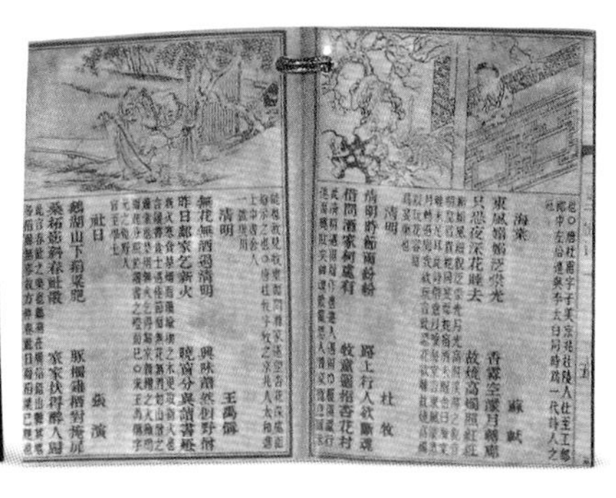

青花汾酒吊牌

850mL装

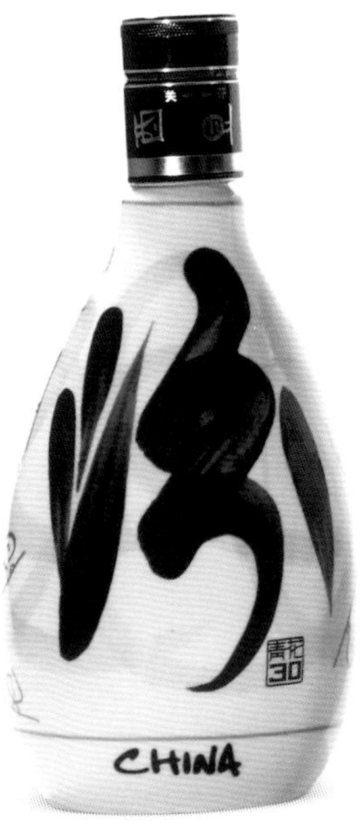


500mL装

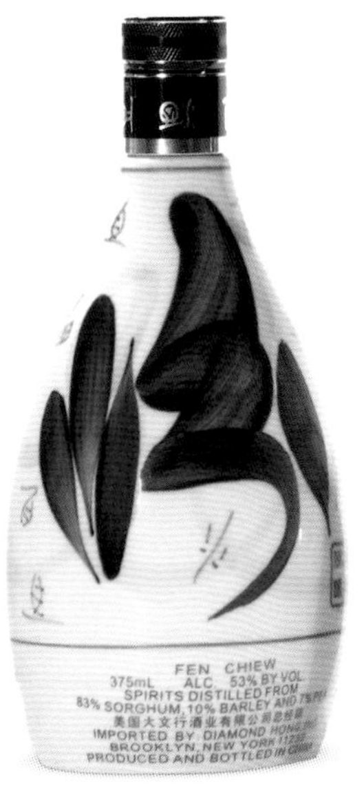


375mL装

250mL装

100mL装

50mL装

# 1986年古井亭牌特制老白汾酒（十年陈酿）

规　　格 | 53%vol　500mL

参考价格 | RMB 18,000

**相关记事:**

1985 年试制了一套古色古香的高档陶瓷瓶，内装贮存十年以上的老汾酒。为了适应中外贵宾的需求，把酒度定在 53°，陶瓷瓶外面又加了一个精美的盒子，每瓶售价 30 元。在北京、天津、西安、太原等地的大宾馆和饭店试销，受到热烈欢迎，反映很好。

1986年53%vol古井亭牌十年陈酿特制老白汾酒500mL装

**特制老白汾酒**

（古井亭牌注册商标）

特制老白汾酒，是在总结、继承传统酿造工艺的基础上，选用贮陈十余年之优质汾酒，采取科学方法，精心勾兑而成的又一优质高档新产品。

该产品酒液晶莹透亮，清香味美，纯正爽口，绵甜丰满，饮后余香；色、香、味比之老白汾酒更为佳美绝妙。特制老白汾酒，酒度50度—53度。适量饮用，能促进血液循环，帮助消化，解除疲劳，实为迎宾送客上乘之品。

1985年，山西省杏花村汾酒总公司产品简介。

**相关记事：**

特制老白汾酒（古井亭牌注册商标）：特制老白汾酒，是在总结、继承传统酿造工艺的基础上，选用贮陈十余年之优质汾酒，采取科学方法，精心勾兑而成的又一优质高档新产品。

该产品酒液晶莹透亮，清香味美，纯正爽口，绵甜丰满，饮后余香；色、香、味比之老白汾酒更为佳美绝妙。特制老白汾酒，酒度 50°～ 53°。适量饮用，能促进血液循环，帮助消化，解除疲劳，实为迎宾送客上乘之品。

# 1987、1988年古井亭牌特制老白汾酒（十年陈酿）

规　　格 | 53%vol　500mL

参考价格 | RMB 8,500 / 8,000

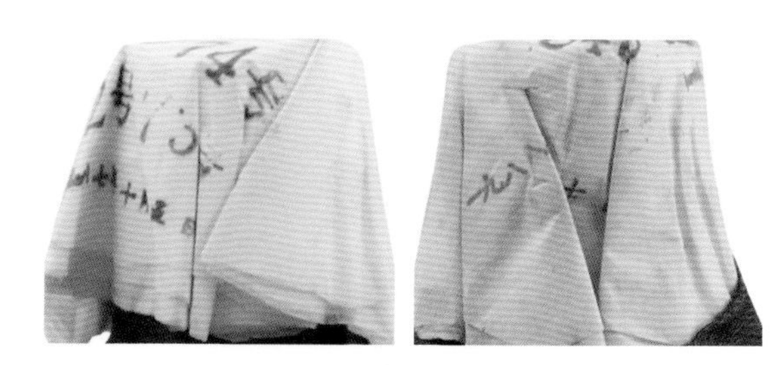

生产日期

1987、1988年53%vol古井亭牌十年陈酿特制老白汾酒500mL装

# 1989年古井亭牌特制汾酒（十年陈酿）

规　　格 | 53%vol 60%vol　500mL

参考价格 | RMB 7,600

生产日期

1989年53%vol古井亭牌十年陈酿特制汾酒500mL装

1989年60%vol古井亭牌十年陈酿特制汾酒500mL装

# 1990年古井亭牌特制老白汾酒礼盒（十年陈酿）

规　　格 I 53%（V/V）　500mL

参考价格 I RMB 9,800

1990年53%（V/V）古井亭牌特制十年陈酿老白汾酒礼盒500mL装

# 1991年古井亭牌特制老白汾酒（十年陈酿）

规　　格 | 53%vol　500mL

参考价格 | RMB 6,800

1991年53%vol古井亭牌十年陈酿特制老白汾酒500mL装

# 1991年古井亭牌特制老白汾酒（十年陈酿）

规　　格 | 53%vol　500mL

参考价格 | RMB 8,800

1991年53%vol古井亭牌十年陈酿特制老白汾酒500mL装

# 1991年古井亭牌特制老白汾酒（十年陈酿）

规　　格 | 53%vol　500mL

参考价格 | RMB 3,500 / 3,500

生产日期

1991年53%vol古井亭牌特制老白汾酒500mL装

1991年53%vol古井亭牌特制汾酒500mL装

# 1992年古井亭牌特制老白汾酒（十年陈酿）

规　　格 | 53%vol　500mL

参考价格 | RMB 3,200

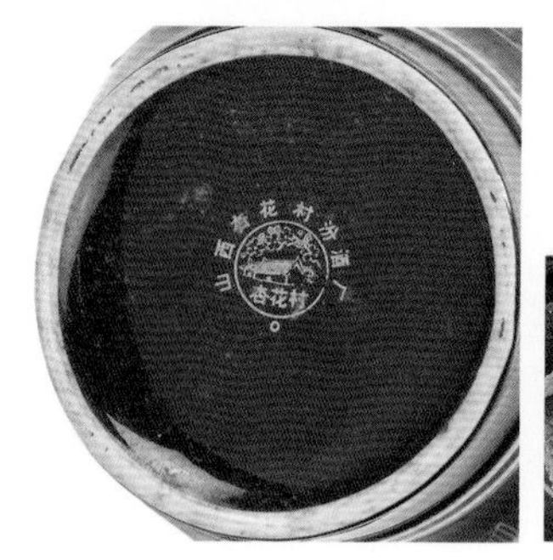

生产日期

1992年53%vol古井亭牌十年陈酿特制老白汾酒500mL装

20世纪90年代汾酒海报

# 1993年古井亭牌特制老白汾酒（十年陈酿）

规　　格 | 53%（V/V）　500mL

参考价格 | RMB 9,800

1993年53%（V/V）古井亭牌十年陈酿特制老白汾酒500mL装

# 1993年古井亭牌特制老白汾酒（十年陈酿音乐盒）

规　　格 | 53%（V/V）　500mL

参考价格 | RMB 8,800

生产日期

1993年53%（V/V）古井亭牌十年陈酿音乐盒特制老白汾酒500mL装

# 1994年古井亭牌特制老白汾酒（十年陈酿）

规　　格 | 53%（V/V）　500mL

参考价格 | RMB 2,800

1994年53%（V/V）古井亭牌十年陈酿特制老白汾酒500mL装

# 1995年古井亭牌特制老白汾酒、杏花村牌汾酒（十年陈酿）

规　　格 | 53%（V/V） 45%（V/V）　500mL

参考价格 | RMB 2,300 / 2,300

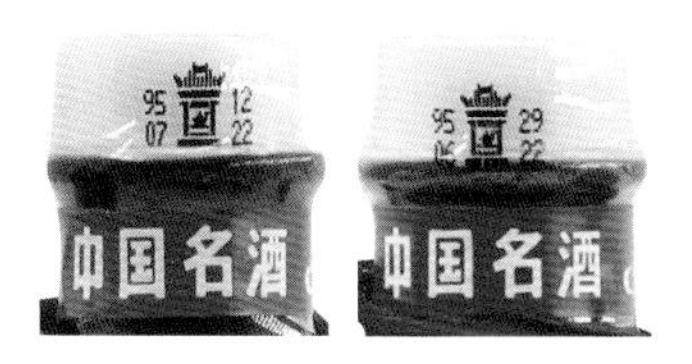


生产日期

1995年53%（V/V）古井亭牌特制老白汾酒500mL装

1995年45%（V/V）杏花村牌特制汾酒500mL装

# 1996年古井亭牌特制老白汾酒（十年陈酿）

规　　格 | 53%（V/V）　500mL

参考价格 | RMB 2,100

生产日期

1996年53%（V/V）古井亭牌十年陈酿特制老白汾酒500mL装

# 1996年杏花村牌特制老白汾酒（十年陈酿）

规　　格 | 45%（V/V）　500mL

参考价格 | RMB 2,100 / 2,100

生产日期

1996年45%（V/V）杏花村牌十年陈酿特制老白汾酒500mL装　　1996年45%（V/V）杏花村牌十年陈酿特制汾酒500mL装

# 1997年杏花村牌特制老白汾酒（十年陈酿）

规　　格 | 45%（V/V）　500mL

参考价格 | RMB 1,800

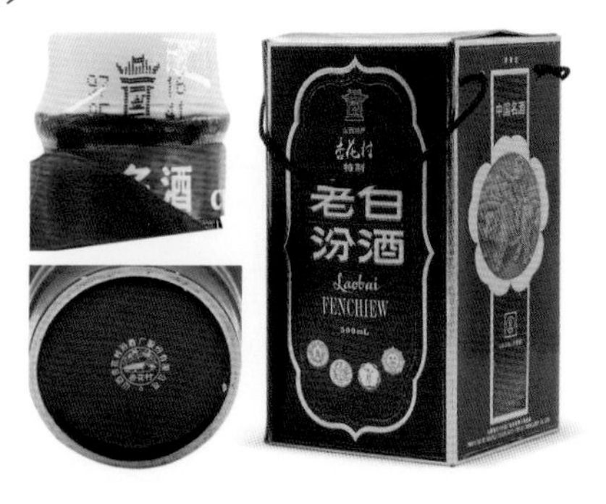

1997年45%（V/V）杏花村牌十年陈酿特制汾酒500mL装

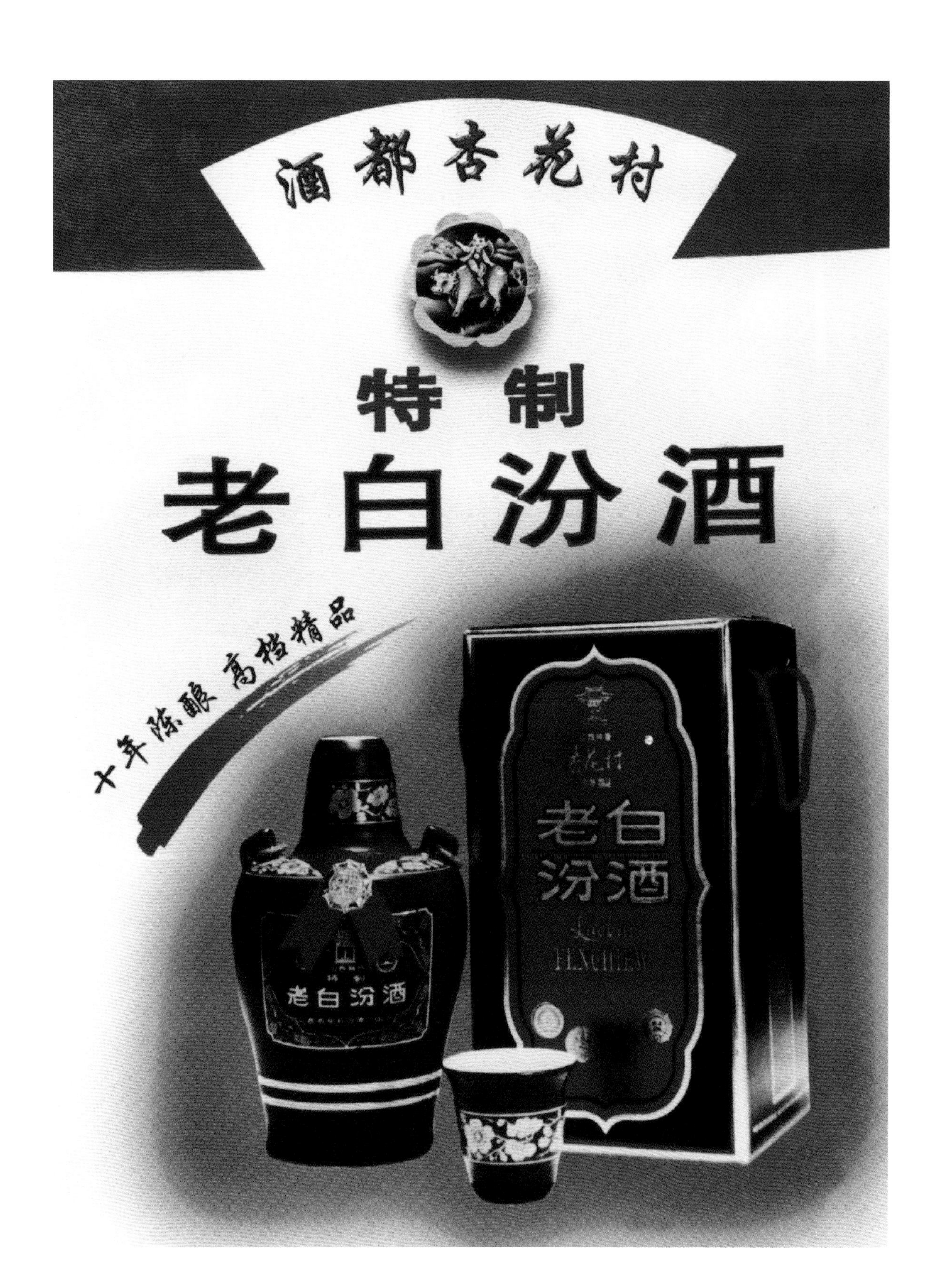
酒都杏花村
特制
老白汾酒
十年陈酿 高档精品
老白汾酒
老白
汾酒
FENCHIEW

# 1997年古井亭牌特制老白汾酒（十年陈酿）

规　　格 | 53%（V/V）　500mL

参考价格 | RMB 1,700 / 1,700

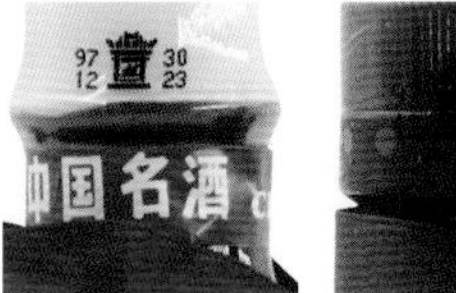

生产日期

1997年53%（V/V）古井亭牌十年陈酿特制老白汾酒500mL装（红盖为防倒灌设计瓶盖）

1997年53%（V/V）古井亭牌十年陈酿特制老白汾酒500mL×2装

1999年45%（V/V）杏花村牌十年陈酿特制老白汾酒225mL×2装

# 1998年古井亭牌特制老白汾酒（十年陈酿）

规　　格 | 53%（V/V）　500mL

参考价格 | RMB 1,700

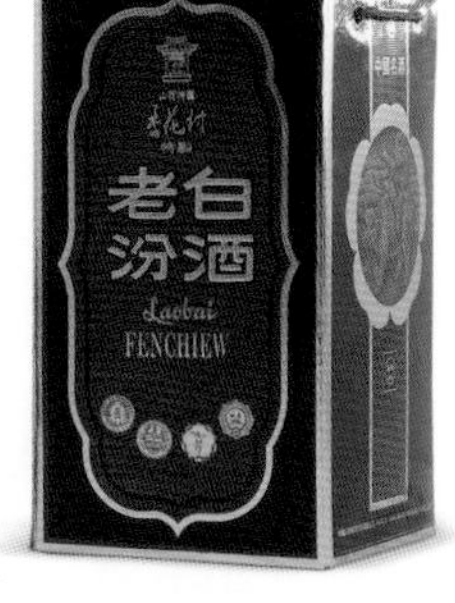


生产日期

1998年53%（V/V）古井亭牌十年陈酿特制老白汾酒500mL装

# 1999年杏花村牌特制老白汾酒（十年陈酿）

规　　格 | 45%（V/V）　500mL

参考价格 | RMB 1,500

1999年45%（V/V）杏花村牌十年陈酿特制老白汾酒500mL装

# 2000年古井亭牌特制老白汾酒（十年陈酿）

规　　格 | 53%（V/V）　500mL

参考价格 | RMB 1,600

生产日期

2000年53%（V/V）古井亭牌十年陈酿特制老白汾酒500mL装

# 2001年杏花村牌特制老白汾酒（十年陈酿）

规　　格 | 45%（V/V）　500mL

参考价格 | RMB 1,500

2001年45%（V/V）杏花村牌十年陈酿特制老白汾酒500mL装

汾酒
清香型白酒
酒精度: 66%vol　净含量: 5L
山西杏花村汾酒厂股份有限公司出品
PRODUCED BY SHANXI XINGHUACUN FENJIU DISTILLERY CO.,LTD.
收藏号: 03182

# 第十章

## 纪念酒　原浆酒　国藏酒
## 国宴酒　生肖酒

# 2001年水晶龙瓶汾酒

规　　格 | 53%vol　500mL

参考价格 | RMB 19,888

2001年53%vol水晶龙瓶汾酒500mL装

# 2007年巴拿马金奖纪念汾酒

规　　格 | 53%vol　500mL

参考价格 | RMB 70,000

**相关记事：**

“巴拿马金奖纪念汾酒”包装设计独特新颖、选材珍贵、内涵丰富，具有极大的纪念意义和收藏价值。为预祝 2008 年北京“奥运”成功举办，喜迎世界友人，展现中华民族悠久的酒文化，由山西太原市公证处公证，绝版发行 2008 瓶。

2007年53%vol巴拿马金奖纪念汾酒500mL装

# 2008年中华体育纪念珍藏龙州体育汾酒

规　　格 | 55%vol　2.5L

参考价格 | RMB 45,000

2008年55%vol中华体育纪念珍藏龙州体育汾酒2.5L装（全球限量2008瓶）

# 2011年辛亥100尊贵藏品纪念汾酒

规　　格 | 66%vol　1L

参考价格 | RMB 40,000

2011年66%vol辛亥100尊贵藏品纪念汾酒1L装

# 2015年问鼎1915年巴拿马万国博览会100周年纪念汾酒

规　　格 | 53%vol　500mL×2

参考价格 | RMB 6,800

2015年53%vol问鼎1915年巴拿马万国博览会100周年纪念汾酒500mL×2装

# 纪念香港永利威出口九十周年汾酒

规　　格 | 65%vol　800mL

参考价格 | RMB 20,000

65%vol纪念香港永利威出口九十周年汾酒800mL装

# 2016年百年荣耀汾酒

规　　格 | 60%vol　2L

参考价格 | RMB 8,800

2016年60%vol百年荣耀——荣获1915年巴拿马万国博览会甲等金质大奖章100年纪念汾酒2L装

# 2016年中国酒业协会文化委员会成立大会纪念原浆汾酒

规　　格 | 66%vol　1500mL

参考价格 | RMB 7,800

2016年66%vol中国酒业协会文化委员会成立大会纪念原浆汾酒1500mL装（第00490号）

# 2017年酒届泰斗秦含章109岁纪念汾酒

规　　格 | 64%voL　1.09L

参考价格 | RMB 80,000

生产日期

2017年64%voL酒届泰斗秦含章109岁纪念汾酒1.09L装

**相关记事：**

酒界泰斗秦含章赋 [109 岁生日纪念 ]

秦老含章，福绵寿长。109 岁，酒界奇光。生于光绪，学冠四方。负笈欧洲，酒海无疆。民国育人，桃李飘香。总理垂青，祖国是望。参政国事，轻工起航。酒业奠基，先生名扬。1964, 三载难忘。汾酒试点，伟业开创。揭秘白酒，科学永昌。1978, 国家表彰。后学感念，济济一堂。祝福秦老，万寿无疆！

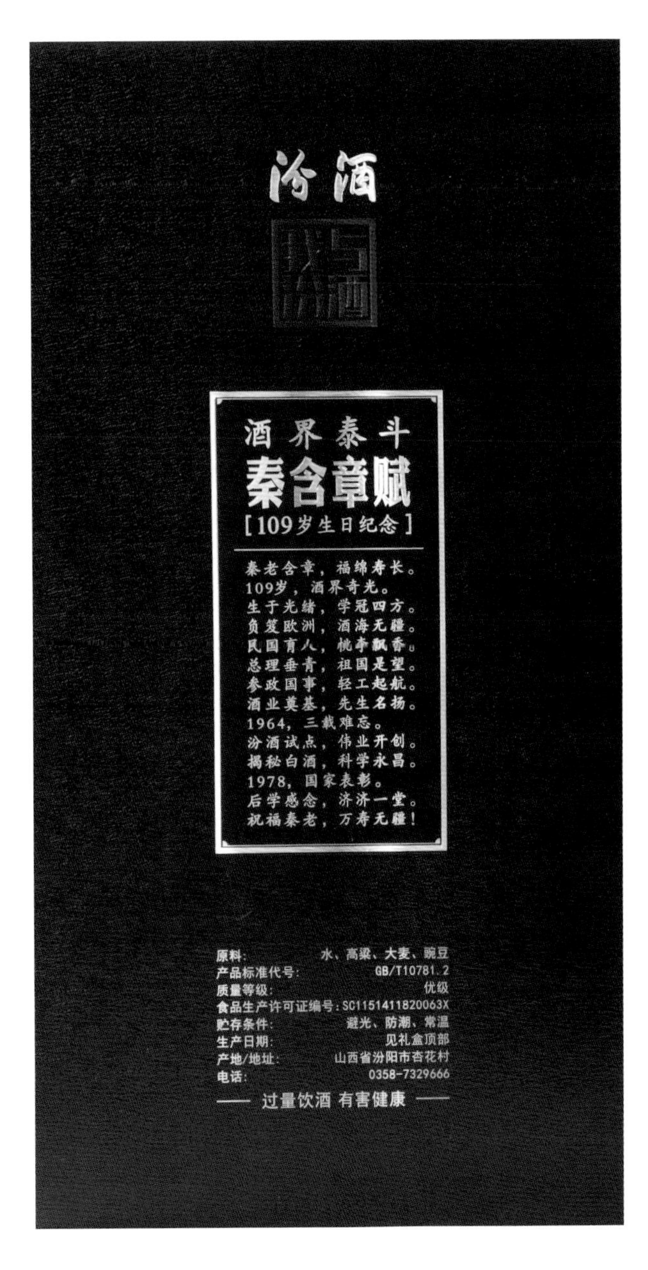


2017年64%voL酒届泰斗秦含章109岁纪念汾酒1.09L包装盒

# 2018年封藏大典纪念汾酒

规　　格 | 65%vol　1L

参考价格 | RMB 3,500

2018年65%vol封藏大典纪念汾酒1L装

# 2019年封藏大典纪念汾酒

规　　格 | 65%vol，1L

参考价格 | RMB 3,000

2019年65%vol封藏大典纪念汾酒1L装

# 2019年为爱加冕诞生纪念汾酒

规　　格 | 53%vol 4.5L

参考价格 | RMB 12,800

2019年53%vol为爱加冕诞生纪念汾酒4.5L装

# 2019年丝绸之路小批量酿造汾酒

规　　格 | 55%vol　750mL

参考价格 | RMB 4,000

生产日期

2019年55%vol丝绸之路小批量酿造汾酒750mL装

# 2019年中国改革开放四十周年纪念汾酒

规　　格 | 53%vol　1L

参考价格 | RMB 7,000

2019年53%vol中国改革开放四十周年纪念汾酒1L装

# 2019年中国改革开放四十周年纪念汾酒

规　　格 | 52%vol　660mL

参考价格 | RMB 4,800

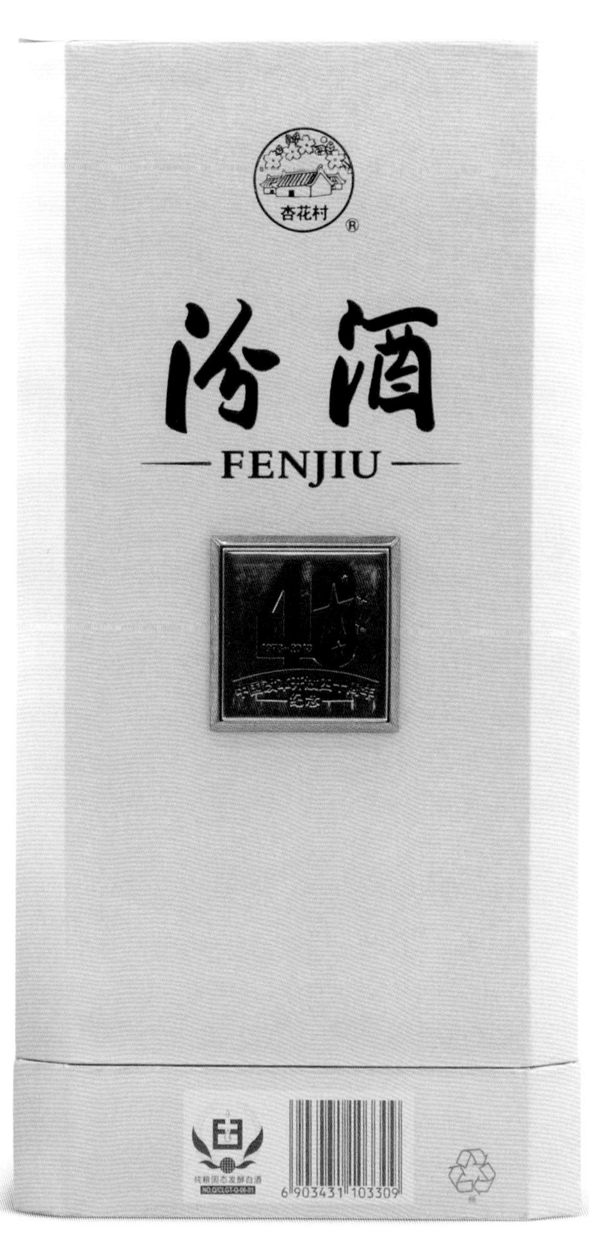


2019年52%vol中国改革开放四十周年纪念汾酒660mL装

# 2019年复古版老白汾酒、竹叶青酒生产70周年纪念版

规　　格 | 65%vol 45%vol　500mL×2

参考价格 | RMB 58,000

**相关记事：**

浓缩的是一部中国酒魂的年轮，回味的是一段不可再生的传奇，
谱写的是一首芳华岁月的赞歌，激起的是一抹国宴用酒的记忆，
捧出的是一汪值得回想的真情，演绎的是一片人类独有的匠心，
景仰的是一种生生不息的生命，收藏的是一缕饱经沧桑的清香。

2019年65%vol老白汾酒500mL装　　2019年45%vol竹叶青酒500mL装

# 2020年举国同庆·华诞巨献汾酒

规　　格 | 53%（V/V）　2.5L

参考价格 | RMB 10,000

2020年53%（V/V）举国同庆·华诞巨献汾酒2.5L装

# 2012年壬辰龙年汾酒银号

规　　格 | 60%vol　50L 25L 10L 5L 2.5L

参考价格 | RMB 80,000 / 40,000 / 23,000 / 17,000 / 6,000

2012年60%vol壬辰龙年汾酒银号10L装

10L装　　5L装　　2.5L装

60%vol甲午马年汾酒银号5L装

2012年60%vol壬辰龙年汾酒银号2.5L装

# 2014年头锅原浆汾酒

规　　格 | 66%vol　5L

参考价格 | RMB 27,000

66%vol头锅原浆汾酒品酒盅248mL装

2014年66%vol头锅原浆酱瓶汾酒5L装

# 2015年乙未羊、2016年丙申猴头锅原浆汾酒

规　　格 | 66%vol　5L 2.5L

参考价格 | RMB 22,000 / 20,000 / 8,000

2016年66%vol丙申猴头锅原浆汾酒2.5L装

2015年66%vol乙未羊头锅原浆汾酒5L装

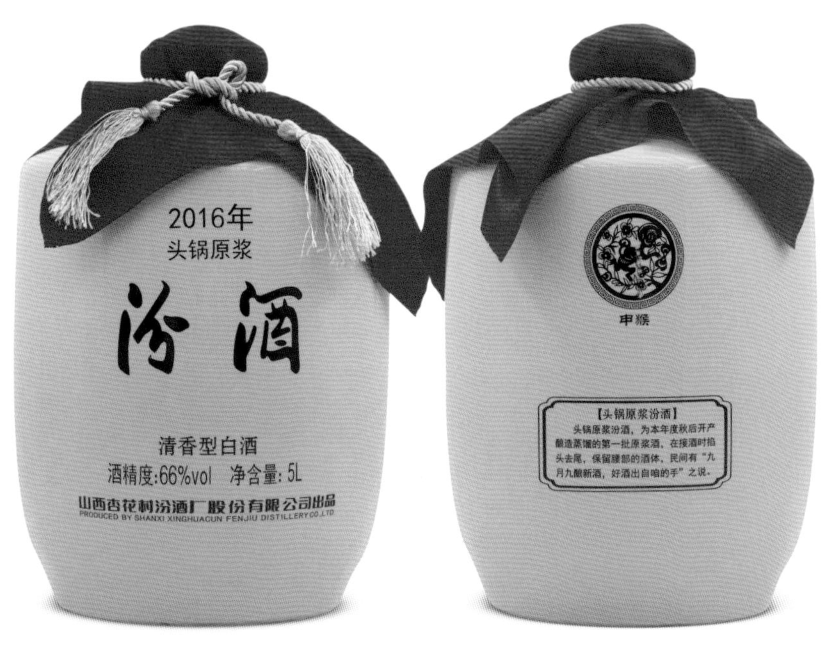


2016年66%vol丙申猴头锅原浆汾酒5L装

# 2017年丁酉鸡头锅原浆汾酒

规　　格 | 66%vol　5L　2.5L

参考价格 | RMB 17,000 / 8,500

2017年66%vol丁酉鸡头锅原浆汾酒2.5L装

2017年66%vol丁酉鸡头锅原浆汾酒5L装

# 2018年戊戌狗头锅原浆汾酒

规　　格 | 66%vol　5L　2.5L

参考价格 | RMB 15,000 / 7,500

2018年66%vol戊戌狗头锅原浆汾酒2.5L装

2018年66%vol戊戌狗头锅原浆汾酒5L装

# 2019年封藏大典祭拜黄帝专用汾酒

规　　格 | 66%vol　5L

参考价格 | RMB 3,080,000

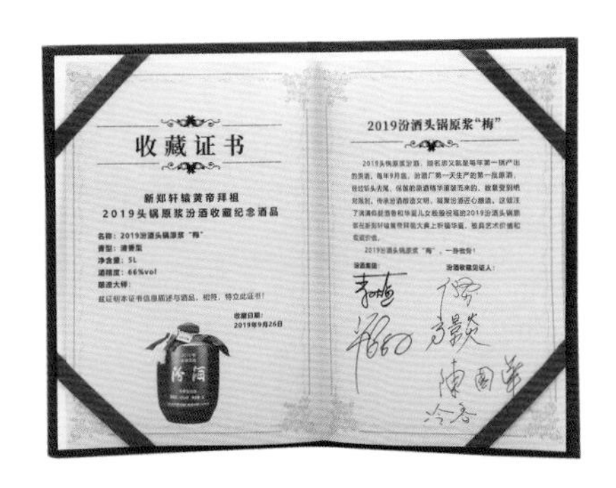

收藏证书

新郑轩辕黄帝拜祖

2019头锅原浆汾酒收藏纪念酒品

名称：2019汾酒头锅原浆“梅”

香型：清香型

净含量：5L

酒精度：66%vol

酿造大师：

兹证明本证书信息描述与酒品，相符，特立此证书！

收藏日期：

2019年9月26日

2019汾酒头锅原浆“梅”

2019汾酒头锅原浆“梅”，一身傲骨！

汾酒集团：

汾酒收藏见证人：

**相关记事：**

2019汾酒头锅原浆“梅”，一身傲骨！2019头锅原浆汾酒，顾名思义就是每年第一锅产出的原酒。每年9月底，汾酒厂第一天生产的第一批原酒，经过斩头去尾、保留的原酒精华灌装而来的，数量受到绝对限制。传承汾酒酿造文明，凝聚汾酒匠心酿造。这倾注了满满仰韶酒香和华夏儿女殷殷祝福的2019汾酒头锅原浆在新郑轩辕黄帝拜祖大典上祈福华夏，极具艺术价值和收藏价值。

2019年66%vol封藏大典祭拜皇帝专用汾酒5L装

# 2019年己亥猪头锅原浆汾酒

规　　格 | 66%vol　5L　2.5L

参考价格 | RMB 13,000 / 6,500

2019年66%vol己亥猪头锅原浆汾酒2.5L装

2019年66%vol己亥猪头锅原浆汾酒5L装

# 2020年庚子鼠年头锅原浆汾酒

规　　格 | 66%vol　5L　2.5L

参考价格 | RMB 8,500 / 4,300

2020年66%vol庚子鼠年头锅原浆汾酒5L装

# 2021年辛丑牛年头锅原浆汾酒

规　　格 | 66%vol　5L 2.5L

参考价格 | RMB 7,000 / 3,500

2021年66%vol辛丑牛年头锅原浆汾酒2.5L装

2021年66%vol辛丑牛年头锅原浆汾酒5L装

# 汾酒博物馆复古生产线出品原浆汾酒

规　　格 | 69%vol　3L

参考价格 | RMB 20,000

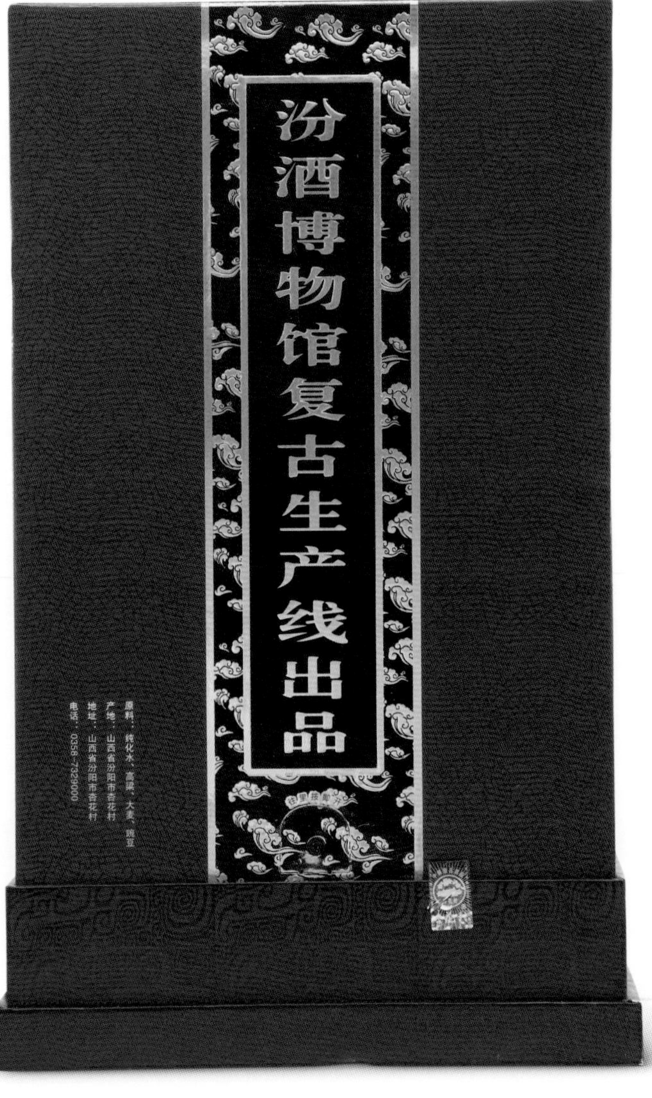


69%vol汾酒博物馆复古生产线出品原浆汾酒3L装

# 汾酒博物馆复古生产线酿造原浆汾酒

规　　格 | 65%vol　100mL×8

参考价格 | RMB 1,600

65%vol汾酒博物馆复古生产线酿造原浆汾酒100mL×8装

# 2004年国藏汾酒

规　　格 | 55%vol　660mL 500mL

参考价格 | RMB 18,000 / 17,000 / 16,000 / 8,500 / 8,500

2004年55%vol玛瑙瓶国藏汾酒660mL装（史树青题）

2004年55%（

瓶国藏汾酒500mL装

2008年55%vol玛瑙瓶国藏汾酒660mL装

# 2004～2006年国藏汾酒

规　　格 | 45%（V/V） 53%（V/V）　500mL 250mL 50mL

参考价格 | RMB 5,000 / 5,000 / 3,000 / 1,000

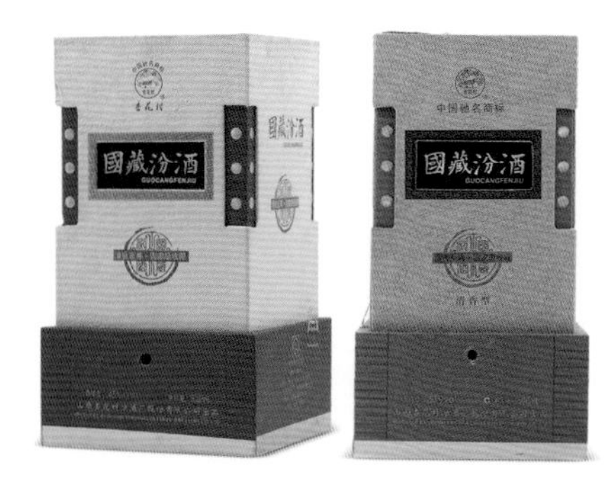

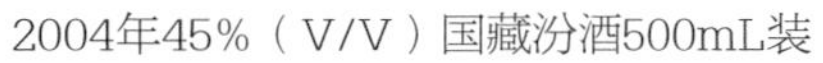

2004年45%（V/V）国藏汾酒500mL装

2006年53%vol国藏汾酒500mL装

2005年53%（V/V）国藏汾酒250mL装

2005年53%（V/V）国藏汾酒50mL装

# 2010年国藏汾酒

规　　格 | 60%vol　4L

参考价格 | RMB 88,000

**相关记事：**

2010 年 9 月 5 日，汾酒在“纪念巴拿马万国博览会中国白酒最高奖 95 周年”拍卖会上，拿出了 20 瓶国藏汾酒进行拍卖，20 瓶国藏汾酒最终拍卖成交价 3076 万元，其中最后一瓶的价格达到了 209 万元，刷新了白酒拍卖记录。汾酒集团更是将此次拍卖所得资金全部捐献给汾酒集团的慈善公益基金会，并声明公司于 2015 年进行摇号，被摇中的国藏汾酒将于拍卖成交价基础上加 100% 进行回购。

2010年60%vol国藏汾酒4L装

# 2010年中国国家博物馆至尊国藏汾酒

规　　格 | 45%vol 55%vol　660mL

参考价格 | RMB 18,000 / 17,000

**相关记事：**

2004 年，国藏汾酒被中国家博物馆永久收藏。

12 月 16 日，中国国家博物馆举办了盛大的汾酒收藏仪式。汾酒集团生产的国藏汾酒以其深厚的文化内涵、优越的质地和独特的口味，被中国国家博物馆永久收藏。这是 1949 年以来国家博物馆唯一收藏的一支中国名酒。

2010年45%vol中国国家博物馆至尊国藏汾酒660mL装

2011年55%vol中国国家博物馆至尊国藏汾酒660mL装

# 2015年国藏汾酒

规　　格 | 60%vol　1.5L

参考价格 | RMB 30,000

2015年60%vol国藏汾酒1.5L装

# 2011年清香原浆汾酒

规　　格 | 66%vol　1.5L

生产日期

2011年66%vol清香原浆汾酒1.5L装

# 2011年巴拿马万国博览会唯一荣膺甲等大奖章汾酒

规　　格 | 60%vol　1L

生产日期

2011年60%vol巴拿马万国博览会唯一荣膺甲等大奖章汾酒1L装

# 2013年巴拿马万国博览会唯一荣膺甲等大奖章汾酒

规　　格 | 66%vol　1L

2013年66%vol巴拿马万国博览会唯一荣膺甲等大奖章汾酒1L装

# 2011年亚太经合组织峰会特制汾酒

规　　格 | 53%vol　999mL

2011年53%vol亚太经合组织峰会特制汾酒999mL装

# 2012年亚太经合组织峰会特制汾酒

规　　格 | 53%vol 55%vol　999mL

2012年55%vol亚太经合组织峰会特制汾酒999mL装

# 2013年杏花村牌60甲子国宴汾酒

规　　格 | 60%vol　660mL

**相关记事：**

国宴汾酒：五款六个系列，全方位诠释汾酒作为中华酒文化之根的博大精深，国学大师、教育家、书法家姚奠中老先生以 99 岁高龄，挥毫高度评价汾酒是“酒中极品，至尊礼仪”。

★ 42 度的 12 生肖　感受活力　　★ 42 度的 24 史　品味人文

★ 53 度的 36 计　　运筹帷幄　　★ 55 度的 48 星宿　天人合一

★ 60 度的 60 甲子　返璞归真

2013年60%vol杏花村牌60甲子国宴汾酒660mL装

**相关记事：**

1949 年，在第一次全国政治协商会议开幕和闭幕之日，以及开国大典之日，都举行了隆重的国宴，当时用的白酒就是汾酒。

国宴汾酒系列白酒，酿造用水采用杏花村中天然优质泉水，得天独厚，极其难得。加之杏花村地区独特的绿色酿酒生态，空气和土壤中含有多种极有利于酿酒的微生物生长，经过数千年的繁衍、优化、淘汰、选择，几百种微生物在空气、厂区中“安家、落户”。国宴汾酒生产中含微生物生长的独特的“汾酒微生物体系”世代相传，这是国宴汾酒品质绝佳的奥妙之一。工艺由汾酒酿造工艺传承人、国家级品酒大师组成专题课题攻关组，依祖传古法经无数次精心调制与试验，以数十种年份不同的陈年原酒，与地下储藏缸龄 5 年以上复古工艺酿造出来的酒再进行反复调制，然后又分别储藏若干年，在最大程度上还原了开国用酒——国宴汾酒的当年风采。国宴汾酒最具汾酒代表性，达到清洁、环保，有益于人体健康，具有中华民族博大精深酒文化韵味的、时代的、历史的美酒。精心研制孕育十载，厚积薄发，再造汾酒辉煌业绩！

# 2013年杏花村牌48星宿国宴汾酒

规　　格丨55%vol　660mL

2013年55%vol杏花村牌48星宿国宴汾酒660mL装

# 2013年杏花村牌36计国宴汾酒

规　　格 | 53%vol　660mL

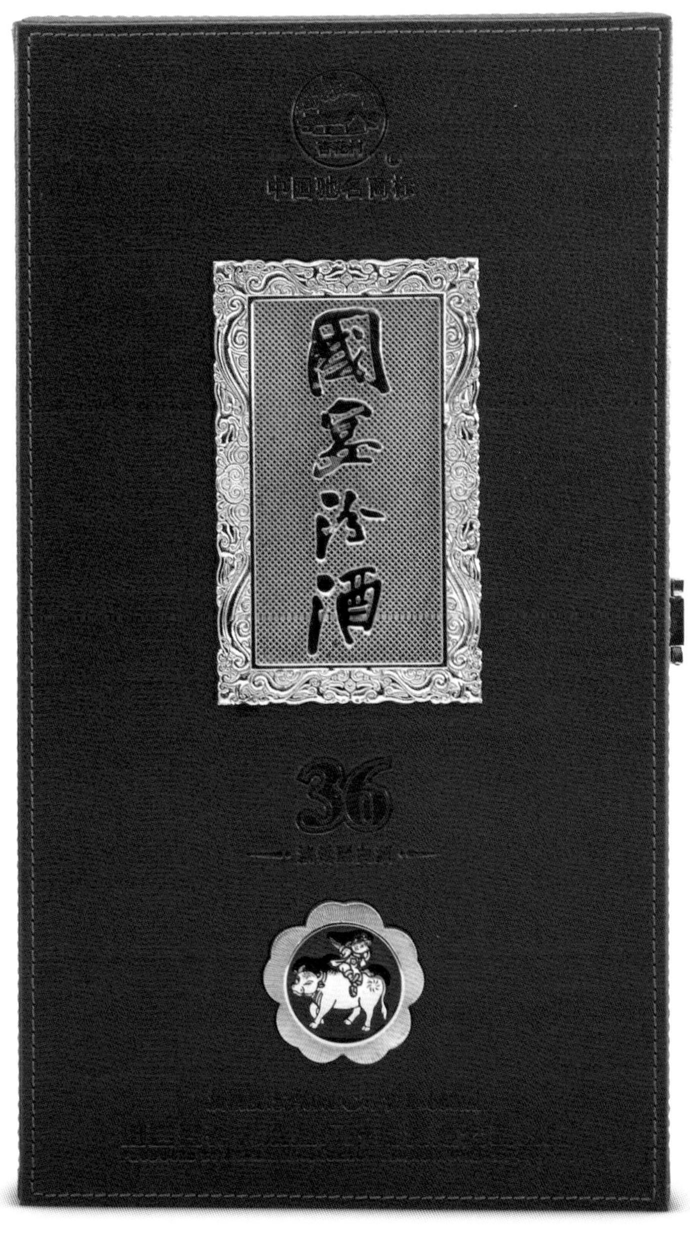


2013年53%vol杏花村牌36计国宴汾酒660mL装

# 2013年杏花村牌24史国宴汾酒

规　　格 | 42%vol　660mL

生产日期

2013年42%vol杏花村牌24史国宴汾酒660mL装

# 2013年杏花村牌12生肖国宴汾酒

规　　格 | 42%vol　660mL

2013年42%vol杏花村牌12生肖国宴汾酒660mL装

# 2013年毛主席诞辰120周年纪念汾酒

规　　格 | 58%vol　1.5L

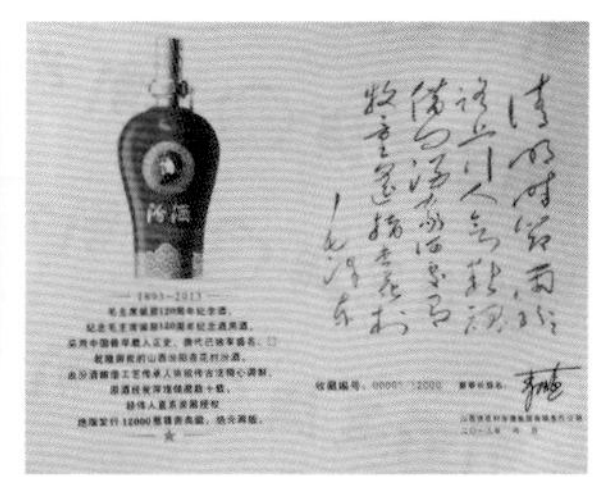

**相关记事：**

绝版发行 12000 瓶。

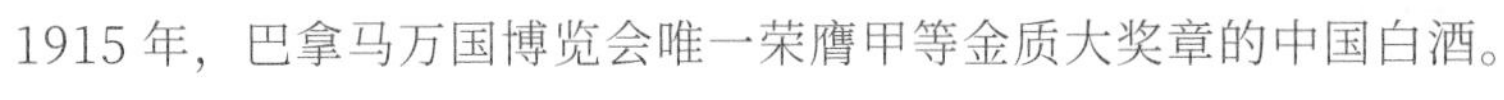

1915 年，巴拿马万国博览会唯一荣膺甲等金质大奖章的中国白酒。

唯一见证 1949 年开国大典的白酒。

2011 年、2012 年“汾酒”被选为国礼赠送外国元首。

2013年58%vol毛主席诞辰120周年纪念汾酒1.5L装

# 2014年北京APEC峰会国宴汾酒

规　　格 | 58%vol　1.5L

2014年58%vol北京APEC峰会国宴汾酒1.5L装

# 2018年汾牌国宴汾酒

规　　格 | 42%vol　500mL

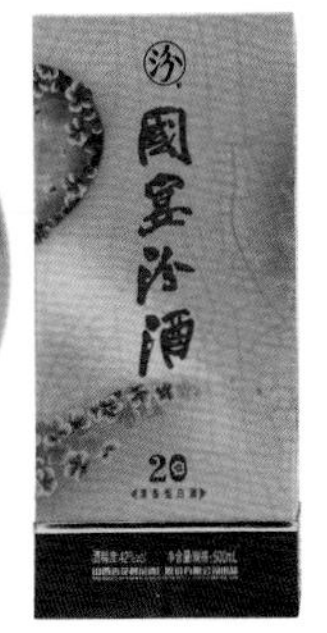

生产日期

2018年42%vol汾牌国宴汾酒500mL装

# 2020年汾牌复兴之路1949汾酒

规　　格 | 42%vol 53%vol　500mL

2020年42%vol汾牌复兴之路1949汾酒500mL装

2021年53%vol汾牌廉政复兴之路汾酒500mL装

# 2019年汾标复兴之路汾酒

规　　格 | 53%vol　1.5L

2020年53%vol汾牌复兴之路汾酒250mL装

2019年53%vol汾标复兴之路汾酒1.5L装

# 2019年汾标复兴之路汾酒

规　　格 | 65%vol　650mL

**相关记事：**

绝版发行 6500 瓶。国内顶级设计团队打造，极具颠覆性外观设计，融入国旗、长城、巨龙、丝绸之路等文化之魂，重塑一代风范，再现时代经典。

2019年65%vol汾标复兴之路汾酒650mL装

# 2018年汾牌复兴之路

规　　格 | 53%vol　500mL

2013年53%vol汾牌复兴之路500mL装

# 2021年汾牌20家中有喜

规　　格 | 45%vol　500mL

2021年45%vol汾牌20家中有喜500mL装

# 2002年二十年陈酿金樽十二生肖汾酒

规　　格 | 53%（V/V）　475mL × 12

参考价格 | RMB 68,000

汾酒金樽十二生肖珍藏版
汾酒厂股份有限公司2002年出品

2002年53%（V/V）二十年陈酿金樽十二生肖汾酒475mL装（子鼠、丑牛）

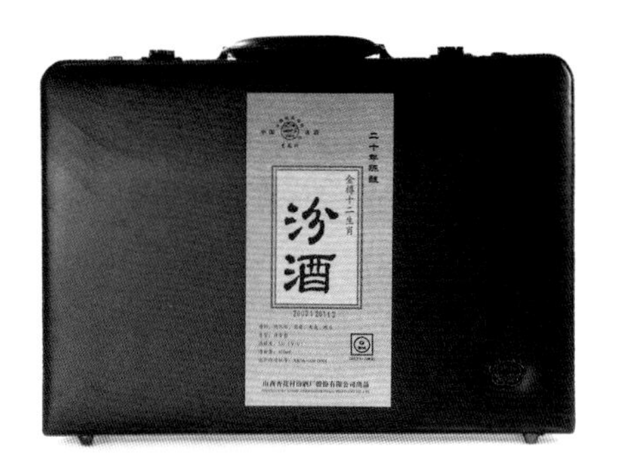

寅虎、卯兔、辰龙、巳蛇、午马

未羊、申猴、酉鸡、戌狗、亥猪

# 2018年生肖原浆汾酒

规　　格 | 65%vol　1.8L×12

参考价格 | RMB 50,000

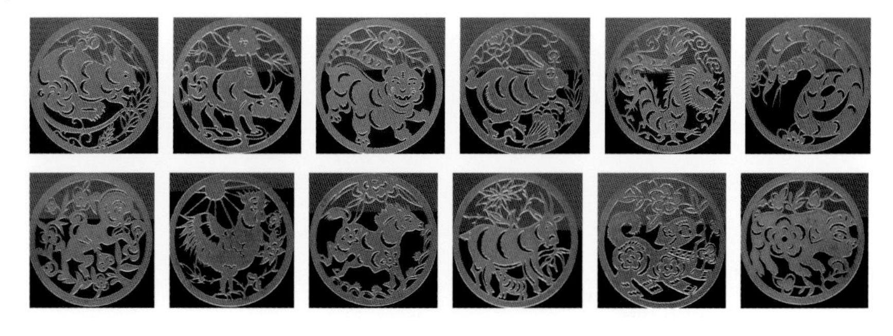

2018年65%vol生肖子鼠原浆汾酒1.8L装

子鼠、丑牛、寅虎、卯兔、辰龙、巳蛇、午马、未羊、申猴、酉鸡、戌狗、亥猪

# 2019年杏花村牌己亥猪年、庚子鼠年汾酒

规　　格 | 60%vol　1.5L

参考价格 | RMB 9,800 / 8,800

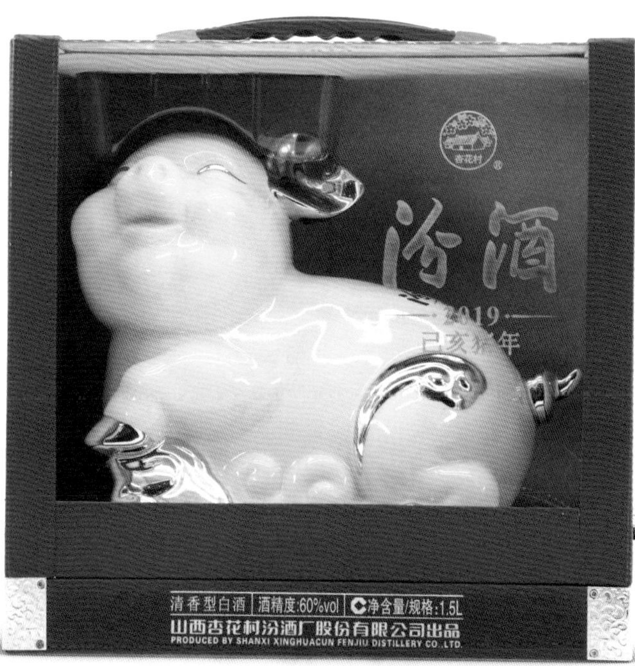


2019年60%vol杏花村牌己亥猪年汾酒1.5L装

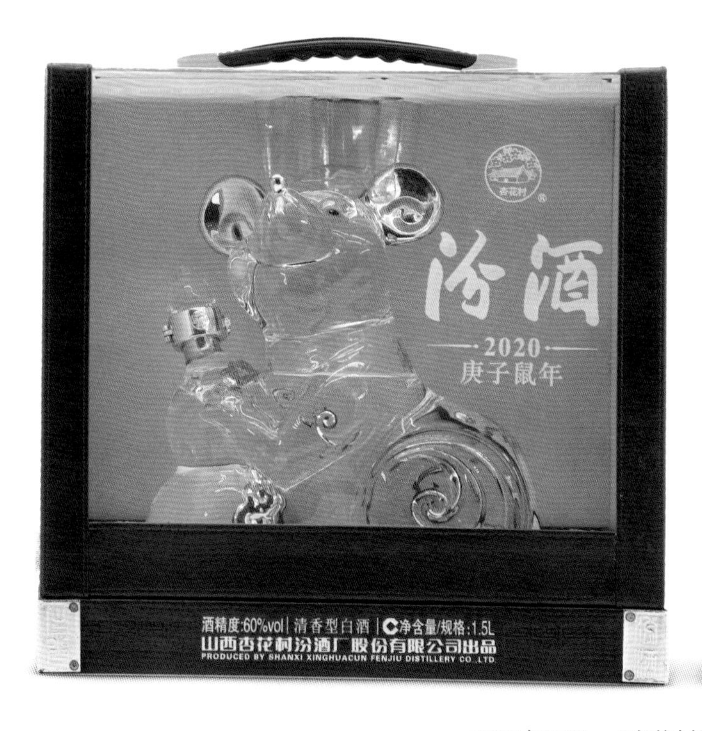

2020年60%vol杏花村牌庚子鼠年汾酒1.5L装

# 纪念1915年巴拿马万国博览会101周年汾酒

规　　格 | 53%vol　500mL × 101

参考价格 | RMB 180,000

53%vol纪念1915年巴拿马万国博览会101周年汾酒500mL × 101装
1915年2月20日–12月4日巴拿马万国博览会召开

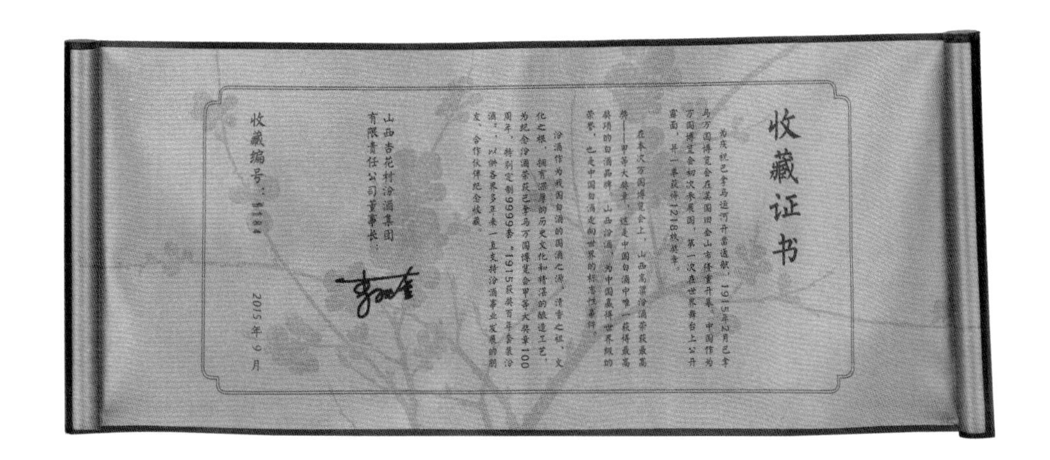

收藏证书

为庆祝巴拿马运河开凿通航，1915年2月巴拿马万国博览会在美国旧金山市隆重开幕。中国作为万国博览会初次参展国，第一次在世界舞台上公开露面，并一举获得1218枚奖章。

在本次万国博览会上，山西高粱汾酒荣获最高奖——甲等大奖章，这是中国白酒中唯一获得最高奖项的白酒品牌。山西汾酒，为中国赢得世界级的荣誉，也是中国白酒走向世界的标志性事件。

汾酒作为我国白酒的国酒之源，清香之祖，文化之根，拥有深厚的历史文化和精湛的酿造工艺，为纪念汾酒荣获巴拿马万国博览会甲等大奖章100周年，特别定制9999套"1915获奖百年套装汾酒"，以供各界多年来一直支持汾酒事业发展的朋友、合作伙伴纪念收藏。

山西杏花村汾酒集团有限责任公司董事长：

收藏编号：[illegible]

2015年9月

**相关记事：**

为庆祝巴拿马运河开凿通航，1915 年 2 月巴拿马万国博览会在美国旧金山市隆重开幕。中国作为万国博览会初次参展国，第一次在世界舞台上公开露面，并一举获得 1218 枚奖章。

在本次万国博览会上，山西高粱汾酒荣获最高奖——甲等金质大奖章，这是中国白酒中唯一获得最高奖项的白酒品牌。山西汾酒，为中国赢得世界级的荣誉，也是中国白酒走向世界的标志性事件。

汾酒作为我国白酒的国酒之源、清香之祖、文化之根，拥有深厚的历史文化和精湛的酿造工艺，为纪念汾酒荣获巴拿马万国博览会甲等金质大奖章 100 周年，特别定制 9999 套“1915 获奖百年套装汾酒”，以供各界多年来一直支持汾酒事业发展的朋友、合作伙伴纪念收藏。

1916年3月22日袁世凯宣布取消帝制

1917年7月17日孙中山抵达广州展开护法运动

1918年5月15日鲁迅发表中国第一部现代白话文小说《狂人日记》

1919年5月4日北京爆发五四运动

1920年7月14日直皖战争爆发

1921年7月23日中国共产党在上海成立

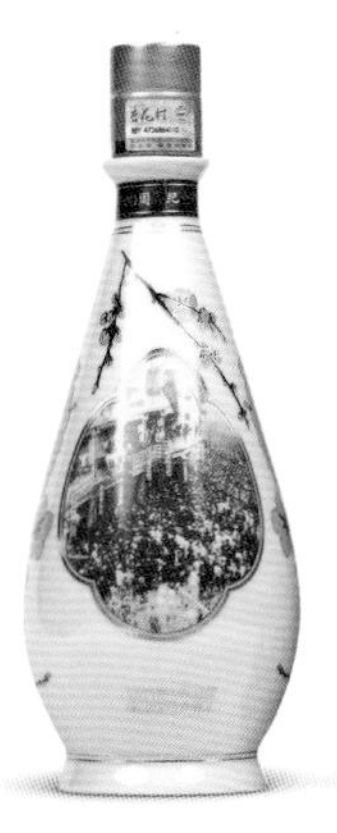

1922年1月12日中国香港海员大罢工

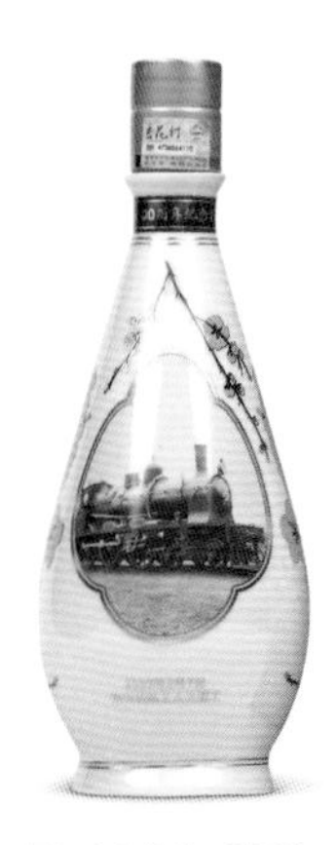

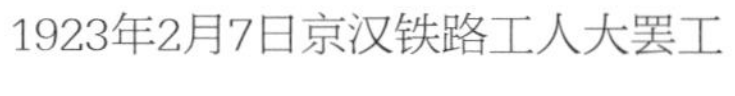
1923年2月7日京汉铁路工人大罢工

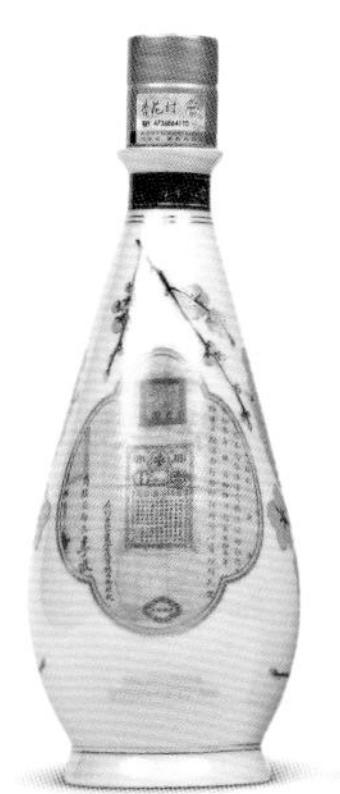

1924年8月15日汾酒注册“高粱穗”商标

1925年3月12日孙中山于北京逝世

1926年7月9日国民革命军广东起兵开始北伐

1927年8月1日周恩来领导八一南昌起义

1928年4月28日井冈山胜利会师

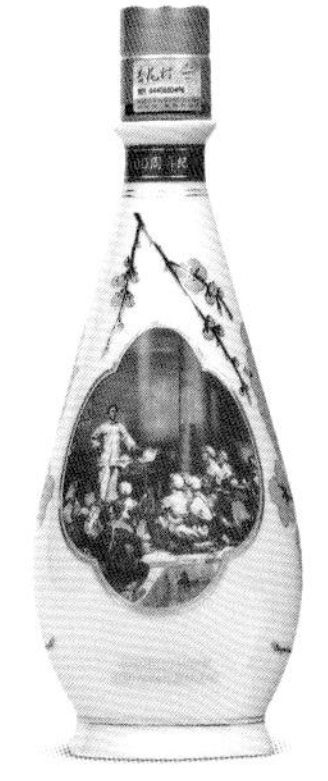

1929年12月28日红四军召开古田会议

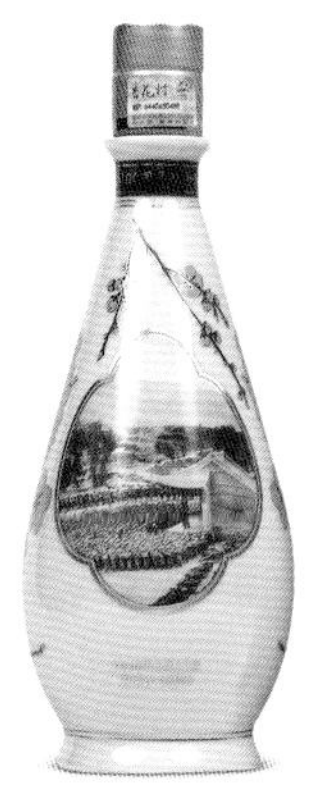

1930年5月11日中原大战爆发

1931年9月18日日本制造九・一八事变

1932年1月28日"一・二八"淞沪抗战

1933年2月5日故宫文物南迁

1934年10月10日红军长征开始

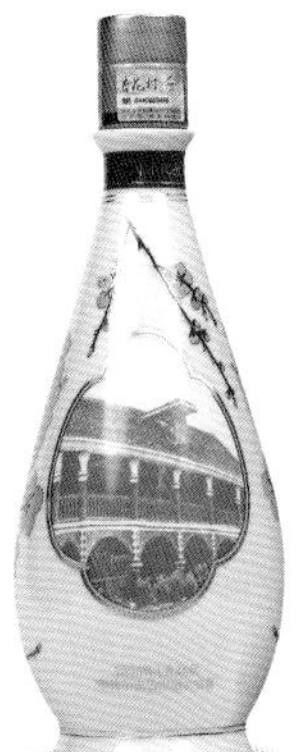

1935年1月15日中共中央召开遵义会议

1936年10月22日红军长征胜利会师

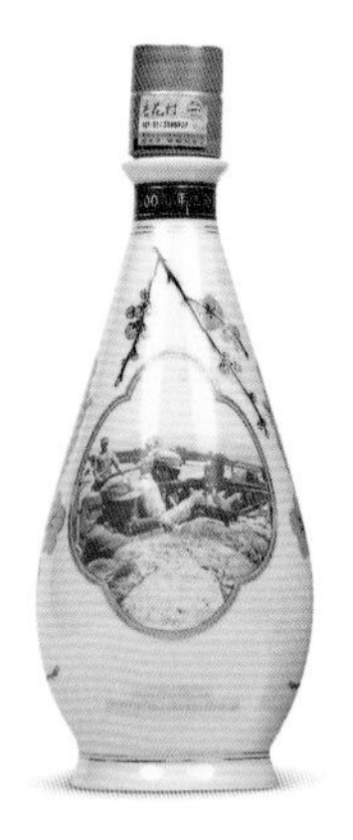

1937年7月7日卢沟桥事变，抗日战争全面爆发

1938年3月14日–4月15日台儿庄战役取得重大胜利

1939年2月2日陕甘宁边区成立生产委员会

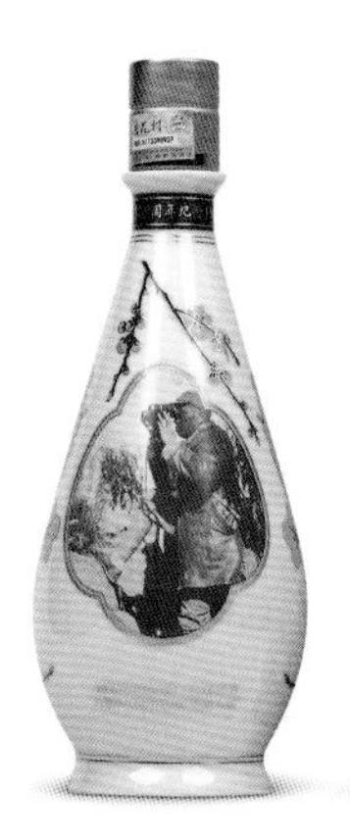

1940年8月20日–12月15日八路军对日军发动“百团大战”

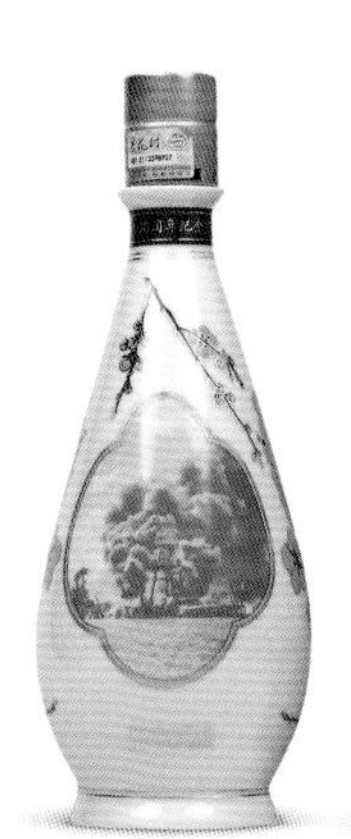

1941年12月7日太平洋战争爆发

1942年2月25日中国远征军入缅作战

1943年12月1日中英美三国发表《开罗宣言》

1944年4月17日–12月10日豫湘桂战役

1945年8月15日日本向同盟国宣布无条件投降

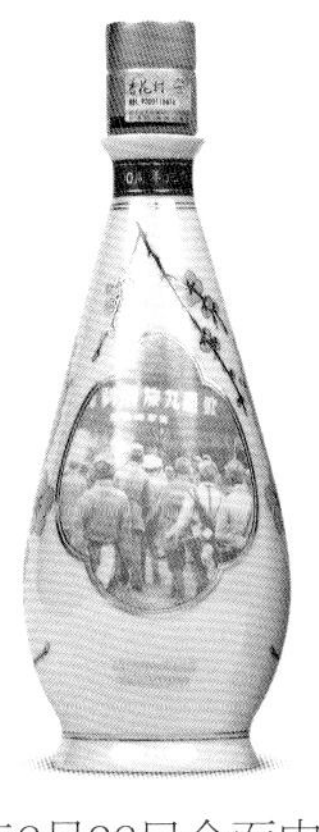

1946年6月26日全面内战爆发

1947年10月10日《中国土地法大纲》公布施行

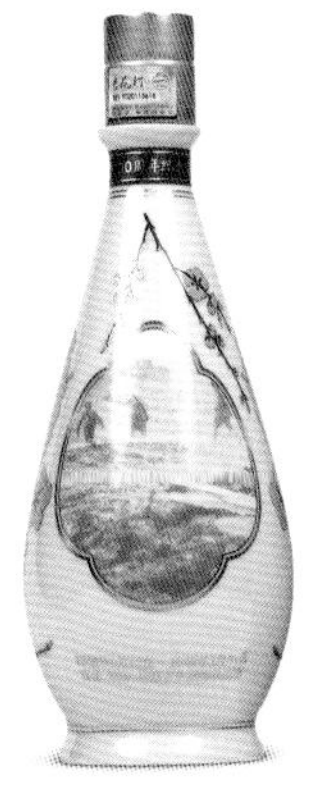

1948年9月12日–1949年1月31日辽沈、淮海、平津三大战略性战役

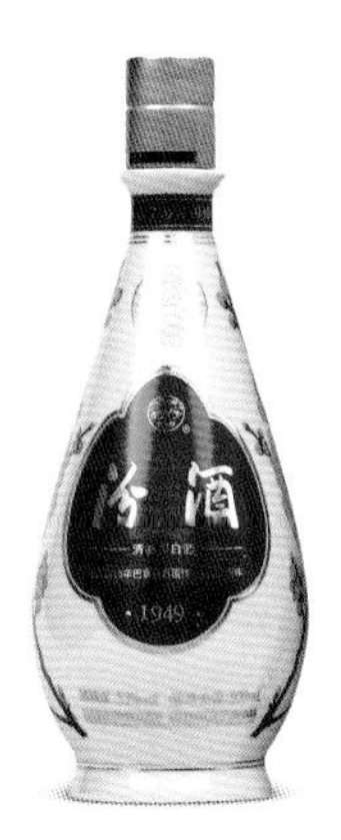
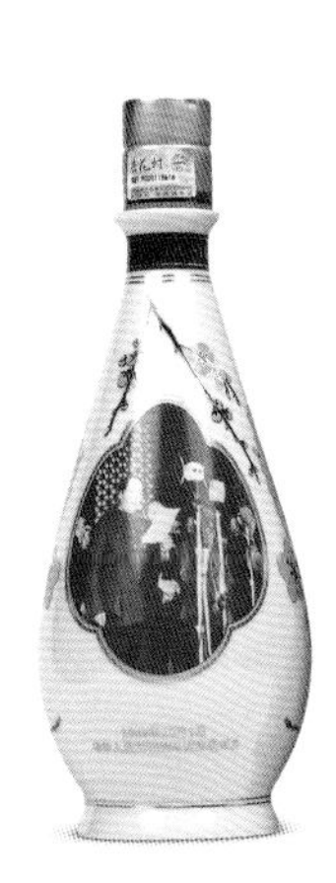

1949年10月1日中华人民共和国正式宣告成立

1950年10月19日中国人民志愿军参加抗美援朝战争

1951年5月23日西藏和平解放

1952年9月汾酒被评为四大名酒之一

1953年5月14日开始实施第一个五年计划

1954年4月26日周恩来率团出席日内瓦会议

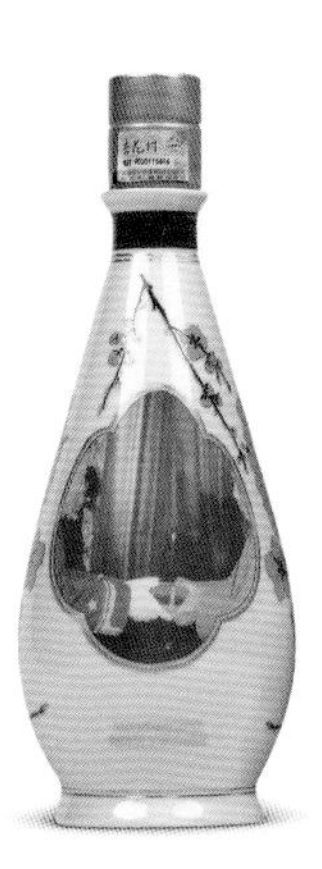

1955年9月27日海陆空三军大授衔

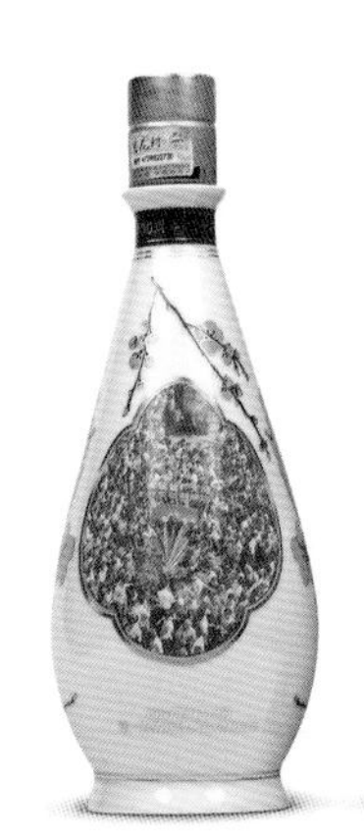

1956年7月13日第一批解放牌汽车试制成功

1957年10月15日武汉长江大桥正式通车

1958年5月“大跃进”与人民公社化运动兴起

1959年9月26日发现中国第一大油田——大庆油田

1960年7月16日苏联政府撤走在华专家

1961年1月14日中央批准八字方针

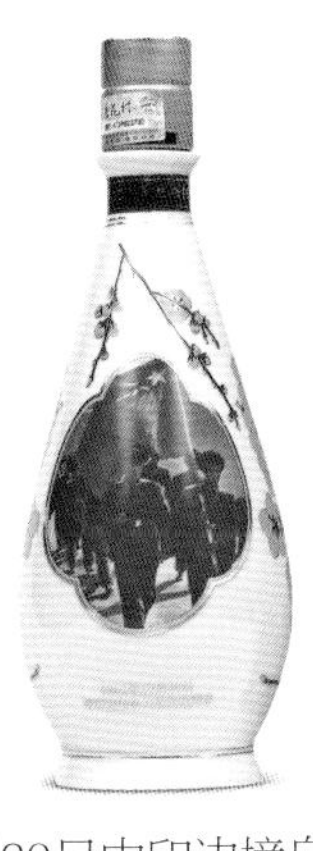

1962年10月20日中印边境自卫反击战爆发

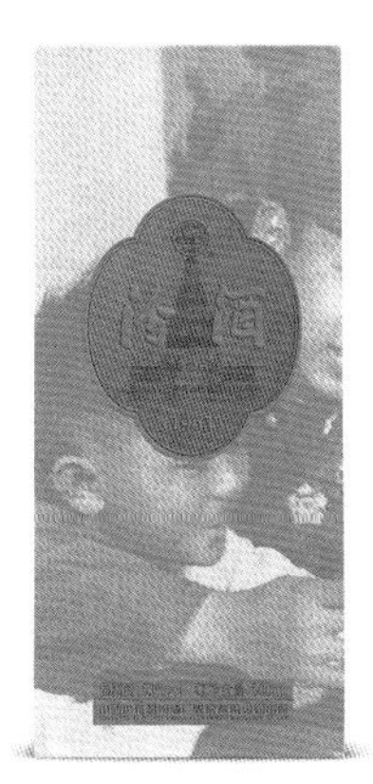

1963年3月5日毛泽东题词：“向雷锋同志学习”

1964年10月16日中国第一颗原子弹爆炸成功

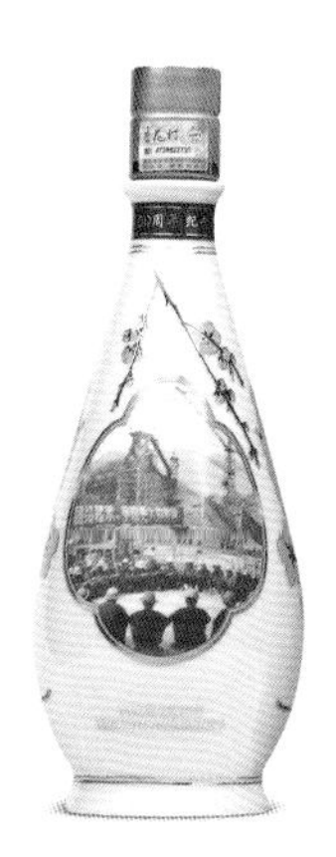

1965年2月26日西南三线建设委员会成立

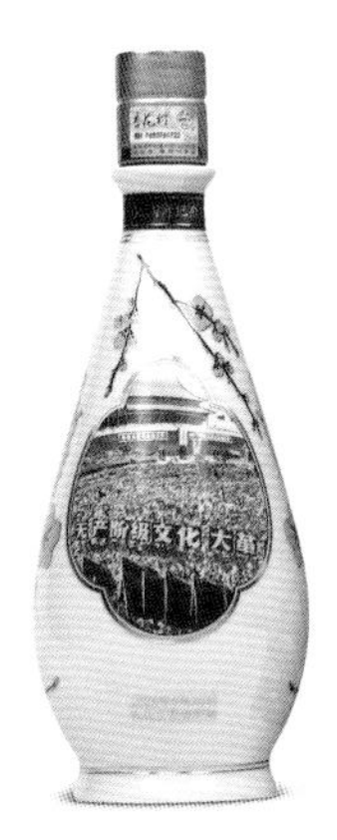

1966年5月16日“文化大革命”开始

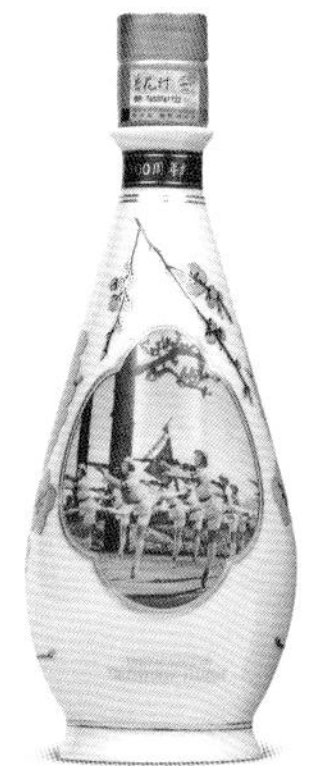

1967年5月23日“革命样板戏”开始推行

1968年12月22日毛泽东指示知识青年到农村去

1969年3月2日珍宝岛自卫反击战爆发

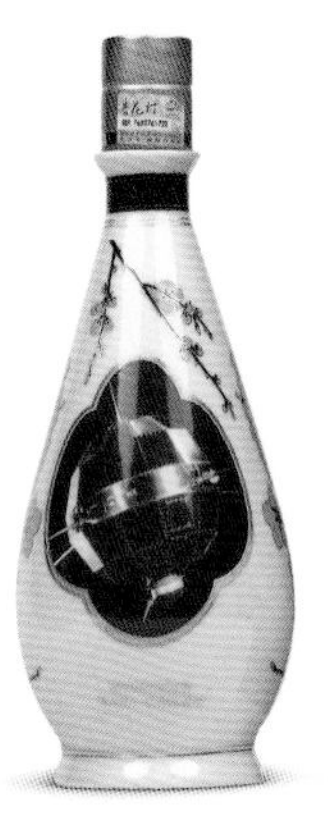

1970年4月24日东方红一号发射成功

1971年10月25日中国恢复联合国合法席位

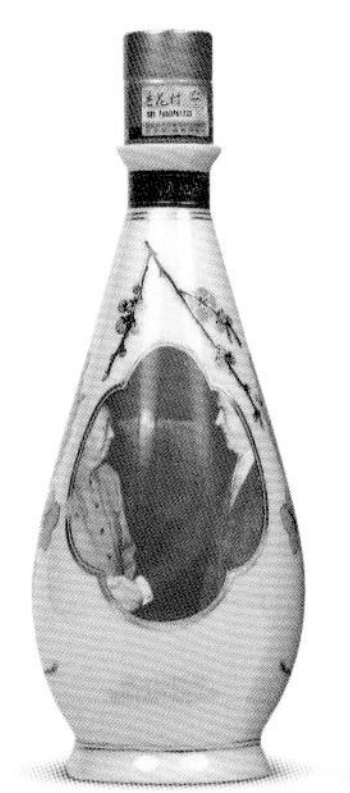

1972年2月21日美国总统尼克松访华

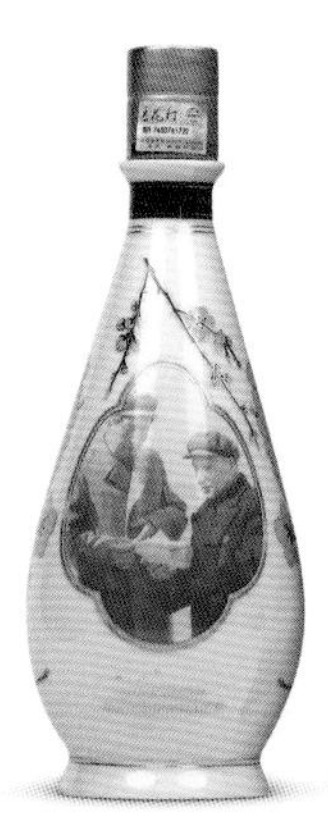

1973年3月10日邓小平恢复出任副总理

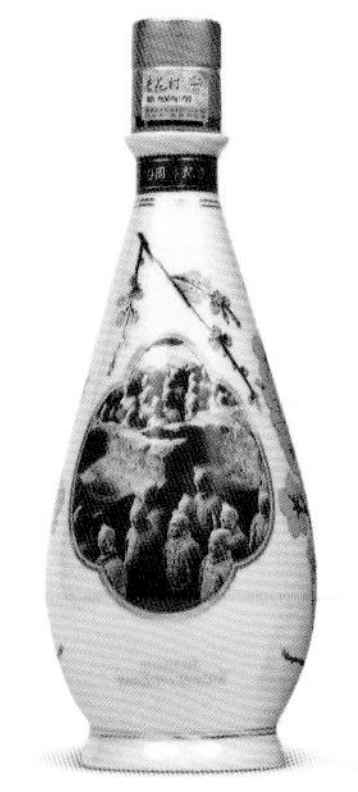

1974年3月秦始皇兵马俑被发掘

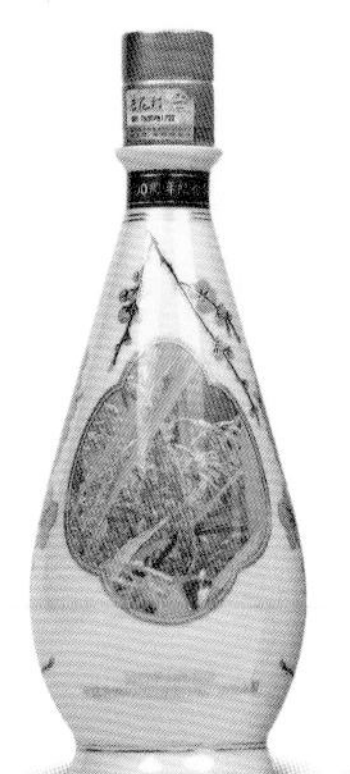

1975年10月20日中国农林科学院鉴定并推广杂交水稻

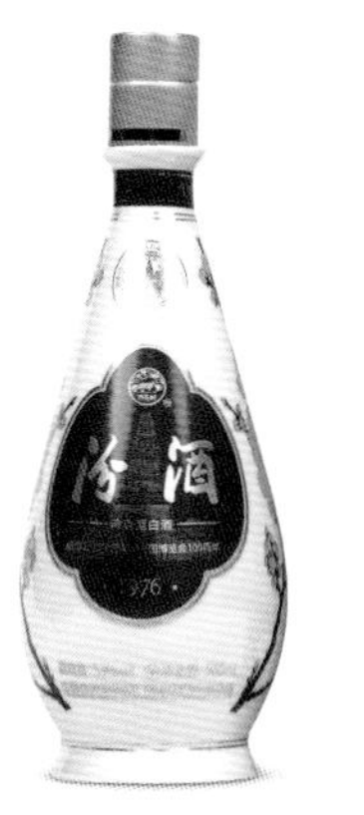

1976年10月6日粉碎“四人帮”

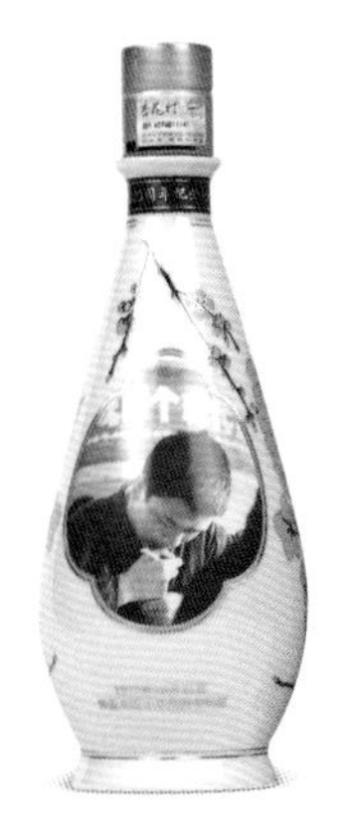

1977年10月21日恢复中断十年的高考制度

1978年12月18日十一届三中全会召开

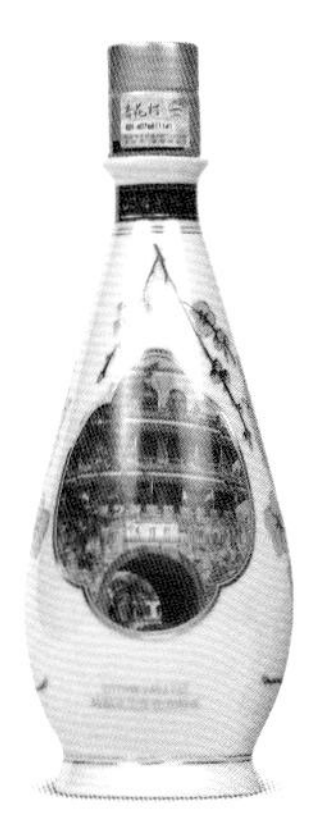

1979年2月17日对越自卫反击战爆发

1980年3月30日经济特区成立

1981年8月26日邓小平首次提出“一国两制”

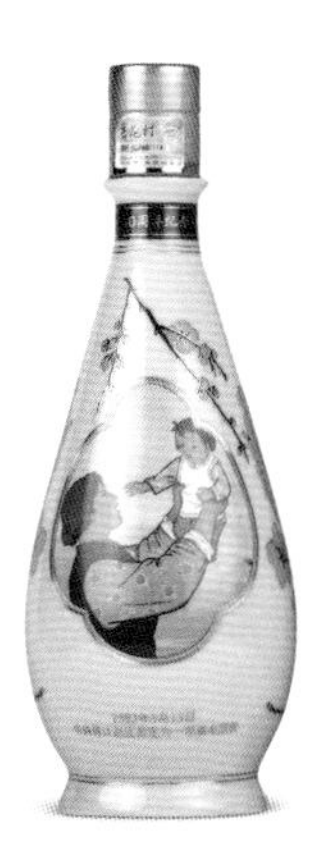

1982年3月13日中央将计划生育定为一项基本国策

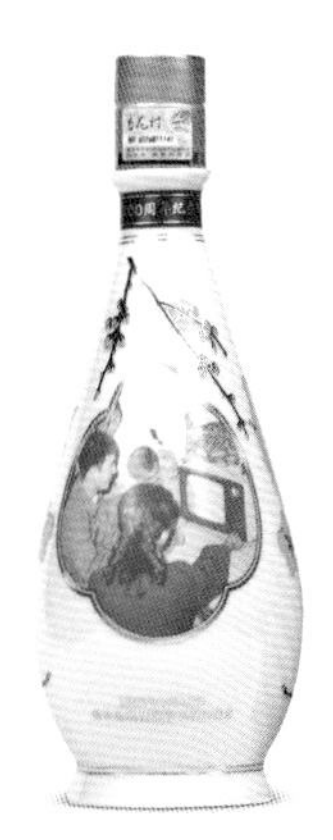

1983年2月12日首次现场直播春节联欢晚会

1984年7月29日许海峰实现中国奥运金牌零的突破

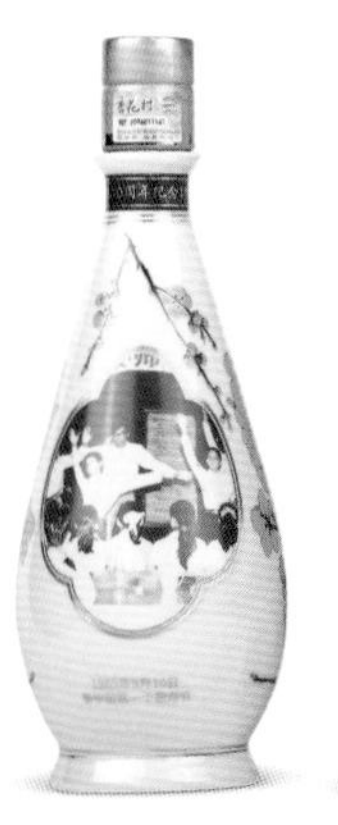

1985年9月10日新中国第一个教师节

1986年3月3日863计划开始实施

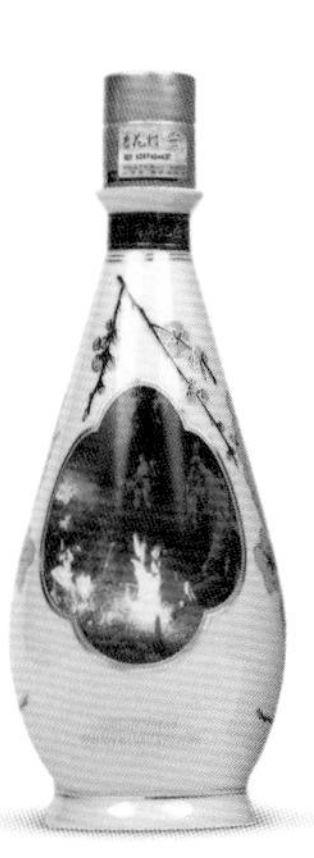

1987年5月6日大兴安岭发生特大火灾

1988年8月15日通过《关于价格、工资改革的初步方案》

1989年10月希望工程启动

1990年11月26日上海证券交易所成立

1991年12月15日秦山核电站并网发电

1992年1月18日–2月21日邓小平发表南巡讲话

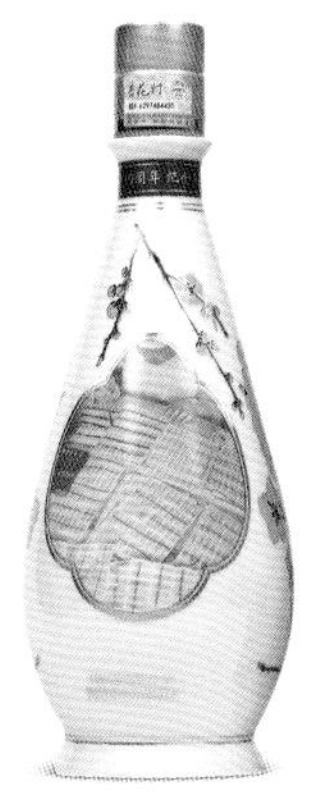

1993年5月10日粮票退出历史舞台

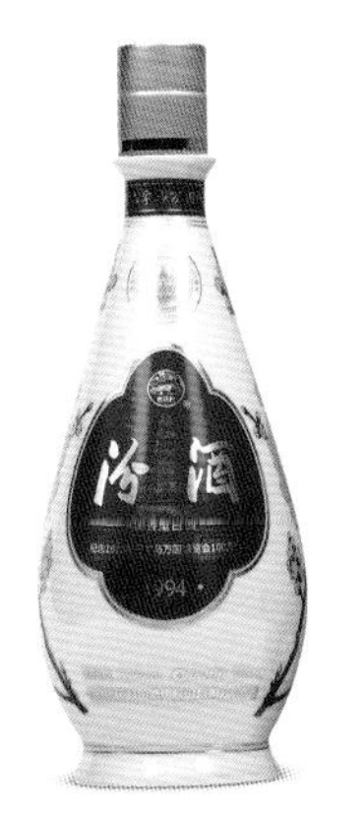
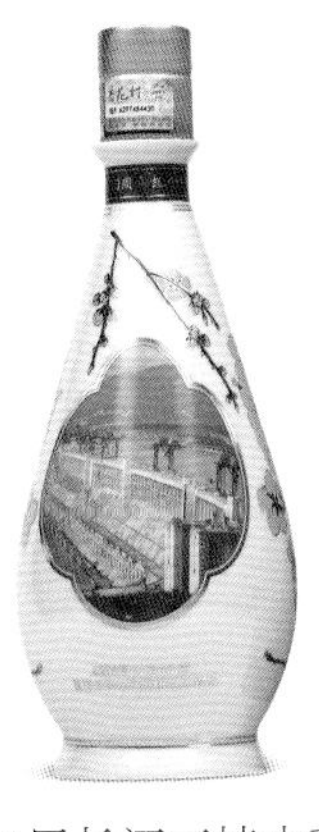

1994年12月14日长江三峡水利枢纽正式开工

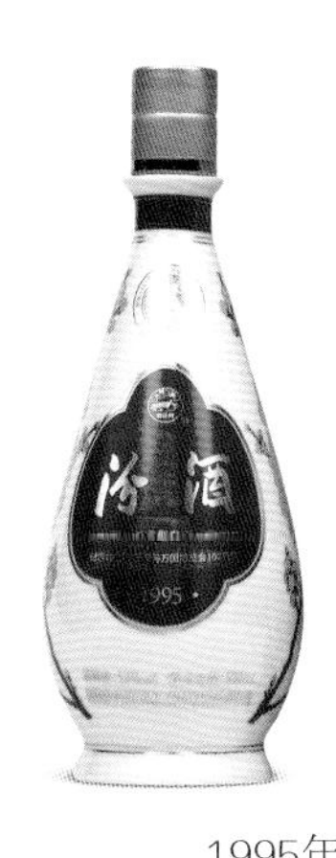

1995年11月16日京九铁路全线铺通

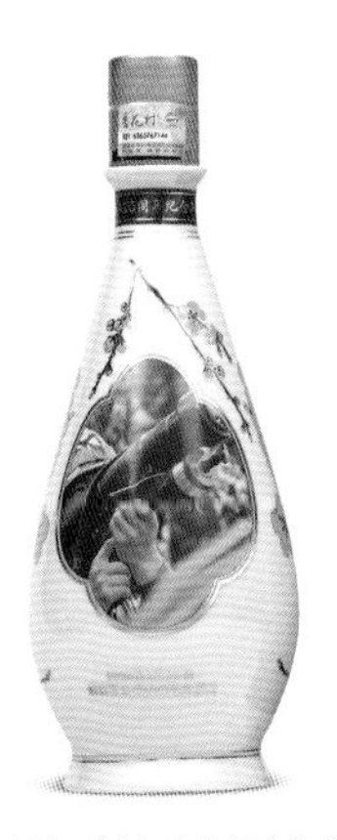

1996年3月18日解放军中国台湾海峡联合演习

1997年7月1日中国香港特别行政区成立

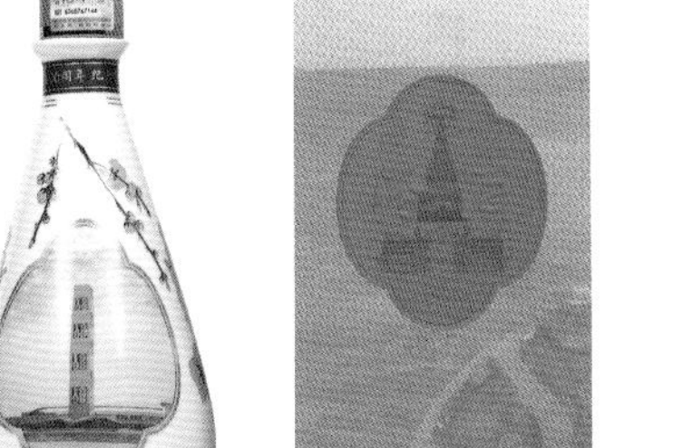

1998年6月30日长江流域爆发特大洪灾

1999年12月20日澳门特别行政区成立

2000年2月25日“三个代表”重要思想提出

2001年12月11日中国加入世界贸易组织

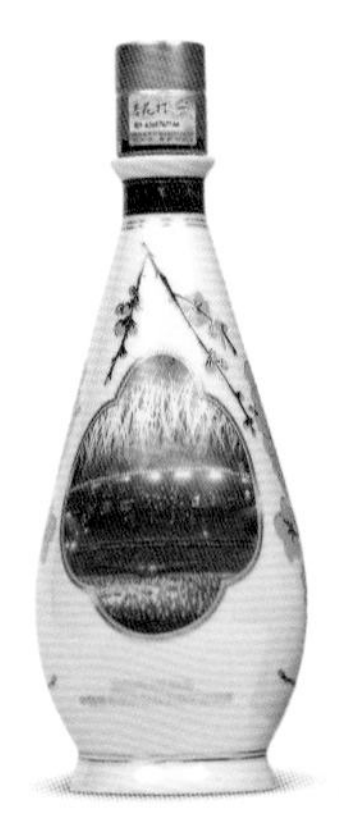

2002年6月30日中国男足首次参加世界杯足球赛

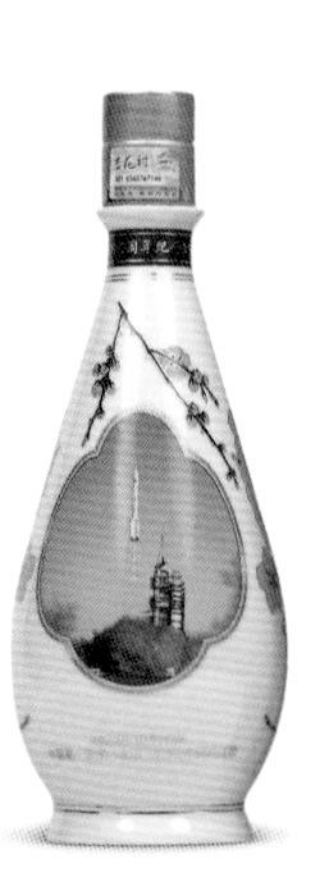

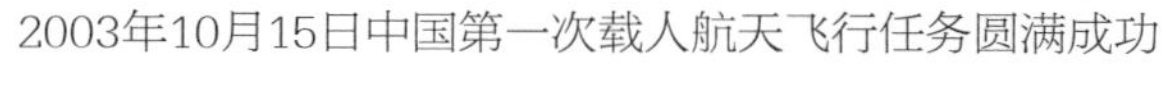

2003年10月15日中国第一次载人航天飞行任务圆满成功

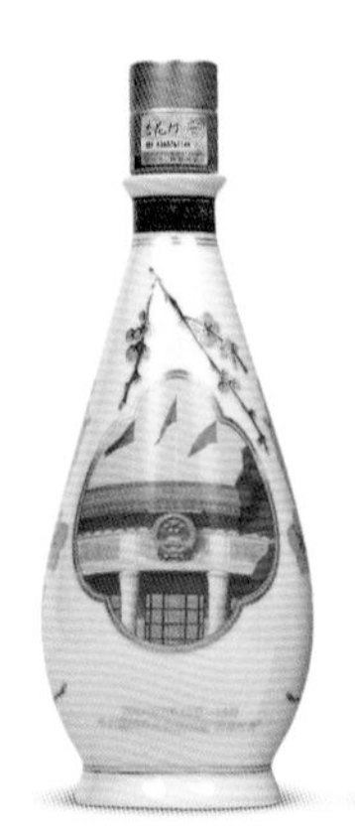

2004年9月16日–19日十六届四中全会提出构建“和谐社会”

2005年10月12日神舟六号载人飞行圆满成功

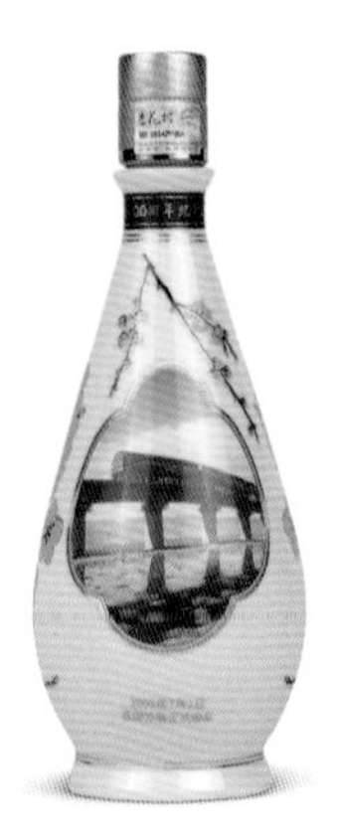

2006年7月1日青藏铁路正式通车

2007年11月26日中国首次月球探测工程取得圆满成功

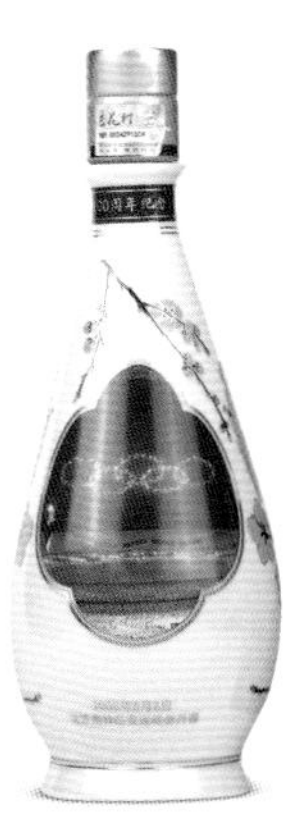

2008年8月8日北京奥林匹克运动会开幕

2009年3月1日中国探月一期工程圆满成功

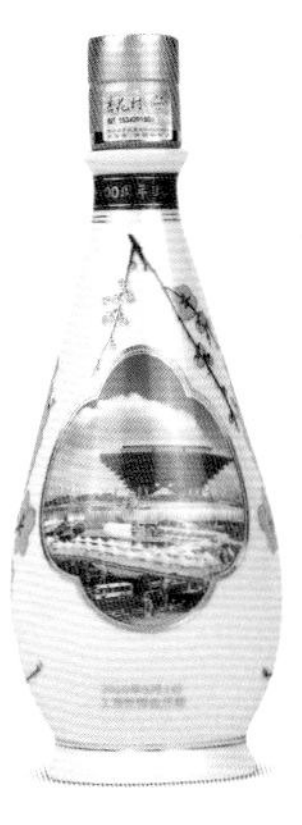

2010年5月1日上海世博会开幕

2011年4月28日西安世界园艺博览会开幕

2012年9月25日中国首艘航母辽宁舰正式服役

2013年12月14日嫦娥三号月球软着陆成功

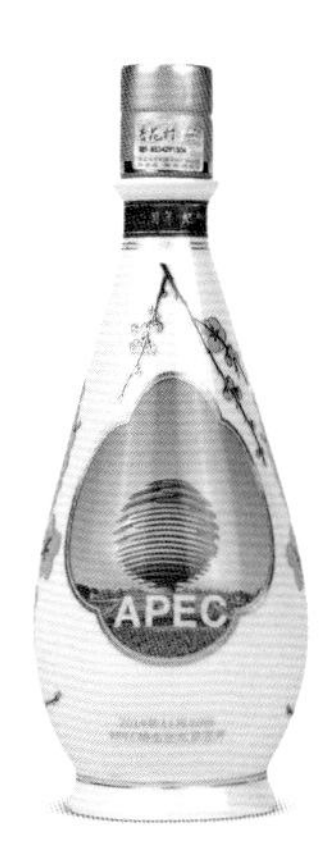

2014年11月10日APEC峰会在北京召开

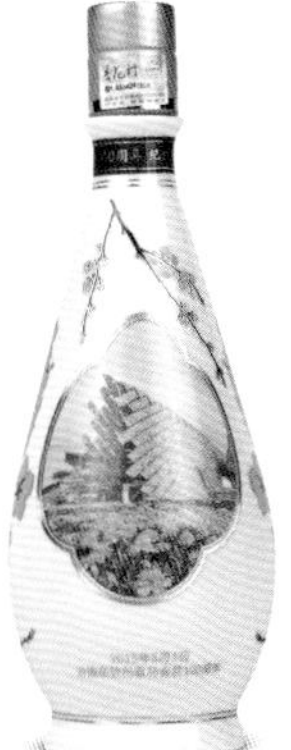

2015年5月1日汾酒荣获巴拿马金奖一百周年

G20 2016 CHINA

# 第十一章

## 营销产品及酒版集锦

# 2003年古井亭牌杏花村酒

规　　格 | 59%vol　2500mL

参考价格 | RMB 28,000

2003年59%vol古井亭杏花村2500mL装

# 营销产品

1998年38%（V/V）
北特佳酒500mL装

2000年38%（V/V）
精品杏花村酒500mL装

1998年53%（V/V）
北特佳酒500mL装

1998年39%（V/V）
北特佳酒500mL装

1997年48%（V/V）杏花村牌
48度精品汾酒500mL装

1999年45%vol杏花村
汾酒500mL装

2000年53%vol中华
老白汾酒500mL装

2012年42%vol清香
至尊汾酒475mL装

2000年45%vol中华老白汾酒
500mL+100mL装

2003年45%vol中华老白汾酒
500mL+100mL装

# 营销产品

1999年11%（V/V）杏花村
半干白葡萄酒750mL×2装

2000年11%（V/V）杏花村好运
天然红葡萄酒500mL×2装

2001年42%（V/V）十年陈
酿特制老白汾酒450mL装

2000年杏花村牌名门系列
20牧之春500mL装

38%（V/V）十年陈酿
北辰汾酒475mL装

2001年45%（V/V）十年陈酿
品质老白汾酒450mL×2装

2002年48%（V/V）杏花村牌汾酒500mL装

2002年53%（V/V）汾酒500mL装

2002年45%（V/V）杏花村牌十年陈酿
天骄老白汾酒225mL×2装

2002年45%（V/V）杏花村牌
汾酒450mL装

2002年45%（V/V）杏花村牌
汾酒450mL装

2002年45%（V/V）杏花村牌
喜庆汾酒225mL×2装

2002年杏花村牌双喜汾酒

2002年48%（V/V）杏花村牌
汾酒450mL装

2002年30年陈酿特制汾酒225mL×2装

2002年42%（V/V）杏花村牌
金汾酒225mL×2装

# 营销产品

2002年45%（V/V）
杏花村牌十年陈酿
老白汾酒450mL装

2002年45%（V/V）
杏花村牌十年陈酿晶质
老白汾酒450mL装

2002年45%（V/V）
杏花村牌特制十年陈酿
老白汾酒450mL装

2002年45%（V/V）杏花村
牌精品老白汾酒500mL装

2002年42%（V/V）杏花村牌
金牌汾酒475mL装

2002年38%（V/V）
杏花村牌汾酒475mL装

2002年45%（V/V）杏花村牌
贵宾汾酒500mL装

2002年48%（V/V）杏花村牌
福星汾酒475mL装

2002年42%（V/V）杏花村牌
出口汾酒500mL装

2002年45%（V/V）杏花村牌
双喜汾酒450mL装

2002年38%（V/V）杏花村牌
特制杏花村酒475mL装

2002年42%（V/V）杏花村牌
玉玺汾酒475mL装

2002年42%（V/V）
杏花村牌天宝汾酒450mL装

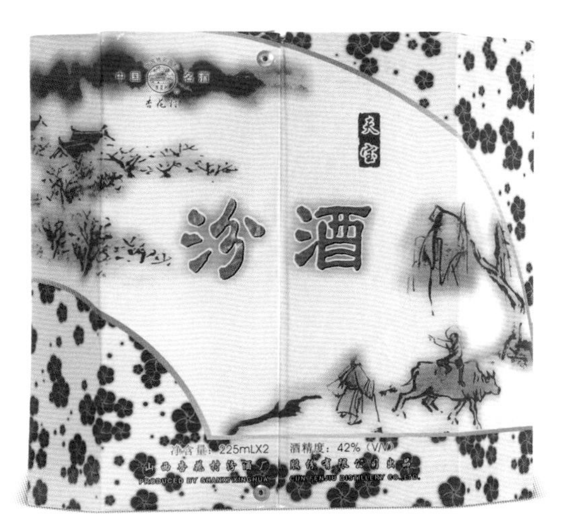


2002年42%（V/V）杏花村牌
天宝汾酒225mL×2装

2002年38%（V/V）杏花村
牌康宝竹叶青酒450mL装

2003年48%vol杏花村牌
汾酒475mL装

2003年45%vol杏花村牌十年
陈酿特制老白汾酒475mL装

2003年45%vol杏花村牌十年
陈酿至尊老白汾酒475mL装

53%（V/V）十年陈酿
珍品老白汾酒450mL装

2003年45%（V/V）杏花村牌
15年陈酿老白汾酒450mL装

2003年45%（V/V）杏花村牌
15年陈酿老白汾酒225mL×2装

# 营销产品

2003年48%（V/V）杏花村牌
福星汾酒475mL装

2003年38%（V/V）十年陈酿
北辰汾酒475mL装

2003年45%（V/V）
杏花村牌汾酒375mL装

1995年38%（V/V）
汾酒500mL装

2003年45%（V/V）精制
吉祥汾酒450mL装

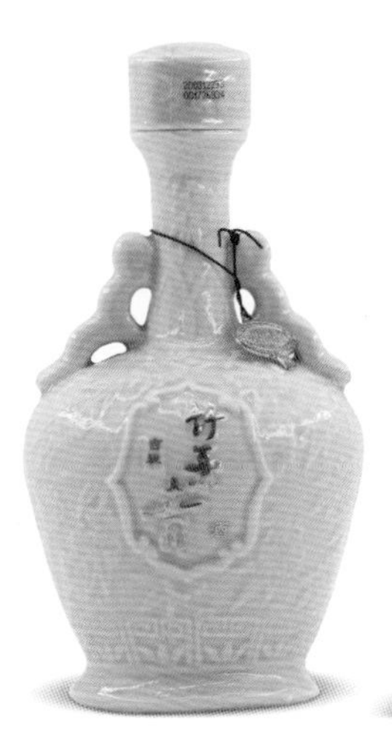

2003年38%（V/V）吉祥
竹叶青酒450mL装

2003年38%（V/V）金牌
竹叶青酒475mL装

2003年38%（V/V）杏花村牌杏
花村牌康宝竹叶青酒450mL装

2003年48%（V/V）、45%
（V/V）杏花村牌出口汾酒竹叶
青酒500mL×2装

2003年32%（V/V）杏花村牌
竹叶青酒475mL装

2003年杏花村牌竹叶青酒
500mL装

2003年48%（V/V）杏花村陈酿千秋汾酒500mL装

2003年48%（V/V）杏花村陈酿千秋汾酒500mL装

2003年48%vol杏花村汾酒225mL×2装

2002年53%vol杏花村汾酒225mL×2装

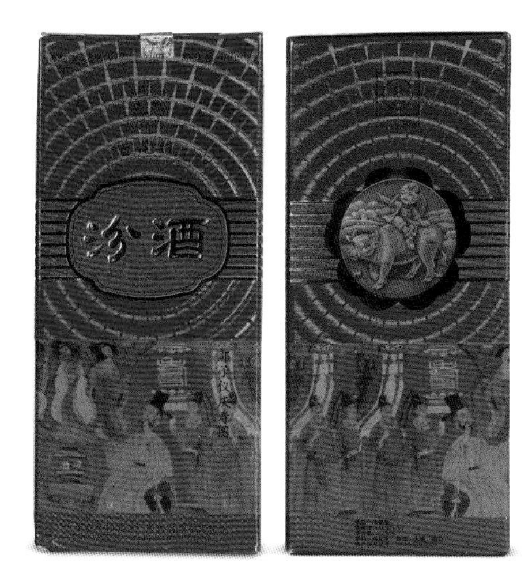


2004年48%（V/V）杏花村牌
郭子仪庆寿图汾酒475mL装

2004年45%（V/V）杏花村牌
二十年陈酿金汾酒225mL×2装

2004年45%（V/V）杏花村牌汾酒
竹叶青酒475mL×2装

# 营销产品

2004年45%vol杏花村牌十年陈酿珍藏老白汾酒475mL装

2004年53%（V/V）杏花村牌十年陈酿老白汾酒500mL装

2004年39%（V/V）杏花村牌汾酒475mL装

2004年42%（V/V）杏花村牌十年陈酿老白汾酒450mL装

2004年42%（V/V）杏花村牌十年陈酿老白汾酒225mL×2装

2004年42%（V/V）十五年陈酿鸿运老白汾酒450mL装

2004年53%vol贵宾十年陈酿老白汾酒225mL×2装

2004年45%（V/V）金冠十年陈酿老白汾酒225mL×2装

2004年45%（V/V）杏花村牌
中华老白汾酒500mL装

2004年38%（V/V）特酿老白
汾酒225mL×2装

2004年45%vol十五年陈酿
珍品老白汾酒225mL×2装

2004年45%（V/V）吉祥汾酒礼盒400mL+250mL装

38%（V/V）吉祥竹叶青750mL装

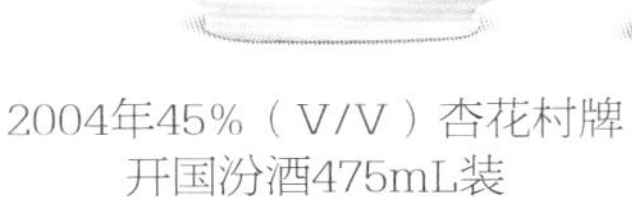
2004年45%（V/V）杏花村牌
开国汾酒475mL装

2004年38%（V/V）杏花村牌
保健竹叶青酒475mL装

2004年38%（V/V）
中国名酒竹叶青酒75mL装

# 营销产品

2005年45%（V/V）
祥和汾酒450mL装

2005年42%（V/V）
金牌汾酒500mL装

2005年45%（V/V）
蓝宝石汾酒450mL装

2005年45%（V/V）
陈酿如意汾酒450mL装

2005年45%（V/V）杏花村牌十五年陈酿中华汾酒500mL装

2005年53%（V/V）二十年陈酿浦发中华汾酒225mL×2装

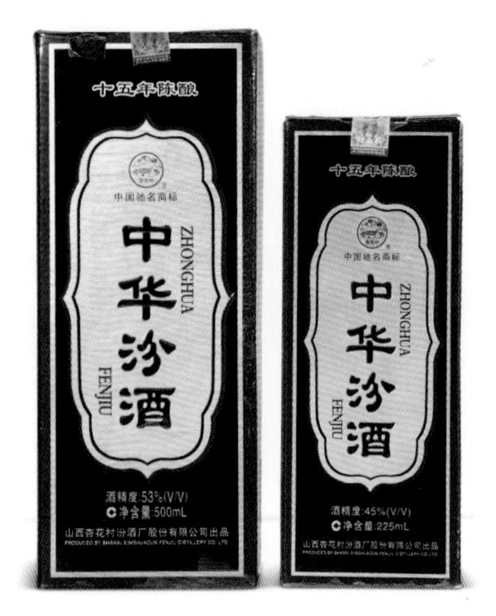


2005年53%（V/V）、45%（V/V）杏花村牌
十五年陈酿中华汾酒500mL、225mL装

2005年45%（V/V）、38%（V/V）杏花村牌
十年陈酿中华老白汾酒500mL+100mL装

2006年42%（V/V）杏花村牌汾酒225mL×2装

2005年48%（V/V）杏花村牌
千秋汾酒225mL×2装

2005年杏花村牌
汾酒475mL装

2005年53%（V/V）
杏花村牌十年陈酿珍品
老白汾酒450mL装

2005年53%（V/V）杏花村牌
二十年陈酿中华汾酒225mL装

2005年45%（V/V）杏花村牌
十年陈酿老白汾酒225mL×2装

2005年45%（V/V）杏花村牌至樽十年陈酿老白汾酒450mL装

2005年45%（V/V）杏花村牌
金质老白汾酒675mL装

# 2006年金牧童牛汾酒

规　　格 | 45%vol　475mL

参考价格 | RMB 4,000

2007年45%vol金牧童牛老白汾酒475mL装

2006年45%vol金牧童牛汾酒475mL装

# 营销产品

2005年53%（V/V）杏花村牌乔家大院酒475mL装

2005年45%（V/V）、60%（V/V）贵宾汾酒225mL×2+50mL装

2005年38%（V/V）杏花村牌汾酒竹叶青酒475mL×2装

2005年38%（V/V）竹叶青酒375mL装

2005年38%vol竹叶青牌祥和竹叶青酒475mL装

2005年38%（V/V）保健竹叶青酒250mL×2装

2006年38%（V/V）经典竹叶青酒450mL装

2004～2006年45%（V/V）杏花村牌祥和汾酒225mL×2装

# 营销产品

2006年45%vol杏花村牌十年陈酿千秋老白汾酒475mL装

2006年42%（V/V）杏花村牌汾酒225mL×2装

2006年53%（V/V）杏花村牌老白汾酒475mL装

2006年32%（V/V）杏花村牌
出口汾酒500mL装

2006年45%vol
老白汾酒475mL装

2006年42%（V/V）十年陈酿特制
老白汾酒225mL×2装

2006年53%（V/V）十年陈酿
老白汾酒225mL×2装

2006年45%vol杏花村牌金汾酒450mL装

2006年45%（V/V）杏花村牌
陈酿如意汾酒450mL装

2006年53%（V/V）杏花村牌
珍品汾酒225mL×2装

2006年45%（V/V）老坛汾酒475mL装

2006年45%vol杏花村牌
金牌汾酒225mL×2装

2004年陈酿如意汾酒
225mL×2装

2006年53%vol杏花村牌
酒如泉475mL装

2006年53%（V/V）
汾特佳酒475mL装

2007年45%（V/V）
专供中国台湾陈酿三年
竹叶青酒500mL装

# 营销产品

2007年45%vol龙洲探月竹叶青酒750mL装

2017年53%vol巴拿马金奖纪念仁义忠勇汾酒750mL+375mL×2装

2007年53%vol
开国汾酒475mL装

2007年48%（V/V）十年陈酿
开国老白汾酒225mL×2装

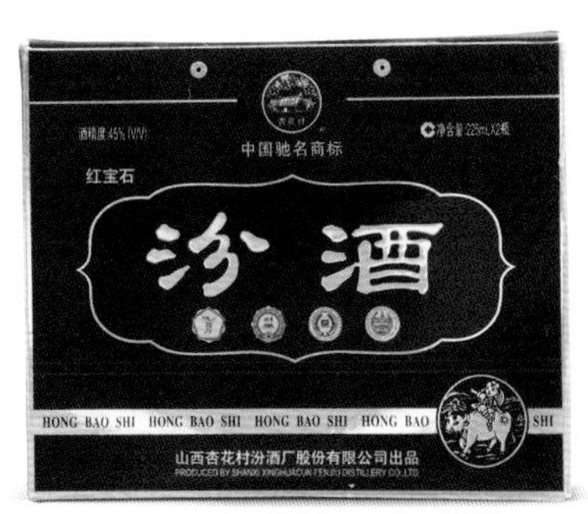


2007年45%（V/V）杏花村牌
红宝石汾酒225mL×2装

2007年38%vol竹叶青牌
北京专供竹叶青酒475mL装

2007年45%vol杏花村牌红色经典汾酒225mL×2装

2007年53%vol杏花村牌三十年陈酿
富贵汾酒225mL×2装

2006年53%vol三十年陈酿
富贵汾酒475mL装

2007年53%vol杏花村牌三十年陈酿
富贵汾酒475mL装

2007年53%vol三十年陈酿
富贵汾酒225mL×2装

# 营销产品

42%vol辉煌庆典
升级版汾酒475mL装

42%vol辉煌庆典
升级版汾酒475mL装

53%vol二十世纪经典
收藏475mL装

42%vol二十世纪经典
收藏475mL装

45%（V/V）如意汾酒450mL装

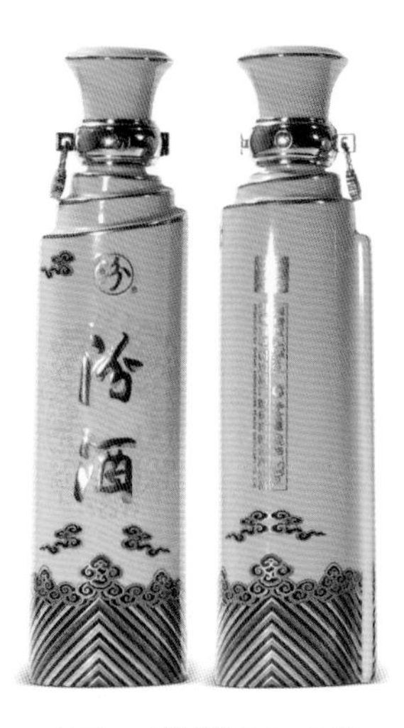


42%vol汾酒500mL装

21世纪初开国汾酒

建厂五十周年巨献
十五年陈酿汾酒

2008年42%vol金汾酒450mL装

2007年45%vol杏花村牌如意汾酒225mL×2装

2007年42%vol杏花村牌白玉汾酒225mL×2装

2007年42%（V/V）杏花村牌十年陈酿老白汾酒475mL装

2007年53%（V/V）杏花村牌十年陈酿老白汾酒450mL装

2007年45%（V/V）杏花村牌十年陈酿老白汾酒475mL装

2007年53%（V/V）杏花村牌十年陈酿
珍品老白汾酒225mL×2装

2007年38%（V/V）河北专供
至尊汾酒475mL装

2007年45%vol杏花村牌
15年陈酿老白汾酒225mL×2装

2007年53%vol杏花村牌十五年
陈酿珍藏老白汾酒225mL×2装

# 营销产品

53%vol杏花村牌国宴用酒汾酒650mL装

2008年53%vol杏花村牌国宴用酒汾酒650mL装

2008年53%vol杏花村牌二十年陈酿
珍藏老白汾酒475mL装

2008年45%（V/V）杏花村牌
珍品老白汾酒450mL装

2008年45%vol杏花村牌十年陈酿喜
庆老白汾酒475mL装

2008年45%vol杏花村牌
祥和汾酒225mL×2装

2008年45%（V/V）杏花村牌
老白汾酒225mL×2装

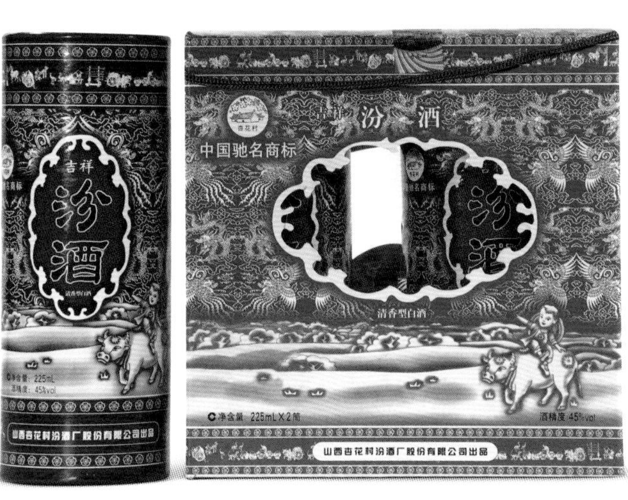


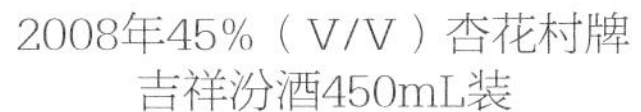
2008年45%（V/V）杏花村牌
吉祥汾酒450mL装

2008年45%vol杏花村牌
吉祥汾酒225mL×2装

2008年45%vol杏花村牌十五年陈酿
老白汾酒475mL装

2008年38%（V/V）杏花村牌
经典保健竹叶青酒225mL装

2008年45%vol竹叶青牌竹
叶青露酒225mL装

2008年38%（V/V）杏花村
牌经典竹叶青酒225mL装

2008年38%vol竹叶青牌竹
叶青酒225mL×2装

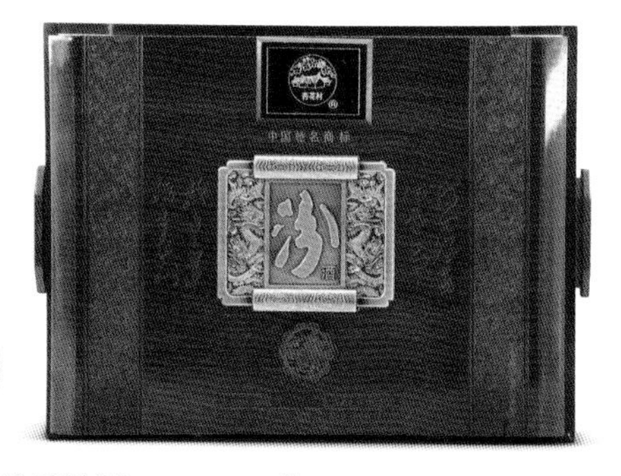


2009年53%vol清香至尊礼品汾酒475mL×2装

2009年45%（V/V）
开国汾酒450mL装

# 营销产品

2009年38%（V/V）诗酒第一村礼盒套装汾酒150mL×4装

2009年45%vol杏花村牌生态型白玉汾酒225mL×2装

2009年42%vol杏花村牌紫砂铁盒汾酒475mL装

2009年38%vol竹叶青牌竹叶青露酒225mL装

2009年53%vol杏花村牌二十年陈酿开国汾酒500mL装

2009年42%vol杏花村牌十五年陈酿老白汾酒225mL×2装

2019年42%vol蓝金创意汾酒475mL装

2011年45%vol杏花村牌二十年陈酿老白汾酒225mL×2装

2011年55%vol华典1949汾酒500mL装

2011年42%vol杏花村牌二十年陈酿红色经典老白汾酒225mL×2装

2011年42%vol杏花村牌露酒白玉汾酒600mL装

2011年45%vol、42%vol杏花村牌酒如泉475mL×2装

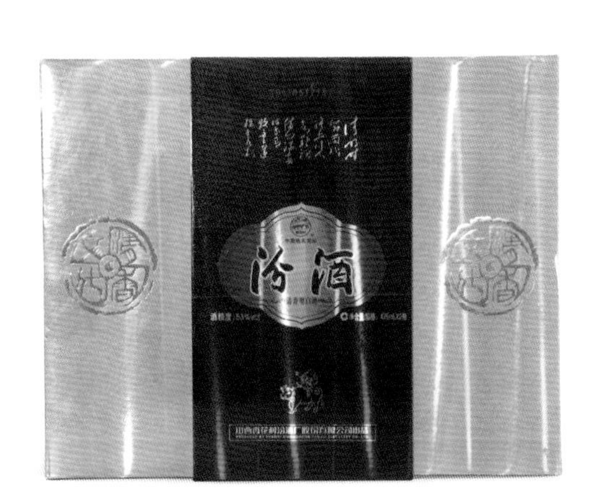


2012年53%vol杏花村牌汾酒475mL×2装

2012年45%vol杏花村牌20白玉汾酒500mL装

2013年65%vol第七届世界核桃大会特藏纪念汾酒3.5L装

2013年38%vol竹叶青牌金象竹叶青酒500mL装

2013年38%vol竹叶青牌升级版竹叶青酒475mL装

2013年40%vol杏花村牌露酒玫瑰汾酒475mL装

# 2012年杏花村牌开国汾酒

规　　格 | 53%vol　880mL 500mL 225mL

参考价格 | RMB 3,800

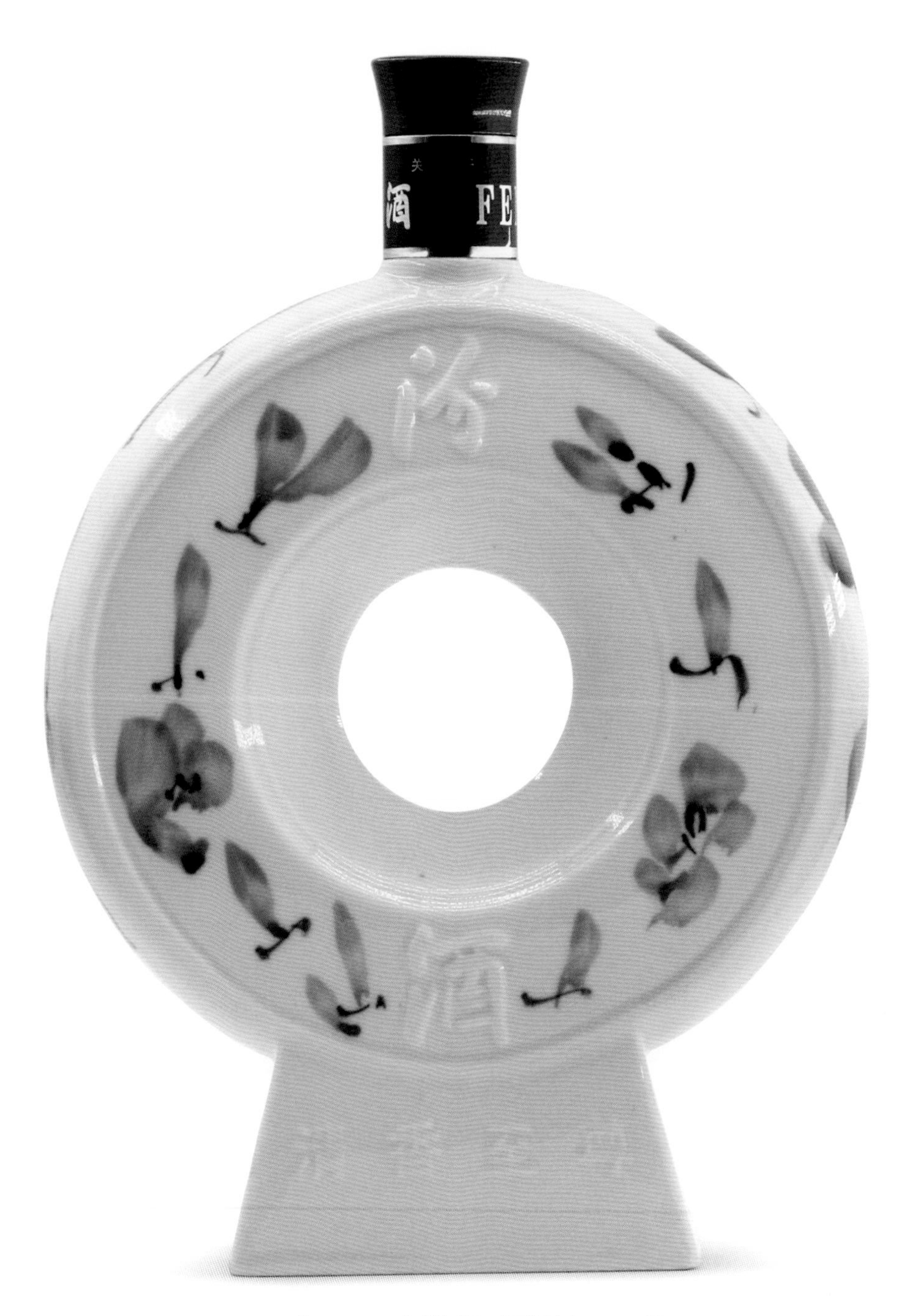


2012年53%vol杏花村牌开国汾酒880mL装

杏花村牌开国汾酒500mL装

2007年53%vol杏花村牌开国汾酒225mL装

# 营销产品

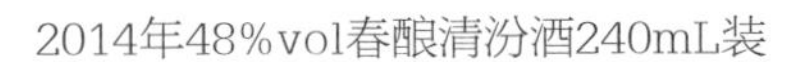

2014年48%vol春酿清汾酒240mL装

2014年53%vol秋酿纯汾酒240mL装

2014年53%vol冬酿甜汾酒240mL装

2016年42%vol春酿清475mL装

2017年53%vol冬酿甜475mL装

2017年42%vol、53%vol秋酿纯汾酒475mL装

# 2019年汾牌十大功勋武成帝汾酒

规　　格 | 53%vol　500mL

参考价格 | RMB 2,000

2019年53%vol汾牌十大功勋武成帝汾酒500mL装

# 营销产品

2015年60%vol同鼎1915年巴拿马万国博览会甲等金质大奖章纪念汾酒475mL装

2015年42%vol海峡情汾酒1L装

2018年42%vol海峡情汾酒500mL装

2015年42%vol杏花村牌纪念版甲级杏花村450mL×3装

# 2016年G20峰会国宴汾酒

规　　格丨55%vol　2.5L

2016年55%volG20峰会国宴汾酒2.5L装

# 2015年荣获巴拿马万国博览会甲等大奖100周年纪念汾酒

规　　格 | 66%vol　2.5L

参考价格 | RMB 20,000

**相关记事：**

汾酒，清香之祖。1915 年荣膺巴拿马赛会甲等大奖，佳酿之誉，宇内交驰。蝉联五届名酒之榜，香飘五洲。值汾酒盛誉百年，以传统之工艺，酿就万瓶极品之汾酒，冠世博之名以志庆！中国收藏家协会荐此款藏酒为“纪念收藏作品”。个性定制，永久珍藏，共享汾酒百年荣耀。

2015年66%vol荣获巴拿马万国博览会甲等大奖100周年纪念汾酒2.5L装

# 营销产品

2012年48%vol西山煤电汾酒475mL装

2012年42%vol西山煤电汾酒225mL×2装

2013年55%vol清香典雅二十年陈酿汾酒500mL装

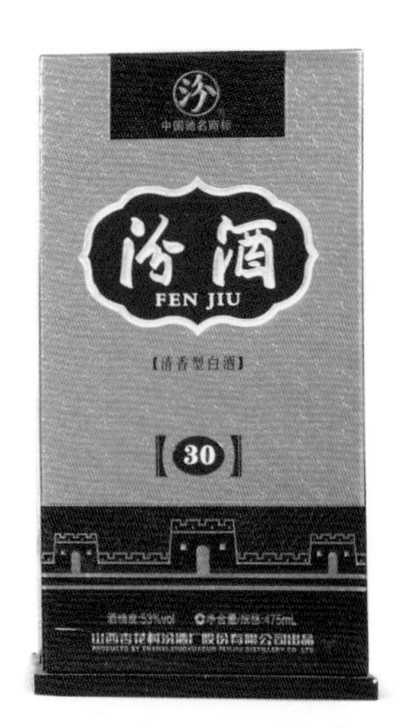


2014年53%vol汾牌30汾酒475mL装

2014年53%vol青花30青花汾酒125mL装

2014年42%vol白玉汾酒520mL装

2014年42%vol杏花村牌红色经典白玉汾酒475mL装

55%vol馆藏甄品汾酒500mL装

2015年42%vol汾酒225mL×2装

2017年55%vol汾牌臻绣汾酒500mL装

2017年53%vol杏花村牌二十年陈酿开国汾酒225mL×2装

2017年53%vol汾牌20汾酒880mL装

2018年45%vol汾牌汾酒475mL装

2018年42%vol汾牌20汾酒
518mL装

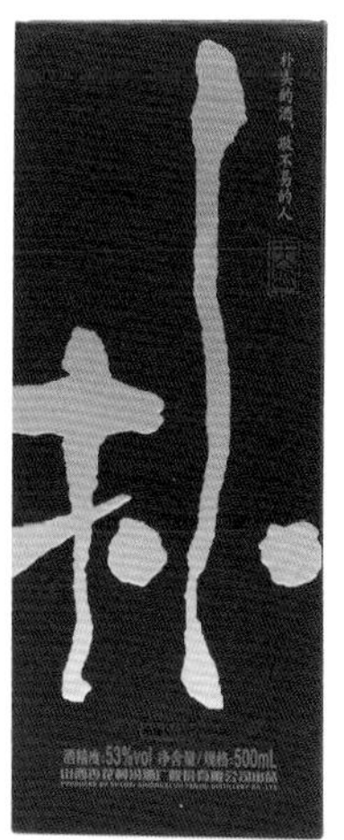

2018年53%vol汾牌朴易汾酒500mL装

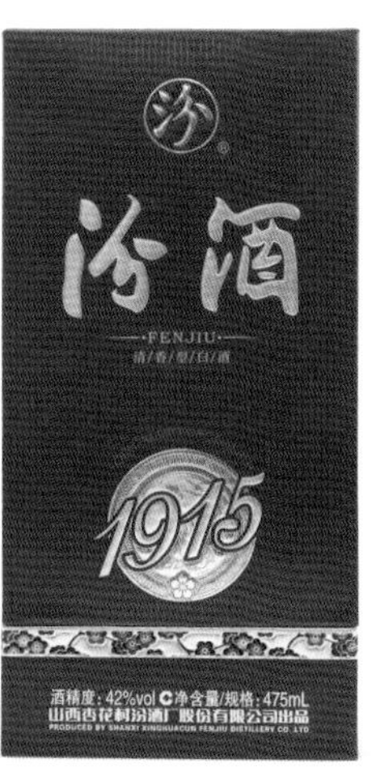


2018年42%vol汾牌1915汾酒475mL装

2018年55%vol汾牌55度
盘古汾酒500mL×4装

2018年53%vol汾牌
VR1915汾酒500mL装

# 2016年和平藏酒馆二十周年纪念版汾酒

规　　格 | 42%vol　518mL

参考价格 | RMB 500

2016年42%vol和平藏酒馆二十周年纪念版汾酒518mL装

# 2017年汾牌五连奖纪念版汾酒

规　　格 | 53%vol　475mL×5

参考价格 | RMB 4,800

2017年53%vol汾牌五连奖纪念版汾酒475mL×5装

# 2017年纪念汾酒

规　　格 | 55%vol　500mL×5

参考价格 | RMB 80,000

2017年55%vol纪念汾酒500mL×5装

**相关记事：**

汾酒纪念酒是一款纪念产品。产品酒质采用小批量勾兑的 55° 30 年汾酒。产品设计采用金砖五国各个国家代表颜色与各国国花为元素设计，形成中国传统文化“方圆”结构，象征团结合作，同舟共济，乘风破浪，共享共赢。

2017年55%vol纪念汾酒500mL×5装

# 2017年山西世界酒文化博览会纪念汾酒

规　　格 | 60%vol　2.5L

参考价格 | RMB 15,000

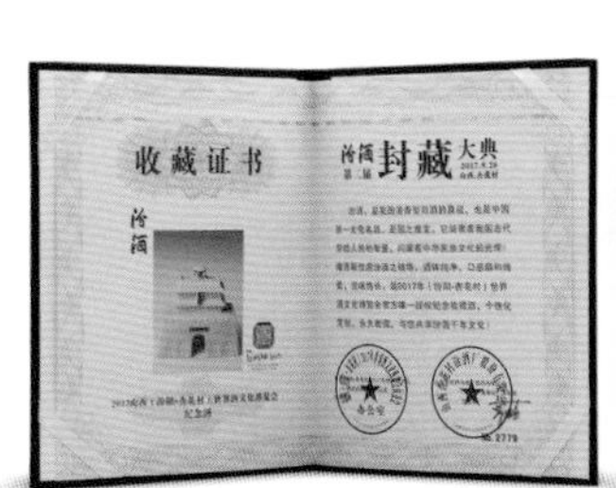

**相关记事：**

汾酒，是我国清香型白酒的鼻祖，也是中国第一文化名酒，是国之瑰宝。它凝聚着我国古代劳动人民的智慧，闪耀着中华民族文化的光辉！藏酒取优质汾酒之精华，酒体纯净，口感醇和绵柔，回味悠长。是2017年（汾阳·杏花村）世界酒文化博览会官方唯一授权纪念收藏酒，个性化定制，永久收藏，与您共享汾酒千年文化！

2017年60%vol山西世界酒文化博览会纪念汾酒2.5L装

# 2018年徐朝兴大师定制竹叶青酒

规　　格 | 45%vol　9L　4.5L　1.5L

参考价格 | RMB 12,000 / 6,000 / 2,000

2018年45%vol徐朝兴大师定制竹叶青酒4.5L装

# 2018年第二届山西世界酒文化博览会纪念汾酒

规　　格 | 55%vol　2.5L

参考价格 | RMB 10,000

**相关记事：**

山西杏花村是我国著名的白酒之乡，是中国酒和酒文化的发祥地。汾酒，中国传统四大名酒之一，是清香型白酒的典型代表。被誉为民族瑰宝，是古今劳动人民智慧与心血的结晶。

以"举杯汾阳 品味世界"为主题的第二届山西(汾阳 · 杏花村)世界酒文化博览会纪念酒，个性量身设计，限量珍品收藏。只为品尝和留住那用心酿造的沁人清香！

2018年55%vol"举杯汾阳　品味世界"第二届山西世界酒文化博览会纪念酒2.5L装

# 2018年龙腾盛世·凤舞九天九五至尊汾酒

规　　格 | 66%vol　4.75L

参考价格 | RMB 60,000

V 0000007

2018年版

龙腾盛世·凤舞九天

由汾酒厂原总工程师杜小威独制配方，国家级调酒大师王海亲自勾调，66度酒体完美演绎了2011年、2012年至尊国礼馈赠酒酒体，是收藏、馈赠亲朋好友的最高礼品。

山西杏花村汾酒集团有限责任公司

**相关记事：**

由汾酒厂原总工程师杜小威独制配方，国家级调酒大师王海亲自勾调，66°酒体完美演绎了2011年、2012年至尊国礼赠酒酒体，是收藏、馈赠亲朋好友的最高礼品。

2018年66%vol九五至尊汾酒4.75L装

# 2018年清香四合限量珍藏汾竹白玫酒

规　　格 | 55%vol 45%vol 40%vol　950mL×4

参考价格 | RMB 2,500

2018年55%vol限量珍藏<br>汾酒950mL装

2018年45%vol限量珍藏<br>竹叶青酒950mL装

2018年40%vol限量珍藏<br>白玉汾酒950mL装

2018年40%vol限量珍藏<br>玫瑰汾酒950mL装

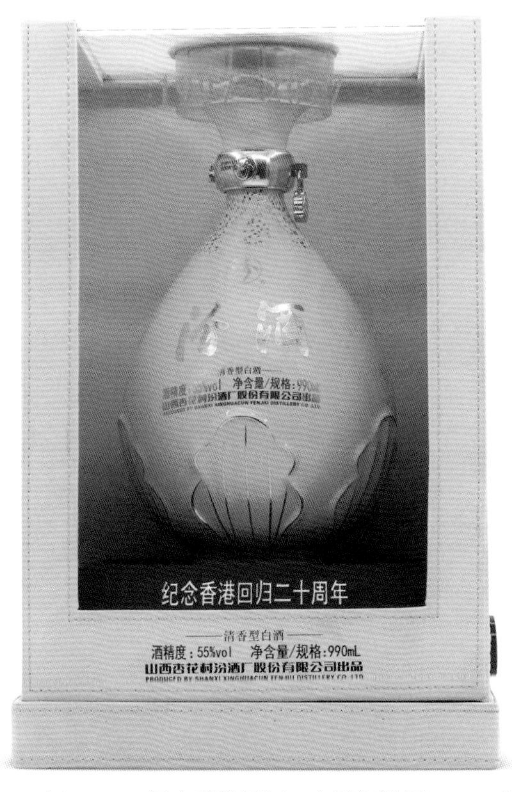


2018年55%vol纪念香港回归二十周年汾酒990mL装

42%vol香港回归二十周年500mL装

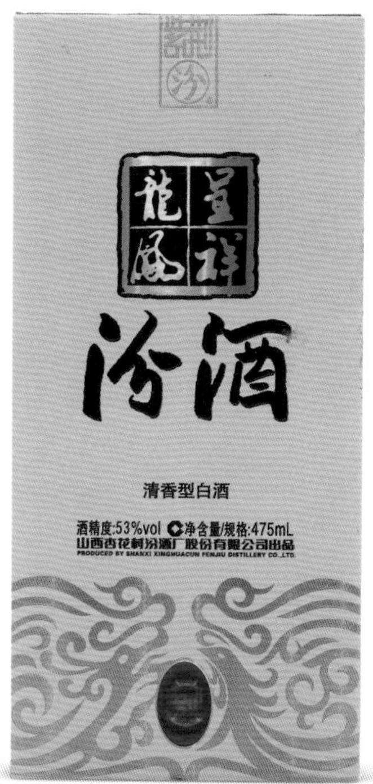


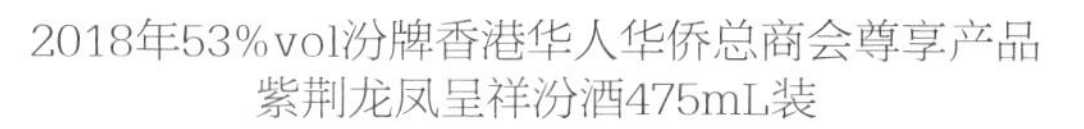
2018年53%vol汾牌香港华人华侨总商会尊享产品
紫荆龙凤呈祥汾酒475mL装

2018年42%vol汾牌香港华人华侨总商会尊享产品
紫荆龙凤呈祥汾酒475mL装

# 营销产品

2016年45%vol汾牌
2006珍藏汾酒500mL装

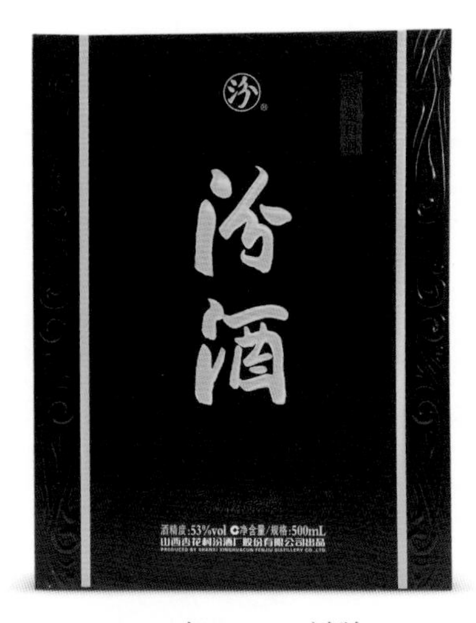


2018年53%vol汾牌
2006珍藏汾酒500mL装

2018年42%vol汾酒大师
青韵汾酒500mL装

2018年53%vol汾牌20汾酒
518mL装

2018年53%vol老酒圈十周年
纪念汾酒500mL装

2018年45%vol古井亭牌竹叶青酒550mL装

2019年53%vol汾牌1960汾酒500mL×2装

2019年42%vol汾牌
石门沟汾酒475mL装

2019年42%vol汾牌创意
定制汾酒500mL装

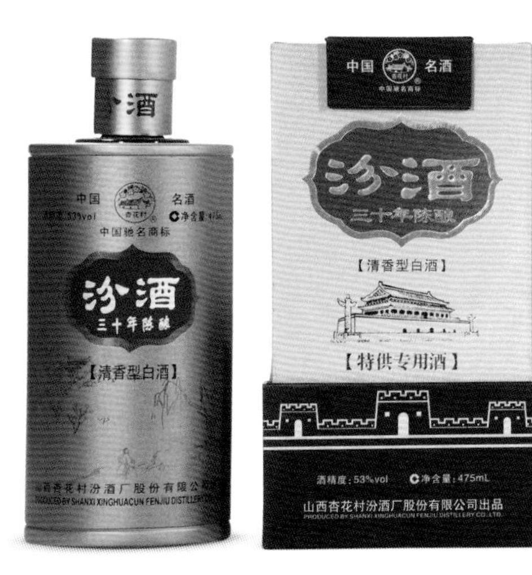


2004年53%vol三十年陈酿汾酒475mL装

2005年45%（V/V）杏花村牌汾酒650mL装

2012年53%vol第六届中国中部博览会指定用酒1L装

2013年53%vol汾牌公益汾酒475mL装

2014年42%vol杏花村牌开业庆典定制汾酒518mL装

2018年42%vol山西汾酒职业篮球俱乐部660mL装

2019年42%vol汾牌拾伍升级版老白汾酒475mL装

汾牌旗袍汾酒500mL装

# 营销产品

2019年45%vol汾牌五万票
小批量酿造汾酒350mL×4装

2019年45%vol汾牌二十万票
小批量酿造汾酒450mL装

2012年42%vol汾酒660mL装

2017年53%vol地球汾酒550mL装

2019年42%vol汾牌纪念改革
开放四十年汾酒475mL装

2020年42%vol杏花村牌紫皮石斛杏斛酒500mL装

2020年45%vol汾牌十万票小批量酿造汾酒450mL装

42%vol老白汾酒
225mL装

十五年陈酿汾酒

45%vol红宝石汾酒
225mL装

2017年53（V/V）定制长寿酒3L装

42%（V/V）杏花村牌
金牌汾酒

42%vol金汾酒
225mL装

45%（V/V）金牌
汾酒225mL装

2019年42%vol汾牌龙年纪念
吉祥如意老白汾酒518mL装

2004年48%（V/V）三十年
陈酿富贵汾酒5000mL装

2004年48%（V/V）三十年
陈酿富贵汾酒500mL装

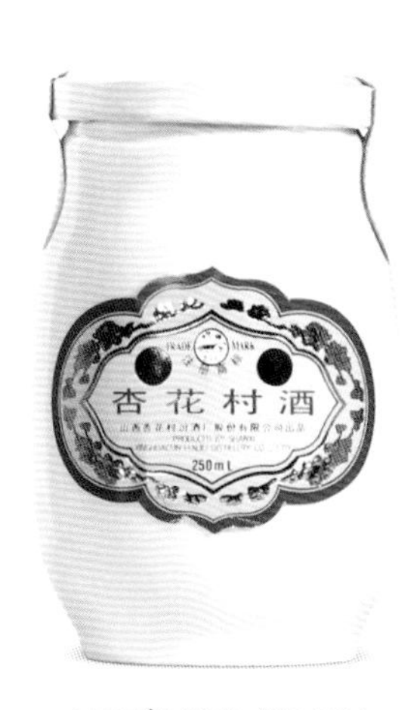


1997年42%（V/V）
杏花村酒250mL装

2009年25%vol杏花村牌出口
日本中国烧酒汾酒500mL装

# 2005年杏花村牌汾酒

规　　格 | 53%（V/V）　500mL

参考价格 | RMB 4,500

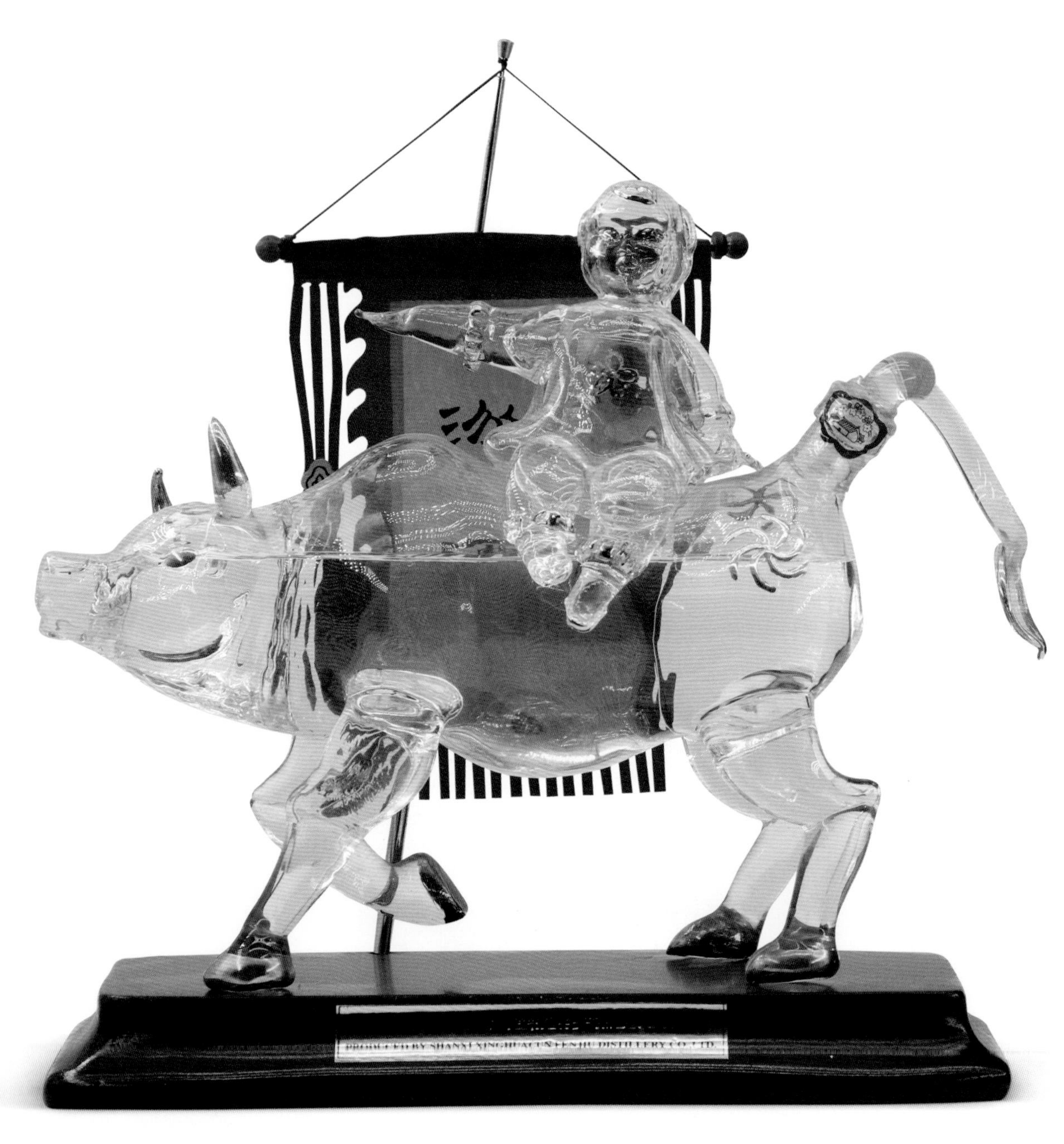

2005年53%（V/V）杏花村牌汾酒500mL装

# 营销产品

42%vol汾牌贵宾品鉴酒汾酒125mL装

53%vol汾牌20贵宾品鉴酒汾酒100mL装

42%（V/V）杏花村牌
汾酒450mL装

45%vol杏花村牌金牌汾酒475mL装

45%（V/V）杏花村牌汾酒475mL装

53%（V/V）杏花村牌汾酒500mL装

41%（V/V）杏花村牌
10年牧之春500mL装

42%vol杏花村牌
十年陈酿牧之春475mL装

42%（V/V）杏花村牌
传世佳酿牧之春475mL装

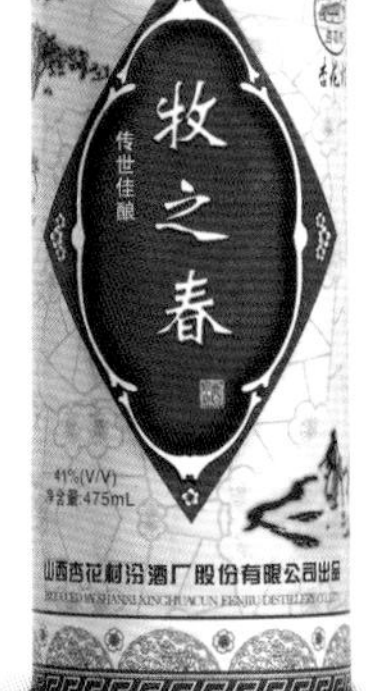


41%（V/V）杏花村牌
传世佳酿牧之春475mL装

# 营销产品

2009年60%vol杏花村牌二十年陈酿汾酒3L装　　2012年45%vol杏花村牌白玉汾酒475mL装

48%（V/V）杏花村牌十年陈酿汾酒540mL装

48%（V/V）杏花村牌汾酒500mL装

53%vol杏花村牌
小批量汾酒500mL装

53%vol汾牌10老白汾酒518mL装

53%（V/V）汾酒475mL装

2017年53%vol汾牌汾酒880mL装

木雕盒汾酒500mL装

45%（V/V）杏花村牌喜庆汾酒450mL装

53%（V/V）杏花村牌老白汾酒500mL装

53%vol杏花村牌特制
杏花村酒475mL装

45%（V/V）汾牌10
中华老白汾酒450mL装

45%（V/V）杏花村牌汾酒450mL×2装

十年陈酿贵宾老白汾酒225mL×2装

# 营销产品

2010年45%vol杏花村牌
十年陈酿老白汾酒225mL装

2010年45%vol杏花村牌
十年陈酿老白汾酒225mL装

2006年45%vol杏花村牌
十年陈酿老白汾酒225mL装

2009年45%vol杏花村牌
十年陈酿老白汾酒225mL装

2009年45%vol杏花村牌十五年陈酿鸿发老白汾酒225mL装

2008年45%vol杏花村牌十五年陈酿红杏花盒老白汾酒225mL装

2009年45%vol杏花村牌十五年陈酿金叶老白汾酒225mL装

2009年45%vol杏花村牌十五年陈酿长宏老白汾酒225mL装

2008年45%vol杏花村牌
贵宾老白汾酒225mL装

2007年53%（V/V）杏花村牌
二十年陈酿老白汾酒225mL装

2001年45%vol汾牌二十年
陈酿老白汾酒225mL装

现场酿造汾酒（第十二届中国中部投资贸易博览会）125mL装

汾酒5mL装

竹叶青酒5mL装

12%（V/V）杏花村牌精品
茉斯卡干红葡萄酒

2021年53%vol杏花村牌
杏花村酒500mL装

2021年42%vol杏花村牌
杏花村酒500mL装

汾酒现场酿制（第91届重庆全国糖酒商品交易会）125mL装

汾酒现场酿制（第92届成都全国糖酒商品交易会）125mL装

汾酒现场酿造原浆（第93届南京全国糖酒商品交易会）125mL装

汾酒现场酿造原浆（第94届成都全国糖酒商品交易会）125mL装

# 营销产品

38%（V/V）出口竹叶青酒500mL装

38%（V/V）杏花村牌礼盒套装竹叶青酒475mL装

38%vol竹叶青牌竹叶青酒475mL装

38%vol竹叶青牌竹叶青酒475mL装

38%（V/V）杏花村牌国宝
竹叶青酒225mL装

38%vol竹叶青牌竹叶青酒298mL装

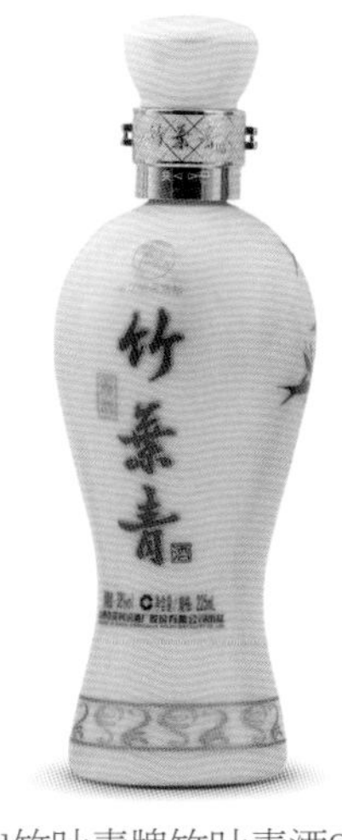


38%vol竹叶青牌竹叶青酒225mL装

38%vol竹叶青牌竹叶青酒475mL装

48%（V/V）杏花村牌汾酒750mL装

38%（V/V）杏花村牌竹叶青酒750mL装

53%vol杏花村牌汾酒礼盒套装

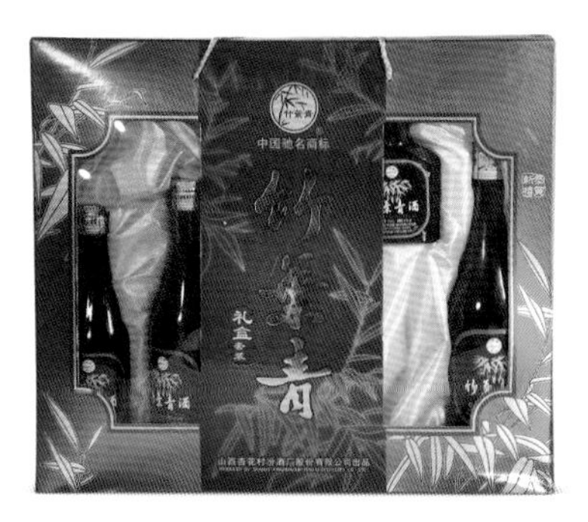


45%vol竹叶青牌竹叶青酒礼盒套装

48%vol汾酒125mL×6装

38%vol竹叶青酒150mL×6装

38%（V/V）杏花村牌竹叶青酒475mL装

38%（V/V）杏花村牌竹叶青酒125mL装

# 酒版集锦

汾竹白玫酒礼盒0.15斤×4装

1979年汾竹白玫酒礼盒0.15斤×4装

1980年汾竹白玫酒礼盒0.1斤×4装

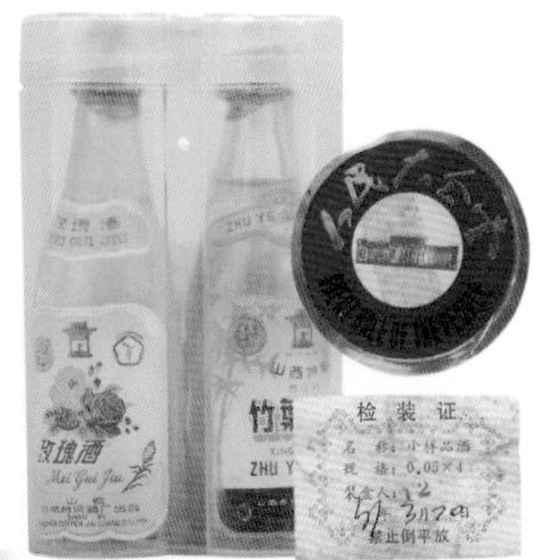

1981年汾竹白玫酒礼盒0.1斤×4装

1982年汾竹白玫酒礼盒0.15斤×4装

汾竹白玫酒礼盒0.15斤×4装

1983年汾竹白玫酒礼盒0.1斤×4装

1985年汾竹白玫杏花黄酒红盒0.1斤×10装（山西省出口商品展览会）

1985年汾竹白玫杏花黄酒绿盒0.1斤×10装（山西省出口商品展览会）

1994年汾竹白玫中国名酒礼盒

汾竹白玫中国名酒礼盒250mL×4装

1988年汾竹白玫灯笼盒50mL×4装

1989年老白汾竹白玫50mL×4装

# 酒版集锦

1995年53%（V/V）汾牌老白汾酒、45%（V/V）竹叶青牌竹叶青酒礼50mL×10装

53%（V/V）十五年陈酿
金色壳老白汾酒50mL装

53%（V/V）汾牌老白汾酒、45%（V/V）竹叶青牌竹叶青酒牙膏盒50mL装

53%（V/V）汾牌老白汾酒、45%（V/V）竹叶青牌竹叶青酒牙膏盒50mL装

53%（V/V）1995年国家标准样汾酒50mL装

2004年38%（V/V）杏花村牌汾竹白玫礼盒50mL×4装

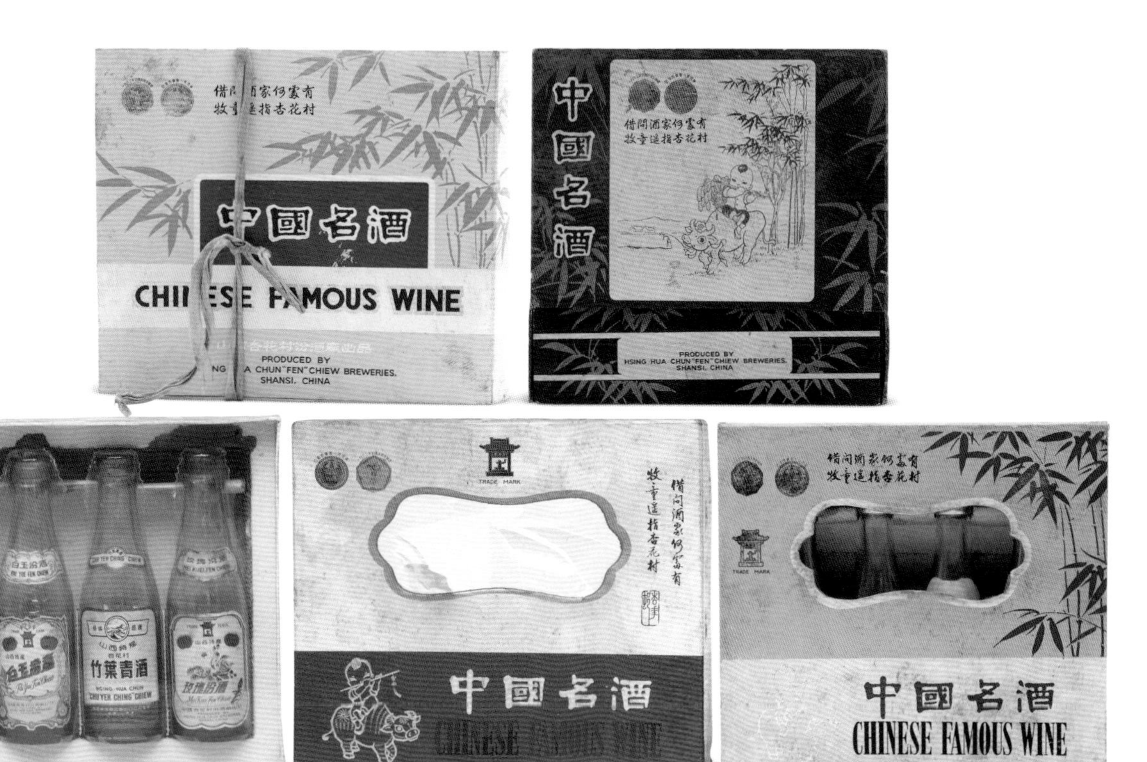

汾竹白玫礼盒50mL×4装

2010年汾酒旅游纪念汾竹白玫50mL×6装

2014年汾酒博物馆复古生产线出品汾竹白玫50mL×6装

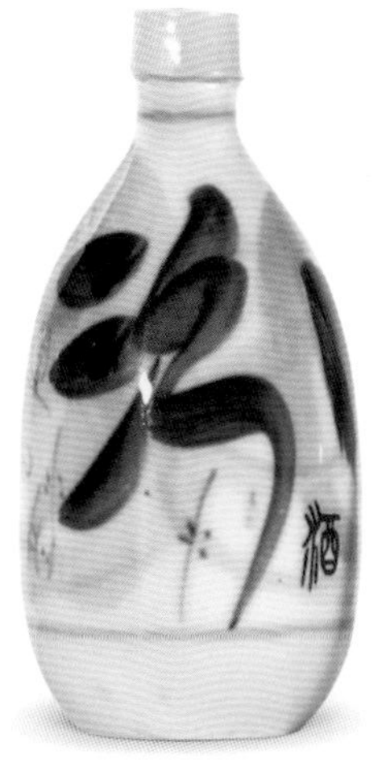

青花汾酒50mL装

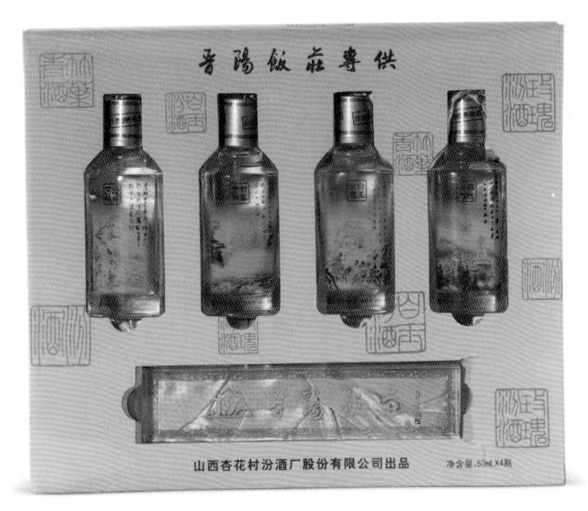


2006年汾竹白玫晋阳饭庄专供50mL×4装

2006年汾竹白玫得造花香50mL×4装

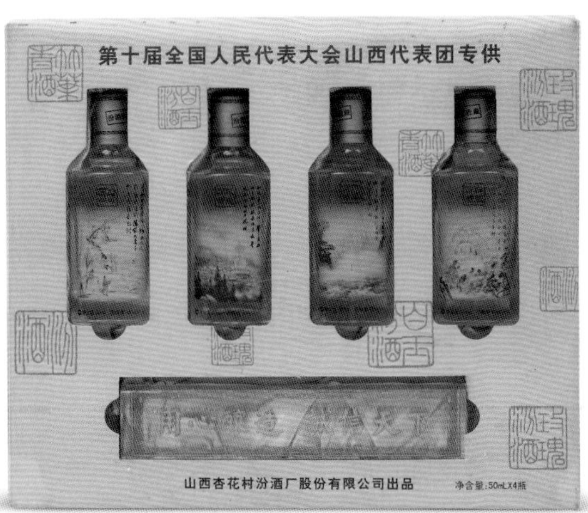


2006年汾竹白玫山西代表团汾酒50mL×4装

65%（V/V）贵宾十年陈酿
老白汾酒50mL装

65%（V/V）
贵宾汾酒50mL装

65%（V/V）十五年陈酿
老白汾酒50mL装

1995年38%vol世界妇女大会老白汾酒50mL×2装

文化旅游原浆汾酒

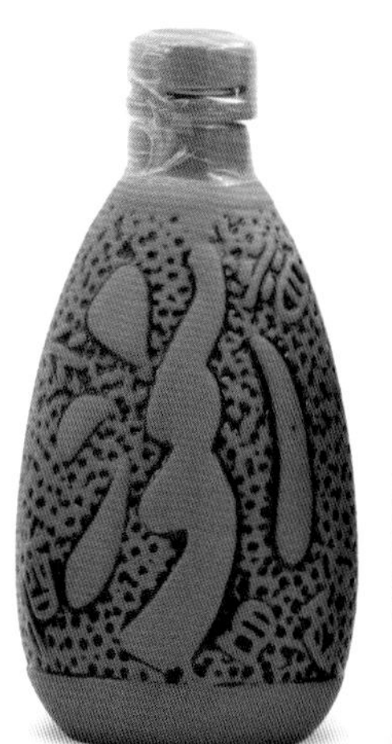

2007年浅色紫砂汾酒50mL装

2004年浅色紫砂竹叶青酒50mL装

2012年45%vol杏花村牌国酿30
竹叶青酒50mL装

汾酒
FEN JIU
竹葉青酒
ZHU YE QING JIU

# 第十二章

## 陈年汾酒竹叶青品鉴之旅

# 品鉴1984年汾酒竹叶青酒（太原市山西饭店）

2022年7月6日，特邀品鉴嘉宾合影留念（山西省太原市山西饭店）。
前排左起：冯艳军、景先峯、张树明、康健、赵宝林、杨振东、王勇、李明强、陈鹏图、许过林、马泽东、孙书立
后排左起：孙超、阎然、刘智勇、孙和平、崔文义、郑剑峰、张俊明、闫峰、元飞、杨振龙、贾亚锋、詹浩

1984年瓷瓶汾酒

1984年汾酒

1984年竹叶青酒

1988年玫瑰汾酒

1988年白玉汾酒

陈鹏图　康　健　张树明

赵宝林　杨振东　孙和平

王　勇　李明强　许过林

阎　然　杨振龙　元　飞

闫　峰　詹　浩　崔文义

郑剑峰　景先峯　孙　超

刘智勇　张俊明　孙书立

2022年7月6日，山西省太原市山西饭店品鉴会集影。

# 品鉴1981～1994年瓷瓶汾酒（和平藏酒馆）

2022年8月21日，特邀品鉴嘉宾合影留念（山西省汾阳市和平藏酒馆）。
前排左起：闫小红、杨振东、孙和平、王海、刘海坡
后排左起：张忠维、任晋川、高福平、杜鹃杰、滑晓峰、黄黎杰、李明强、张鑫、许堂峰、于元荣

1981年双耳汾酒　1987年观音汾酒　1989年琵琶汾酒　1989年老白汾酒　1994年出口瓷瓶汾酒

刘海坡

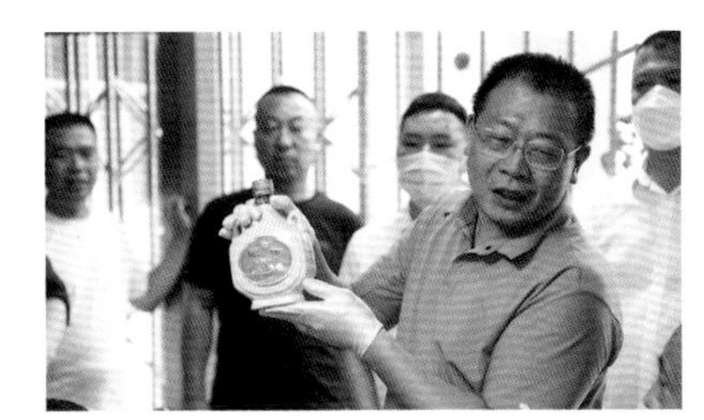
孙和平

王　海

黄黎杰

杨振东

李明强

张　鑫

杜鹏杰

滑晓峰

许堂峰

高福平

杨振龙

品鉴评语：

晶亮透明，清香纯正，酱陈香突出，味雅细腻，复合香陈香饱满舒适自然，有花果香果甜香，酒体丝滑圆润，回味悠长。

特邀品鉴嘉宾：  汾酒股份公司首席评酒师、酒体设计组组长

参加品鉴人员： 刘海坡、杨振东、李明强、孙和平、黄黎杰、张　鑫、杜鹏杰、滑晓峰、许堂峰、高福平、杨振龙、张忠维、任晋川、于元荣

# 品鉴1984～2022年汾酒竹叶青酒（山西杏花村汾酒厂）

2022年8月20日，时间的味道——陈年汾酒竹叶青专场品鉴活动。

1984年汾酒　1989年汾酒　1998年汾酒　2002年汾酒　1988年竹叶青　2008年竹叶青　2022年竹叶青

杜小威

杨　波

刘海坡

康　健

王凤仙

杨振东

王　勇

李明强

许过林

焦　健

刘剑锋

王赛时

侯清泉

高雪东

静孜鹏

## 品鉴评语：

汾酒入口绵甜净爽、雅陈香和花果香突出、酒体醇厚细腻，回味绵长持久。

竹叶青酒体呈金黄色、入口柔、微甜、药香舒适、落口净爽、回味顺畅。

**特邀品鉴嘉宾：** 中国酒业协会副秘书长 杜小威　　汾酒集团党委委员、董事 杨波

**参加品鉴人员：** 刘海坡、康　健、王凤仙、杨振东、王　勇、李明强、许过林、孙和平、刘剑锋、王赛时、侯清泉、高雪东、宋党育、焦　健、静孜鹏、侯清泉、梁万峰、刘　宝、王建耀、王旭亮、张　鑫、杨振龙

时间的味道——陈年汾酒陈年竹叶青高端品鉴会

**相关记事：**

2022 年 8 月 20 日，陈年汾酒陈年竹叶青专场鉴评活动成功举办。中国酒业协会副秘书长杜小威，汾酒集团党委委员、董事杨波，汾酒集团总会计师王怀，以及各酒企代表、收藏专家、汾酒相关部门负责同志参加活动，共品美酒。

杨波在致辞中表示，目前，收藏老酒已经成为很多人高品质生活当中不可缺少的组成部分，这是中国酒业进入新发展的重要趋势和标志。所以我们应高度重视对收藏老酒的系统引导，推动老酒收藏从个人爱好上升到具备社交价值的高度、从自发散发上升到系统引导、从品牌文化上升到时代文化，要敢为人先，敢于走在科技创新和文化创新的最前沿，让老酒收藏上升为文化事业，更加凸显出酒行业的中国特色、中国风格和中国气派。

左起：宋党育、许过林、侯清泉、李明强、杨振东、王　勇、王凤仙、王赛时、杜小威、刘海坡、刘剑锋
焦　健、高雪东、梁万峰、刘　宝、孙和平、静孜鹏、王建耀、康　健、王旭亮、张　鑫、杨振龙

杜小威在致辞中表示，老名酒不仅承载着厚重的文化，彰显美妙的故事，更象征着精神、文化和时代的回忆。本次活动不仅是一场汾酒、竹叶青陈年老酒的极致体验，更是一场真诚的精神盛宴。希望各位嘉宾能够在品味美酒的同时收获更多的美好回忆，伴随着美酒的陈香迈向未来。

王怀在致辞中表示，汾酒、竹叶青将传统融入现代，以实践推动中华优秀传统文化的创新性发展，承载着时间和人情的味道。希望各位来宾能够细细品鉴杯中美酒，品味中国白酒的过去和世界白酒的未来。

会上，与会嘉宾共同品鉴陈酿，切身感受汾酒、竹叶青卓越的清香品质。在文化长廊，嘉宾们欣赏了汾酒、竹叶青的老商标、老包装等，深入了解了汾酒、竹叶青悠久的历史文化。

（来源：汾酒融媒体中心）

# 1981～2022年汾酒竹叶青酒品鉴会概要

从 2022 年 7 月 6 日开始，我们在山西太原、山西杏花村汾酒厂等地先后组织了 3 场陈年汾酒、竹叶青酒品鉴会交流。品鉴了从 1981 年双耳瓷瓶汾酒到 2022 年未来之露竹叶青共计 14 种汾酒和 5 种竹叶青。有 85 位嘉宾参加品鉴交流。在此衷心感谢中国酒业协会杜小威老师、刘海坡先生、吴颂阳先生，山西杏花村汾酒厂杨波女士、张树明先生、康健老师、王海老师、王凤仙老师，知名汾酒收藏家陈鹏图先生、孙和平先生等特邀嘉宾出席。在 3 场品鉴会中，共得到了 52 份品鉴记录资料。根据这些资料及笔者多年收藏汾酒竹叶青的经验，整理出以下关于陈年汾酒竹叶青的品鉴经验，与大家分享，以供参考。

**一、陈年汾酒、竹叶青酒的标准**

1. 酒满：现存酒量在原标准规格量的 95% 以上为酒满。

2. 酒花好：开酒后，将酒倒入透明玻璃瓶（约 750 毫升）内，快速上下摇晃 7 次，待酒花消散到有 3 ～ 6 个高粱粒大小的连接酒气泡时，这段时间在 5 ～ 8 秒以上为酒花好。

3. 品相好：正标、背标、酒盖封膜、酒盒的保存完好度在 90 分以上（满分 100），为品相好。品相好说明存酒的环境好，酒不容易有杂味。

4. 不跑气：晃几下整瓶酒后，鼻子贴近瓶口，无酒味或有酒的干香味，无明显的水汽味，为不跑气。

**二、陈年汾酒、竹叶青酒的香气特点**

陈年汾酒：清香纯正，主要香味有陈香、花香、药香、高粱香、豌豆香、苹果香、草木香、复合香、干果香、粮香。

陈年竹叶青酒：药香突出，诸香协调。主要香味有竹叶香、陈香、曲香、甜香、沉香、檀香、菊花香、桂花香、兰花香、草木香、青果香、药香。

**三、陈年汾酒、竹叶青酒的口感特点**

陈年汾酒：1981 ～ 1994 年瓷瓶汾酒：入口绵柔，入喉顺滑，回甘明显，味净爽口，丰富醇厚，味雅细腻，余味悠长，自然谐调，年代感强；1984 ～ 2002 年玻璃瓶汾酒：入口绵甜，干净纯正，回甘快，烈而香，酒体醇厚雅致，甘洌，口味绵长持久；1989 年特制老白汾酒：柔顺谐调，香甜干净，尾香细腻；1998 年兰花玉凤窑 30 年汾酒：入口淡香圆润，优雅细腻，回甘净爽，饮后余香；80 年代玫瑰汾酒：入口淡雅，净爽，甘甜，柔顺，谐调，陈味舒适，回味无穷；80 年代白玉汾酒：绵柔淡雅，丝滑细腻，香味谐调。

陈年竹叶青酒：1984 年 45°竹叶青酒：酒入口柔，药香浓郁饱满，回甘足，口齿留香；1998 年大盖竹叶青酒：入口柔顺，落口净爽，香甜可口，药香十足，回味怡畅；2008 年出口瓷瓶竹叶青酒：入口润，醇香满满，绵甜爽口，顺畅。

**四、品味陈年汾酒、竹叶青酒时的注意事项**

1. 眼观色：一种方法是用食指、中指、拇指捏住杯杆，将酒样举至与眼平行高度，对光正视、侧视，观察酒的色泽、透明度；转动酒杯，观察有无悬浮物、沉淀物。再一种方法是将几杯酒样排列整齐，放在光线充足的地方，酒样杯后面立一张白纸，降低视线平视，或站起身来俯视酒样。如此通过对几杯酒的比对，会很快看出存在色差的酒样，或有悬浮、沉淀。陈年汾酒竹叶青有沉淀是正常现象。

2. 鼻闻香：端起酒杯，略低头嗅闻其香（鼻子距酒杯 1 ～ 3 厘米），只能对酒吸气，不要对酒呼气；轻摇酒杯闻香反复 3 ～ 4 次，做出香气判定。

3. 口尝味：含取少量（1 ～ 2 毫升）酒液，让酒样布满舌面（舌尖对甜咸敏感，舌边对酸味较敏感，舌根对苦味较敏感）。先评前味，下咽少许体验后味和余味，反复 3 ～ 4 次后做出口味评定。每次尝味后，可做适当休息并漱口。

综合风格：根据色、香、味综合判定酒样是否具有该产品风格特点，或达到哪个等级标准。

汾酒图志编委会

2022 年 10 月 18 日

1982年60%vol双耳瓷瓶汾酒500mL装

1984年60%vol瓷瓶汾酒500mL装

1984年65%vol玻璃汾酒500mL装

1984年65%vol小盖玻璃瓶汾酒500mL装

1987年48%vol观音瓷瓶汾酒500mL装

1989年60%vol大盖玻璃瓶汾酒500mL装

1989年60%vol琵琶瓷瓶汾酒500mL装

1989年53%vol特制老白汾酒500mL装

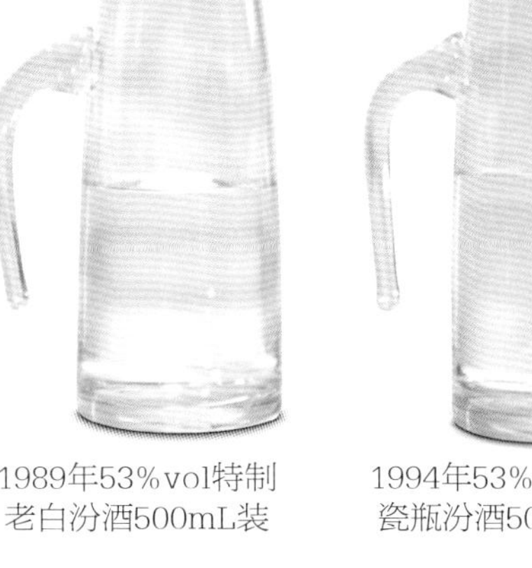

1994年53%vol出口瓷瓶汾酒500mL装

1994年53%vol出口瓷瓶汾酒750mL装

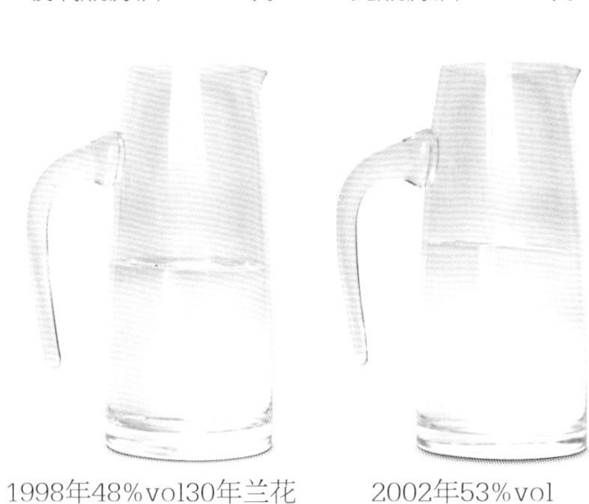

1998年48%vol30年兰花玉凤窑汾酒500mL装

2002年53%vol玻璃瓶汾酒500mL装

2022年未来之露竹叶青酒

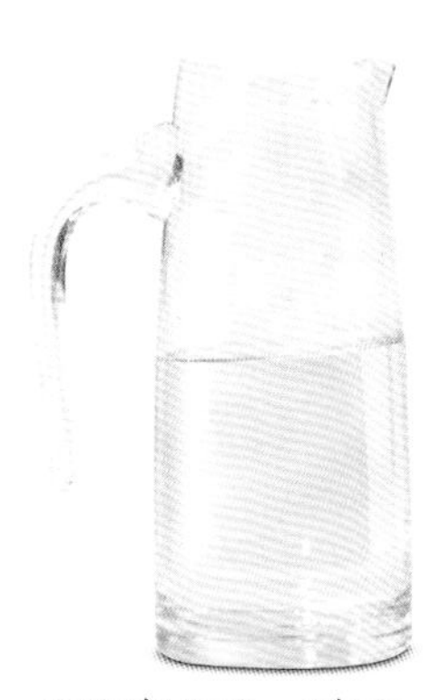

1988年40%vol白玉汾酒500mL装

1988年35%vol玫瑰汾酒500mL装

1984年45%vol竹叶青酒500mL装

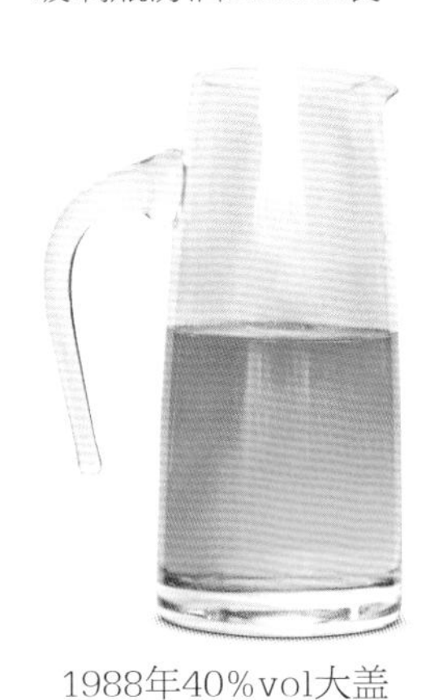

1988年40%vol大盖竹叶青酒500mL装

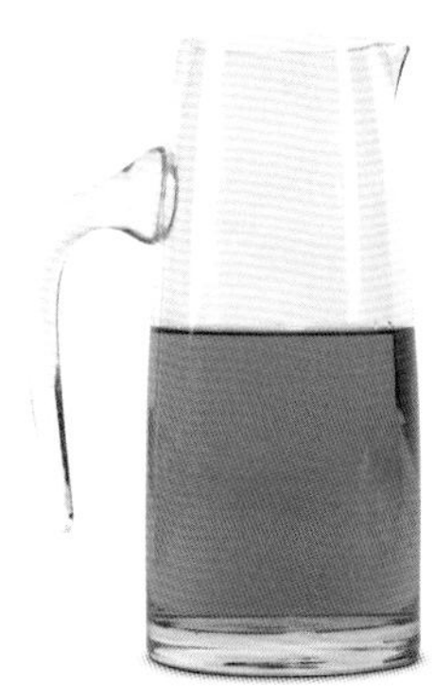

1995年45%vol竹叶青酒500mL装

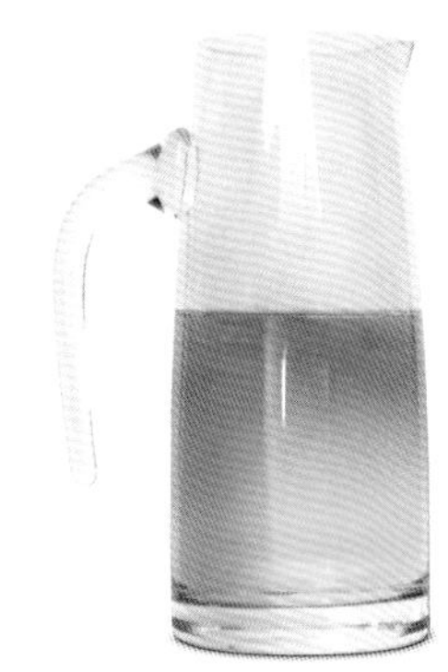

2008年40%vol出口瓷瓶竹叶青酒500mL装

2022年53%vol青享三十竹叶青酒500mL装

# 编后记

中国白酒作为承载着民族文化的“液体文物”，越来越受到市场青睐，这得益于产品的品牌、品质，独特香型和不可再生性等特征。每一瓶酒都代表了一段历史，印证了一段岁月，展现了一种文化，也赋予了产品一段永不褪色的故事。

名酒图志既是回望历史的纪念，更是迈向未来的启程。我们历经数载，着手编撰中国名酒系列图书。我们的宗旨是通过中国酒文化来传承和弘扬中华民族优秀文化传统，尽可能以客观而全面的角度，用图文对接历史，用脉络传递精神，以期为中国白酒界提供一部集文献、品鉴、收藏、欣赏等为一体的专业工具书。

在本套系列图志丛书的编撰过程中，我们做了以下方面的工作：

第一，文献资料方面：搜集查阅大量书籍文献，提炼精华，编写整理，内容丰富详实，成书文字达数十万字。

第二，实物图片方面：我们历遍全国各地，在各位名酒收藏家的帮助下，力求做到品种齐全，图片高清。

第三，图书设计装帧及版式方面：图文并茂，美观大方，简洁明了。

通过以上工作，我们力争使中国名酒系列图书成为较全面详实而又严谨细致、既有学术性又有科学性的资料整合和文化传播的载体。

2021 年，团队已编辑出版了中国名酒图志系列丛书中的《茅台酒图志》《五粮液图志》。

《汾酒图志》作为中国名酒图志系列丛书之一，全书共分十一章，分别对汾酒的发展历程、酿造工艺、产品特征、品鉴收藏以及文化内涵等方面有着详细的记述和介绍。本书历时数载，经过广采博收，资料编纂，修易补正，细修严审，终于合卷完成，得以出版发行面世。

本书编撰过程中，参考了以下的文献资料：

**1. 出版物：**

张琰光、侯文正：《汾酒通志》（上、下卷），中华书局，2015 年。

杨贵云、王珂君：《中国名酒——汾酒》（上、下卷），中央文献出版社，2013 年。

张琰光：《汾酒博物馆历来酒器选集》，文物出版社，2019 年。

张崇慧、张树明：《汾酒收藏》，山西经济出版社，2018 年。

徐俊斌：《一砚堂纪事》，三晋出版社，2019 年。

文景明：《酒都杏花村》，北京美术摄影出版社，2019 年。

王文清：《汾酒史话——旨酒长源》（壹、贰、叁），中华书局，2014 年。

文景明、柳静安：《杏花村文集》，北京出版社，1992 年。

常贵明：《我与汾酒》，北京出版社，1995 年。

刘集贤、文景明：《杏花村里酒如泉》，山西人民出版社，1978 年。

万良适、吴伦熙：《汾酒酿造》，食品工业出版社，1957 年。

**2. 资料：**

文景明：《酒家杏花村》。

文景明、柳静安：《杏花村与酒文化》。

赵严虎：《辉煌之路汾酒五十年（1949 ～ 1999 年）》。

张树明：《汾酒酒标简史》。

王文清：《国晏汾酒》，山西杏花村汾酒集团有限责任公司出品。

郭双威：《汾酒的文化（第一辑）》，山西杏花村汾酒集团有限责任公司出品。

《史证汾酒》，山西汾酒集团市场部出品，2012 年。

《汾酒中国魂》。

本书对一些汾酒史实进行了力所能及的考证，但纰漏、失误和偏颇之处在所难免，敬请社会各界同仁、企业广大干部职工及所有读者批评勘正。

楊振东

2022年11月3日

## 特别鸣谢

杏花村和平藏酒馆孙和平先生

著名汾酒收藏家陈鹏图先生

山西杏花村汾酒厂张树明先生

歌德盈香股份有限公司刘剑锋先生

山西老酒馆王勇先生

清香之源三晋酒文化馆许过林先生

清香之家老酒行景先峯先生

山西花间醉文化传媒有限公司苏彦伟先生

汾阳陈年名酒收藏馆史志军先生

醉颜堂陈年名酒收藏馆贾彦武先生